高等院校“新形态”规划教材

二维码、AR移动学习

电工技术（电工学Ⅰ）

（第4版）

主　编　方厚辉　谢胜曙

本书资源使用说明

北京邮电大学出版社
·北京·

内 容 简 介

本书是根据教育部高等学校电工电子基础课程教学指导分委员会最新制定的《高等学校电子电气基础课程教学基本要求》(2024 年版),为高等学校非电专业理工科学生编写的教材。全书分为 3 篇,共 13 章。第 1 篇为电路,内容包括电路的基本概念和基本分析方法、正弦交流电路、三相交流电路、非正弦周期电流电路、电路的暂态分析。第 2 篇为传动与控制,内容包括磁路与变压器、交流电动机、直流电动机、控制电机、电动机的继电接触器控制、可编程序控制器。第 3 篇为电工测量与安全用电。本书的主要特点是内容精练、起点高、知识新、系统性和实用性强。

本书可作为各类高等学校非电专业电工技术(电工学Ⅰ)课程的教材或教学参考书,也可供有关工程技术人员阅读。

图书在版编目(CIP)数据

电工技术. 电工学. Ⅰ / 方厚辉，谢胜曙主编. 4 版. -- 北京 : 北京邮电大学出版社，2025. -- ISBN 978-7-5635-7499-5

Ⅰ. TM

中国国家版本馆 CIP 数据核字第 20253RV287 号

策划编辑:韩　霞　　**责任编辑**:刘国辉　　**封面设计**:广信达雅

出版发行:北京邮电大学出版社
社　　址:北京市海淀区西土城路 10 号(100876)
电话传真:010-82333010　62282185(发行部)　010-82333009　62283578(传真)
网　　址:www.buptpress3.com
电子信箱:buptpress3@163.com
经　　销:各地新华书店
印　　刷:三河市骏杰印刷有限公司
开　　本:787 mm×1 092 mm　1/16
印　　张:19
字　　数:485 千字
版　　次:2005 年 3 月第 1 版　2025 年 3 月第 4 版
印　　次:2025 年 3 月第 1 次印刷

ISBN 978-7-5635-7499-5　　定价:56.80 元

前　言

本书是按照教育部高等学校电工电子基础课程教学指导分委员会最新制定的《高等学校电子电气基础课程教学基本要求》(2024 年版)，在第 3 版的基础上重新修订、编写而成的，可作为高等学校非电专业理工科电工技术(电工学Ⅰ)课程的教材。

随着时代的进步和科技的不断发展，电工技术也发生了巨大的变化。为了适应新世纪信息化时代的需要，编者在第 3 版的基础上，结合已出版的同类教材的特点和自身的教学经验，根据电工技术课程教学基本要求，对传统的教学内容进行了精选，适当地提高了第 4 版的起点。此外，在内容体系上加强了知识结构的系统性和完整性，扩大了知识面，加强了应用性，从而形成了本书的主要特点：内容精练、起点高、知识新、系统性和实用性强。

教学内容、教学体系的改革，必须和教学方法、教学手段的改革相结合。为帮助更新教学观念和教学方法，增加课堂信息，除基本内容外，本书还提供了丰富的思考题和习题，供教师选讲和学生练习，以培养学生的自学能力和创新能力。

党的二十大报告强调“推进教育数字化”。教育数字化是教育教学活动与数字技术融合发展的产物，教材是教育教学的基本载体和关键支撑。本书为新形态教材，配套了丰富的数字化教学资源和智慧教学平台，利用信息网络技术，构建了方式更灵活、资源更丰富、学习更便捷的体系，以便支持用书学校深化教育模式改革。通过助学助教平台手机端 APP，扫描书中的二维码和带有AR标的图片，可以查看相关知识点和补充知识点的微课以及相关内容的扩展阅读等。本书资源使用说明，请扫描扉页中的二维码查看。

本书由方厚辉和谢胜曙主编。参加本书编写工作的人员有方厚辉、谢胜曙、李中发、许新民、江亚群、邹津海、陈洪云、姜燕、方璐、王静。北京邮电大学出版社对本书的出版给予了大力支持，在此表示衷心感谢。

由于编者水平有限，书中不妥之处在所难免，敬请广大读者和同人批评指正。

编　者

contents 目录

第3篇　电工测量与安全用电

绪　论

电工技术是研究电磁学理论及其在工程领域应用的科学技术。如今，人们已经掌握了大量的电工技术方面的知识，并运用这些知识推动着电工事业不断前进。电工技术的发展是和电的应用紧密联系的。电的应用包括两个方面：一是能量方面；二是信息方面。

在能量方面，现在电能的应用非常广泛，无论是工农业生产、科学研究、国防建设，还是人们日常的物质文化生活，都离不开电能。例如，工业中的各种生产机械，农业中的各种电力排灌设备和粮食加工设备等，都是以电能作为主要动力，采用电动机来驱动的；日常生活中的电灯、电话、电视机、电风扇、电冰箱、洗衣机、空调等也都是利用电能来工作的。

电能之所以得到如此广泛的应用，是因为它较之其他形式的能量具有便于转换、便于输送和便于控制等突出的优点。电能便于转换，一方面是电能能够很方便地由其他形式的能量转换而来。例如，我国的多数火力发电厂都是利用燃烧煤来发电，即将热能转换成为电能；水力发电厂，如长江三峡水利枢纽工程，则是利用水力发电，将水的位能转换为电能；核发电厂，如广东的大亚湾核电基地和浙江的秦山核电站，则是利用核反应发电，将原子能转换为电能；干电池、蓄电池则是利用化学反应，将化学能转换为电能；太阳能电池将太阳能转换为电能；风力发电机将风能转换为电能；等等。另一方面，电能也能够很方便地转换成其他形式的能量。例如，利用电动机可以将电能转换成机械能，利用电炉可以将电能转换成热能，利用电灯可以将电能转换成光能，利用扬声器可以将电能转换成声能，等等。电能便于输送是指它可以很方便地被送到远方，而且输电设备简单、损耗小、效率高。电能便于控制是指利用电能对生产过程和设备进行控制非常方便。

在信息方面，电信号具有易于获取、处理、转换和存储等优点，成为信息科学形成和发展的基础。例如，在机械制造工程中，可以利用传感器把反映机械加工状态的信息转换成电信号，送入计算机分析处理后，对加工状态进行监控，从而实现对工件的自动检测和自动加工。此外，利用信息技术还可以实现巡回检测、遥控遥测以及自动故障诊断和处理等功能。

随着 21 世纪的到来，人类进入了信息时代，这是不同领域的科学技术互相渗透和融合的时代。如今，电工技术已与其他学科结合，相互渗透，相互促进，并且开拓出新的学科领域。显然，电的应用对劳动生产率的提高和社会的发展起着巨大的作用。因此，学习和掌握电工技术的基本理论和应用技术具有十分重要的意义。

电工技术课程是高等学校本科非电专业的一门技术基础课程。本课程的作用与任务：使学生通过对本课程的学习，获得电工技术必要的基本理论、基本知识和基本技能，了解电工技术的应用和我国电工事业的发展概况，为从事与本专业有关的工程技术工作打下一定的基础。

本书是电工技术课程的基础教材，全书包括电路、传动与控制、电工测量与安全用电 3 篇。第 1 篇电路是本课程的基本理论部分，也是学习电子技术和其他后续课程的基础，学习时要着重对电路的基本概念、基本定理和基本分析方法加深理解和掌握。第 2 篇传动与控制是电气设备应用方面的知识,学习时应在了解电气设备工作原理的基础上,将重点放在应用上。第3篇是电工测量与安全用电方面的知识,可结合实验进行学习。

实验是本课程重要的实践教学环节。实验的目的不仅是验证和加深理解所学的理论知识,更重要的是训练学生的实验技能,树立工程实际观点和严谨的科学作风。因此,应保证足够的实验学时,创造较好的实验条件(如增加设计性和综合应用型实验、开放实验室等),使学生有充分的实践机会。每个学生都应珍惜这种机会,以提高自己解决工程实际问题的能力和综合应用所学知识的能力。

习题不仅能巩固加深学生对所学理论的理解,而且能培养学生分析和解决问题的能力,同时也是学生检查自己学习情况的重要手段,应当对此予以重视。本书各章都安排了适当的习题和思考题,以便在教学中根据具体情况选用。对于教师布置的习题,学生必须认真独立完成。

第 1 篇　电　　路

第 1 章　电路的基本概念和基本分析方法

内容提要

本章主要讨论电路的基本物理量及它们的参考方向、电路的基本定律、电路的状态以及电路的分析方法，如支路电流法、叠加原理、等效电源定理、节点电压法等。此外，对含受控源电路的分析和非线性电阻电路的分析也作了简单介绍。

1.1 电路与电路模型

1.1.1 电路的作用

为了某种需要，将某些电工设备或元件按一定方式组合起来所构成的电流通路，称为电路。

电路的结构形式和所能完成的任务是多种多样的。最典型的例子是电力系统电路，其示意图如图 1.1(a) 所示。它的作用是实现电能的传输和转换。

电路的另一个重要作用是进行电信号的传递和处理，如存储、控制和测量等。常见的例子有扩音机电路，其示意图如图 1.1(b) 所示。先由传声器把语音或音乐(通常称为信息) 转换为相应的电压和电流，它们就是电信号；通过放大和转换(称为信号的处理) 后传递到扬声器，把电信号还原为语音或音乐。

更简单的电路有如图 1.1(c) 所示的手电筒电路。

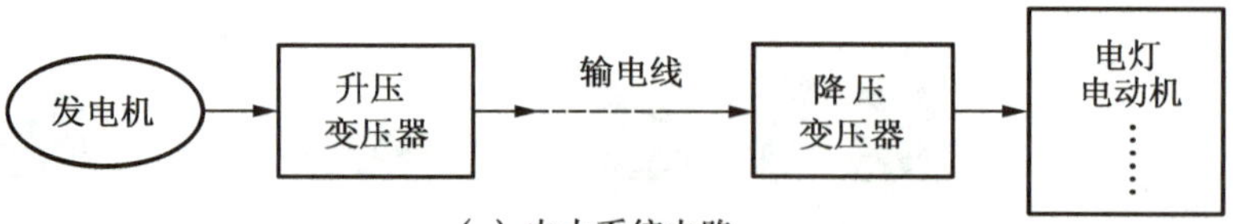

(a) 电力系统电路

(b) 扩音机电路

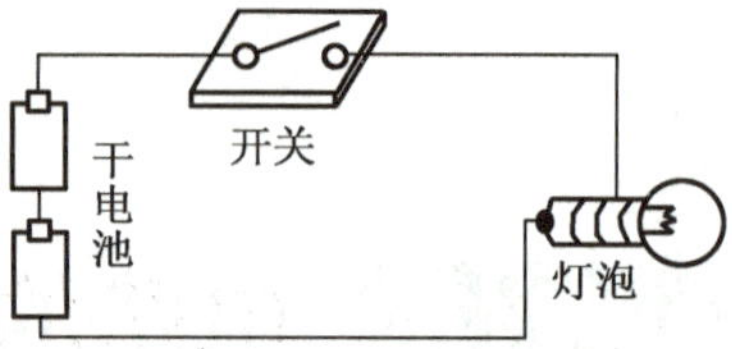

(c) 手电筒电路

图 1.1 几种电路

1.1.2 电路的组成

不论电路结构的复杂程度如何,其组成都包括以下 3 个基本部分。

1. 电源

电源是将其他形式的能量转换为电能的装置。常用的电源有干电池、蓄电池和发电机等,它们将化学能或机械能转换为电能。此外,还有将某种形式的电能转换为另一种形式的电能的装置,通常也称为电源。例如,常见的直流稳压电源就是将交流电转换为直流电,并在一定范围内保持输出电压稳定的一种装置。

2. 负载

负载是将电能转换为其他形式的能量的装置。例如,电灯将电能转换为光能和热能,电动机将电能转换为机械能等。负载有时也称负荷。

3. 中间环节

中间环节在电路中起传递、分配和控制电能的作用。最简单的中间环节就是开关和连接导线,一般还有保护和测量装置;更为复杂的中间环节可能是各种电路元件组成的网络系统,电源接在它的输入端,负载接在它的输出端。

不论电路的功能是电能的传输和转换,还是信号的传递和处理,电路中的外施信号或输入信号都称为激励,而输出信号都称为响应。所谓电路分析,就是在已知电路结构和元件参数的条件下,讨论电路的激励与响应之间的关系。

1.1.3 电路模型

实际电路都是由一些按需要起不同作用的实际电路元件所组成的,如发电机、变压器、电动机、电池、晶体管以及各种电阻器和电容器等,它们的电磁关系较为复杂。最简单的例子是一盏白炽灯,它除具有消耗电能的性质(电阻性)外,当有电流通过时还会产生磁场,就是说它还具有电感性。因其电感微小,可忽略不计,所以可认为白炽灯是一个电阻元件。

为了便于对电路进行分析计算,常常将实际元件理想化(也称模型化),即在一定条件下突出其主要的电磁性质,忽略次要的因素,用一个足以表征其主要特性的理想元件近似表示。由一些理想电路元件所组成的电路，称为电路模型。在理想电路元件(此后内容将“理想”两字略去)中，主要有电阻元件、电感元件、电容元件和电源元件等。这些元件分别由相应的参数来表征。

手电筒电路的电路模型如图 1.2 所示。干电池是电源元件，其参数为电动势 E 和内电阻 R_0；灯泡是电阻元件，其参数为电阻 R；筒体是连接干电池和灯泡的中间环节(还包括开关)，其电阻忽略不计，认为是一个无电阻的理想元件。

本书所分析的都是电路模型，简称电路。电路中的各种元件用规定的图形符号表示。

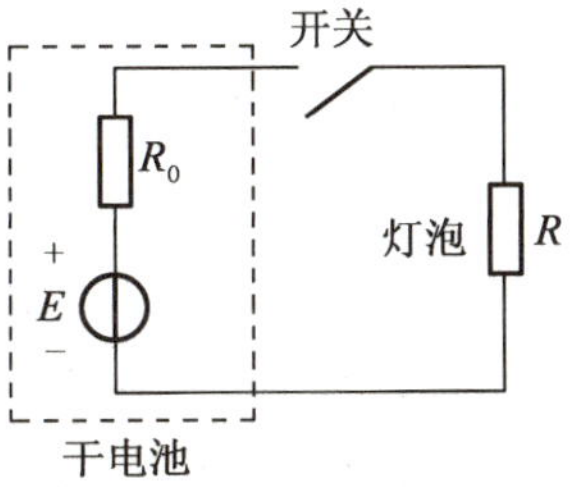

图 1.2　手电筒的电路模型

1.2 电路的基本物理量

1.2.1　电流

电荷有规则地定向运动形成电流。电流既是一种物理现象，又是一个表示电流强弱的物理量。电流在数值上等于单位时间内通过某一导体横截面的电量。

在图 1.3 所示的导体内，设在时间间隔 dt 内通过导体横截面 S 的电量为 dq，则导体中的电流为

$$i = \frac{dq}{dt}$$

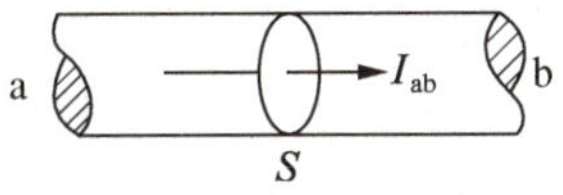

图 1.3　导体中的电流

若电流不随时间而变化，即 $\frac{dq}{dt}$ = 常数，则这种电流称为直流电流。直流电流常用大写字母 I 表示，所以上式可改写为

$$I = \frac{q}{t}$$

电流的基本单位是安培，简称安(A)。在 1 秒(s) 的时间内通过导体横截面的电量为 1 库仑(C) 时，则电流为 1 安(1 A = 1 C/s)。对于较小的电流可用毫安(mA)和微安(μA) 表示，它们之间的关系为

$$1\ \text{A} = 10^3\ \text{mA} = 10^6\ \mu\text{A}$$

本书中物理量的单位及其代号统一采用与国际单位制(SI) 一致的国家法定计量单位的规定。

习惯上规定正电荷运动的方向(或负电荷运动的相反方向) 为电流的实际方向。在电路分析中，由于往往难以事先判定某支路中电流的实际方向，因此常任意选定某一方向作为电流的参考方向，或称为正方向。当电流的实际方向与其参考方向一致时，则电流为正值，如图 1.4(a) 所示；当电流的实际方向与其参考方向相反时，则电流为负值，如图 1.4(b) 所示。可见，在参考方向选定之后，电流之值才有正负之分。

本书电路图中所标电流的方向都是参考方向。

(a) 电流的实际方向与其参考方向一致　　(b) 电流的实际方向与其参考方向相反

图 1.4　电流的实际方向与参考方向

电流的参考方向除用箭头表示外,还可用双下标的变量表示。如图 1.3 中的 I_{ab} 即表示参考方向是由 a 指向 b 的电流;如果参考方向选定为由 b 指向 a,则为 I_{ba}。I_{ab} 和 I_{ba} 两者之间相差一个负号,即

$$I_{ab}=-I_{ba}$$

1.2.2　电压与电动势

在图 1.5 中,a 和 b 是电源的两个电极,设 a 极带正电,b 极带负电,因此在两极之间产生电场,其方向从 a 指向 b。若用导线将 a 极和 b 极连接起来,则在电场的作用下,正电荷就从 a 极沿导线移至 b 极(实际上是导线中的自由电子从 b 极经导线移至 a 极,两者是等效的)。这表明电场力对电荷做了功。为了表示电场力做功的能力,引入电压这一物理量。电场力把单位正电荷从 a 点移动到 b 点所做的功,称为 a、b 两点间的电压,用 U_{ab} 表示。设电场力将电荷 dq 从 a 点移动到 b 点所做的功为 dW,则 a、b 两点间的电压 U_{ab} 为

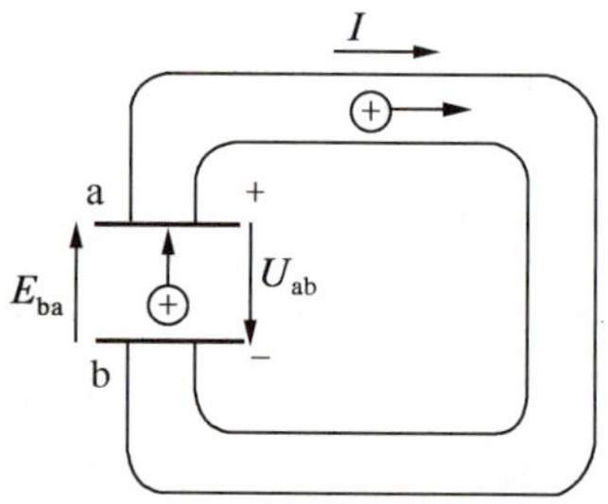

图 1.5　说明电压、电动势概念的图

$$U_{ab}=\frac{dW}{dq}$$

在电场内 a、b 两点间的电压也常称为该两点间的电位差,即

$$U_{ab}=V_a-V_b$$

在国际单位制中,电压的单位是伏特,简称伏(V)。当电场力把整 1 库仑(C) 电量的电荷从一点移到另一点所做的功为 1 焦耳(J) 时,则该两点间的电压为 1 V。大电压可用千伏(kV) 表示,小电压可用毫伏(mV)、微伏(μV) 表示。

习惯上把电压的方向规定为由高电位端指向低电位端,即电位降低的方向,用 +、- 表示,也可用箭头或双下标的变量表示。

研究较复杂电路时,电压与电流一样,实际方向较难确定,因此也任意选定某一方向作为电压的参考方向。如果电压实际方向与其参考方向一致,电压为正值;如果两者相反,则电压为负值。

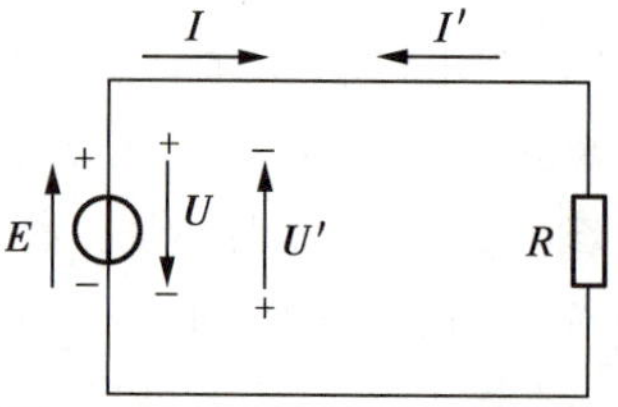

图 1.6　电流、电压和电动势参考方向的关系

若一个元件或一段电路上的电流、电压参考方向一致,则称它们为关联的参考方向,否则称为非关联的参考方向。如图 1.6 所示,电阻 R 上的 I 与 U 和 I' 与 U' 为关联参考方向,而 I 与 U' 和 I'

与 U 为非关联参考方向。

在电场力的作用下，正电荷就从高电位端沿着导线向低电位端移动。这样，如图 1.5 所示，电极 a 因正电荷的减少而电位逐渐降低，电极 b 因正电荷的增多而电位逐渐升高，其结果是 a 和 b 两电极间的电位差逐渐减小到零。与此同时，连接导线中的电流也会相应减小到零。

为了维持连接导线中的电流连续并保持恒定，则必须使 a、b 间的电压 U_{ab} 保持恒定，即必须有另一种力能克服电场力而使电极 b 上的正电荷经过另一路径移向电极 a。电源就能产生这种力，称为电源力。电源力将单位正电荷由低电位端 b 经过电源内部移动到高电位端 a 所做的功，称为电源的电动势，用 E 表示。

电源电动势的方向规定为在电源内部由低电位端指向高电位端，即电位升高的方向。

和电流一样，在电路图上所标的电压和电动势的方向也都是参考方向（也用＋、－或箭头或双下标的变量表示，本书主要用＋、－表示），它们是正值还是负值，视选定的参考方向而定。如图 1.6 所示，电压 U 的参考方向与实际方向一致，故为正值；而电压 U' 的参考方向与实际方向相反，故为负值。

电动势的单位也是伏特（V）。

1.2.3　电功率

一个电路最终的目的是将一定的功率传送给负载，供负载将电能转换成工作时所需要的那种形式的能量。因此，电能传送和负载消耗功率的问题是一个很重要的问题。功率和电能的计算在电路的分析计算中是很重要的。

电场力在单位时间内所做的功称为电功率，简称功率，用 P 表示。设电场力在时间间隔 $\mathrm{d}t$ 内所做的功为 $\mathrm{d}W$，则功率为

$$P=\frac{\mathrm{d}W}{\mathrm{d}t}$$

在国际单位制中，功率的单位为瓦特，简称瓦（W）。1 秒（s）内转换 1 焦耳（J）的能量，则功率为 1 瓦（W）。

在电路中，人们更关注的是功率与电流、电压之间的关系。根据电流、电压的定义式，可推出功率与电流、电压之间的关系。

设元件的电压和电流为关联参考方向，由 $U=\frac{\mathrm{d}W}{\mathrm{d}q}$ 得 $\mathrm{d}W=U\mathrm{d}q$，所以

$$P=\frac{\mathrm{d}W}{\mathrm{d}t}=U\frac{\mathrm{d}q}{\mathrm{d}t}$$

因为

$$I=\frac{\mathrm{d}q}{\mathrm{d}t}$$

所以

$$P=UI$$

值得注意的是，如果元件的电压和电流为非关联参考方向，则功率计算公式应为

$$P=-UI$$

根据以上两式计算，$P>0$ 表示元件吸收功率，$P<0$ 表示元件产生功率。

例 1.1 计算图 1.7 所示各元件的功率,并指出该元件是电源还是负载。

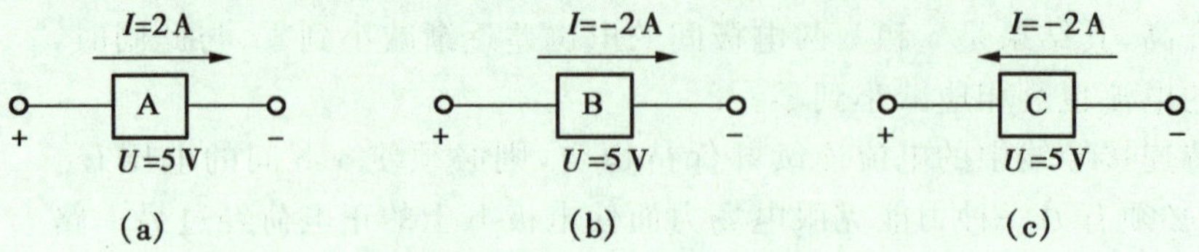

图 1.7 例 1.1 的图

解 图 1.7(a) 中电流 I 与电压 U 是关联参考方向,所以 $P = UI = 5 \times 2\ \mathrm{W} = 10\ \mathrm{W}$,$P > 0$,元件 A 吸收 10 W 的功率,为负载。

图 1.7(b) 中电流 I 与电压 U 是关联参考方向,所以 $P = UI = 5 \times (-2)\mathrm{W} = -10\ \mathrm{W}$,$P < 0$,元件 B 产生 10 W 的功率,为电源。

图 1.7(c) 中电流 I 与电压 U 是非关联参考方向,所以 $P = -UI = -5 \times (-2)\mathrm{W} = 10\ \mathrm{W}$,$P > 0$,元件 C 吸收 10 W 的功率,为负载。

例 1.2 在图 1.8 所示电路中,已知 $I = 1\ \mathrm{A}$,$U_1 = 10\ \mathrm{V}$,$U_2 = 6\ \mathrm{V}$,$U_3 = 4\ \mathrm{V}$。求各元件的功率,并分析电路的功率平衡关系。

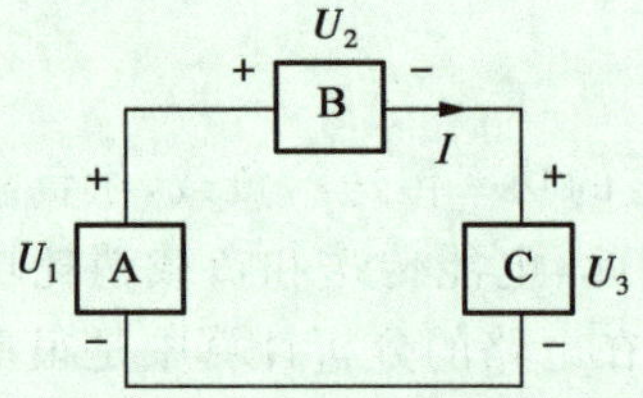

图 1.8 例 1.2 的图

解 由于元件 A 的电流与电压是非关联参考方向,所以 $P_1 = -U_1 I = -10 \times 1\ \mathrm{W} = -10\ \mathrm{W}$,$P_1 < 0$,元件 A 产生 10 W 的功率,为电源。

由于元件 B、C 的电流与电压是关联参考方向,所以 $P_2 = U_2 I = 6 \times 1\ \mathrm{W} = 6\ \mathrm{W}$,$P_2 > 0$,元件 B 吸收 6 W 的功率,为负载;$P_3 = U_3 I = 4 \times 1\ \mathrm{W} = 4\ \mathrm{W}$,$P_3 > 0$,元件 C 吸收 4 W 的功率,为负载。

计算结果表明,该电路中产生的功率与吸收的功率相等,符合功率平衡关系,即

$$P_1 + P_2 + P_3 = 0$$

思考题

1. U_{ab} 是否表示 a 点的电位高于 b 点的电位?若某电路中 a、b 两点之间的电压为 $U_{ab} = -5\ \mathrm{V}$,则 a、b 两点中哪点的电位高?

2. 在图 1.9 所示电路中,各方框代表元件。已知 $I_1 = 3\ \mathrm{A}$,$I_2 = -2\ \mathrm{A}$,$I_3 = 1\ \mathrm{A}$,$V_a = 8\ \mathrm{V}$,$V_b = 6\ \mathrm{V}$,$V_c = -3\ \mathrm{V}$,$V_d = -9\ \mathrm{V}$。求电压 U_{ac}、U_{db} 及各元件的功率,并由此判断哪些元件是电源,哪些元件是负载。

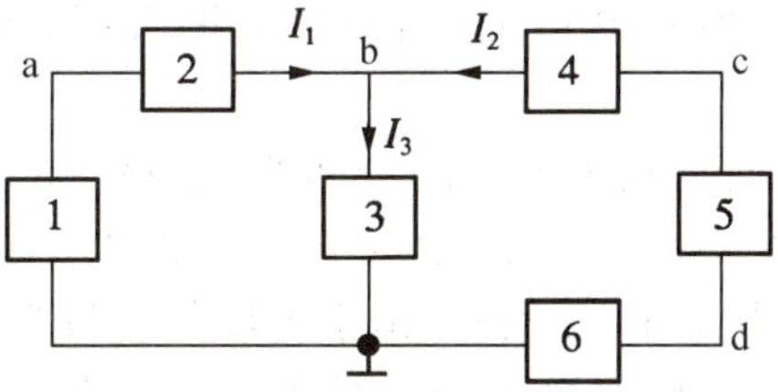

图 1.9 思考题 2 的图

1.3 电路的工作状态和电气设备的额定值

1.3.1 电路的工作状态

电路的工作状态共有 3 种:负载状态、开路状态和短路状态。现分别讨论每一种状态的特点。

1. 负载状态

在图 1.10 中,将开关 S 合上时,电路接通,有电流通过负载电阻 R,这种状态称为负载状态。电路中的电流为

$$I = \frac{E}{R_0 + R}$$

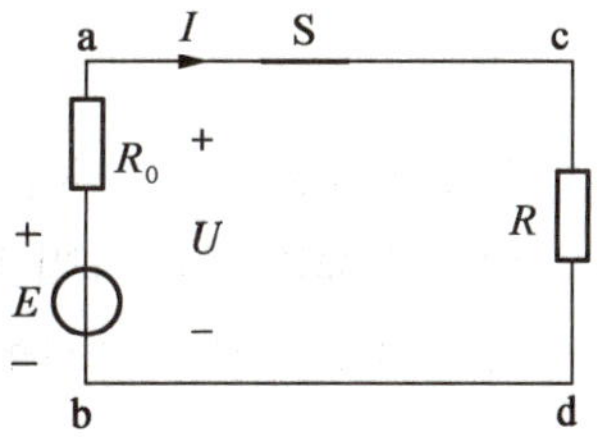

图 1.10 电路的负载状态

通常电源电动势 E 和内阻 R_0 是一定的,所以电流 I 的大小取决于负载电阻 R。R 越小,则电流 I 越大。

负载两端的电压为

$$U = IR$$

在忽略导线的电阻时,电源两端的电压就等于负载两端的电压。

由以上两式得

$$U = E - IR_0$$

由上式可见,电源的端电压小于电动势,两者之差等于电流通过电源内阻所产生的压降 IR_0。它与电流的大小有关。电流越大,压降 IR_0 也越大。

将上式中的各项乘以电流 I,则得功率平衡式为

$$UI = EI - I^2 R_0$$

即

$$P = P_E - \Delta P$$

式中,$P_E = EI$ 为电源产生的功率;$\Delta P = I^2 R_0$ 为电源内阻上损耗的功率;$P = UI$ 为电源输出的功率。

根据上面的分析可知,在负载状态下,电源的输出功率和电流取决于负载电阻的大小;并且电源产生的功率等于负载电阻消耗的功率与电源内阻上损耗的功率之和,这符合能量守恒定律。

2. 开路状态

在图 1.10 所示电路中,当开关 S 断开时,电路处于开路(空载)状态,如图 1.11 所示。

由于开路时电路未形成闭合回路,电路中的电流为零,所以负载两端的电压也为零,负载不消耗功率。这时电源的端电压在数值上等于电动势,称为开路电压或空载电压,用 U_O 表示。由于电路的电流为零,所以电路不输出功率。

由上所述,开路时电路的主要特征可归纳为

$$\begin{cases} I = 0 \\ U_O = E \\ P = 0 \end{cases}$$

3. 短路状态

在图 1.10 所示电路中,当电源的两端 a 和 b 由于某种原因而直接接通,即外电路电阻等于零时,称电源被短路,如图 1.12 所示。这时电流仅由内阻 R_0 限制。在 R_0 很小的情况下,电流会达到很大的数值,这个电流称为短路电流,用 I_S 表示。

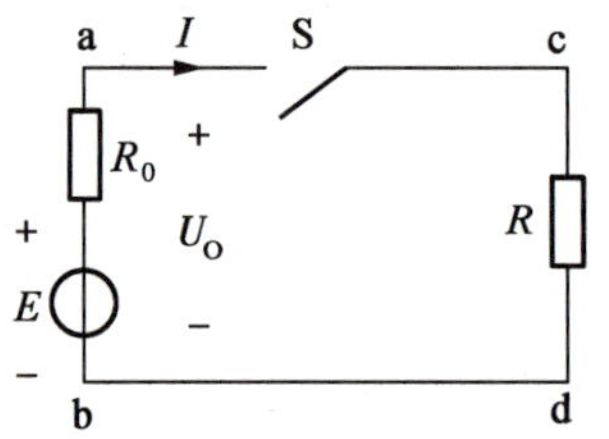

图 1.11 电路的开路(空载)状态

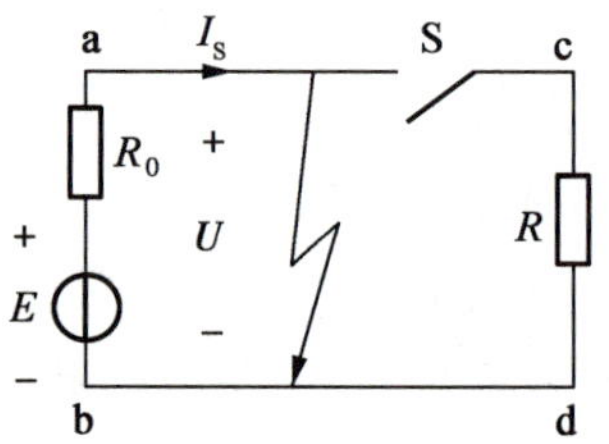

图 1.12 电路的短路状态

电源短路时,由于外电路的电阻为零,所以电源的端电压也为零。这时电源的电动势全部降落在内阻上。

由上所述,短路时电路的特征可归纳为

$$\begin{cases} U = 0 \\ I_S = \dfrac{E}{R_0} \\ P = 0 \\ P_E = \Delta P = I_S^2 R_0 \end{cases}$$

短路通常是一种事故,应尽量避免。为了防止短路事故的危害,通常在电路中安装熔断器或其他断路器等保护装置,一旦发生短路,能迅速切断故障电路,从而防止事故扩大,以保护电气设备和供电线路。

有时由于某种需要,会人为地将电路的某一部分短路。例如,在图 1.13 所示电路中,为防止电动机 M 起动电流对电流表 A 产生冲击,在起动时用开关 S_2 将电流表短路,使起动电流从开关 S_2 的旁路通过,待起动结束,再断开 S_2,恢复电流表的作用。这种人为地将电路某一部分短路的做法,常称为短接。

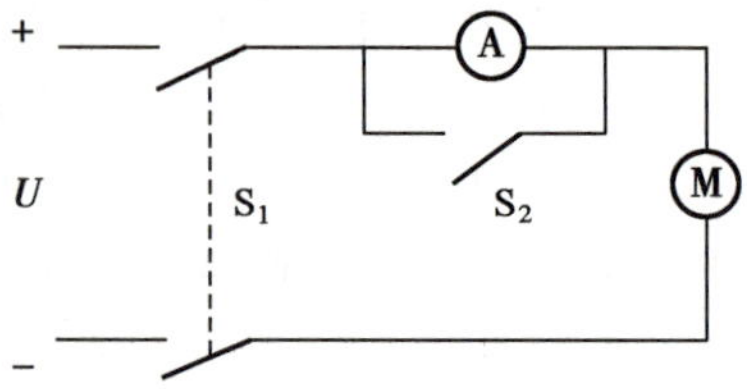

图 1.13 用开关将电流表短接

1.3.2　电气设备的额定值

各种电气设备的电压、电流及功率等都有一个额定值。例如，一盏电灯标有的电压是 220 V，功率是 60 W，这就是它的额定值。额定值是制造厂为了使产品能在给定的工作条件下正常运行而规定的正常容许值。大多数电气设备（如电动机、变压器等）的寿命与绝缘材料的耐热性能及绝缘强度有关。当电流超过额定值过多时，由于发热过甚，绝缘材料将遭受损坏；当所加电压超过额定值过多时，绝缘材料也可能被击穿。反之，如果电压和电流远低于其额定值，不仅得不到正常合理的工作情况，而且不能充分利用设备的能力。此外，对电灯及各种电阻器来说，当电压过高或电流过大时，其灯丝或电阻丝也将被烧毁。

因此，制造厂在确定产品的额定值时，要全面考虑使用的经济性、可靠性及寿命等因素，特别要保证设备的工作温度不超过规定的容许值。

电气设备或元件的额定值常标在铭牌上或写在其他说明中，在使用时应充分考虑。例如，一把电烙铁，标有 220 V、45 W，这是额定值，使用时不能接到 380 V 的电源上。

电气设备的各项参数为额定值的工作状态称为额定工作状态。

额定电压、额定电流和额定功率分别用 U_N、I_N 和 P_N 表示。

必须注意的是，电气设备或元件的电压、电流和功率的实际值不一定等于它们的额定值。其原因有以下两个。

一个原因是受电源的影响。例如，电源额定电压为 220 V，但电源电压经常波动，稍低于或稍高于 220 V。这样，额定值为 220 V、40 W 的电灯上所加的实际电压不是 220 V，实际功率也就不是 40 W 了。

另一原因是受负载的影响。在一定电压下电源输出的功率和电流取决于负载的大小，就是负载需要多少功率和电流，电源就给多少，所以电源通常不一定处于额定工作状态，但是输出一般不应超过额定值。对于电动机也是这样，它的实际功率和电流也取决于它轴上所带的机械负载的大小，通常也不一定处于额定工作状态。

例 1.3　设图 1.14 所示电路中的电源额定功率 $P_N = 22$ kW，额定电压 $U_N = 220$ V，内阻 $R_0 = 0.2\ \Omega$，R 为可调节的负载电阻。求：

(1) 电源的额定电流 I_N；

(2) 电源的开路电压 U_O；

(3) 电源在额定工作状态下的负载电阻 R_N；

(4) 负载发生短路时的短路电流 I_S。

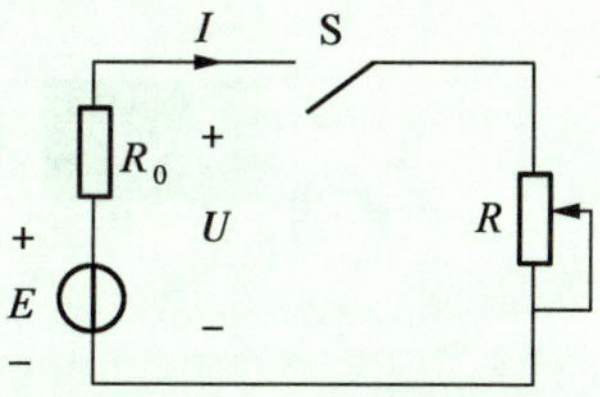

图 1.14　例 1.3 的图

解　(1) 电源的额定电流为

$$I_N = \frac{P_N}{U_N} = \frac{22 \times 10^3}{220}\ \text{A} = 100\ \text{A}$$

(2) 电源的开路电压为

$$U_0 = E = U_N + I_N R_0 = (220 + 100 \times 0.2)\text{V} = 240\ \text{V}$$

(3) 电源在额定工作状态时的负载电阻为

$$R_N = \frac{U_N}{I_N} = \frac{220}{100}\ \Omega = 2.2\ \Omega$$

(4) 短路电流为

$$I_S = \frac{E}{R_0} = \frac{240}{0.2}\ \text{A} = 1\ 200\ \text{A}$$

思考题

1. 在图1.15所示的电路中,试问:

(1) 开关S闭合前后电路中的电流 I_1、I_2、I 及电源的端电压 U 各为多少?当S闭合时,I_1 是否被分去一些?

(2) 如果电源的内阻 R_0 不能忽略,则S闭合时,60 W电灯中的电流是否变动?

(3) 60 W和100 W电灯在220 V电压下工作时,哪个的电阻大?

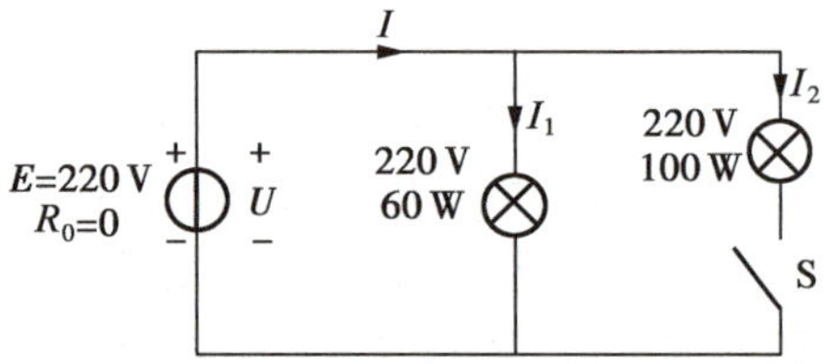

图1.15 思考题1的图

(4) 100 W的电灯每秒消耗多少电能?

(5) 设电源的额定功率为125 kW,端电压为220 V,当只接上一个220 V、60 W的电灯时,电灯会不会被烧毁?

(6) 电流流过电灯后,会不会减小?

(7) 如果由于接线不慎,100 W电灯的两线碰触(短路),当S闭合时,后果如何?100 W电灯的灯丝是否被烧断?

2. 额定值为1 W、100 Ω的电阻,在使用时电流和电压不得超过多大值?

3. 额定电流为100 A的发电机,只接了60 A的负载,还有40 A电流哪里去了?

1.4 电压源与电流源及其等效变换

一个电源可以用两种不同的电路模型来表示:一种是用电压的形式来表示,称为电压源;另一种是用电流的形式来表示,称为电流源。

1.4.1 电压源

发电机、电池等实际电源,都含有电动势 E 和内阻 R_0,如图1.16(a)所示。为了表示实际电源的端电压随电流而变化的外特性,用电动势 E 与内阻 R_0 串联作为电源的电路模型,这就是电压源,如图1.16(b)所示。图1.6中 U 是电源端电压，R_L 是负载电阻，I 是负载电流。

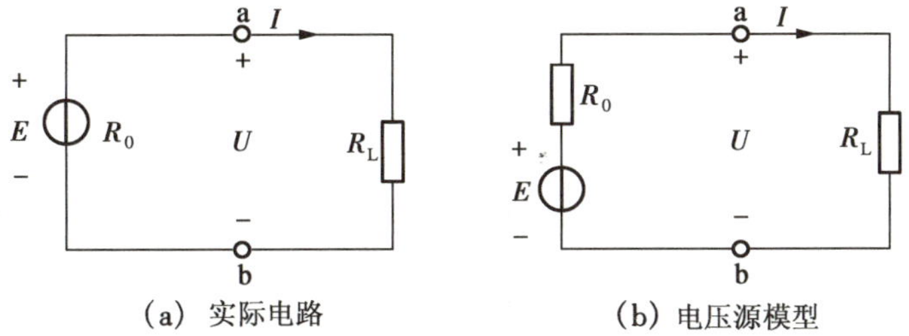

图 1.16　实际电路及其电压源模型

根据图 1.16(b) 所示的电路，可得

$$U = E - IR_0$$

当 E 和 R_0 恒定时，U 和 I 是变量，随负载电阻 R_L 的变化而变化。根据上式可以作出电压源的外特性曲线，如图 1.17 所示。

当电压源开路时，$I = 0$，$U = E$；当电压源短路时，$I = I_S = \dfrac{E}{R_0}$。

电压源端电压的稳定性取决于内阻 R_0 的大小。在相同的负载电流 I 下，R_0 越小，则外特性曲线越平，而 U 越稳定。

当 $R_0 = 0$ 时，电压 U 恒等于电动势 E，是一个定值。这时，负载电流 I 由电压 U 及负载电阻 R_L 确定。这样的电压源称为理想电压源或恒压源，它的电路如图 1.18 所示。理想电压源的外特性曲线是一条与横轴平行的直线，如图 1.17 所示。理想电压源实际上并不存在。但当电压源的内阻 R_0 远远小于负载电阻 R_L，即 $R_0 \ll R_L$ 时，则可近似将它看成理想电压源，如用电子元件制成的稳定度很高的稳压电源可认为是一个理想电压源。

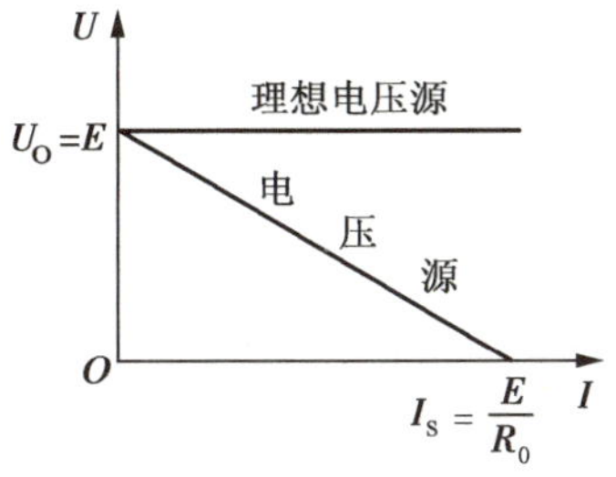

图 1.17　电压源和理想电压源的外特性曲线

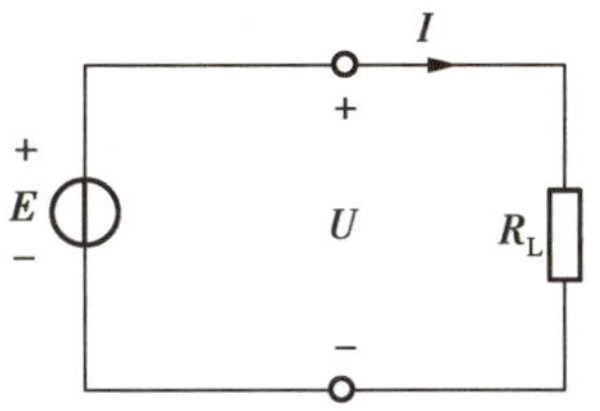

图 1.18　理想电压源电路

1.4.2　电流源

实际电源也可以用图 1.19 所示的电路模型来表示。

将式 $U = E - IR_0$ 两边除以 R_0，得

$$\frac{U}{R_0} = \frac{E}{R_0} - I = I_S - I$$

即

$$I_S = \frac{U}{R_0} + I$$

式中，$I_S=\dfrac{E}{R_0}$ 为电源的短路电流；I 为负载电流；$\dfrac{U}{R_0}$ 为引出的另一个电流。

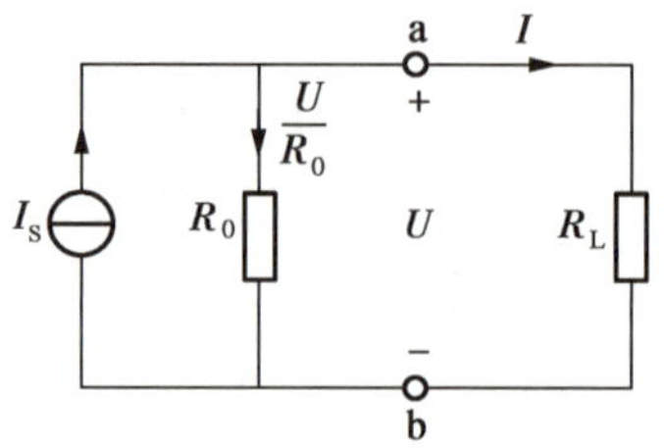

图 1.19　电流源模型

图 1.19 是用电流来表示的电源的电路模型，这里的电源就是电流源，两条支路并联，其中电流分别为 I_S 和$\dfrac{U}{R_0}$。对于负载电阻 R_L 来说，和图 1.16(b) 一样，其上的电压 U 和通过的电流 I 没有改变。

当 I_S 和 R_0 不变时，U 和 I 是变量，随负载电阻 R_L 的变化而变化。根据上式可作出电流源的外特性曲线，如图 1.20 所示。

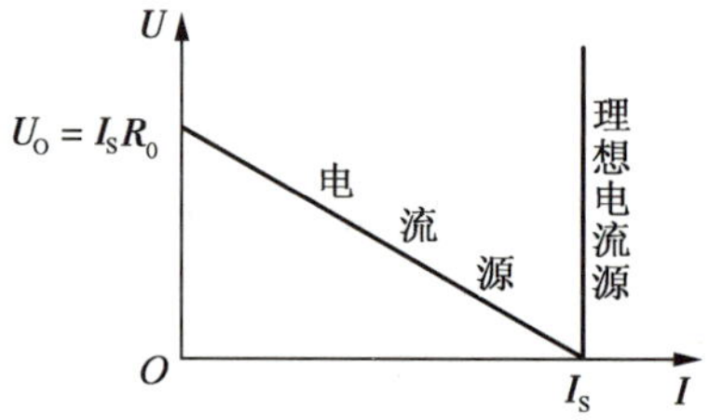

图 1.20　电流源和理想电流源的外特性曲线

当电流源开路时，$I=0$，$U=U_O=I_SR_0$；当电流源短路时，$U=0$，$I=I_S$。电流源输出电流的稳定性取决于内阻 R_0 的大小。在相同的负载电阻 R_L 下，R_0 越大，则外特性曲线越陡，即 I 越稳定。

当 $R_0=\infty$(相当于并联支路 R_0 断开)时，输出电流 I 恒等于电流 I_S，是一定值。这时，电压 U 由负载电阻 R_L 及电流 I_S 本身确定。这样的电流源称为理想电流源或恒流源。它的电路如图 1.21 所示。理想电流源的外特性曲线是一条与纵轴平行的直线，如图 1.20 所示。

理想电流源实际上并不存在。但如果电流源的电阻 R_0 远远大于负载电阻 R_L，即 $R_0\gg R_L$，则 $I\approx I_S$，可以近似将它看作理想电流源。例如，晶体管可以近似看作一个理想电流源，因为它的输出特性曲线近似于理想电流源的外特性曲线，当基极电流 I_B 为某值时，在一定范围内，集电极电流 I_C 基本上不随集电极与发射极间的电压 U_{CE} 的变化而变化，其输出特性曲线如图 1.22 所示。

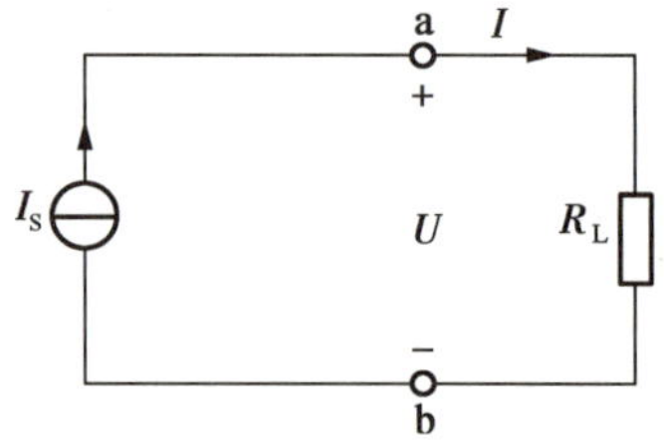

图 1.21　理想电流源的电路

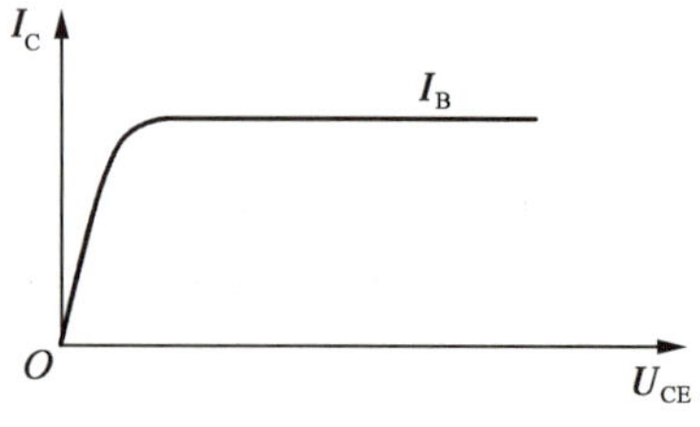

图 1.22　晶体管的输出特性曲线

1.4.3　电压源与电流源的等效变换

用电压源或电流源向同一个负载电阻供电，若能产生相同的供电效果（负载电阻上的电压 U 及电流 I 相同），则这两个电源是等效的。

上面所讨论的电源的两种电路模型：一种是电动势为 E 的理想电压源和内阻 R_0 串联的电路［见图 1.16(b)］；另一种是电流为 I_S 的理想电流源和内阻 R_0 并联的电路（见图 1.19）。它们之间是等效的，可以进行等效变换。

将式 $I_S = \dfrac{U}{R_0} + I$ 移项交换后可得

$$U = I_S R_0 - IR_0$$

将上式与式 $U = E - IR_0$ 对比，当对应项相等时，即可得

$$E = I_S R_0$$

或

$$I_S = \frac{E}{R_0}$$

这就是电压源与电流源的等效变换公式。

电压源与电流源的等效变换并不限于内阻 R_0，只要是一个电动势为 E 的理想电压源和某个电阻 R 串联的电路，都可以利用上式等效变换为一个电流为 I_S 的理想电流源和这个电阻 R 并联的电路，如图 1.23 所示。

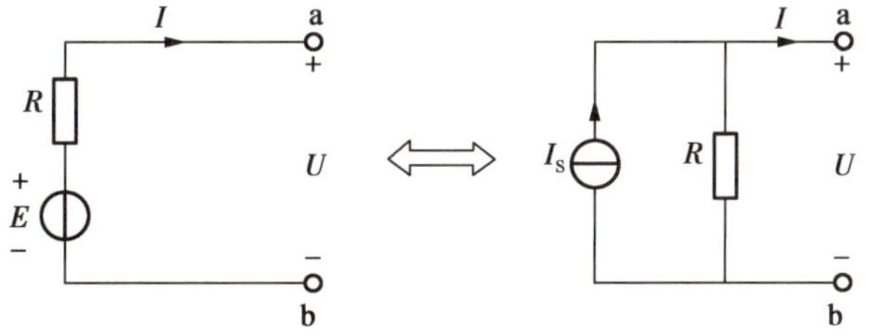

图 1.23　电压源和电流源的等效变换

对电压源和电流源进行等效变换时要注意以下几点。

(1) 电压源和电流源间的等效关系是仅对外电路而言的，至于电源内部，则是不等效的。例如，对于电压源来说，当外电路开路时，内部不发出功率，内阻 R_0 上没有功率损耗；但对于电流源来说，当外电路开路时，内部有电流通过，内阻 R_0 上有功率损耗。

(2) 要注意电源的极性。因为它们对外电路产生的电流方向相同，所以电压源的正极性端与电流源电流流出的一端相对应。

(3) 理想电压源和理想电流源本身之间没有等效的关系。这是因为对于理想电压源来说，其短路电流 I_S 为无穷大；对于理想电流源来说，其开路电压 U_O 为无穷大，都不能得到有限的数值，故两者不存在等效变换的条件。

表 1.1 为电压源和电流源的对照。

表1.1 电压源和电流源的对照

状态		电压源	电流源	理想电压源	理想电流源
开路	U	E	$I_S R_0$	E	×
	I	0	0	0	×
短路	U	0	0	×	0
	I	$\frac{E}{R_0}$	I_S	×	I_S
等效条件		$E = I_S R_0$ $\frac{E}{R_0} = I_S$		不等效	

例 1.4 有一直流发电机,$E = 230$ V,$R_0 = 1\ \Omega$,当负载电阻 $R_L = 22\ \Omega$ 时,用电源的两种模型分别求电压 U 和电流 I,并计算电源内部的损耗功率和内阻压降,比较它们是否相等。

解 依题意画出电路图,如图1.24所示。

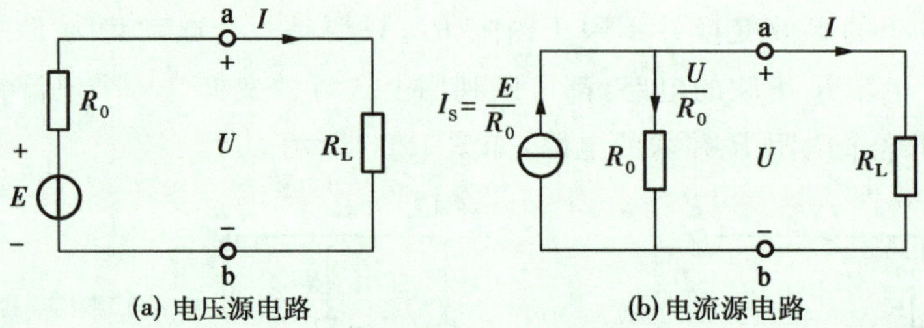

图1.24 例1.4的图

① 计算电压 U 和电流 I。

在图1.24(a)中,

$$I = \frac{E}{R_0 + R_L} = \frac{230}{1+22}\ \text{A} = 10\ \text{A}$$

$$U = IR_L = 10 \times 22\ \text{V} = 220\ \text{V}$$

在图1.24(b)中,

$$I = \frac{R_0}{R_0 + R_L} I_S = \frac{1}{1+22} \times \frac{230}{1}\ \text{A} = 10\ \text{A}$$

$$U = IR_L = 10 \times 22\ \text{V} = 220\ \text{V}$$

② 计算内阻压降和电源内部损耗的功率。

在图1.24(a)中,

$$IR_0 = 10 \times 1\ \text{V} = 10\ \text{V}$$

$$\Delta P = I^2 R_0 = 10^2 \times 1\ \text{W} = 100\ \text{W}$$

在图1.24(b)中,

$$\frac{U}{R_0} R_0 = 220\ \text{V}$$

$$\Delta P = \left(\frac{U}{R_0}\right)^2 R_0 = \frac{U^2}{R_0} = \frac{220^2}{1}\ \text{W} = 48\ 400\ \text{W} = 48.4\ \text{kW}$$

因此，电压源和电流源对外电路而言，相互间是等效的；但对电源内部而言，是不等效的。

例 1.5　试用电压源与电流源等效变换的方法计算图 1.25(a) 中 1 Ω 电阻上的电流 I。

解　根据图 1.25 的变换次序，最后化简为图 1.25(f) 所示的电路，由此可得

$$I=\frac{2}{2+1}\times 3\ \text{A}=2\ \text{A}$$

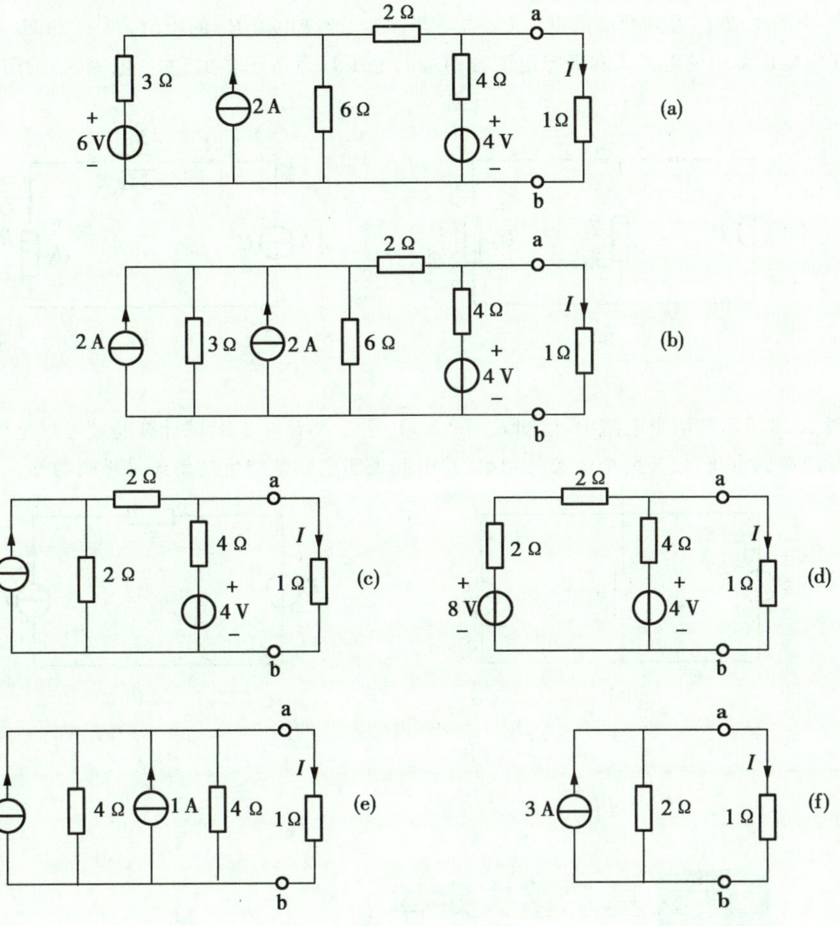

图 1.25　例 1.5 的图

思考题

1. 把图 1.26 中的电压源变换为电流源，电流源变换为电压源。

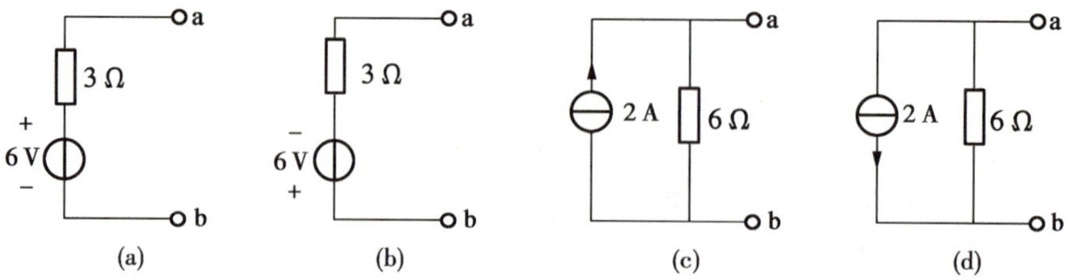

图 1.26　思考题 1 的图

2. 在图 1.27 所示的两个电路中,试问:

(1) R_2 中的电流 I_2 及其两端的电压 U_2 各等于多少?改变电阻 R_1 的阻值,对 I_2 和 U_2 有没有影响?

(2) 理想电压源中的电流 I 和理想电流源两端的电压 U 各等于多少?改变电阻 R_1 的阻值,对 I 和 U 有没有影响?

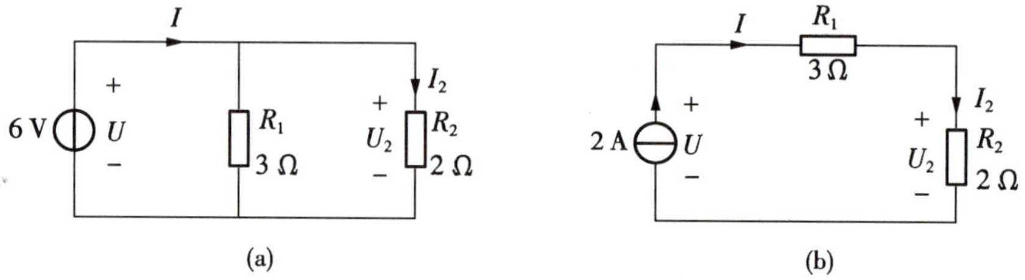

图 1.27　思考题 2 的图

3. 在图 1.28 所示的两个电路中,已知 $E = 2$ V,$I_S = 2$ A,$R = 2$ Ω,试计算通过理想电压源中的电流和理想电流源两端的电压,以及两个电源的功率,并由此说明它们是产生功率还是吸收功率。

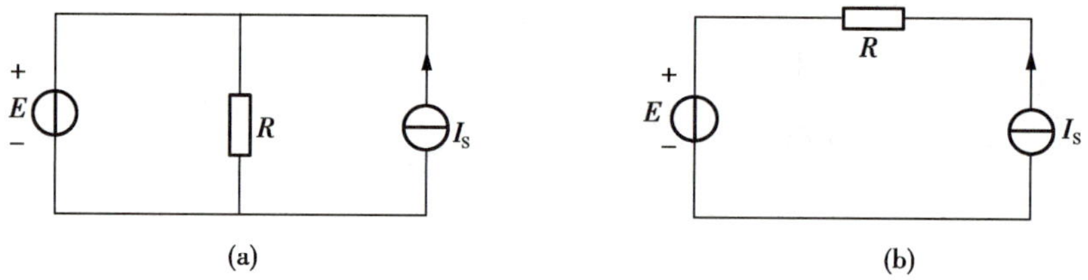

图 1.28　思考题 3 的图

1.5 基尔霍夫定律

欧姆定律和基尔霍夫定律是分析和计算电路的两个基本定律。基尔霍夫定律包括基尔霍夫电流定律(KCL)和基尔霍夫电压定律(KVL)。

基尔霍夫简介

在叙述基尔霍夫定律之前,先结合图 1.29 所示电路介绍与基尔霍夫定律有关的几个电路名词。

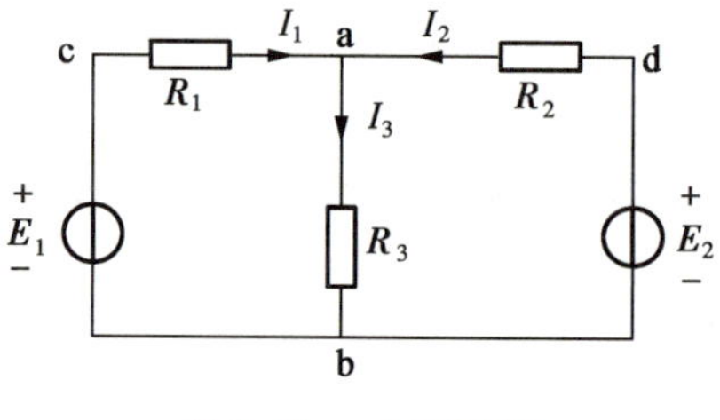

图 1.29　电路示例

(1) 支路。电路中两点之间不分叉的一段电路,称为支路。在图 1.29 中共有

3 条支路：ab、adb 和 acb。

(2) 节点。电路中 3 条或 3 条以上支路的连接点，称为节点。在图 1.29 中共有两个节点：a 和 b。

(3) 回路。电路中的任意一闭合路径，称为回路。图 1.29 中共有 3 个回路：adbca、abca 和 abda。

1.5.1　基尔霍夫电流定律

基尔霍夫电流定律是用来确定节点处各支路电流之间关系的定律，又称基尔霍夫第一定律。它指出：在任意一瞬时，流入节点的电流之和等于从该节点流出的电流之和。

在图 1.29 所示电路中，对于节点 a，可以写出：

$$I_1 + I_2 = I_3$$

或

$$I_1 + I_2 - I_3 = 0$$

即

$$\sum I = 0$$

可见，在任意一瞬时，一个节点上电流的代数和恒等于零。如果规定参考方向向着节点的电流取正号，则背离节点的电流取负号；反之亦然。

根据计算的结果，有些支路的电流可能是负值，这是由于所选定的电流参考方向与实际方向相反。

基尔霍夫电流定律的理论根据是电流的连续性原理。

基尔霍夫电流定律可推广应用于包围部分电路的任意假设的闭合面。

例如，图 1.30 所示的闭合面包围的电路有 3 个节点，应用基尔霍夫电流定律可列出：

对节点 a　$I_1 - I_4 - I_6 = 0$

对节点 b　$I_2 + I_4 - I_5 = 0$

对节点 c　$I_3 + I_5 + I_6 = 0$

将以上三式相加，得

$$I_1 + I_2 + I_3 = 0$$

这一结果与把封闭区域看成一个节点，应用基尔霍夫电流定律列方程所得结果完全相同。这称为基尔霍夫电流定律的推广。

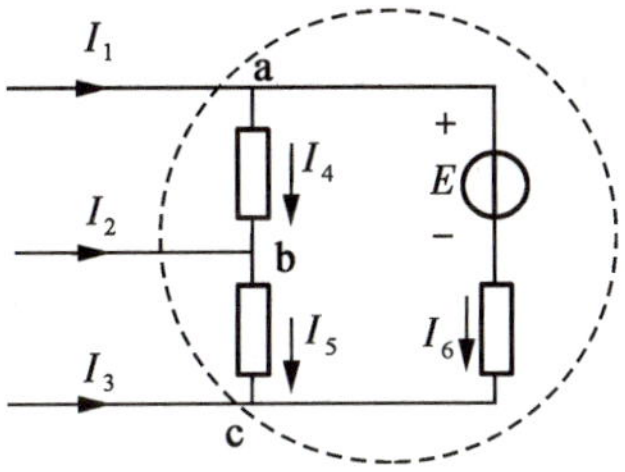

图 1.30　基尔霍夫电流定律的推广应用

例 1.6　图 1.31 所示电路中，已知电流 $I_1 = 6$ A，$I_2 = 5$ A，$I_3 = 4$ A，试求 I_4。

解　由基尔霍夫电流定律有

$$I_1 - I_2 - I_3 - I_4 = 0$$

$$I_4 = I_1 - I_2 - I_3 = 6\text{ A} - 5\text{ A} - 4\text{ A} = -3\text{ A}$$

负号说明电流 I_4 的实际方向与图 1.31 中所标的方向相反。

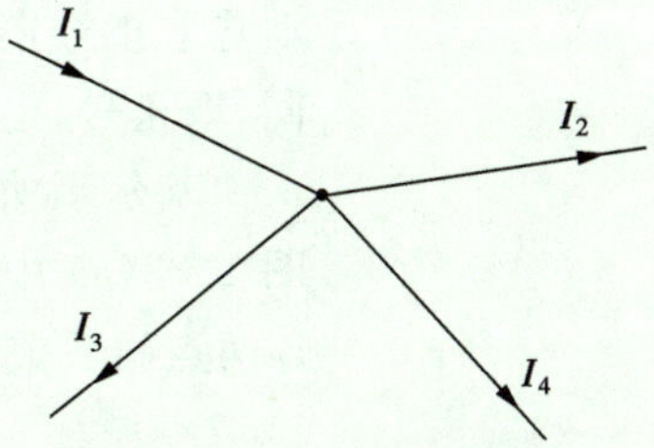

图 1.31　例 1.6 的图

1.5.2 基尔霍夫电压定律

基尔霍夫电压定律是用来确定回路中各部分电压之间关系的定律，又称基尔霍夫第二定律。它指出：在任意一瞬时，沿任意回路循行方向(顺时针或逆时针方向)绕行一周，回路中各部分电压的代数和恒等于零，即

$$\sum U = 0$$

如果规定电位降取正号，则电位升就取负号。

从图1.29所示电路中取出一个回路adbca，并重新画在图1.32中，依次标出各元件上的电压U_1、U_2、U_3、U_4。对每一个回路要规定一循行方向，在图1.32中用虚线和箭头表示。运用基尔霍夫电压定律$\sum U = 0$的关键是各元件上电压正负号的确定。一般规定：凡电压的参考方向与回路循行方向一致者取正号，如图1.32中的U_2、U_3；反之取负号，如图1.32中的U_1和U_4。因此有

$$-U_1 + U_2 + U_3 - U_4 = 0$$

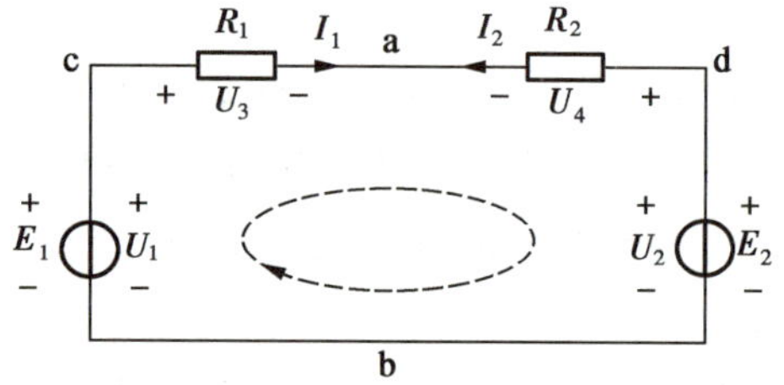

图1.32 回路

显然，若在一个回路中仅有一个元件上的电压未知，则运用基尔霍夫电压定律就能方便地求出该未知电压。

基尔霍夫电压定律也可采用另一种表达形式。由图1.32中可知，电源上的电压U_1、U_2分别等于相应的电动势E_1、E_2，重新改写上式，则有

$$U_3 - U_4 = E_1 - E_2$$

因为$U_3 = I_1R_1$，$U_4 = I_2R_2$，所以有

$$I_1R_1 - I_2R_2 = E_1 - E_2$$

上式可写成

$$\sum IR = \sum E$$

上式就是基尔霍夫电压定律的另一种数学表达式。它表明：在电路的任意一回路中，电动势的代数和恒等于各个电阻上电压降的代数和。式中电压降、电动势取正号还是负号的规则与前述相同。例如，电动势E_1与回路循行方向相同，取正号；电动势E_2与回路循行方向相反，则取负号。

基尔霍夫电压定律也可推广到非闭合回路中求两点间的电压。例如，图1.33(a)中要计算A、B两点间电压U_{AB}，可以作出一个回路循行方向，把A、B两点间看成由电压U_{AB}连起来。由基尔霍夫电压定律，则有

$$-U_{AB} + U_A - U_B = 0$$

即

$$U_{AB} = U_A - U_B$$

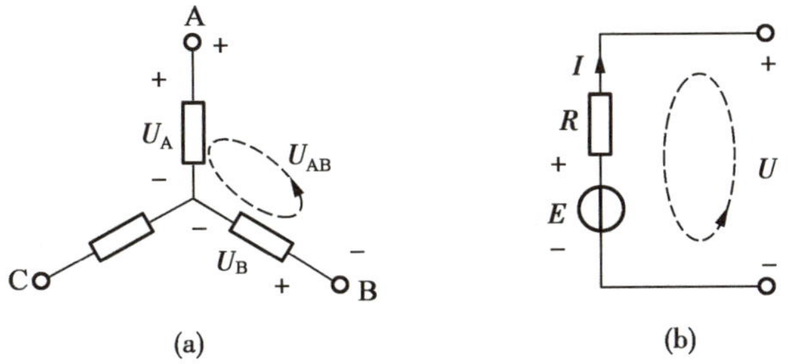

图 1.33　基尔霍夫电压定律的推广应用

对于图 1.33(b) 所示电路可列出

$$-U-IR+E=0$$

这就是一段有源电路的欧姆定律表达式。

例 1.7　图 1.34 所示电路中，已知 $U_1=5$ V，$U_3=3$ V，$I=2$ A，试求 I_2、U_2、R_1、R_2 和电动势 E。

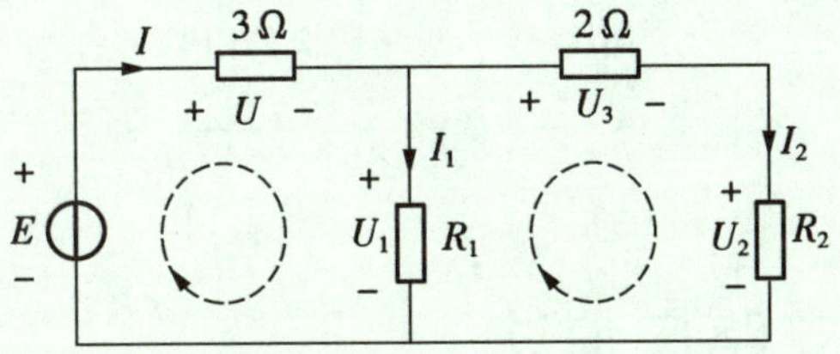

图 1.34　例 1.7 的图

解　① I_2 为通过 2 Ω 电阻的电流，在此电阻上的电压已知为 3 V，故

$$I_2=\frac{3}{2}\text{ A}=1.5\text{ A}$$

② R_1 和 R_2 及 2 Ω 电阻为一回路，由基尔霍夫电压定律得

$$U_2+U_3-U_1=0$$

所以

$$U_2=U_1-U_3=(5-3)\text{V}=2\text{ V}$$

③ 由欧姆定律可求得

$$R_2=\frac{U_2}{I_2}=\frac{2}{1.5}\ \Omega=1.33\ \Omega$$

④ 求电阻 R_1。

根据基尔霍夫电流定律有

$$I_1=I-I_2=(2-1.5)\text{A}=0.5\text{ A}$$

于是由欧姆定律可求得

$$R_1=\frac{U_1}{I_1}=\frac{5}{0.5}\ \Omega=10\ \Omega$$

⑤ E、R_1 及 3 Ω 电阻为一回路，由基尔霍夫电压定律得

$$U+U_1-E=0$$

所以

$$E=U+U_1=(2\times3+5)\text{V}=11\text{ V}$$

思考题

1. 判断下列说法是否正确。

(1) 在节点处各支路电流的方向不能均设为流向节点,否则将只有流入节点的电流而无流出节点的电流。

(2) 利用基尔霍夫电流定律求解某一支路电流时,若改变接在同一节点所有其他已知支路电流的参考方向,将使求得的结果有符号的差别。

(3) 从物理意义上来说,基尔霍夫电流定律对电流的实际方向是正确的,对电流的参考方向也是正确的。

2. 在图 1.35 所示的两个电路中,已知 $E = 10$ V,$I_S = 2$ A,$R = 2$ Ω,求电阻 R 中的电流 I 及其两端的电压 U,并分析电路的功率平衡关系。

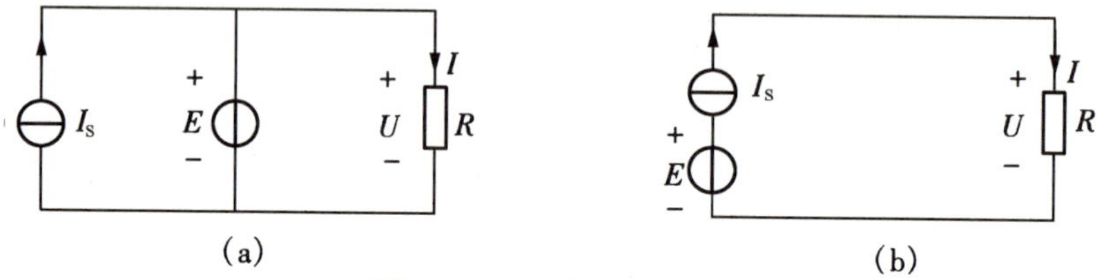

图 1.35 思考题 2 的图

1.6 支路电流法

在分析计算复杂电路的各种方法中,支路电流法是最基本的方法。支路电流法是以支路电流为未知量,根据基尔霍夫电流定律和基尔霍夫电压定律,分别列出电路中的节点电流方程及回路电压方程,然后联立求解出各支路中的电流。

下面以图 1.36 所示电路为例,说明支路电流法的应用。

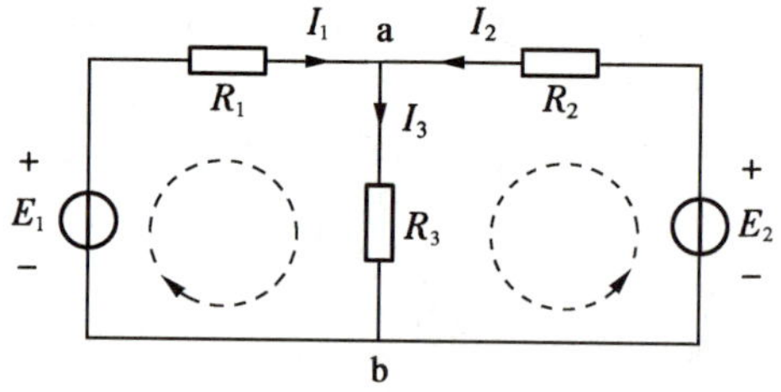

图 1.36 支路电流法举例

电路中有几条支路,就有几个未知量。在图 1.36 所示电路中,支路数 $b = 3$,节点数 $n = 2$,共要列出 3 个独立方程。电动势和未知电流的参考方向如图 1.36 所示。

首先,应用基尔霍夫电流定律分别对节点 a、b 列方程,则有

$$I_1 + I_2 - I_3 = 0$$

$$-I_1 - I_2 + I_3 = 0$$

以上两式是等价的，其中一个方程式可由另一个方程式变换得到，是非独立方程。一般地说，对具有 n 个节点的电路，应用基尔霍夫电流定律只能列出 $(n-1)$ 个独立方程。

其次，应用基尔霍夫电压定律列出其余 $[b-(n-1)]$ 个方程。通常，普遍采用的方法是取单孔回路（单孔回路又称为网孔，是内部没有包含任何支路的特殊回路）来列出电压方程。在图 1.36 中有两个单孔回路。若分别对左侧和右侧单孔回路列出基尔霍夫电压方程，则有

$$E_1 = I_1R_1 + I_3R_3$$
$$E_2 = I_2R_2 + I_3R_3$$

单孔回路的数目恰好等于 $b-(n-1)$。

应用基尔霍夫电流定律和基尔霍夫电压定律一共可列出 $(n-1)+[b-(n-1)]=b$ 个独立方程，所以能求出 b 个支路电流。

本例中可得方程组

$$\begin{cases} I_1 + I_2 - I_3 = 0 \\ R_1I_1 + R_3I_3 = E_1 \\ R_2I_2 + R_3I_3 = E_2 \end{cases}$$

解方程组，求出各支路电流为

$$\begin{cases} I_1 = \dfrac{E_1}{R_1 + \dfrac{R_2R_3}{R_2+R_3}} - \dfrac{E_2}{R_2 + \dfrac{R_1R_3}{R_1+R_3}} \times \dfrac{R_3}{R_1+R_3} \\ I_2 = \dfrac{E_2}{R_2 + \dfrac{R_1R_3}{R_1+R_3}} - \dfrac{E_1}{R_1 + \dfrac{R_2R_3}{R_2+R_3}} \times \dfrac{R_3}{R_2+R_3} \\ I_3 = \dfrac{E_1}{R_1 + \dfrac{R_2R_3}{R_2+R_3}} \times \dfrac{R_2}{R_2+R_3} + \dfrac{E_2}{R_2 + \dfrac{R_1R_3}{R_1+R_3}} \times \dfrac{R_1}{R_1+R_3} \end{cases}$$

对于复杂电路，一般采用行列式计算较方便。

最后是验算，将求出的各支路电流代入未按基尔霍夫电压定律列方程的回路方程中，若方程两边平衡，则结果正确，否则结果有误。

例 1.8　在图 1.37 所示的电路中，已知 $E_1=140\ \text{V}$，$E_2=90\ \text{V}$，$R_1=20\ \Omega$，$R_2=5\ \Omega$，$R_3=6\ \Omega$。求各支路电流，并证明电源产生的功率等于电阻上消耗的总功率。

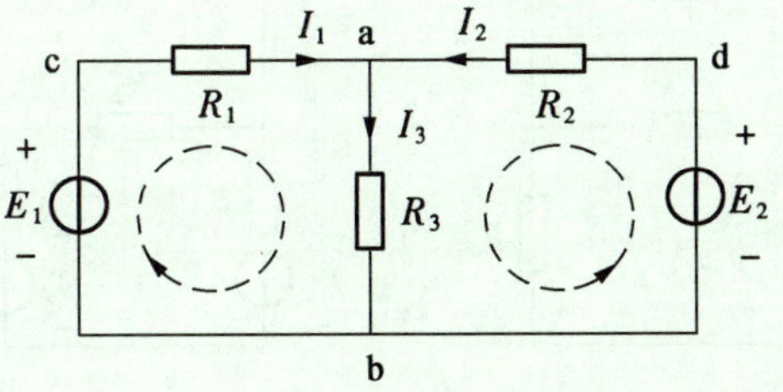

图 1.37　例 1.8 的图

解 ① 支路电流 I_1、I_2、I_3 的参考方向及两个单孔回路的循行方向如图 1.37 所示。

② 按基尔霍夫电流定律和基尔霍夫电压定律分别列方程并代入数值,可得

$$\begin{cases} I_1 + I_2 - I_3 = 0\ \text{A} \\ 20I_1 + 6I_3 = 140\ \text{A} \\ 5I_2 + 6I_3 = 90\ \text{A} \end{cases}$$

解得

$$\begin{cases} I_1 = 4\ \text{A} \\ I_2 = 6\ \text{A} \\ I_3 = 10\ \text{A} \end{cases}$$

③ 验算。取非单孔回路 adbca,用基尔霍夫电压定律验算:

$$R_1I_1 - R_2I_2 + E_2 - E_1 = (20\times4 - 5\times6 + 90 - 140)\text{V} = 0\ \text{V}$$

表明所求的各电流值是正确的。

④ 求电源功率。140 V 电源 E_1,电流与电动势方向相同,产生的功率为

$$P_{E_1} = E_1I_1 = 140\times4\ \text{W} = 560\ \text{W}$$

90 V 电源 E_2,电流与电动势方向也相同,产生的功率为

$$P_{E_2} = E_2I_2 = 90\times6\ \text{W} = 540\ \text{W}$$

电源产生的总功率为

$$P_E = P_{E_1} + P_{E_2} = (560 + 540)\text{W} = 1\ 100\ \text{W}$$

电阻消耗的功率为

$$\begin{aligned} P_R &= P_{R_1} + P_{R_2} + P_{R_3} \\ &= I_1^2R_1 + I_2^2R_2 + I_3^2R_3 \\ &= (4^2\times20 + 6^2\times5 + 10^2\times6)\text{W} \\ &= (320 + 180 + 600)\text{W} = 1\ 100\ \text{W} \end{aligned}$$

可见,$P_E = P_R$,满足电源产生的功率与负载消耗的功率平衡的规律。

思考题

1. 图 1.37 所示电路共有 3 个回路,是否也可应用基尔霍夫电压定律列出 3 个方程求解 3 个支路电流?

2. 图 1.38 所示两个电路各有多少条支路?在图 1.38 上画出支路电流,并自选参考方向,然后分别对两个电路列出求解各支路电流所需的方程。

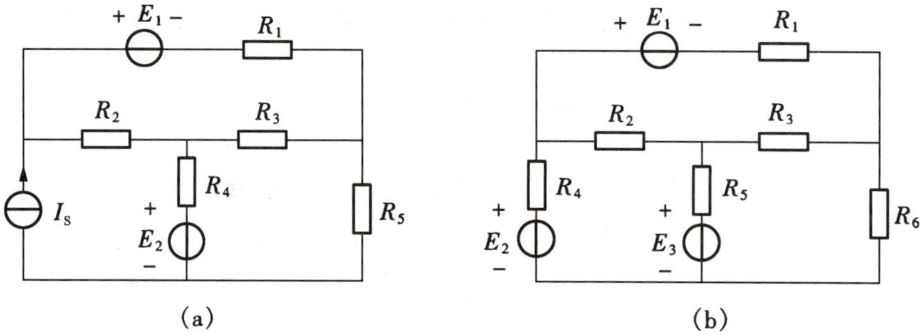

图 1.38 思考题 2 的图

1.7 节点电压法

对于支路数或网孔数较多，而节点数较少的电路，用节点电压法求解较为方便。如图1.39所示，该电路仅有两个节点 a 和 b，节点间的电压称为节点电压，在图中参考方向是由 a 指向 b。若已求出两节点间的电压 U，就可以用欧姆定律求出各支路电流，即

$$\begin{cases} I_1 = \dfrac{E_1 - U}{R_1} \\ I_2 = \dfrac{E_2 - U}{R_2} \\ I_3 = \dfrac{-E_3 - U}{R_3} \\ I_4 = \dfrac{U}{R_4} \end{cases}$$

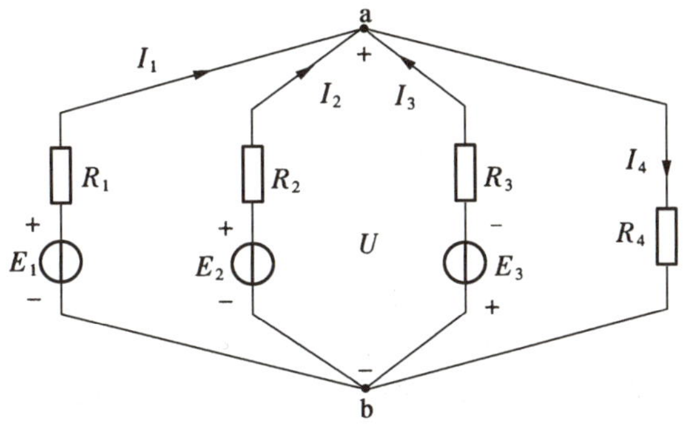

图 1.39　节点电压法举例

计算节点电压 U 的公式可应用基尔霍夫电流定律得出。在图 1.39 中，

$$I_1 + I_2 + I_3 - I_4 = 0$$

将 I_1、I_2、I_3、I_4 的各表达式代入上式，则得

$$\frac{E_1 - U}{R_1} + \frac{E_2 - U}{R_2} + \frac{-E_3 - U}{R_3} - \frac{U}{R_4} = 0$$

将上式整理可得

$$U = \frac{\dfrac{E_1}{R_1} + \dfrac{E_2}{R_2} - \dfrac{E_3}{R_3}}{\dfrac{1}{R_1} + \dfrac{1}{R_2} + \dfrac{1}{R_3} + \dfrac{1}{R_4}} = \frac{\sum \dfrac{E}{R}}{\sum \dfrac{1}{R}}$$

上式就是在只有两个节点时求节点电压的公式，又称为弥尔曼定理。

在上式中，分母的各项总为正；分子的各项可以为正，也可以为负。当电动势与节点电压的参考方向相反时取正号，相同时取负号。

例 1.9 用节点电压法计算图 1.37 所示电路的各支路电流。

解 设节点电压 U 的参考方向由 a 指向 b,则可得

$$U=\frac{\frac{E_1}{R_1}+\frac{E_2}{R_2}}{\frac{1}{R_1}+\frac{1}{R_2}+\frac{1}{R_3}}=\frac{\frac{140}{20}+\frac{90}{5}}{\frac{1}{20}+\frac{1}{5}+\frac{1}{6}}\text{ V}=60\text{ V}$$

则

$$I_1=\frac{E_1-U}{R_1}=\frac{140-60}{20}\text{ A}=4\text{ A}$$

$$I_2=\frac{E_2-U}{R_2}=\frac{90-60}{5}\text{ A}=6\text{ A}$$

$$I_3=\frac{U}{R_3}=\frac{60}{6}\text{ A}=10\text{ A}$$

对节点 b 校验电流关系有

$$-I_1-I_2+I_3=(-4-6+10)\text{A}=0\text{ A}$$

表明计算正确。

思考题

1. 弥尔曼定理能否用于求解多于两个节点的电路?为什么?

2. 图 1.40 所示电路也只有两个节点 a 和 b,与图 1.39 所示电路不同的是该电路中除电压源外还有电流源,试推导求解该电路节点电压 U 的公式,并写出计算支路电流 I_1、I_2 和 I_3 的表达式。

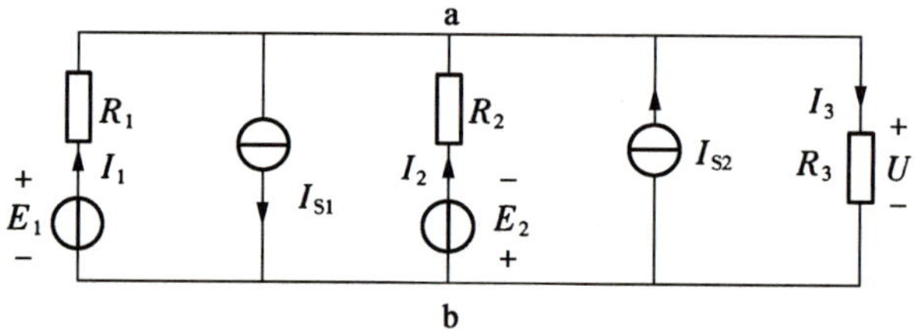

图 1.40 思考题 2 的图

1.8 叠加原理

叠加原理

在有多个电源的线性电路中,多个电源共同作用时在任意一支路中所产生的电流(或电压),等于各个电源(电压源或电流源)分别作用时在该支路中所产生的电流(或电压)的代数和。这个关于各个电源作用的独立性原理,称为叠加原理。

现以图 1.36 所示电路为例，来证明叠加原理的正确性。为了表达清楚，将图 1.36 重新画出，如图 1.41(a) 所示。

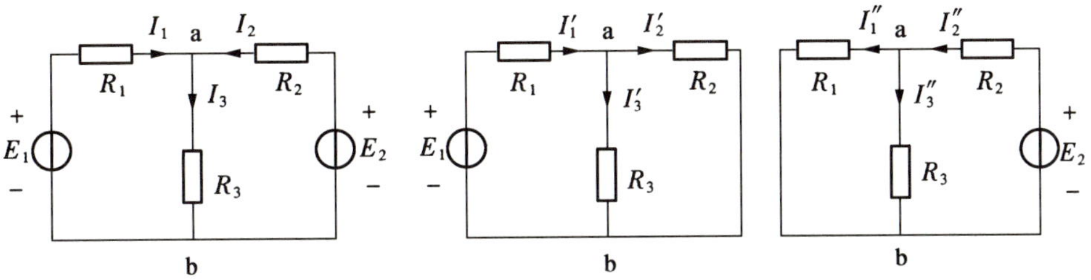

(a) 两个电源共同作用　(b) E_1 单独作用　(c) E_2 单独作用

图 1.41　叠加原理示例

图 1.41(b) 所示电路只有 E_1 单独作用，可以计算出

$$\begin{cases} I_1' = \dfrac{E_1}{R_1 + \dfrac{R_2 R_3}{R_2 + R_3}} \\ I_2' = I_1' \dfrac{R_3}{R_2 + R_3} \\ I_3' = I_1' \dfrac{R_2}{R_2 + R_3} \end{cases}$$

图 1.41(c) 所示电路只有 E_2 单独作用，可以计算出

$$\begin{cases} I_2'' = \dfrac{E_2}{R_2 + \dfrac{R_1 R_3}{R_1 + R_3}} \\ I_1'' = I_2'' \dfrac{R_3}{R_1 + R_3} \\ I_3'' = I_2'' \dfrac{R_1}{R_1 + R_3} \end{cases}$$

按图 1.41 所示的参考方向，可以写出当 E_1 和 E_2 同时作用时各支路的电流分别为

$$I_1 = I_1' - I_1''$$
$$I_2 = -I_2' + I_2''$$
$$I_3 = I_3' + I_3''$$

其中，I_1' 与 I_1 参考方向相同，所以取正号，而 I_1'' 与 I_1 参考方向相反，所以取负号。另外两式类似。

由以上各式就可以得到用支路电流法所得到的各支路电流的表达式。这就证明了叠加原理的正确性。

最后着重指出：叠加原理只适用于线性电路，线性电路中的电流或电压可以用叠加原理来求解，但功率的计算不能用叠加原理。例如，图 1.41(a) 中电阻 R_3 上的功率计算为

$$P_3 = I_3^2 R_3 = (I_3' + I_3'')^2 R_3 = I_3'^2 R_3 + 2I_3' I_3'' R_3 + I_3''^2 R_3$$

对于图 1.41(b)、(c) 分别可写出

$$P'_3 = I'^2_3 R_3$$

$$P''_3 = I''^2_3 R_3$$

显然

$$P_3 \neq P'_3 + P''_3$$

例 1.10 电路如图 1.42(a) 所示,试用叠加原理计算流过电阻 R_2 的电流 I 和电流源上的电压 U。

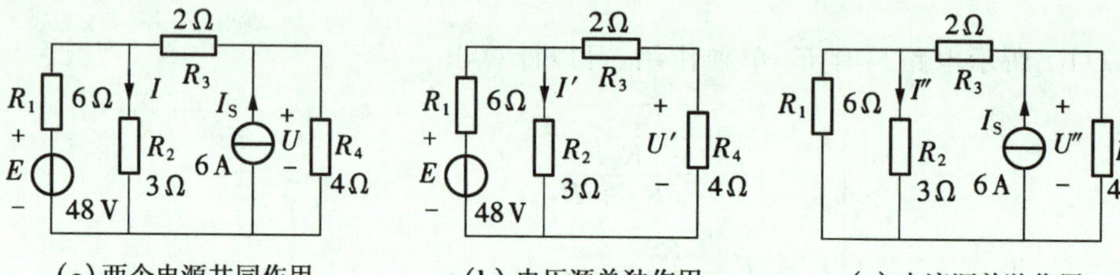

图 1.42 例 1.10 的图

解 画出两个电源单独作用的电路,分别如图 1.42(b)、(c) 所示。

由图 1.42(b) 可得

$$I' = \frac{E}{R_1 + \dfrac{R_2(R_3+R_4)}{R_2+R_3+R_4}} \times \frac{R_3+R_4}{R_2+R_3+R_4}$$

$$= \frac{48}{6+\dfrac{3\times(2+4)}{3+2+4}} \times \frac{2+4}{3+2+4}\ \text{A} = 4\ \text{A}$$

$$U' = R_2 I' \frac{R_4}{R_3+R_4} = 3\times 4\times\frac{4}{2+4}\ \text{V} = 8\ \text{V}$$

同理,由图 1.42(c) 可得

$$U'' = I_S \frac{R_4\left(R_3+\dfrac{R_1R_2}{R_1+R_2}\right)}{R_4+\left(R_3+\dfrac{R_1R_2}{R_1+R_2}\right)} = 6\times\frac{4\times\left(2+\dfrac{6\times 3}{6+3}\right)}{4+\left(2+\dfrac{6\times 3}{6+3}\right)}\ \text{V} = 12\ \text{V}$$

$$I'' = \frac{U''}{R_3+\dfrac{R_1R_2}{R_1+R_2}} \times \frac{R_1}{R_1+R_2} = \frac{12}{2+\dfrac{6\times 3}{6+3}} \times \frac{6}{6+3}\ \text{A} = 2\ \text{A}$$

显然

$$U = U' + U'' = (8+12)\text{V} = 20\ \text{V}$$

$$I = I' + I'' = (4+2)\text{A} = 6\ \text{A}$$

思考题

1. 电路如图 1.43 所示，试用叠加原理求电流 I_1、I_2。
2. 电路如图 1.44 所示，试用叠加原理求 100 kΩ 电阻两端的电压。

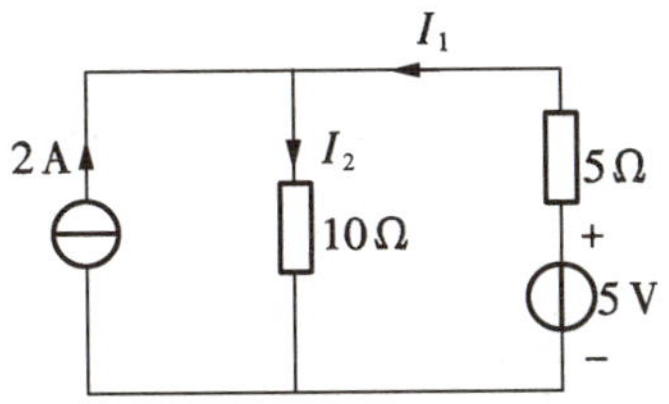

图 1.43　思考题 1 的图

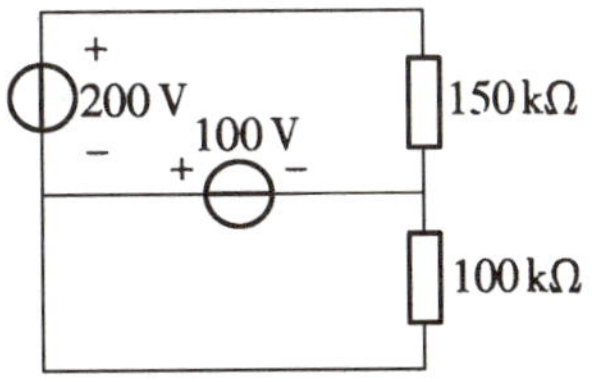

图 1.44　思考题 2 的图

1.9 等效电源定理

对于一个复杂电路，有时只需要计算其中某一条支路的电流或电压，如果用前几节所述的方法来计算，则必然会引出一些不需要的电流或电压来。为了使计算简便些，常常采用等效电源定理。

在介绍等效电源定理之前，先介绍二端网络的概念。

所谓二端网络，就是具有两个出线端的部分电路。其中，含有电源的二端网络称为有源二端网络；不含电源的二端网络称为无源二端网络。二端网络可以是简单的或任意复杂的电路。

当需要计算复杂电路中的某一支路时，可以将该支路（如图 1.45 中的 ab 支路，其中电阻为 R_L）划出，则其余部分就是一个有源二端网络[图 1.45(a) 中的虚线方框部分]。它对于所要计算的支路而言，仅相当于一个电源，因此，这个有源二端网络就可以简化为一个等效电源。经过等效变换后，ab 支路中的电流及其两端电压没有变动。

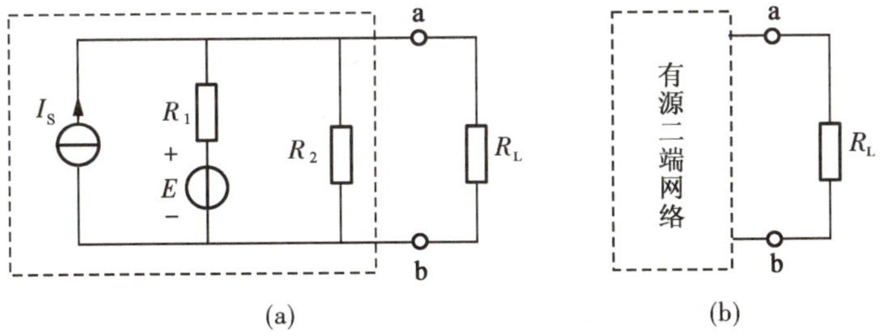

图 1.45　有源二端网络

根据本章 1.4 节所述，一个电源可以用两种电路模型来表示：一种是电动势为 E 的理想电压源和内阻 R_0 串联的电路（电压源）；一种是电流为 I_S 的理想电流源和内阻 R_0 并联的电路（电流源）。

戴维南定理

奥卡姆剃刀原理

相应于二端网络的两种等效电源,等效电源定理有下述两个定理。

1.9.1 戴维南定理

戴维南定理指出:任何一个线性有源二端网络,都可以用一个电动势为 E 的理想电压源和内阻 R_0 串联所组成的电压源来等效代替。等效电源的电动势 E 等于该有源二端网络的开路电压 U_O。等效电源的内阻 R_0 等于该有源二端网络中所有电源均去除(理想电压源短路,理想电流源开路)后所得到的无源二端网络两端之间的等效电阻,如图 1.46 所示。待求的支路 ab 中的电流即为

$$I = \frac{E}{R_0 + R_L}$$

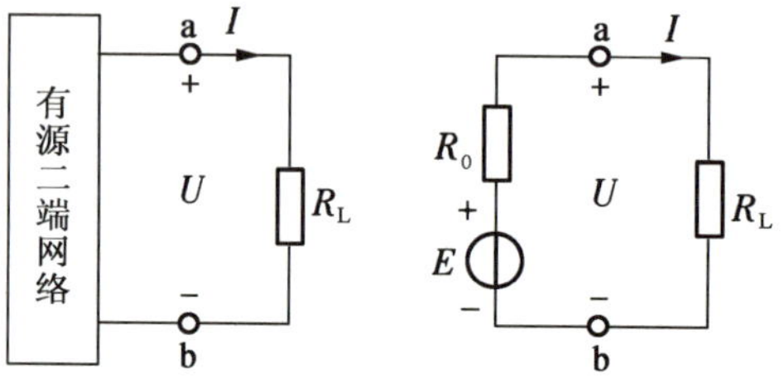

(a) 有源二端网络　　(b) 等效电路

图 1.46　戴维南定理示例

例 1.11　用戴维南定理计算例 1.8 中的支路电流 I_3。

解　图 1.37 所示的电路可简化为图 1.47 所示的等效电路。

等效电源的电动势 E 可以由图 1.48(a) 求得。因为

$$I = \frac{E_1 - E_2}{R_1 + R_2} = \frac{140 - 90}{20 + 5}\ \mathrm{A} = 2\ \mathrm{A}$$

所以

$$E = U_O = E_1 - IR_1 = (140 - 2 \times 20)\mathrm{V} = 100\ \mathrm{V}$$

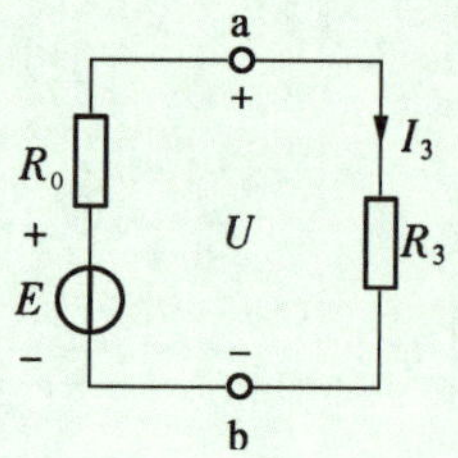

图 1.47　例 1.11 的图 1

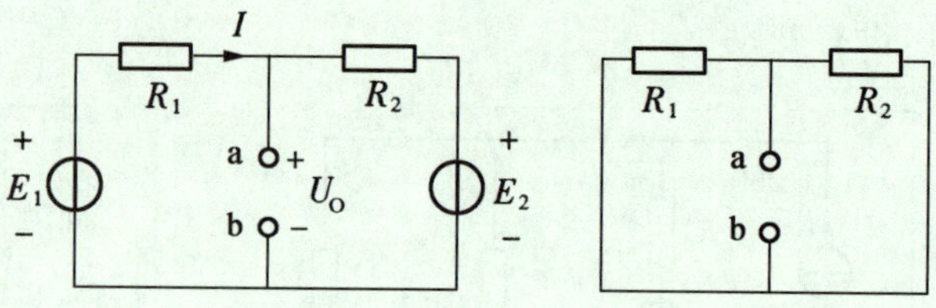

(a)　　(b)

图 1.48　例 1.11 的图 2

等效电源内阻 R_0 可由图 1.48(b) 求得,即

$$R_0 = \frac{R_1 R_2}{R_1 + R_2} = \frac{20 \times 5}{20 + 5}\ \Omega = 4\ \Omega$$

因此，由图 1.47 可求出

$$I_3 = \frac{E}{R_0 + R_3} = \frac{100}{6+4}\ \text{A} = 10\ \text{A}$$

结果与例 1.8 一致。

例 1.12　求图 1.49 所示电路中 R_L 支路中的电流 I_L。

解　按照戴维南定理，移去 R_L 支路，留下的有源二端网络仍不便用一个等效电源表示；但如果分别求出 a、b 和 c、d 之间的等效电源，则整个电路将成为简单的串联电路，可以很方便地求出 I_L。

① 求 a、b 两端左边电路的等效电源。

$$I_1 = \frac{E_1 - E_2}{R_1 + R_2} = \frac{40-22}{6+3}\ \text{A} = 2\ \text{A}$$

$$E_{01} = I_1R_2 + E_2 = (2\times 3 + 22)\text{V} = 28\ \text{V}(\text{上正下负})$$

$$R_{01} = \frac{R_1R_2}{R_1+R_2} = \frac{6\times 3}{6+3}\ \Omega = 2\ \Omega$$

② 求 c、d 两端右边电路的等效电源。

$$I_2 = \frac{E_4}{R_4+R_5+R_6} = \frac{20}{10+8+2}\ \text{A} = 1\ \text{A}$$

$$E_{02} = I_2R_4 = 1\times 10\ \text{V} = 10\ \text{V}(\text{上负下正})$$

$$R_{02} = \frac{R_4(R_5+R_6)}{R_4+R_5+R_6} = \frac{10\times(8+2)}{10+8+2}\ \Omega = 5\ \Omega$$

③ 求 R_L 支路中的电流 I_L。

将图 1.49 所示电路左右两边用等效电压源代替，得到图 1.50 所示电路，从而求得

$$I_L = \frac{E_{01}+E_3+E_{02}}{R_{01}+R_{02}+R_3+R_L} = \frac{28+26+10}{2+5+3+6}\ \text{A} = 4\ \text{A}$$

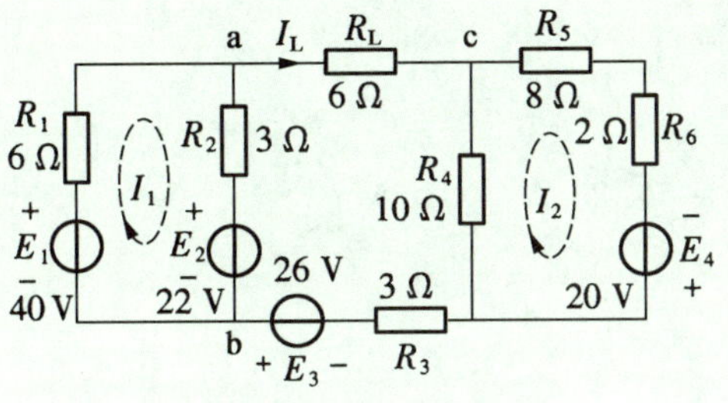

图 1.49　例 1.12 的图 1

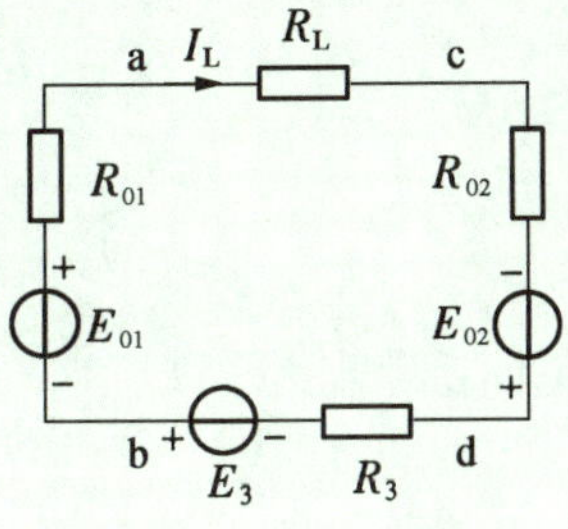

图 1.50　例 1.12 的图 2

1.9.2　诺顿定理

任何一个线性有源二端网络，都可以用一个理想电流源 I_S 和内阻 R_0 并联所组成的电流源来等效代替（见图 1.51）。等效电源的电流 I_S 等于该有源二端网络的短路电流。等效电源的内阻 R_0 等于该有源二端网络中所有电源均去除（理想电压源短路，理想电流源开路）后所得到的无源二端网络 a、b 两端之间的

等效电阻。这就是诺顿定理。显然,待求支路 ab 中的电流即为

$$I=\frac{R_0}{R_0+R_L}I_S$$

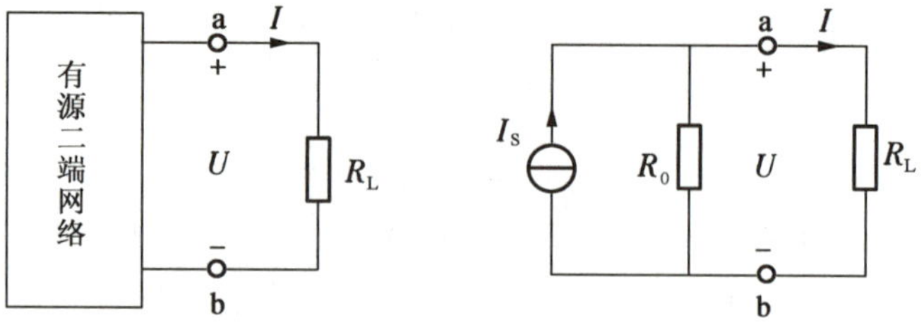

(a) 有源二端网络 (b) 等效电路

图 1.51 诺顿定理示例

例 1.13 用诺顿定理求例 1.8 中的支路电流 I_3。

解 图 1.37 所示电路可化简为图 1.52 所示电路。

等效电流源的电流 I_S 可由图 1.53 求得,即

$$I_S=\frac{E_1}{R_1}+\frac{E_2}{R_2}=\left(\frac{140}{20}+\frac{90}{5}\right)\text{A}=25\ \text{A}$$

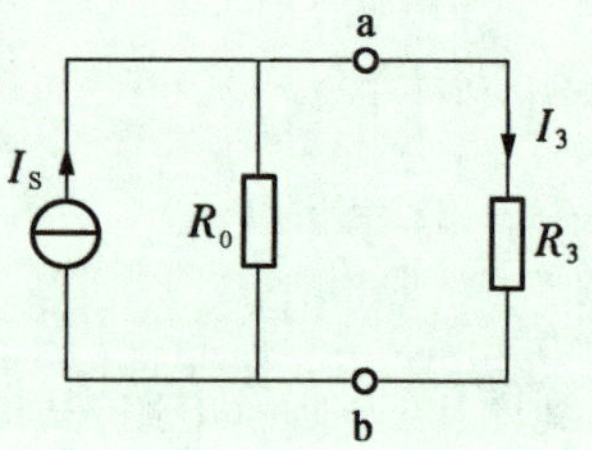

图 1.52 例 1.13 的图 1

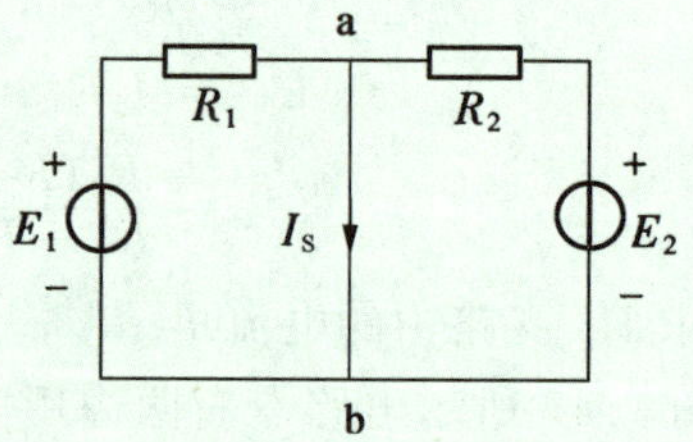

图 1.53 例 1.13 的图 2

等效电流源的内阻 R_0 与例 1.11 一样,可由图 1.48(b) 求得

$$R_0=4\ \Omega$$

于是

$$I_3=\frac{R_0}{R_0+R_3}I_S=\frac{4}{4+6}\times25\ \text{A}=10\ \text{A}$$

结果与例 1.8 一致。

思考题

1.(1) 某有源二端网络的开路电压为 10 V,接上 12 Ω 电阻后的电压为 8 V,试求出该有源二端网络的等效电压源和等效电流源。

(2) 某有源二端网络的开路电压为 U_O,接上负载 R_L 后的电压为 U_1,试证明该有源二端网络等效电源的内阻为

$$R_0=\left(\frac{U_O}{U_1}-1\right)R_L$$

2. 分别应用戴维南定理和诺顿定理将图 1.54 所示各电路化为等效电压源和等效电流源。

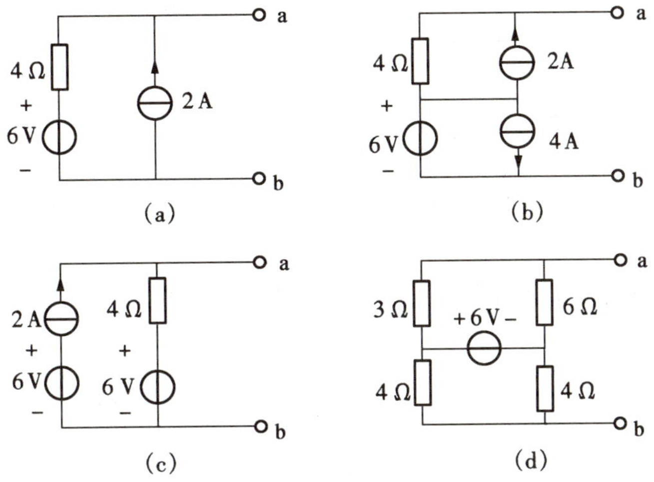

图 1.54　思考题 2 的图

1.10 电位的概念及计算

1.10.1　电位的概念

电位的概念对实际电路的测量十分重要。电路中某点的电位就是该点与电位参考点之间的电压。一个复杂电路的元器件数目相当可观，为了了解其工作状态，需要用万用表、示波器等仪器进行测量。若要测出任意元器件两端的电压，可以把仪器两个输入端中的一个固定接在被测电路选定的参考点上，即可单手操作测量各点的电位，进而可求出任意两点间的电压。这种测量方法既方便又安全。

应用电位的概念对电路进行分析可使问题简化。特别是在分析电子电路时，往往需要分析、计算电路中某些点的电位，这样会使问题更简单、明确。例如，对于二极管来讲，只有当阳极电位高于阴极电位时才导通，否则就截止。

在电路图中，电位的参考点用符号“⊥”表示。

在画电路图时可以不将电压源的正、负端全部画出连成闭合回路，这样可使整个电路图看起来较为简洁，这就是电路的习惯画法，即电压源不用图形符号表示而改为只标出其极性和电压值。这样，图 1.55(a) 可改画为图1.55(b)，a 端标出 $+E_1$，b 端标出$+E_2$，意为电压源 E_1 的正极接在 a 端，E_2 的正极接在 b 端，a、b 两端的电位值分别等于两个电压源的电动势 E_1 和 E_2，而负极都接在参考点。为了表达清楚，常将电压源的电位标在图的上、下、左、右，尽可能不标在中间，如图 1.55(b) 所示。

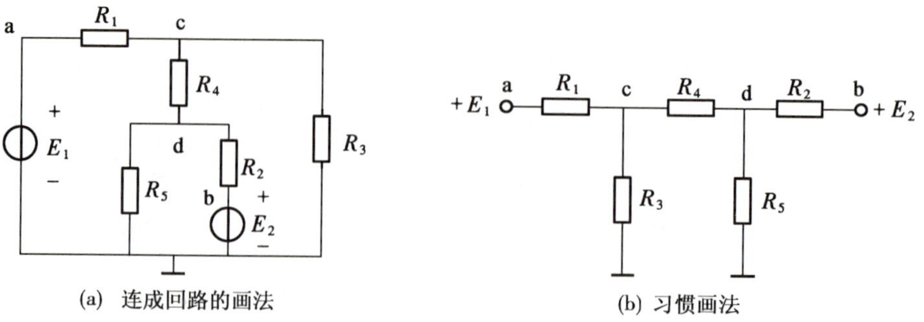

图 1.55 电路的两种画法

显然,若电路中各电压源无公共端,就不能采用上述习惯画法,如图 1.56 所示。

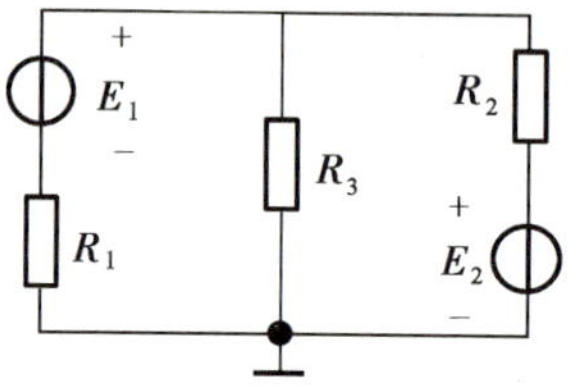

图 1.56 不能采用习惯画法的电路

1.10.2 电位的计算

计算电路中各点的电位时,应先选定电路中某一点作为参考点,并规定参考点的电位为零,则电路中其他各点的电位就等于各点与参考点之间的电压。所以,电路中电位的计算也就是电压的计算。

在实际应用中,参考点是可以任意选取的,但一个电路只能选定一个参考点。参考点选定后,电路中各点的电位就只有唯一的值,即具体到某点电位在同一电路中具有单值性。

在图 1.57(a)所示电路中,如果选 b 点为参考点,如图 1.57(b)所示,则有 b 点的电位 $V_b=0$,其他各点的电位分别为

$$V_a=U_{ab}=10\times 6\ \text{V}=60\ \text{V}$$
$$V_c=U_{cb}=140\ \text{V}$$
$$V_d=U_{db}=90\ \text{V}$$

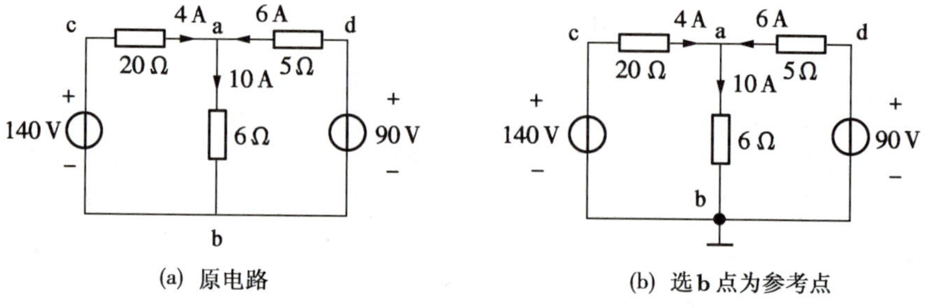

图 1.57 电位计算示例

计算结果表明:a、c、d 三点的电位均比 b 点的电位高,具有正电位。

在电路中，知道各点电位后，任意两点之间的电压就能由两点之间的电位差很方便地求得。例如，c、d 两点之间的电压为

$$U_{cd} = V_c - V_d = (140 - 90)\text{V} = 50\ \text{V}$$

同一电路，若选用不同的参考点，则各点电位的数值不同。图 1.57(a) 所示电路，若选取 d 点为参考点，如图 1.58 所示，则有 $V_d = 0$。其他各点的电位可以计算如下：

$$V_a = U_{ad} = -6 \times 5\ \text{V} = -30\ \text{V}$$

$$V_c = U_{cb} - U_{db} = (140 - 90)\text{V} = 50\ \text{V}$$

$$V_b = -U_{db} = -90\ \text{V}$$

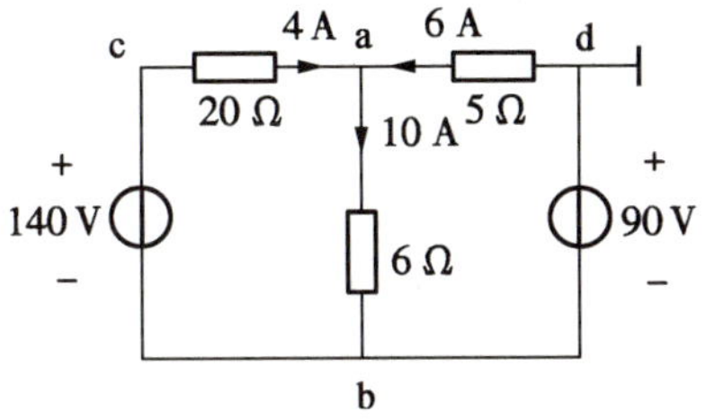

图 1.58　电位计算图($V_d = 0$)

计算结果表明，c 点电位比参考点电位高 50 V，具有正电位。a、b 两点电位比参考点电位低，具有负电位。c、d 两点之间的电位差(即电压) 为

$$U_{cd} = V_c - V_d = V_c = 50\ \text{V}$$

可见，电路中任意两点之间的电压不随参考点的改变而变化。

从电位计算的一般原则来说，参考点的选取虽然是可以任意的，但大部分情况下，将支路汇集最多的节点选为参考点可使计算较为方便。此外，作图时，一般也将参考点画在电路的底部，分析计算比较方便。

例 1.14　在图 1.59 所示电路中，已知 $E_1 = 5$ V，$E_2 = 20$ V，$E_3 = 30$ V，$E_4 = 15$ V，$E_5 = 60$ V，$R_1 = 7\ \Omega$，$R_2 = 20\ \Omega$，$R_3 = 15\ \Omega$。求图 1.59 中各点的电位，并计算电阻 R_1、R_2 和 R_3 上的电流 I_1、I_2 和 I_3。

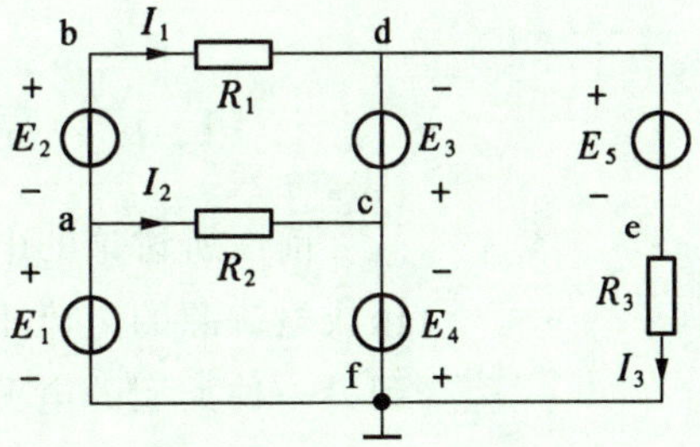

图 1.59　例 1.14 的图

解　根据电位的概念，有

$$V_a = E_1 = 5\ \text{V}$$

$$V_b = V_a + E_2 = (5 + 20)\text{V} = 25\ \text{V}$$

$$V_c = -E_4 = -15\ \text{V}$$

$$V_d = V_c - E_3 = (-15 - 30)\text{V} = -45\ \text{V}$$

$$V_e = V_d - E_5 = (-45 - 60)\text{V} = -105\ \text{V}$$

由上可得

$$U_{bd} = V_b - V_d = [25 - (-45)]\text{V} = 70\ \text{V}$$

$$U_{ac} = V_a - V_c = [5 - (-15)]\text{V} = 20\ \text{V}$$

$$U_{ef} = V_e - V_f = V_e = -105\ \text{V}$$

所以各电阻上的电流分别为

$$I_1=\frac{U_{bd}}{R_1}=\frac{70}{7}\ \text{A}=10\ \text{A}$$

$$I_2=\frac{U_{ac}}{R_2}=\frac{20}{20}\ \text{A}=1\ \text{A}$$

$$I_3=\frac{U_{ef}}{R_3}=\frac{-105}{15}\ \text{A}=-7\ \text{A}$$

思考题

1. 在图1.60所示电路中,零电位参考点在哪里?画电路表示出来,并求出a点的电位。
2. 在图1.61所示电路中,求出开关S断开和闭合两种情况下的a点电位。

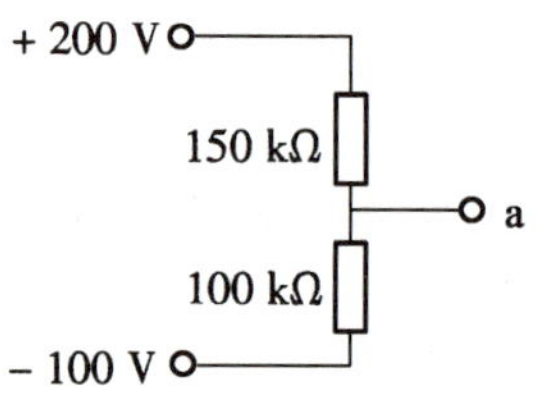

图1.60 思考题1的图

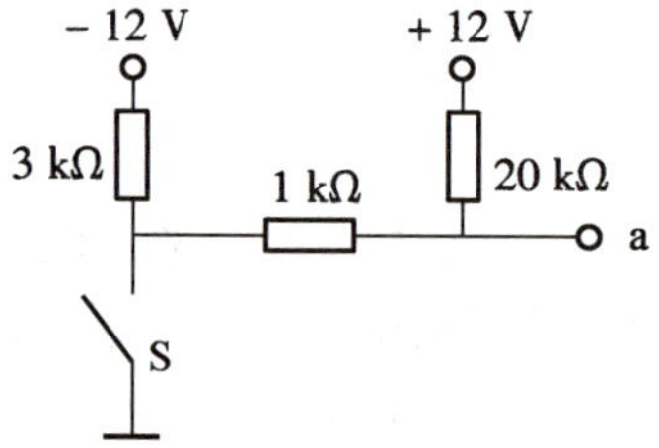

图1.61 思考题2的图

1.11 含受控电源电路

1.11.1 受控电源

前面所讨论的电压源和电流源,都是独立电源。所谓独立,就是电压源的电压或电流源的电流不受外电路的控制而独立存在。此外,在电子电路中还会遇到另一种类型的电源:电压源的电压或电流源的电流,是受电路中其他支路的电压或电流控制的,这种电源称为受控电源。受控电源有两对端钮:一对为其输出电压或电流的端钮,称为输出端钮;另一对为控制端钮,或称为输入端钮,输入控制量。因此,受控电源是四端元件。

根据受控电源是电压源还是电流源,控制量是支路电流还是电压,受控电源分为4种不同的类型:电压控制电压源(VCVS)、电流控制电压源(CCVS)、电压控制电流源(VCCS)和电流控制电流源(CCCS)。4种理想受控电源模型如图1.62所示。

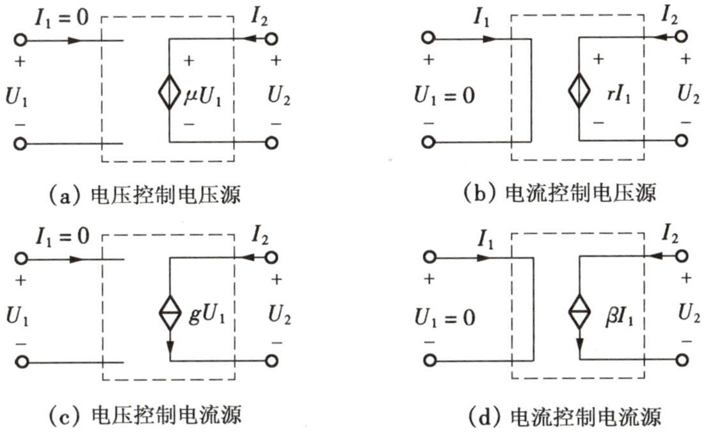

图 1.62　4 种理想受控电源模型

受控电源的受控量与控制量之比，称为受控电源的参数。图 1.62 中 μ、r、g、β 分别为 4 种受控电源的参数。具体定义如下：

VCVS 中，$\mu=\dfrac{U_2}{U_1}$，称为电压放大倍数；

CCVS 中，$r=\dfrac{U_2}{I_1}$，称为转移电阻；

VCCS 中，$g=\dfrac{I_2}{U_1}$，称为转移电导；

CCCS 中，$\beta=\dfrac{I_2}{I_1}$，称为电流放大倍数。

当它们为常数时，受控电源是线性的。

受控电源中输入端的电阻称为输入电阻，输出端的电阻称为输出电阻。

所谓理想受控电源，是指它的输入端(控制端)和输出端(受控端)都是理想的。在输入端，对电压控制的受控电源来说，其输入电阻为无穷大，如图 1.62(a)、(c) 所示，输入端用开路表示；对电流控制的受控电源来说，其输入电阻为零，如图 1.62(b)、(d) 所示，输入端用短路线连接，这样，输出端的功率为零。在输出端，对受控电压源来说，输出电阻为零，输出电压恒定，如图 1.62(a)、(b) 所示；对受控电流源来说，输出电阻为无穷大，输出电流恒定，如图 1.62(c)、(d) 所示。

1.11.2　含受控电源电路的分析

对含有受控电源的线性电路，也可以用前几节所讲的电路分析方法进行分析与计算，但考虑到受控电源的特性，在分析与计算时有另外需要注意的地方，这些将在下列各例中说明。

例 1.15　用支路电流法求图 1.63 所示电路中的各支路电流。

解　在用支路电流法建立求解电路的方程组时，应先把受控电源暂时作为独立电源列出支路电流方程。但因为受控电源输出的电压或电流是电路中某一支路电压或电流(控制量)

的函数,所以还要用支路电流来表示受控电源的控制量,使电路中未知量的数目与独立方程式的数目相等,这样才能将所需求解的未知量解出来。

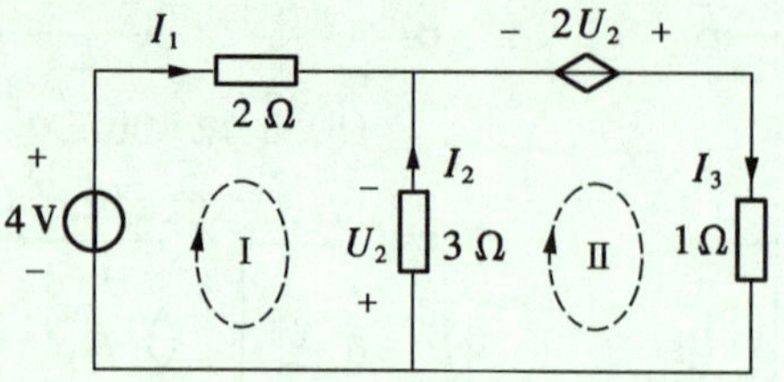

图 1.63 例 1.15 的图

在图 1.63 所示电路中有 3 条支路,根据图中所标各支路电流的参考方向及回路的循行方向,可以列出支路电流法的 3 个方程式为

$$I_1 + I_2 - I_3 = 0$$
$$2I_1 - 3I_2 = 4\ \text{V}$$
$$I_3 + 3I_2 = 2U_2$$

由于电路中含有一个电压控制电压源,所列的 3 个方程中除支路电流 I_1、I_2、I_3 外,还有控制量 U_2,共 4 个未知量,所以还需增加一个方程。由图 1.63 可得控制量 U_2 与支路电流 I_2 的关系为

$$U_2 = 3I_2$$

联立以上 4 式,解得

$$I_1 = 8\ \text{A}$$
$$I_2 = 4\ \text{A}$$
$$I_3 = 12\ \text{A}$$

例 1.16 应用叠加原理求图 1.64(a)所示电路中的电压 U 和电流 I_2。

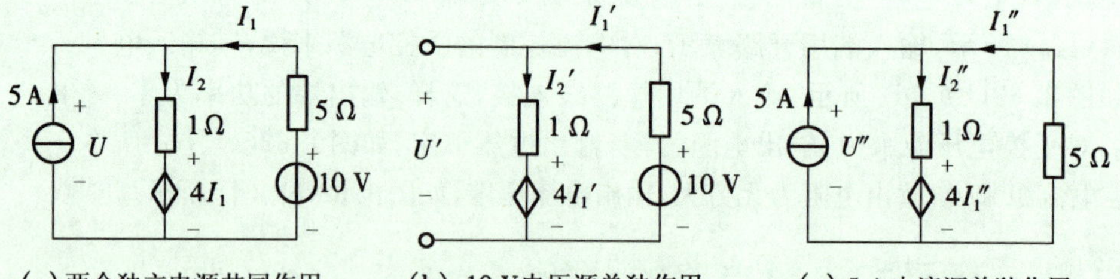

(a) 两个独立电源共同作用 (b) 10 V电压源单独作用 (c) 5 A电流源单独作用

图 1.64 例 1.16 的图

解 应用叠加原理分析含受控电源的电路时,独立电源在电路中的作用可以分别单独考虑,但对受控电源却不能这样处理。这是因为只要控制支路中有控制量存在,受控电源就会出现,所以受控电源不可能单独出现,也不可以在控制量存在时取消。

综上所述,应用叠加原理来分析图 1.64(a) 所示电路时,该电路中的电压 U 等于图 1.64(b) 和图 1.64(c) 所示电路中电压 U' 和 U'' 的代数和。图 1.64(b) 所示电路中,10 V 电压源单独作用;图 1.64(c) 所示电路中,5 A 电流源单独作用。但在两个电路中,受控电源均应保留。

在图 1.64(b) 中，由基尔霍夫定律，有

$$I_1' = I_2'$$
$$5I_1' + I_2' = 10 - 4I_1'$$

解得

$$I_1' = I_2' = 1\ \text{A}$$
$$U' = 10 - 5I_1' = (10 - 5\times 1)\ \text{V} = 5\ \text{V}$$

在图 1.64(c) 中，由基尔霍夫定律，有

$$I_1'' + 5 - I_2'' = 0$$
$$5I_1'' + I_2'' = -4I_1''$$

解得

$$I_1'' = -0.5\ \text{A}$$
$$I_2'' = 4.5\ \text{A}$$
$$U'' = -5I_1'' = -5\times(-0.5)\ \text{V} = 2.5\ \text{V}$$

所以

$$U = U' + U'' = (5 + 2.5)\ \text{V} = 7.5\ \text{V}$$
$$I_2 = I_2' + I_2'' = (1 + 4.5)\ \text{A} = 5.5\ \text{A}$$

例 1.17　应用戴维南定理求解图 1.65(a) 所示电路中的电流 I_2。

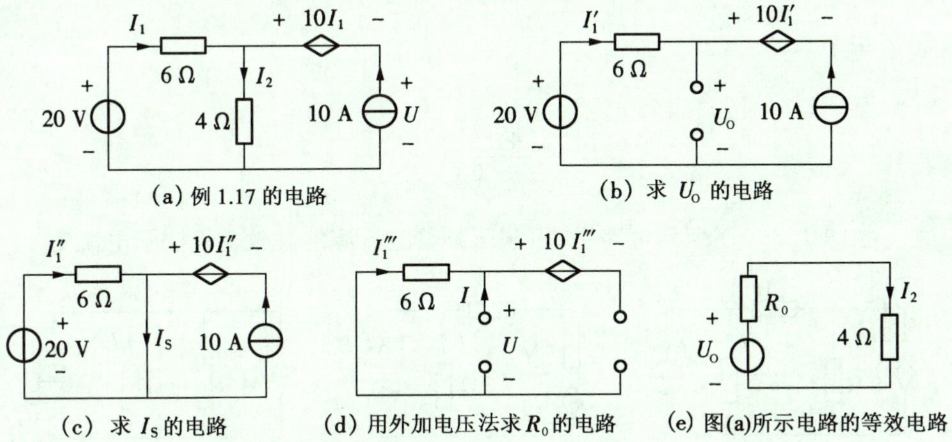

(a) 例 1.17 的电路　(b) 求 U_O 的电路

(c) 求 I_S 的电路　(d) 用外加电压法求 R_0 的电路　(e) 图(a)所示电路的等效电路

图 1.65　例 1.17 的图

解　应用等效电源定理分析含受控电源的电路时，不能将受控电源和它的控制量分割在两个网络中，两者必须在同一个网络中。至于求等效电源的内阻 R_0 时，有源二端网络中的独立电源均应为零，但受控电源是不是零则取决于控制量是不是零。因此，R_0 不能用电阻串并联的方法计算。一般采用以下两种方法计算 R_0。

① 开路短路法：求出有源二端网络的开路电压 U_O 和短路电流 I_S，则

$$R_0 = \frac{U_O}{I_S}$$

② 外加电压法：在不含独立电源的二端网络（内含受控电源）两端之间加一个电压 U，求出在这个电压作用下输入网络的电流 I，则

$$R_0 = \frac{U}{I}$$

根据以上思路,本例的求解过程如下。

① 求开路电压 U_O。

由图 1.65(b) 知

$$I_1' = -10\ \text{A}$$

$$U_O = 20 - 6I_1' = [20 - 6 \times (-10)]\ \text{V} = 80\ \text{V}$$

② 求短路电流 I_S。

由图 1.65(c) 知

$$I_S = I_1'' + 10 = \left(\frac{20}{6} + 10\right)\ \text{A} = \frac{40}{3}\ \text{A}$$

③ 求等效电源的内阻 R_0。

$$R_0 = \frac{U_O}{I_S} = \frac{80}{\frac{40}{3}}\ \Omega = 6\ \Omega$$

若用外加电压法计算,则在除去独立源而含有受控源的二端网络端口处加一电压 U,求出相应的端口电流 I,如图 1.65(d) 所示,于是得出

$$R_0 = \frac{U}{I} = 6\ \Omega$$

④ 求电流 I_2。

由图 1.65(e) 知

$$I_2 = \frac{80}{4+6}\ \text{A} = 8\ \text{A}$$

例 1.18 在图 1.66(a) 所示电路中,用电压源与电流源的等效变换法求电流 I。

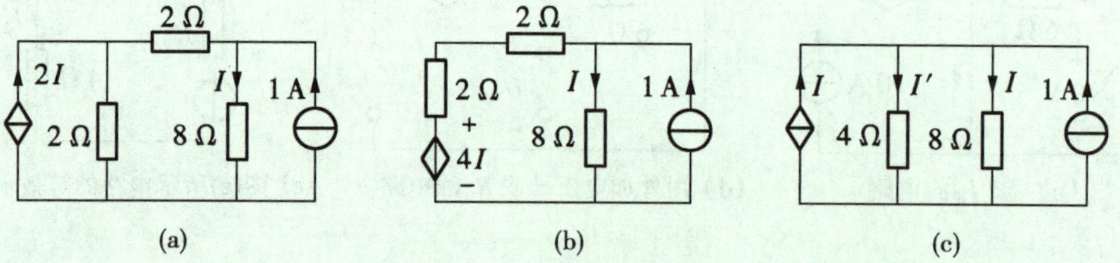

图 1.66 例 1.18 的图

解 对受控电压源与受控电流源也可进行等效变换,但在变换过程中不能把受控电源的控制量变换掉,在本例中,即不能把 8 Ω 电阻支路中的电流 I 变换掉。

变换过程如图 1.66(b)、(c) 所示,由图 1.66(c) 应用基尔霍夫电流定律,可得

$$1 - I - I' + I = 0\ \text{A}$$

所以

$$I' = 1\ \text{A}$$

$$I = \frac{4I'}{8} = \frac{4 \times 1}{8}\ \text{A} = 0.5\ \text{A}$$

1.12 非线性电阻电路

1.12.1 非线性电阻

如果电阻两端的电压在任何情况下都与通过其中的电流成正比，即电阻是一个常数，这样的电阻称为线性电阻。线性电阻两端的电压与其中的电流的关系遵循欧姆定律，即

$$R=\frac{U}{I}$$

线性电阻的伏安特性曲线是一条直线，如图 1.67 中的直线 1。

如果电阻不是一个常数，而是随着电压或电流变动，那么，这种电阻就称为非线性电阻。它们的伏安特性曲线是一条曲线，如图 1.67 中的曲线 2、3。

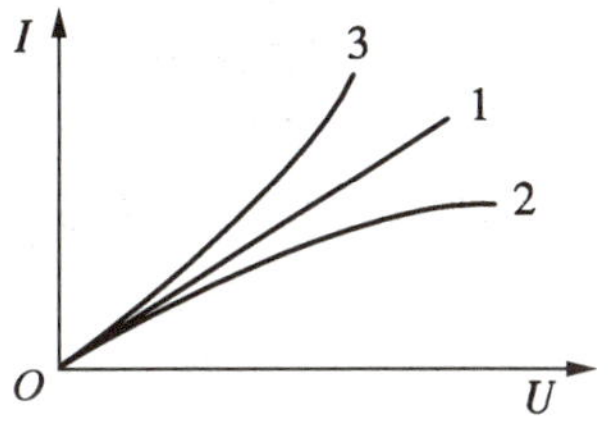

直线 1—线性电阻；曲线 2—具有正温度系数的非线性电阻；曲线3—具有负温度系数的非线性电阻。

图 1.67　电阻的伏安特性

半导体二极管的伏安特性曲线就是一条曲线，如图 1.68 所示。当电压为某一方向时，通过的电流较大，而电压为反方向时电流就极小，这样的非线性电阻称为非对称的非线性电阻。所以，计算非线性电阻的阻值时，就必须指明它的工作电流（或工作电压）。非线性元件由规定的工作电流（或工作电压）所确定的工作状态，称为非线性元件的工作点，如图 1.69 所示伏安特性曲线上的 Q 点。

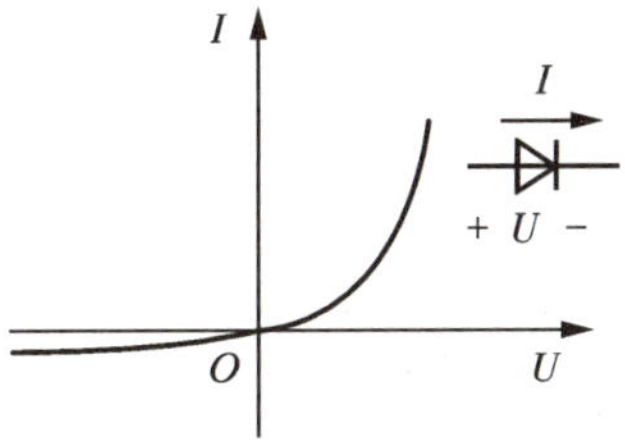

图 1.68　半导体二极管的伏安特性曲线

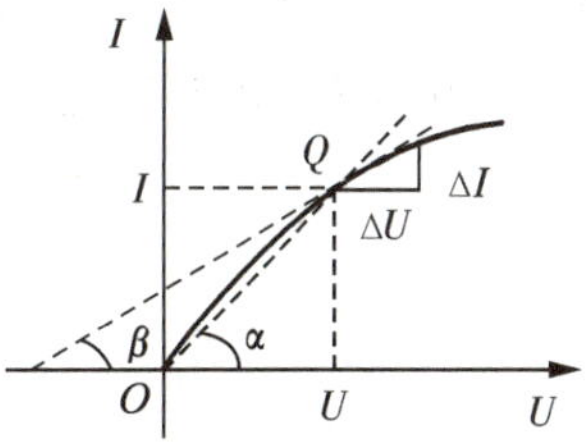

图 1.69　静态电阻和动态电阻的图解方法

计算非线性电阻要区分两种情况：一种情况是只对某一工作点求电压和电流的关系，即根据非线性元件的工作条件，先选定工作点 Q，由伏安特性曲线来确定它的工作电压 U 和工作电流 I（见图 1.69），其比值为

$$R=\frac{U}{I}=\frac{1}{\tan\alpha}$$

称为非线性元件的静态电阻（或直流电阻）。

另一种情况是在工作点附近取一小段伏安特性曲线，将这一小段曲线近似看作直线，求电压变化量 ΔU 和电流变化量 ΔI 的比值极限，即

$$r=\lim_{\Delta I\to 0}\frac{\Delta U}{\Delta I}=\frac{\mathrm{d}U}{\mathrm{d}I}=\frac{1}{\tan\beta}$$

这样求得的电阻称为非线性元件的动态电阻(或微变电阻),常用小写字母 r 表示。动态电阻在数值上等于伏安特性曲线上工作点 Q 处的切线斜率的倒数。

由于非线性电阻的阻值不是常数,所以计算静态电阻和动态电阻时必须选择工作点。当所选的工作点改变时,静态电阻和动态电阻的数值也随之改变。

1.12.2 非线性电阻电路的分析

计算非线性电阻电路可用解析法和图解法。这里仅介绍图解法,解析法将在《电子技术(电工学 Ⅱ)》(第4版)中讨论。

图1.70所示的是一非线性电阻电路,线性电阻 R_1 与非线性电阻 R 相串联,非线性电阻 R 的伏安特性曲线如图1.71所示。

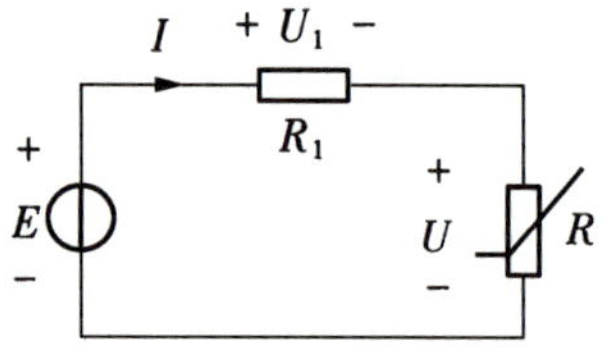

图1.70 非线性电阻电路

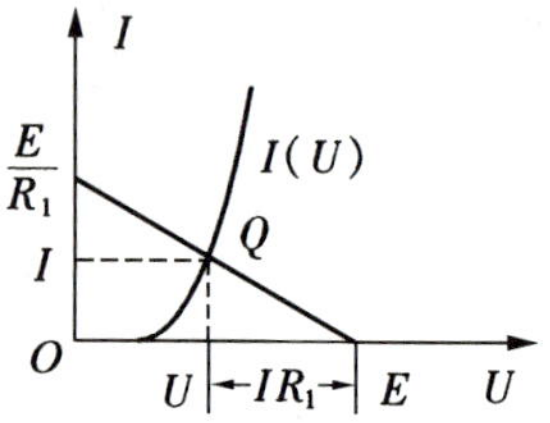

图1.71 非线性电阻电路的图解法

对图1.70所示电路,可用基尔霍夫电压定律列出下列方程:

$$U = E - U_1 = E - IR_1$$

或

$$I = -\frac{1}{R_1}U + \frac{E}{R_1}$$

这是一个直线方程,其直线的斜率为 $\tan\alpha = -\frac{1}{R_1}$,在横轴上的截距为 E,在纵轴上的截距为 $\frac{E}{R_1}$。显然,这是一条不过原点的直线(常称为负载线),它与电阻 R_1 和电源电动势 E 有关,如图1.72所示。

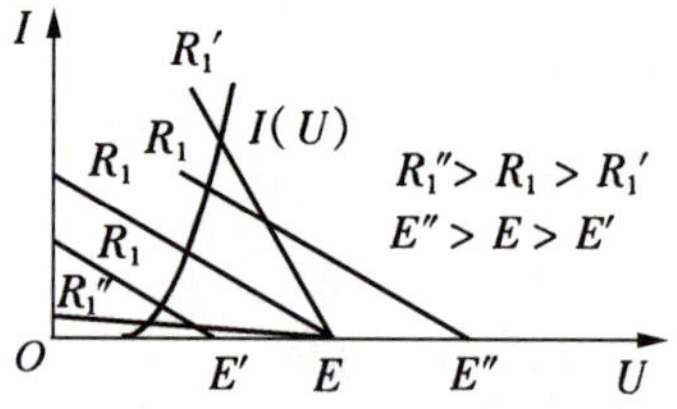

图1.72 对应于不同 E 和 R_1 的情况

电路的工作情况由负载线与非线性电阻 R 的伏安特性曲线的交点 Q 确定。因为两者的交点既表示了非线性电阻 R 上电压与电流的关系,同时也符合电路中电压与电流的关系。

例1.19 在图1.73(a)所示电路中,已知 $E = 8$ V,$R_1 = 3$ kΩ,$R_2 = 1$ kΩ,$R_3 = 0.25$ kΩ,二极管D的伏安特性曲线如图1.73(b)中的曲线①所示,求通过二极管的电流 I 及端电压 U_{ab}。

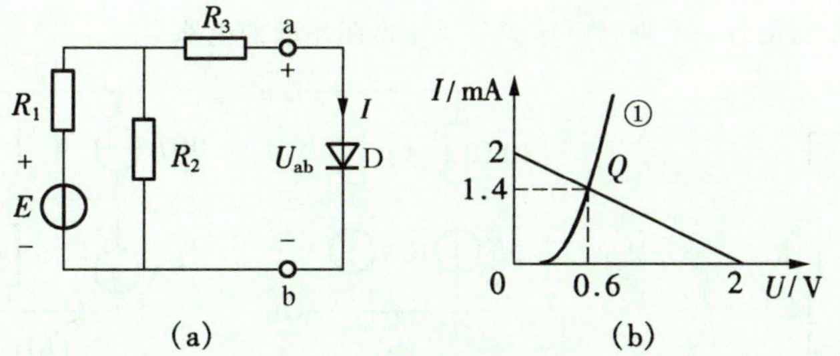

图 1.73　例 1.19 的图

解　首先将 a、b 左边的有源二端网络用戴维南定理作等效变换，得到图 1.73(c) 所示的等效电路。其中

$$E_0 = \frac{R_2}{R_1 + R_2}E = \frac{1}{3+1} \times 8\ \text{V} = 2\ \text{V}$$

$$R_0 = \frac{R_1 R_2}{R_1 + R_2} + R_3 = \left(\frac{3 \times 1}{3+1} + 0.25\right)\ \text{k}\Omega = 1\ \text{k}\Omega$$

把图 1.73(c) 所示等效电路中的二极管作为负载，可写出负载线方程：

$$U_{ab} = E_0 - IR_0$$

在图 1.73(b) 中作出负载线，它在横轴上的截距 $U = E_0 = 2$ V，在纵轴上的截距 $I = \frac{E_0}{R_0} = \frac{2}{1}$ mA $= 2$ mA，则负载线与二极管的伏安特性曲线 ① 的交点 Q 就是二极管的工作点。可见，$U_{ab} = 0.6$ V，$I = 1.4$ mA。

习　题

1.1　在图 1.74 中，5 个元件分别代表电源或负载。电流和电压的参考方向如图 1.74 中所示，现通过实验测量得知 $I_1 = -4$ A，$I_2 = 6$ A，$I_3 = 10$ A，$U_1 = 140$ V，$U_2 = -90$ V，$U_3 = 60$ V，$U_4 = -80$ V，$U_5 = 30$ V。

(1) 试标出各电流的实际方向和各电压的实际极性(可另画一图)。

(2) 判断哪些元件是电源，哪些元件是负载。

(3) 计算各元件的功率，并判断电源发出的功率和负载吸收的功率是否平衡。

1.2　在图 1.75 中，已知 $I_1 = 3$ mA，$I_2 = 1$ mA。试确定元件 3 中的电流 I_3 和它两端的电压 U_3，并说明它是电源还是负载。校验整个电路中的功率是否平衡。

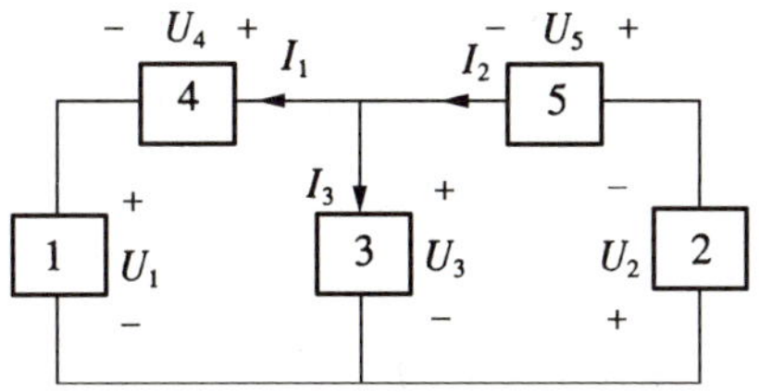

图 1.74　习题 1.1 的图

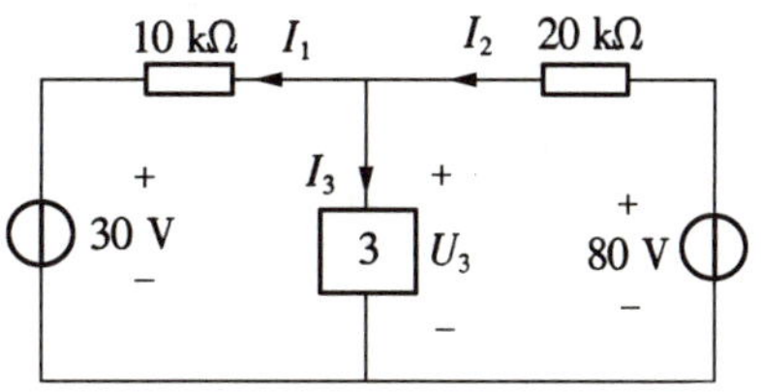

图 1.75　习题 1.2 的图

1.3　图1.76所示电路中,已知 $E=10\ \text{V}$,$R_0=0.1\ \Omega$,$R=1\ \text{k}\Omega$。求开关S在不同位置时,电流表和电压表的读数。

1.4　将图1.77所示两个电路分别化为一个理想电压源与一个电阻串联的电路。

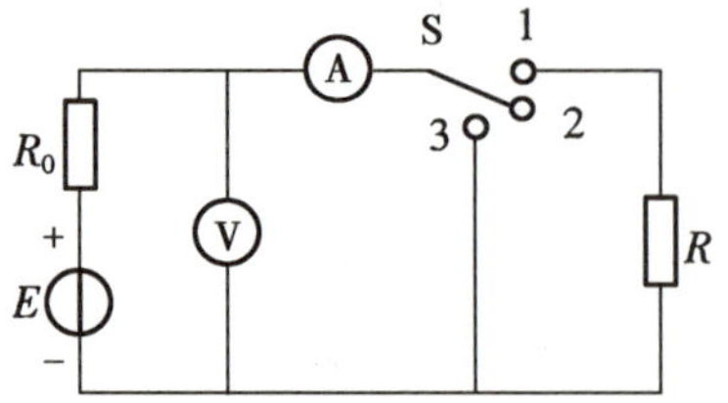

图1.76　习题1.3的图

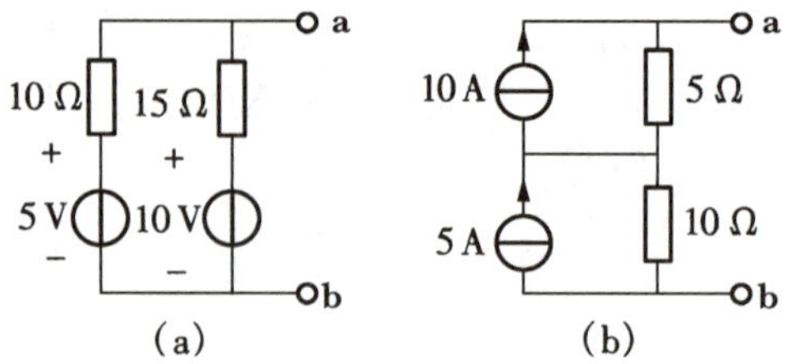

图1.77　习题1.4的图

1.5　试用电压源与电流源等效变换的方法计算图1.78所示电路中通过2 Ω电阻的电流 I。

1.6　写出图1.79所示电路中输出电压 U_2 与输入电压 U_1 的比值。

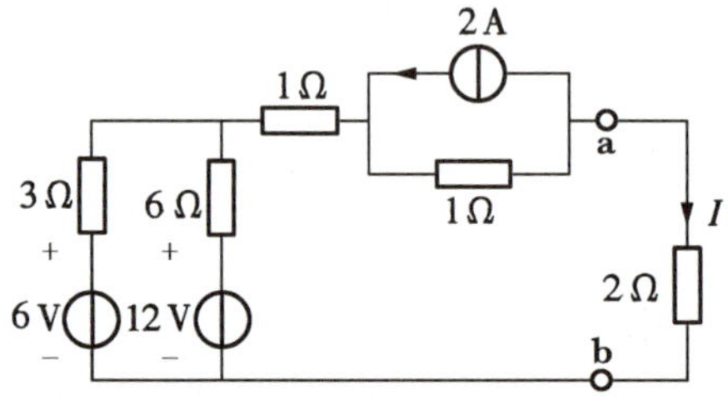

图1.78　习题1.5的图

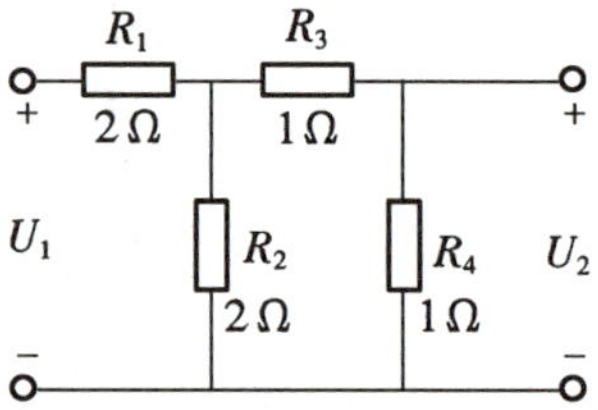

图1.79　习题1.6的图

1.7　在图1.80所示电路中,$E_1=244\ \text{V}$,$E_2=252\ \text{V}$,$R_1=8\ \Omega$,$R_2=4\ \Omega$,$R_3=20\ \Omega$。用支路电流法计算各支路电流,并证明电源产生的功率等于电阻上消耗的总功率。

1.8　对图1.81所示电路,用支路电流法计算各支路电流。

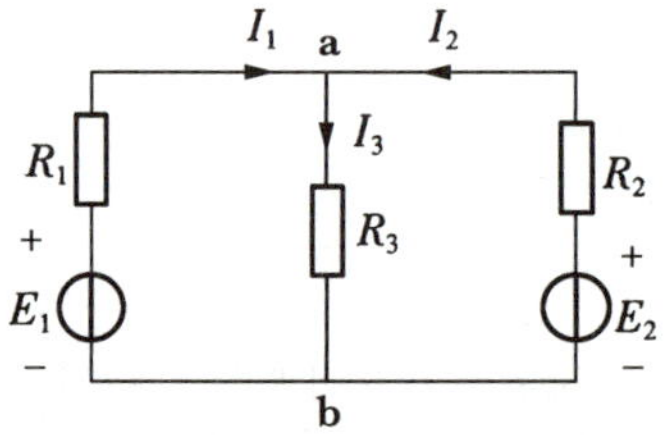

图1.80　习题1.7的图

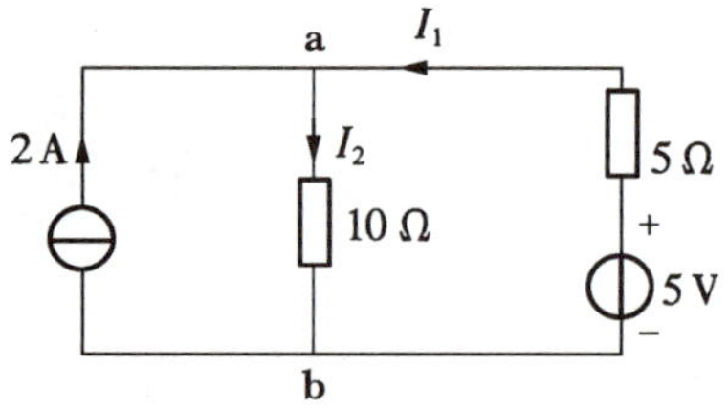

图1.81　习题1.8的图

1.9　在图1.82所示电路中,$E_1=E_2=E_3=60\ \text{V}$,$R_1=12\ \Omega$,$R_2=15\ \Omega$,$R_3=9\ \Omega$,$R=3\ \Omega$,试用节点电压法计算各支路电流。

1.10　用节点电压法求图1.83所示电路中的各支路电流。

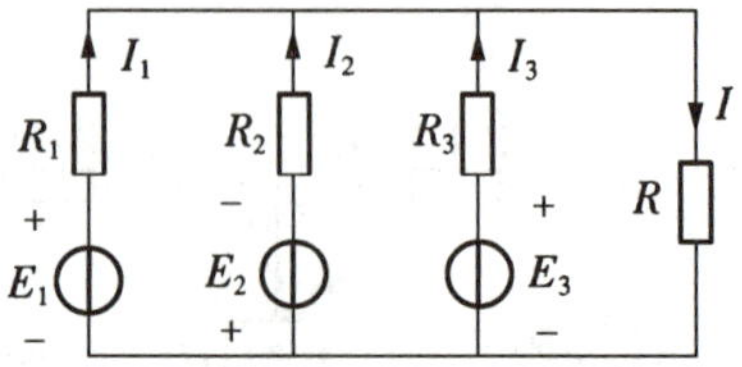

图1.82　习题1.9的图

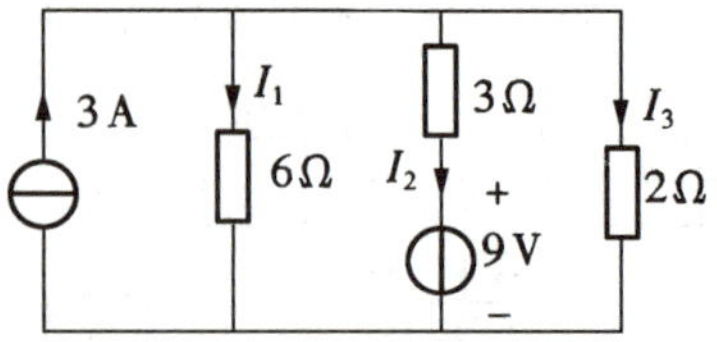

图1.83　习题1.10的图

1.11　试用叠加原理计算图1.84所示电路中通过4 Ω电阻的电流 I。

1.12　试用叠加原理计算图1.85所示电路中通过3 Ω电阻的电流 I。

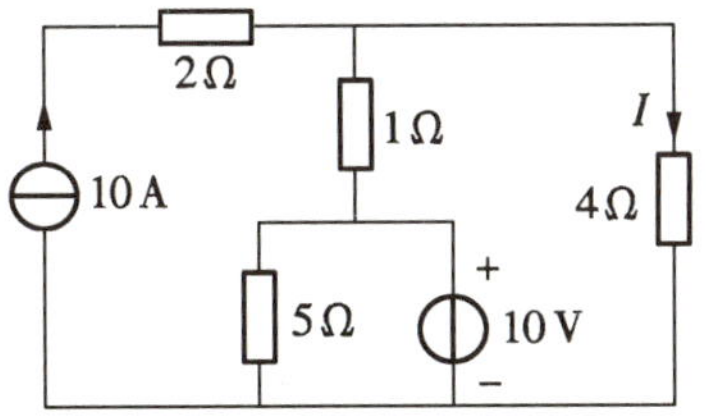

图 1.84　习题 1.11 的图

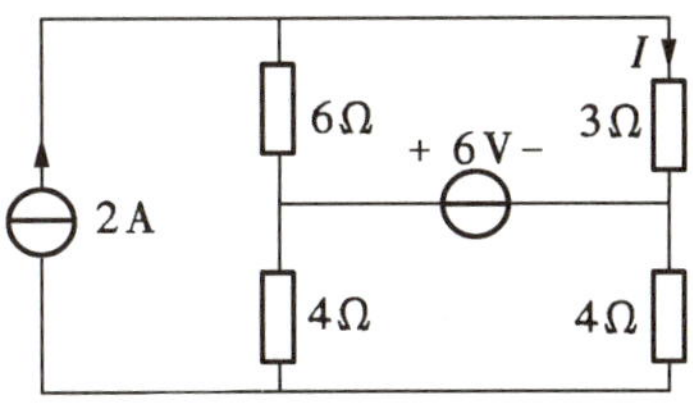

图 1.85　习题 1.12 的图

1.13　试用叠加原理计算图 1.86 所示电路中通过 3 Ω 电阻的电流 I。

1.14　在图 1.87 所示电路中，(1) 当将开关 S 合在 a 点时，求电流 I_1、I_2 和 I_3；(2) 当将开关 S 合在 b 点时，利用(1) 的结果，用叠加原理计算 I_1、I_2 和 I_3。

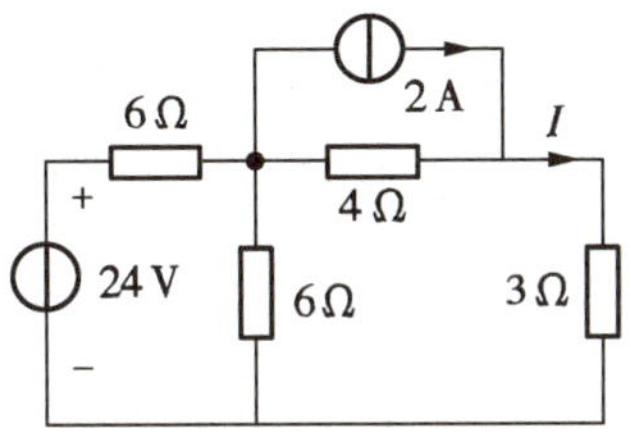

图 1.86　习题 1.13 的图

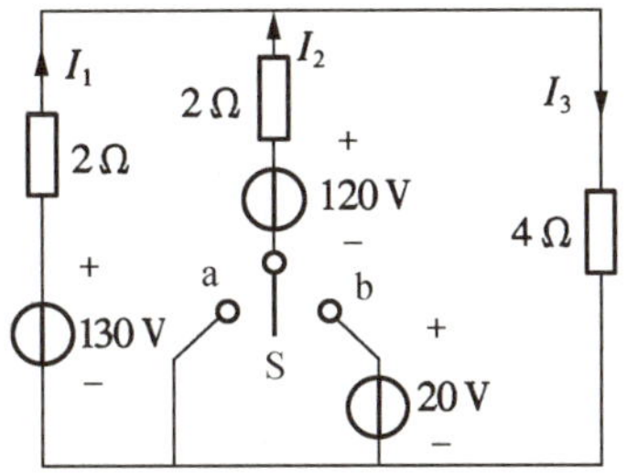

图 1.87　习题 1.14 的图

1.15　电路如图 1.88(a) 所示，$E = 12$ V，$R_1 = R_2 = R_3 = R_4$，$U_{ab} = 10$ V。若将理想电压源除去［见图 1.88(b)］，这时 U_{ab} 等于多少？

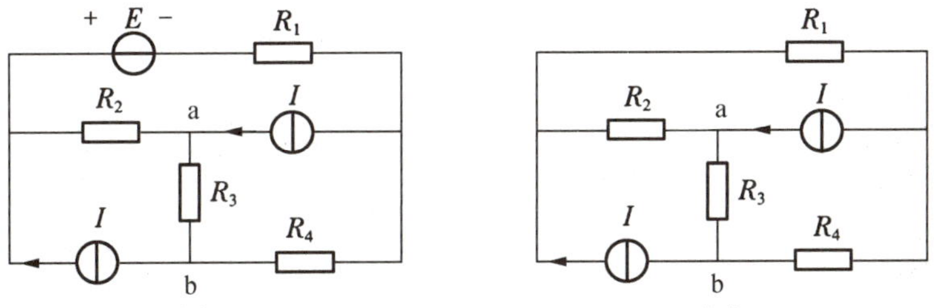

(a)　(b)

图 1.88　习题 1.15 的图

1.16　图 1.89 所示的 $R-2R$ 梯形网络用于电子技术的数模转换，试用叠加原理证明输出端的电流为

$$I = \frac{U_R}{3R \times 2^4}(2^3 + 2^2 + 2^1 + 2^0)$$

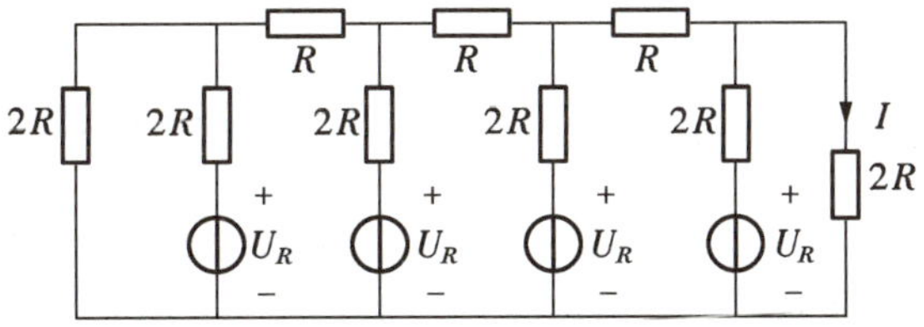

图 1.89　习题 1.16 的图

1.17　应用戴维南定理求图 1.90 所示电路中通过 R_4 的电流 I。

1.18　分别应用戴维南定理和诺顿定理求图 1.91 所示电路中的电流 I_L。

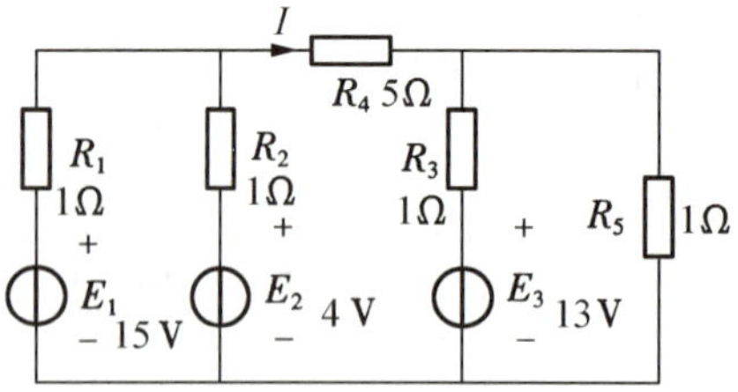

图 1.90 习题 1.17 的图

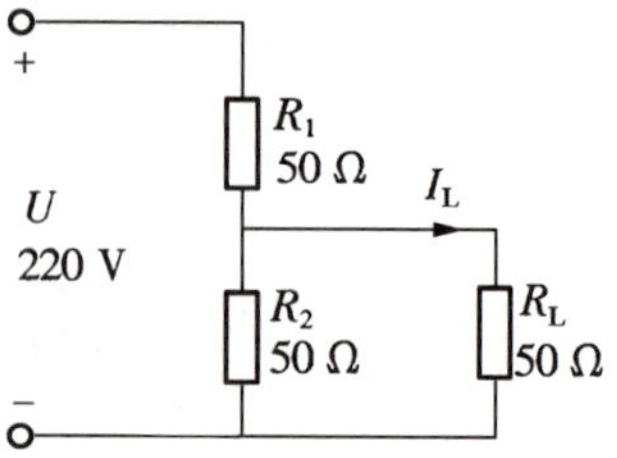

图 1.91 习题 1.18 的图

1.19 在图 1.92 所示电路中，已知 $E_1=15$ V，$E_2=4$ V，$E_3=13$ V，$R_1=R_2=R_3=R_4=1$ Ω，$R_5=10$ Ω。(1) 当开关 S 断开时，试求电阻 R_5 上的电压 U_5 和电流 I_5；(2) 当开关 S 闭合时，试用戴维南定理计算 I_5。

1.20 用戴维南定理计算图 1.93 所示电路中的电流 I。

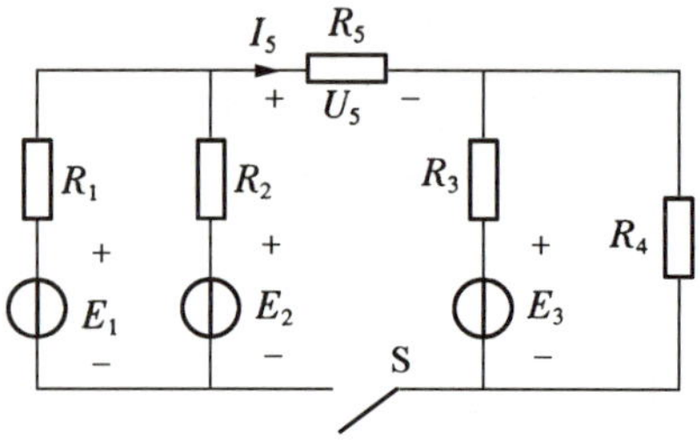

图 1.92 习题 1.19 的图

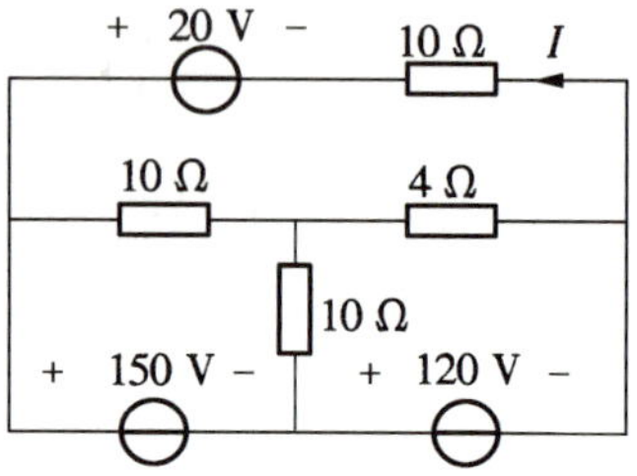

图 1.93 习题 1.20 的图

1.21 在图 1.94 所示电路中，$E=10$ V，$I_S=2$ A，$R_1=9$ Ω，$R_2=4$ Ω，$R_3=6$ Ω，$R_4=2$ Ω，分别用戴维南定理和诺顿定理求电阻 R_1 上的电流 I。

1.22 分别用戴维南定理和诺顿定理计算图 1.95 所示电路中电阻 R_L 上的电流 I_L。

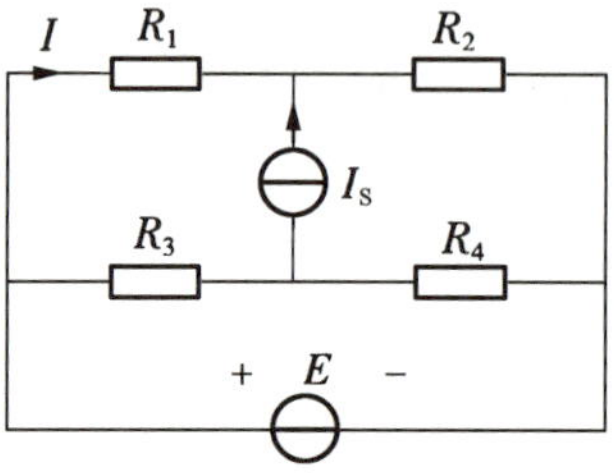

图 1.94 习题 1.21 的图

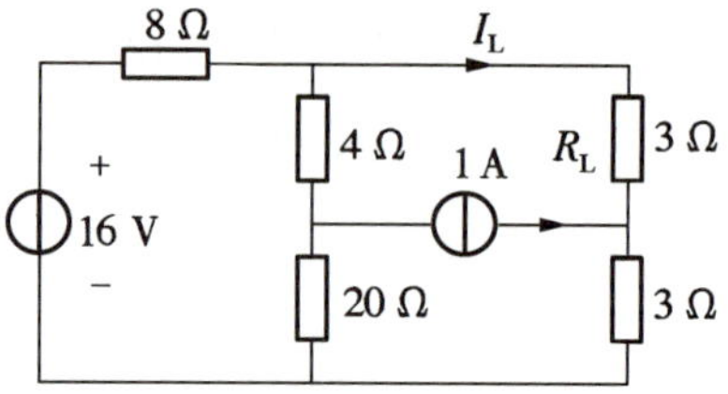

图 1.95 习题 1.22 的图

1.23 求图 1.96 所示电路中端点 a、b 处的戴维南等效电路。

1.24 计算出图 1.97 所示电路中端点 a、b 处的开路电压、短路电流和等效电阻，并画出其戴维南等效电路和诺顿等效电路。

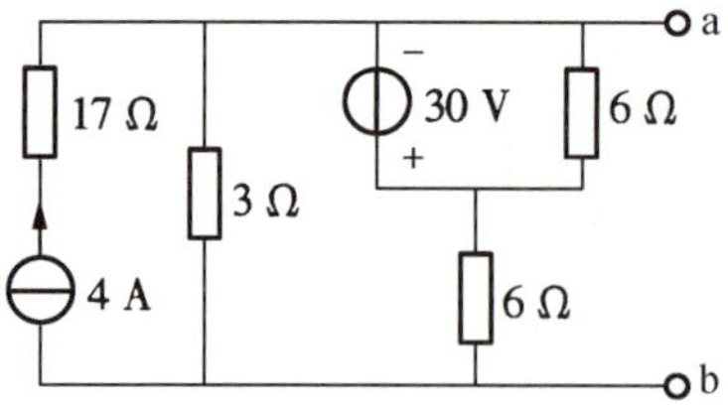

图 1.96 习题 1.23 的图

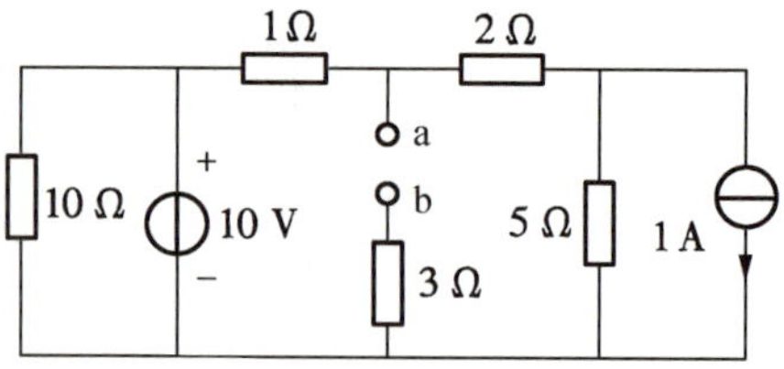

图 1.97 习题 1.24 的图

1.25 电路如图 1.98 所示，(1) 求电路中端点 a、b 处的戴维南等效电路。(2) 一个零电阻的电流表若跨接于 a、b 两端，其将通过多大的电流？(3) 1 Ω 的电流表若跨接于 a、b 两端，其将通过多大的电流？

1.26　试求图 1.99 所示电路中 a 点的电位。

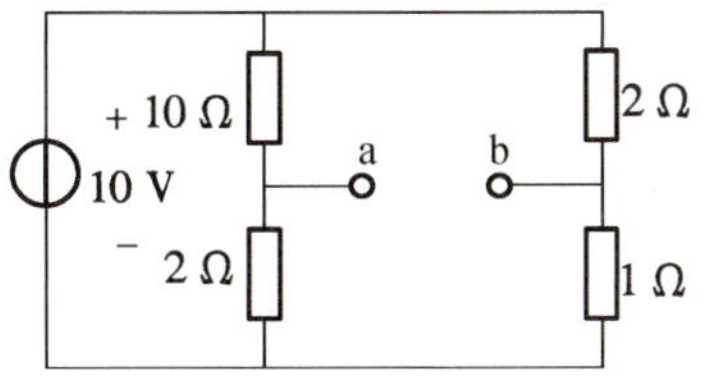

图 1.98　习题 1.25 的图

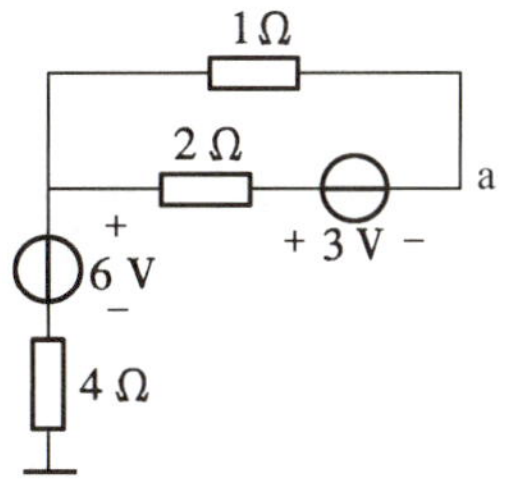

图 1.99　习题 1.26 的图

1.27　试求图 1.100 所示电路中 a 点和 b 点的电位。若将 a、b 两点直接连接或接一电阻，对电路工作有无影响？

1.28　在图 1.101 所示电路中，求 a 点电位。

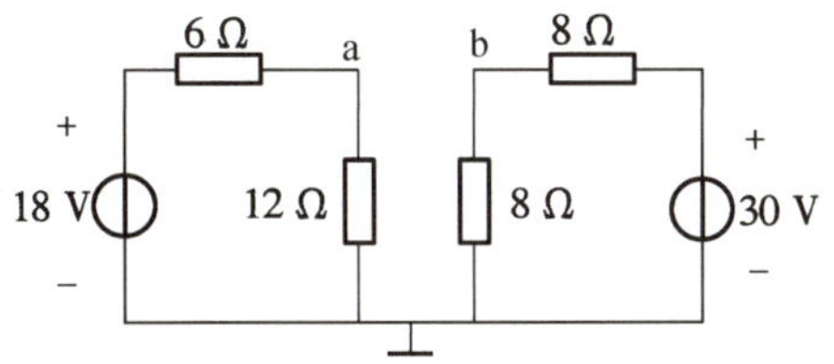

图 1.100　习题 1.27 的图

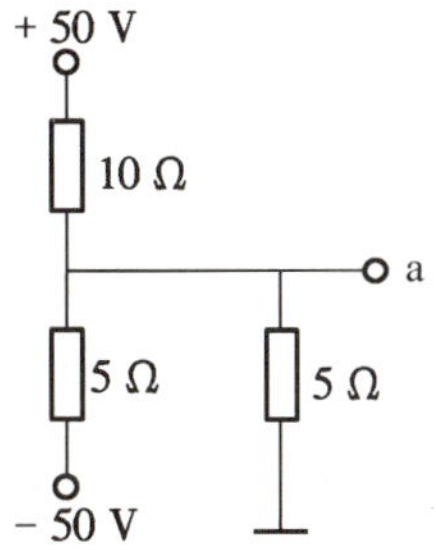

图 1.101　习题 1.28 的图

本章习题
参考答案

1.29　在图 1.102 所示电路中，如果 15 Ω 电阻上的电压降为 30 V，其极性如图所示，求电阻 R 及 a 点电位。

1.30　用叠加原理求图 1.103 所示电路中的电流 I_1。

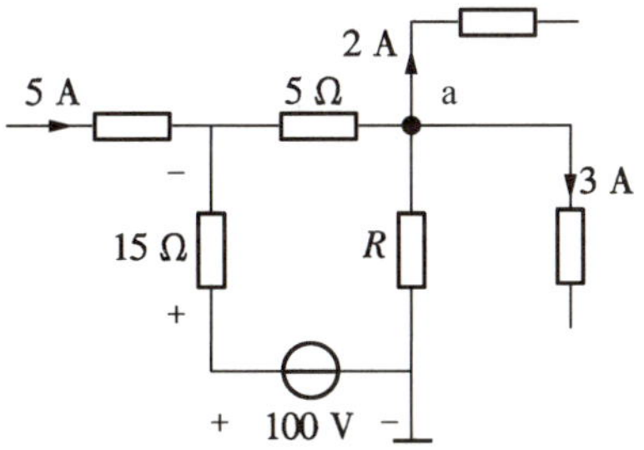

图 1.102　习题 1.29 的图

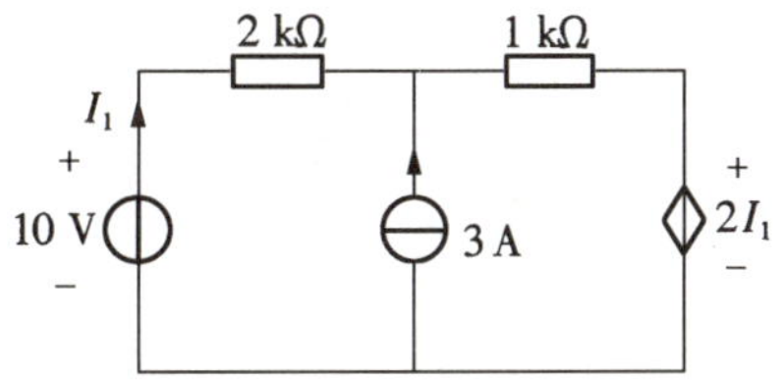

图 1.103　习题 1.30 的图

1.31　试求图 1.104 所示电路的戴维南等效电路和诺顿等效电路。

1.32　试用图解法计算图 1.105(a) 所示电路中非线性电阻 R 中的电流 I 及其两端电压 U。图 1.105(b) 是非线性电阻 R 的伏安特性曲线。

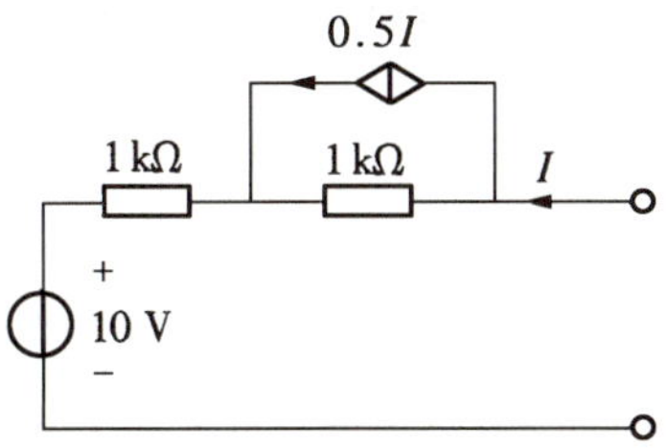

图 1.104　习题 1.31 的图

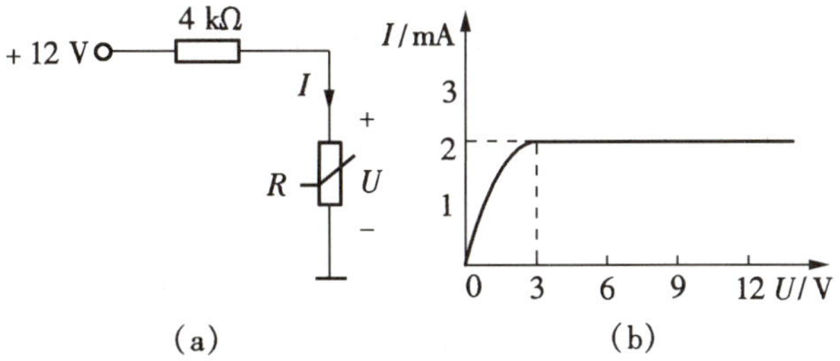

图 1.105　习题 1.32 的图

第2章 正弦交流电路

内容提要

本章主要讨论正弦交流电的基本概念：正弦量的频率、相位、幅值和有效值；正弦量的相量表示法。从分析简单 R、L、C 各单一参数的正弦交流电路入手，进而分析一般的 R、L、C 串联交流电路和并联交流电路，着重讨论这些电路中电流与电压间的关系及功率问题；概括地叙述交流电路中的串、并联谐振现象，还讨论了交流电路中的功率因数及电路功率因数的提高。本章的内容是电工技术课程的重要部分。

2.1 正弦交流电的基本概念

大小和方向随时间按正弦规律变化的电流、电压、电动势总称为正弦交流电，又称正弦量。在生产和日常生活中所用的交流电，一般是正弦交流电。它在工程中获得广泛的应用。如果交流电路中的电流和电压都是正弦量，则该电路就称为正弦交流电路。

按正弦规律变化的电动势 e、电压 u 和电流 i，可以用时间 t 的三角函数式来描述，即

$$\begin{cases} e = E_{\mathrm{m}}\sin(\omega t + \psi_e) \\ u = U_{\mathrm{m}}\sin(\omega t + \psi_u) \\ i = I_{\mathrm{m}}\sin(\omega t + \psi_i) \end{cases} \tag{2.1}$$

在式(2.1)中，小写字母 e、u、i 表示正弦交流电在某一瞬时的量值，称为瞬时值；E_{m}、U_{m}、I_{m} 表示正弦交流电在变化过程中出现的最大瞬时值，称为最大值或幅值；ω 为正弦交流电的角频率，它表示正弦交流电变化的快慢；ψ_e、ψ_u、ψ_i 称为正弦交流电的初相位。任何一个正弦量的特征都可以通过正弦量三要素，即频率(或周期)、幅值和初相位来描述。

2.1.1 周期和频率

正弦量变化的快慢用周期和频率(角频率)表示。

(1) 周期。正弦量变化一次所需的时间称为周期，用 T 表示，如图2.1所示。周期 T 的单位为秒(s)。

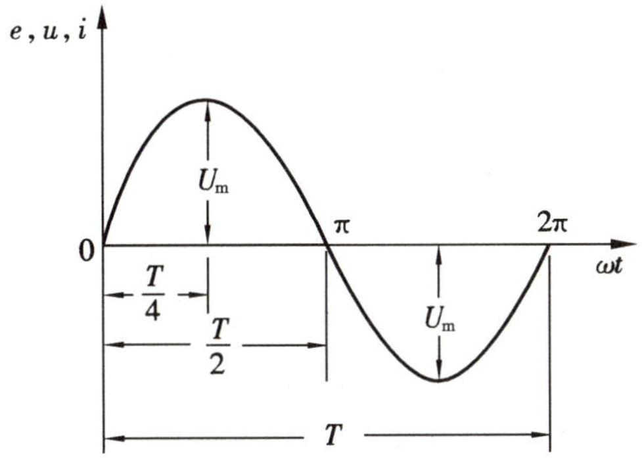

图 2.1　正弦交流电的波形

(2) 频率。正弦量每秒内变化的次数称为频率，用 f 表示，它的单位为赫兹(Hz)。频率与周期互为倒数，即

$$T=\frac{1}{f} \tag{2.2}$$

我国及世界上大多数国家都采用 50 Hz 作为电力标准频率，这种频率在工业上应用广泛，习惯上称为工频。通常的交流电动机和照明负荷都采用这种频率。

(3) 角频率。正弦量每秒内变化的弧度称为角频率，单位为弧度每秒(rad/s)。因为交流电变化一个周期相当于 2π rad，所以 ω 与 T、f 的关系为

$$\omega=\frac{2\pi}{T}=2\pi f \tag{2.3}$$

例 2.1　我国工农业动力和照明用的交流电频率 $f=50$ Hz，求这个正弦交流电的角频率和周期。

解　已知 $f=50$ Hz，则

$$\omega=2\pi f=2\times 3.14\times 50\ \text{rad/s}=314\ \text{rad/s}$$

$$T=\frac{1}{f}=\frac{1}{50}\ \text{s}=0.02\ \text{s}$$

2.1.2　相位、初相位和相位差

1. 相位

在正弦交流电压的表示式 $u=U_m\sin(\omega t+\psi_u)$ 中，$(\omega t+\psi_u)$ 是随时间变化的电角度，称为正弦交流电的相位或相位角。相位的单位为弧度(rad)，有时为了方便，以度(°)为单位。对应于某一给定时间，就有一定的相位。

2. 初相位

在开始计时瞬间($t=0$)的相位角，称为初相位或初相位角。一个正弦量的

最大值已经确定后，其初始值由初相位决定。初相位与计时起点有关，正弦量的计时起点选择不同，初相位大小就不同，对应的初始值也就不同。在正弦交流电压的表示式 $u=U_{\mathrm{m}}\sin(\omega t+\psi_u)$ 中，电压 u 的初相位为 ψ_u，初始值为$u_0=U_{\mathrm{m}}\sin\psi_u$。

3. 相位差

两个同频率的正弦量的相位之差，称为这两个正弦量的相位差，用字母 φ 表示。例如，有两个同频率的正弦量分别为

$$u=U_{\mathrm{m}}\sin(\omega t+\psi_u)$$

$$i=I_{\mathrm{m}}\sin(\omega t+\psi_i)$$

那么，u 与 i 的相位差为

$$\varphi=(\omega t+\psi_u)-(\omega t+\psi_i)=\psi_u-\psi_i$$

上式说明，两个同频率的正弦量在任意时刻的相位差是不变的，在数值上等于初相位之差，如图 2.2 所示。

相位差说明了两个同频率正弦量随时间变化“步调”上的先后，当 $\psi_u=\psi_i$ 时，u 与 i 之间的相位差 $\varphi=\psi_u-\psi_i=0$，即 u 与 i 将同时达到零值、正最大值或负最大值，它们的变化步调是一致的，如图 2.3 所示。这时，称 u 与 i 同相。

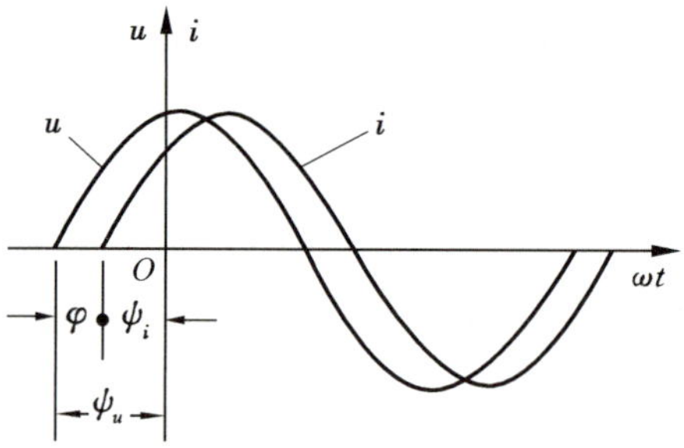

图 2.2　两个同频率正弦量的相位差

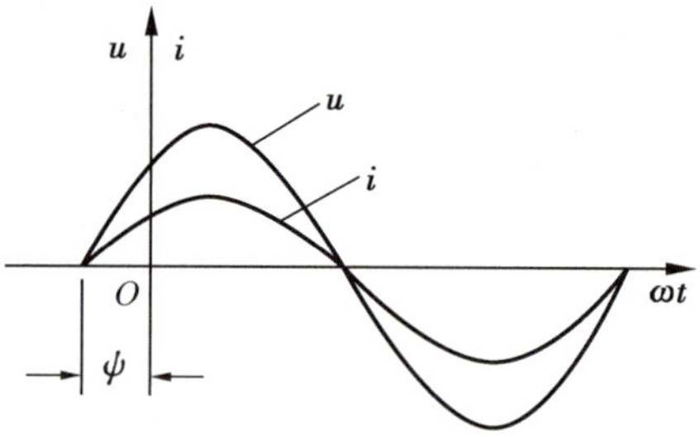

图 2.3　u 与 i 同相

当 $\psi_u>\psi_i$ 时，u 与 i 之间的相位差 $\varphi=\psi_u-\psi_i>0$，即 u 将比 i 先达到最大值。这时，称 u 比 i 超前 φ 角，或称 i 比 u 滞后 φ 角，如图 2.2 所示。

若同频率的两个正弦量的相位差为 180°，则称它们反相，如图 2.4 所示。

若同频率的两个正弦量的相位差为 90°，则称它们正交。

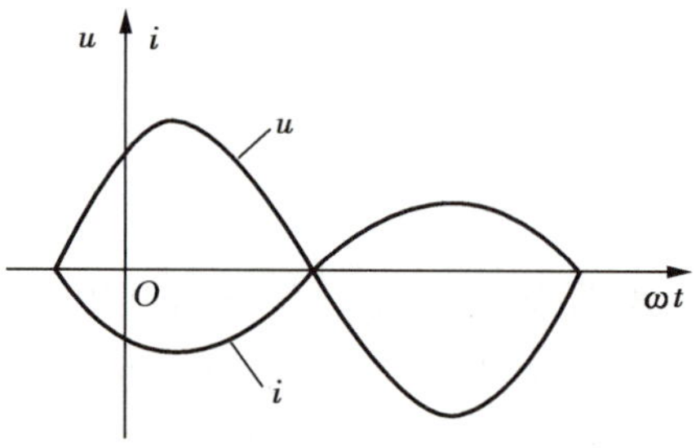

图 2.4　u 与 i 反相

2.1.3　有效值

正弦交流电的幅值和瞬时值，虽能以特定的时间或变化范围来说明正弦量的大小，但不能用来衡量整个正弦量的大小。从做功的观点来看，它也不能反映正弦交流电的实际效果。因此在电工技术中，常用有效值来表示正弦交流电的大小。按正弦规律变化的电动势、电压和电流的有效值分别用 E、U 和 I 表示。

现以电流为例来说明正弦交流电有效值的意义。

将数值相同的两个电阻分别通以直流电流 I 和正弦交流电流 i，在同一时间内(如正弦交流电流 i 的一个周期 T)，若这两个电阻产生的热量相等，则直流电流 I 的数值就称为该正弦交流电流 i 的有效值。它们之间的关系可根据焦耳定律来确定。

交流电流 i 在一个周期 T 内所产生的热量为

$$Q_{\sim} = \int_0^T i^2 R \mathrm{d}t$$

直流电流 I 在同一时间段 T 内所产生的热量为

$$Q_{-} = I^2 RT$$

按定义，它们所产生的热量应相等，即

$$\int_0^T i^2 R \mathrm{d}t = I^2 RT$$

由上式可得，交流电流 i 的有效值为

$$I = \sqrt{\frac{1}{T}\int_0^T i^2 \mathrm{d}t}$$

由此可见，交流电流的有效值就是它的均方根值。

同理，交流电压和交流电动势的有效值分别为

$$U = \sqrt{\frac{1}{T}\int_0^T u^2 \mathrm{d}t}$$

$$E = \sqrt{\frac{1}{T}\int_0^T e^2 \mathrm{d}t}$$

设 $i = I_{\mathrm{m}} \sin \omega t$，则

$$I = \sqrt{\frac{1}{T}\int_0^T i^2 \mathrm{d}t} = \sqrt{\frac{1}{T}\int_0^T I_{\mathrm{m}}^2 \frac{1-\cos 2\omega t}{2} \mathrm{d}t} = \frac{I_{\mathrm{m}}}{\sqrt{2}}$$

同理可得

$$U = \frac{U_{\mathrm{m}}}{\sqrt{2}}$$

$$E = \frac{E_{\mathrm{m}}}{\sqrt{2}}$$

由此可见，在正弦交流电的计算中，正弦量的最大值除以 $\sqrt{2}$ 就得它的有效值。

在实际应用中，一般所讲交流电的大小，都是指它们的有效值。例如，电动机的铭牌、仪表的刻度等所标的电流、电压都是有效值。只有在分析电路中各元件的耐压和绝缘的可靠性等场合，才用到最大值。

例 2.2 已知某正弦电流 i，当 $t=0$ 时，其值 $i(0)=0.5\ \text{A}$，并已知其初相位为 30°，试求其有效值。

解 根据题意，可写出该电流的瞬时值表达式为

$$i = I_{\text{m}}\sin(\omega t + 30°)$$

当 $t=0$ 时

$$i(0) = I_{\text{m}}\sin 30° = 0.5\ \text{A}$$

故可得

$$I_{\text{m}} = 0.5/\sin 30°\ \text{A} = 1\ \text{A}$$

即有效值为

$$I = \frac{I_{\text{m}}}{\sqrt{2}} = 0.707\ \text{A}$$

思考题

1. 设正弦电流 $i = 100\sqrt{2}\sin\left(314t - \frac{\pi}{4}\right)\text{mA}$。(1) 试指出该正弦电流的频率、周期、角频率、幅值、有效值及初相位各为多少；(2) 如果 i 的参考方向选得与 i 相反，写出 i 的三角函数式。

2. 已知 $u = 15\sin(314t + 45°)\text{V}$，$i = 10\sin(314t - 30°)\text{A}$。(1) u 与 i 的相位差为多少？(2) 比较 u 与 i 在相位上的超前或滞后关系。

2.2 正弦交流电的相量表示法

一个正弦量具有频率(或角频率)、幅值和初相位 3 个特征量。这些特征量可以用一些方法表示出来。正弦量的各种表示方法是分析计算正弦交流电路的工具。

常用的表示法有两种：一种是用三角函数式表示，如 $i = I_{\text{m}}\sin\omega t$，这是正弦量的基本表示法；另一种是用正弦曲线表示，如图 2.1 所示。

此外，正弦量还可以用相量来表示，用复数表示的正弦量称为相量。它可以使正弦交流电路的分析计算得到简化。

2.2.1 复数及其运算

先对复数的知识进行简单的回顾。

设 A 为一复数，a 和 b 分别为其实部和虚部，则

$$A = a + \text{j}b$$

式中，$\text{j} = \sqrt{-1}$，为虚数的单位。上式称为复数的代数表示式。

复数可以用复数平面坐标系内的几何线段来表示，如图 2.5 所示。复数 A 的实部可按一定比例尺，用实数轴（横轴）上的线段 a 表示；而其虚部可按同一比例尺，用虚数轴（纵轴）上的线段 b 表示，则复数 $A=a+\mathrm{j}b$ 可由复平面上横坐标为 a 和纵坐标为 b 的点来表示，或用一个由原点到该点的有向线段 A 来表示。有向线段 A 的长度为 r，称为复数 A 的模，显然，

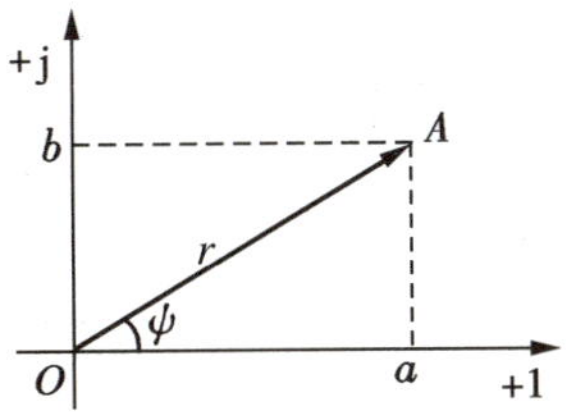

图 2.5　有向线段的复数表示

$$r=\sqrt{a^2+b^2}$$

复数 A 与实轴正方向的夹角，称为复数的幅角：

$$\psi=\arctan\frac{b}{a}$$

因为 $$a=r\cos\psi, b=r\sin\psi$$

所以 $$A=a+\mathrm{j}b=r\cos\psi+\mathrm{j}r\sin\psi$$

这是复数的三角函数表示式。

根据欧拉公式 $\cos\psi+\mathrm{j}\sin\psi=\mathrm{e}^{\mathrm{j}\psi}$，上式可以写为

$$A=r\mathrm{e}^{\mathrm{j}\psi}$$

这是复数的指数表示式。上式可以简写为

$$A=r\underline{/\psi}$$

这是复数的极坐标表示式。

复数的几种表示式之间可以互相转换。复数的加、减运算可利用代数式进行，复数的乘、除运算可利用指数式或极坐标式进行。

在计算中，往往会遇到复数算符 j 的运算，因为 $\mathrm{j}=\sqrt{-1}$，所以

$$\mathrm{j}^2=-1,\ \mathrm{j}^3=-\mathrm{j},\ \mathrm{j}^4=1,\ 1/\mathrm{j}=-\mathrm{j}$$

算符 j 和 −j 的代数式、指数式和极坐标式为

$$\mathrm{j}=\cos 90^\circ+\mathrm{j}\sin 90^\circ=\mathrm{e}^{\mathrm{j}90^\circ}=\underline{/90^\circ}$$

$$-\mathrm{j}=\cos 90^\circ-\mathrm{j}\sin 90^\circ=\mathrm{e}^{-\mathrm{j}90^\circ}=\underline{/-90^\circ}$$

可见，任意一个复数乘以 j 后，即按逆时针方向旋转 90°；乘以 −j 后，即按顺时针方向旋转 90°。所以，j 称为旋转 90° 的算子。

2.2.2　正弦量的相量表示法

设有一正弦电流 $i=I_{\mathrm{m}}\sin(\omega t+\psi_i)$，其波形如图 2.6 右边所示，左边是一旋转有向线段。在直角坐标系中，有向线段的长度代表正弦量的幅值 I_{m}，它的初始位置（$t=0$ 时的位置）与横轴正方向之间的夹角等于正弦量的初相位 ψ_i。这一有向线段并以正弦量的角频率 ω 沿逆时针方向旋转。可见，这一有向线段具有正弦量的 3 个特征，故可用来表示正弦量。正弦量在某时刻的瞬时值，就可以由这个有向线段于该瞬时在纵轴上的投影表示出来。例如，在 $t=0$ 时，$i(0)=I_{\mathrm{m}}\sin\psi_i$；在 $t=t_1$ 时，$i(t_1)=I_{\mathrm{m}}\sin(\omega t_1+\psi_i)$。

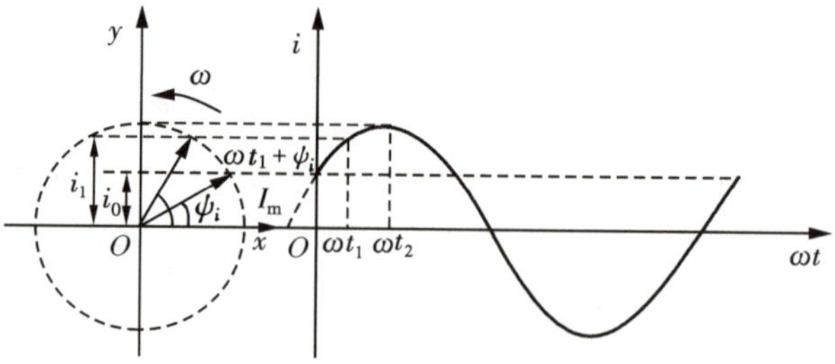

图 2.6　用有向线段表示正弦量

由于正弦量可用有向线段表示，而有向线段可用复数表示，所以正弦量也可以用复数来表示，为了与一般的复数相区别，把表示正弦量的复数称为相量，并通过在大写字母上加一点来表示。

如果用相量来表示正弦量，则相量的模即为正弦量的幅值，相量的辐角即为正弦量的初相位。例如，将一正弦电流

$$i = I_{\mathrm{m}} \sin(\omega t + \psi_i)$$

表示成相量时，可以用正弦电流的幅值 I_{m} 表示相量的模，正弦电流的初相位 ψ_i 表示相量的辐角，这样的相量为

$$\dot{I}_{\mathrm{m}} = I_{\mathrm{m}} \mathrm{e}^{\mathrm{j}\psi_i} = I_{\mathrm{m}} \angle \psi_i$$

若用正弦电流的有效值作为相量的模，仍以它的初相位为相量的辐角，此时的相量为

$$\dot{I} = I \mathrm{e}^{\mathrm{j}\psi_i} = I \angle \psi_i$$

显然

$$\dot{I}_{\mathrm{m}} = \sqrt{2}\,\dot{I}$$

进行两个同频率的正弦量相加、减，可以用相量法。复数的相互变换和四则运算是用相量法求解正弦交流电路的基本运算。

例 2.3　已知两个正弦电流 $i_1 = 6\sqrt{2}\sin(\omega t + 30°)\,\mathrm{A}$ 和 $i_2 = 8\sqrt{2}\sin(\omega t - 60°)\,\mathrm{A}$，求合成电流 $i = i_1 + i_2$。

解　先将这两个正弦量分别表示成相量：

$$\dot{I}_1 = 6\angle 30°\,\mathrm{A} = (5.2 + \mathrm{j}3)\,\mathrm{A},\quad \dot{I}_2 = 8\angle -60°\,\mathrm{A} = (4 - \mathrm{j}6.9)\,\mathrm{A}$$

则相量形式有

$$\dot{I} = \dot{I}_1 + \dot{I}_2 = [(5.2 + \mathrm{j}3) + (4 - \mathrm{j}6.9)]\,\mathrm{A} = (9.2 - \mathrm{j}3.9)\,\mathrm{A} = 10\angle -23.1°\,\mathrm{A}$$

由上可得

$$i = 10\sqrt{2}\sin(\omega t - 23.1°)\,\mathrm{A}$$

相量的乘除运算，采用指数式或极坐标式进行最为方便。

将几个同频率的正弦量在同一复平面上用相量表示，所得的图形称为相量图。相量的加法和减法运算就可以利用相量图和相量式进行。

例 2.4 已知 $i_1 = 10\sqrt{2}\sin(\omega t + 53.1°)$ A，$i_2 = 2\sqrt{2}\sin(\omega t - 45°)$ A，试用相量图法求 $i_3 = i_1 + i_2$。

解 将上述两个正弦量用相量表示得 $\dot{I}_1 = 10\angle 53.1°$ A，$\dot{I}_2 = 2\angle -45°$ A，在同一复平面上按比例作出电流相量 $\dot{I}_1$、$\dot{I}_2$，如图 2.7 所示。按照平行四边形法则，作出 $\dot{I}_3 = \dot{I}_1 + \dot{I}_2$。然后在图 2.7 上按比例量出 $\dot{I}_3$ 的模 $I_3 = 10$，辐角 $\psi_3 = 36.9°$，由此可得 $\dot{I}_3 = 10\angle 36.9°$ A，即 $i_3 = 10\sqrt{2}\sin(\omega t + 36.9°)$ A。

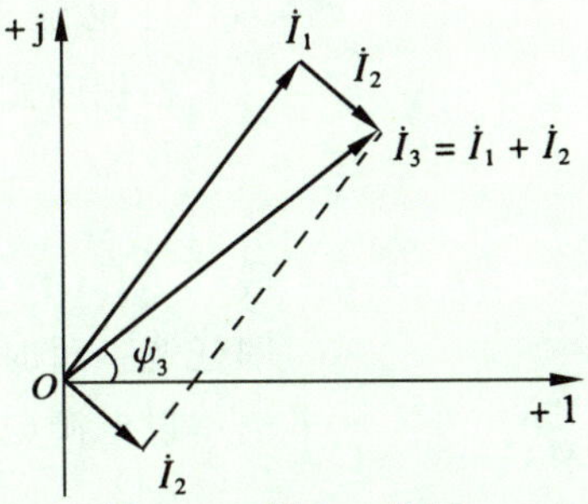

图 2.7 例 2.4 的图

思考题

1. 已知复数 $A_1 = -8 + j6$，$A_2 = 3 + j4$，试求 $A_1 + A_2$，$A_1 - A_2$，A_1A_2 和 A_1/A_2。
2. 写出下列正弦电压的相量式：(1) $u = 10\sqrt{2}\sin\omega t$；(2) $u = 20\sqrt{2}\sin(\omega t - 45°)$。
3. 已知相量 $\dot{I}_1 = (-8 + j6)$ A，$\dot{I}_2 = (3 + j4)$ A，写出它们分别对应的正弦量 i_1、i_2。
4. 已知正弦电压 $u_1 = 8\sqrt{2}\sin(\omega t + 60°)$ V，$u_2 = 6\sqrt{2}\sin(\omega t - 30°)$ V，试用相量法计算电压 $u = u_1 + u_2$，并画出电压相量图。

2.3 单一参数的交流电路

电阻 R、电感 L、电容 C 是交流电路的 3 个基本参数。在分析和计算交流电路时，R、L、C 这 3 个电路参数都必须考虑。由于同时考虑 3 个参数在分析计算时往往较为复杂，而且这 3 个参数在电路中的作用未必都是相同的。所以，当具体电路中某一参数起主要作用，而其他参数的影响在工程上可以忽略不计时，这样的电路就可近似地认为是单一参数电路。

2.3.1 电阻电路

如果电路中电阻参数起主要作用，其他参数的影响可以不计，则该电路称为电阻电路。在实际应用方面，当白炽灯、电阻炉等负载接入交流电路时，电路就可以看成电阻电路。图 2.8(a) 所示为电阻电路，电流和电压的参考方向如图所示。

下面将着重讨论电阻电路中电流与电压之间的关系和功率问题。

1. 电流和电压的关系

根据欧姆定律,有

$$i = \frac{u}{R} \tag{2.4}$$

或

$$u = Ri$$

即任意一瞬时,通过电阻 R 的电流 i 与同一瞬时电源的电压 u 成正比。

设电源电压为

$$u = U_{\mathrm{m}} \sin \omega t \tag{2.5}$$

将式(2.5)代入式(2.4),得

$$i = \frac{u}{R} = \frac{U_{\mathrm{m}} \sin \omega t}{R} = I_{\mathrm{m}} \sin \omega t \tag{2.6}$$

比较式(2.5)与式(2.6),不难看出,电流与电压是同频率的正弦量,它们之间有如下关系。

在数值上,由式(2.6)可得

$$I_{\mathrm{m}} = \frac{U_{\mathrm{m}}}{R}$$

将上式两边同除以$\sqrt{2}$,则得有效值之间的关系为

$$I = \frac{U}{R}$$

或

$$U = IR$$

在相位上,电压 u 和电流 i 的初相位均为零,即 $\varphi = \psi_u - \psi_i = 0$,电流与电压同相,其波形图及相量图分别如图 2.8(b)、(c) 所示。

若用相量来表示电流和电压的关系,则为

$$\dot{U} = \dot{I}R$$

2. 电路的功率

电路在某一瞬时吸收或产生的功率称为瞬时功率。电阻电路中的瞬时功率 p 等于电压与电流的值在该瞬时的乘积,即

$$p = ui = U_{\mathrm{m}} \sin \omega t \cdot I_{\mathrm{m}} \sin \omega t = UI(1 - \cos 2\omega t)$$

上式表明,电阻上所消耗的功率也是变化的,在电流变化一周的时间内,两次出现最大值。但在变化过程中,任何瞬间的瞬时功率都是正值,即任何瞬间电阻上都消耗功率,电阻是一种耗能元件。瞬时功率 p 的波形图如图 2.8(d) 所示。

电路中通常所说的功率是指瞬时功率在一个周期内的平均值。此平均值称为平均功率,简称功率,又称为有功功率。功率的单位为瓦(W)或千瓦(kW)。

电阻电路中的功率为

$$P = \frac{1}{T}\int_0^T p\,\mathrm{d}t = \frac{1}{T}\int_0^T UI(1 - \cos 2\omega t)\,\mathrm{d}t = UI = I^2R = \frac{U^2}{R}$$

上式表明,交流电路中电阻上消耗的平均功率与电压、电流有效值之间的关系和直流电路中是完全一样的。

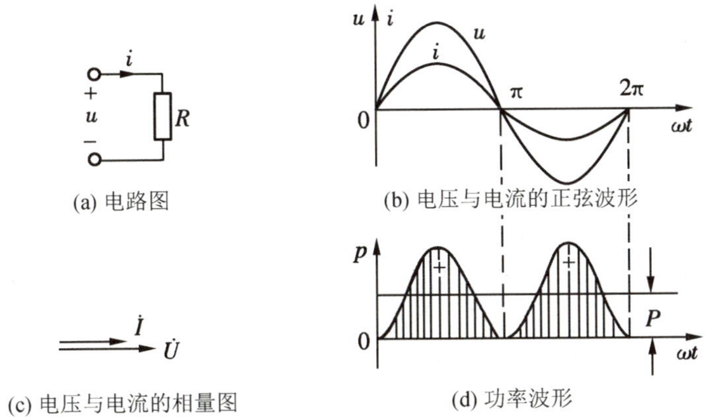

图 2.8　电阻元件的交流电路

例 2.5　把 1 个 10 Ω 电阻接到频率为 50 Hz、电压有效值为 100 V 的正弦交流电源上，试求电阻的电流与电阻的平均功率。

解　电阻电流的有效值为

$$I=\frac{U}{R}=\frac{100}{10}\ \text{A}=10\ \text{A}$$

电阻的平均功率为

$$P=UI=100\times10\ \text{W}=1\ 000\ \text{W}$$

2.3.2　电感电路

如果电路中电感参数起主要作用，其他参数的影响可以忽略不计，则该电路称为电感电路。例如，将一个电感线圈接在交流电路中，该电路就可以视为一电感电路，如图 2.9(a) 所示。

电压、电流和自感电动势的参考方向如图 2.9 所示。

电压的参考方向是任意选定的，当电压的参考方向选定之后，电流和自感电动势的参考方向便随之而定。当通过电感线圈的电流发生变化时，线圈中将产生自感电动势，自感电动势的方向总是力图阻碍电流变化。

1. 电流和电压的关系

在图 2.9(a) 所示电路中，设电流为

$$i=I_{\mathrm{m}}\sin\omega t \tag{2.7}$$

则

$$u=-e_L=L\frac{\mathrm{d}i}{\mathrm{d}t}=L\frac{\mathrm{d}(I_{\mathrm{m}}\sin\omega t)}{\mathrm{d}t}=\omega LI_{\mathrm{m}}\sin(\omega t+90^\circ)=U_{\mathrm{m}}\sin(\omega t+90^\circ) \tag{2.8}$$

式中，L 为线圈的自感系数，也称为电感，单位为亨利(H)。电压、电流、电动势的波形图和相量图分别如图 2.9 (b)、(e) 所示。

比较式(2.7) 与式(2.8)，不难看出，电压与电流是同频率的正弦量，它们

之间有如下关系。

在数值上,由式(2.8)可得

$$U_m = \omega L I_m$$

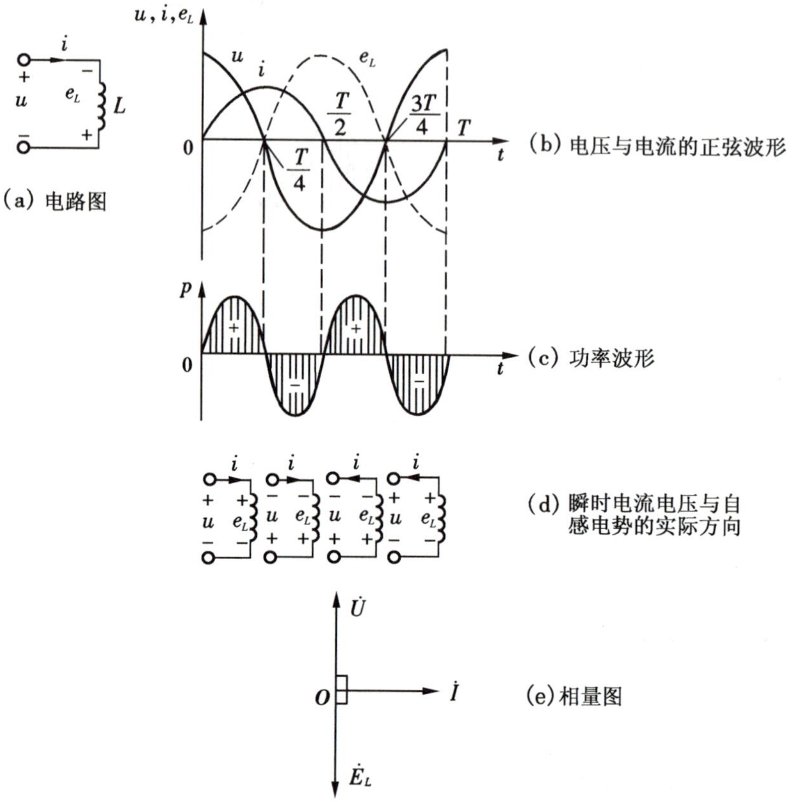

图 2.9 电感元件的交流电路

将上式等号两边同除以$\sqrt{2}$,可得

$$U = \omega L I$$

或

$$I = \frac{U}{\omega L} \tag{2.9}$$

可见,当电压一定时,ωL 越大,电路中的电流则越小,ωL 具有阻止电流通过的性质,故称为感抗,用 X_L 表示,即

$$X_L = \omega L = 2\pi f L$$

若频率 f 的单位用赫兹(Hz),电感 L 的单位用亨利(H),则感抗 X_L 的单位为欧姆(Ω)。

这样,式(2.9)可表示为

$$U = X_L I$$

或

$$I = \frac{U}{X_L}$$

上式反映了电压、电流与感抗之间的关系,在形式上和直流电路中的欧姆定律相同。但是必须指出,感抗 X_L 与电阻 R 虽有相同的量纲,但其本质是不同的。感抗 X_L 与电感 L、频率 f 成正比。因此,电感线圈对高频交流电流的阻碍作用很大,而对直流电流可视作短路,即对直流电流而言,$X_L = 0$。

当 U、L 一定时，X_L 和 I 同 f 的关系如图2.10所示。

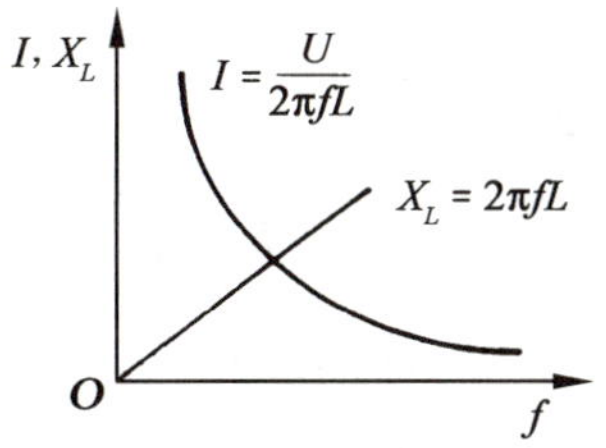

图 2.10　X_L 和 I 同 f 的关系

应当注意，感抗只是电压与电流的幅值或有效值之比，而不是它们的瞬时值之比。

在相位上，比较式(2.7)和式(2.8)可知：电压超前电流 90°，即 $\varphi = \psi_u - \psi_i = 90°$；又由于 $u = -e_L$，即自感电动势与电压反相，故自感电动势滞后于电流 90°，其波形图如图 2.9(b) 所示。

考虑到电压、电流的数值与相位关系，其相量式为

$$\dot{U} = \mathrm{j}X_L\dot{I}$$

或

$$\dot{I} = \frac{\dot{U}}{\mathrm{j}X_L}$$

2. 电路的功率

根据电压 u 和电流 i 的变化规律，可得瞬时功率为

$$p = ui = U_m \sin(\omega t + 90°) \cdot I_m \sin \omega t = UI \sin 2\omega t \tag{2.10}$$

由式(2.10)可见，p 是一个幅值为 UI，并以 2ω 的角频率随时间变化的正弦量，其波形图如图 2.9(c) 所示。从图中可以看到：在第一个及第三个 1/4 周期中，$p > 0$，即电感从电源吸取能量；第二个及第四个 1/4 周期中，$p < 0$，即电感把电能送回电源，其平均功率为

$$P = \frac{1}{T}\int_0^T p\,\mathrm{d}t = \frac{1}{T}\int_0^T UI \sin 2\omega t\,\mathrm{d}t = 0$$

可见，交流电路中的电感元件是不消耗电能的，它只是不断地进行能量的“吞吐”。所以，电感 L 称为储能元件。

从式(2.10)可以看出，电感电路中瞬时功率的最大值为

$$Q = UI = I^2 X_L = U^2/X_L$$

上式在形式上虽与电阻负载的平均功率式相似，但 $P = I^2 R$ 是电阻上真正消耗掉的电功率，而 $Q = I^2 X_L$ 并不是消耗掉的电功率，两者有本质上的区别。因此，Q 称为无功功率，它表示磁场能与电能相互转换的最大速率。无功功率的单位为乏(var)、千乏(kvar)。

电感时而吸取功率，时而产生功率。在第一个和第三个 1/4 周期中，电流的绝对值从零增长到最大值，它从电源吸取的电能转换成磁场能。在第二个和第四个 1/4 周期中，电流的绝对值从最大值下降至零，伴随着电流的衰减，磁场能转换成电能而送回电源。在此期间送回电源的电能就是原先建立磁场的电能。由此可知，电感具有“吞吐”电能的作用。“吞吐”过程实际就是电能与磁场能交替转换的过程。

例 2.6　一个线圈的电感 $L = 10$ mH，电阻可以忽略不计。把它接到电压 $u = 100\sin \omega t$ V 的电源上，试分别求出电源频率为 50 Hz 与 50 kHz 时线圈中通过的电流。

解　当电源频率为 50 Hz 时，有

$$X_L = 2\pi fL = 2\pi \times 50 \times 10 \times 10^{-3}\ \Omega = 3.14\ \Omega$$

通过线圈的电流为

$$I=\frac{U}{X_L}=\frac{100/\sqrt{2}}{3.14}\text{ A}=22.5\text{ A}$$

当电源频率为 50 kHz 时,有

$$X_L=2\pi fL=2\pi\times50\times10^3\times10\times10^{-3}\ \Omega=3\ 140\ \Omega$$

通过线圈的电流为

$$I=\frac{U}{X_L}=\frac{100/\sqrt{2}}{3\ 140}\text{ A}=22.5\text{ mA}$$

可见,电感线圈能有效地阻止高频电流通过。

2.3.3 电容电路

如果电路中电容参数起主要作用,而其他参数可以忽略不计,则该电路称为电容电路。例如,将一个电容值和介质损耗都很小的电容器接在交流电源上,该电路就可视为电容电路,如图 2.11 所示。

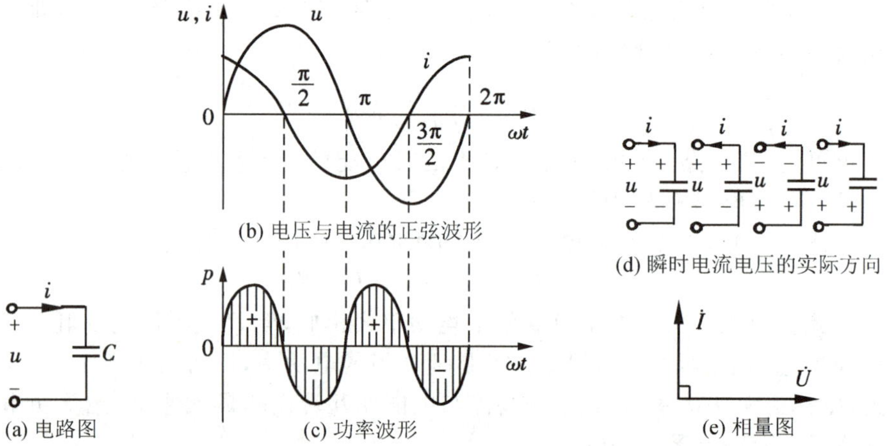

图 2.11 电容电路

同样讨论电容电路中的电流与电压之间的关系及能量的转换问题。

1. 电流与电压的关系

图 2.11(a) 所示为仅有电容参数的交流电路,由于电压的不断变化,电路中的电流为

$$i=C\frac{\mathrm{d}u}{\mathrm{d}t} \tag{2.11}$$

设

$$u=U_{\mathrm{m}}\sin\omega t \tag{2.12}$$

将式(2.12) 代入式(2.11) 得

$$i=C\frac{\mathrm{d}u}{\mathrm{d}t}=\omega CU_{\mathrm{m}}\sin(\omega t+90°)=I_{\mathrm{m}}\sin(\omega t+90°) \tag{2.13}$$

可见,电压与电流是同频率的正弦量,它们之间有如下关系。

在数值上，由式(2.13)可得

$$I_m = \omega C U_m$$

将上式等号两边同除以$\sqrt{2}$，可得

$$I = \omega C U = \frac{U}{\frac{1}{\omega C}} \tag{2.14}$$

令

$$X_C = \frac{1}{\omega C} = \frac{1}{2\pi f C}$$

于是，式(2.14)便可写成

$$I = \frac{U}{X_C}$$

或

$$U = I X_C \tag{2.15}$$

由上可知，在电容电路中，电压的幅值(或有效值)与电流的幅值(或有效值)之比为 X_C，称为容抗。若频率 f 的单位用赫兹(Hz)，电容 C 的单位用法拉(F)，则容抗 X_C 的单位为欧姆(Ω)。

容抗 X_C 与电容 C、频率 f 成反比。这是因为电容越大，在同样电压下，电容器所容纳的电量就越多，因而电流越大。频率越高，电容器的充、放电就进行得越快，在同样电压下，单位时间内电荷的移动量就越多，因而电流越大。所以，电容元件对高频交流电流所呈现的容抗很小，可视为短路；而对直流电流($f=0$)所呈现的容抗 $X_C \to \infty$，可视为开路。因此，电容元件有通交流、隔直流的作用。

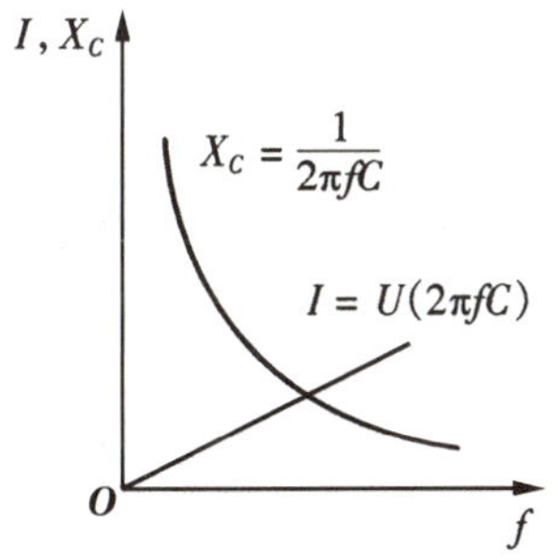

图 2.12　X_C 和 I 同 f 的关系

当电压 U 和电容 C 一定时，容抗 X_C 和电流 I 同频率 f 的关系如图 2.12 所示。

在相位上，比较式(2.12)和式(2.13)，可知电流超前电压 90°，其波形图和相量图分别如图 2.11(b)、(e)所示。

考虑到电压和电流的数值和相位关系，其相量式为

$$\dot{U} = -jX_C\dot{I}$$

或

$$\dot{I} = \frac{\dot{U}}{-jX_C}$$

2. 电路的功率

根据电压 u 和电流 i 的变化规律，即可得电路的瞬时功率为

$$p = ui = U_m \sin \omega t \cdot I_m \sin(\omega t + 90°) = UI \sin 2\omega t$$

由上式可知，p 是一个幅值为 UI、并以 2ω 的角频率随时间变化的正弦量，其波形图如图 2.11(c)所示。从图 2.11 中可以看出，第一个和第三个 1/4 周期中，$p>0$，即电容从电源吸取能量；第二个和第四个 1/4 周期中，$p<0$，即电容把电能送回电源。其平均功率为

$$P=\frac{1}{T}\int_{0}^{T}p\,\mathrm{d}t=\frac{1}{T}\int_{0}^{T}UI\sin 2\omega t\,\mathrm{d}t=0$$

可见,交流电路中的电容元件是不消耗电能的,它只是不断地进行能量的“吞吐”。所以,电容 C 也是一种储能元件。

与电感电路相似,电容电路交换功率的最大值称为无功功率,用 Q 表示,即

$$Q=UI=I^{2}X_{C}=\frac{U^{2}}{X_{C}}$$

Q 的单位也为乏(var)或千乏(kvar)。

例 2.7 设有一电容元件 $C=20\ \mu\mathrm{F}$,接在 $f=50\ \mathrm{Hz}$、$U=220\ \mathrm{V}$ 的交流电源上。(1) 求容抗、电流与无功功率;(2) 当电源频率 $f=50\ \mathrm{kHz}$ 时,重新计算(1)。

解 (1) 当 $f=50\ \mathrm{Hz}$ 时:

$$X_{C}=\frac{1}{2\pi fC}=\frac{1}{2\times 3.14\times 50\times 20\times 10^{-6}}\ \Omega=159\ \Omega$$

$$I=\frac{U}{X_{C}}=\frac{220}{159}\ \mathrm{A}=1.38\ \mathrm{A}$$

$$Q=UI=220\times 1.38\ \mathrm{var}=304\ \mathrm{var}$$

(2) 当 $f=50\ \mathrm{kHz}$ 时:

$$X_{C}=\frac{1}{2\pi fC}=\frac{1}{2\times 3.14\times 50\times 10^{3}\times 20\times 10^{-6}}\ \Omega=0.159\ \Omega$$

$$I=\frac{U}{X_{C}}=\frac{220}{0.159}\ \mathrm{A}=1\ 384\ \mathrm{A}$$

$$Q=UI=220\times 1\ 384\ \mathrm{var}=304\ \mathrm{kvar}$$

计算表明,电容在低频时容抗大,在高频时容抗小,与感抗的特性恰好相反。

关于电阻电路、电感电路、电容电路的一些结论是分析一般交流电路的基础,为便于对比和复习,现将这些结论列在表 2.1 中。

表 2.1 正弦交流电路中电压与电流的关系

电路	一般关系式	相位关系	数值关系	相量式
电阻电路	$u=iR$		$I=\frac{U}{R}$	$\dot{I}=\frac{\dot{U}}{R}$
电感电路	$u=L\frac{\mathrm{d}i}{\mathrm{d}t}$	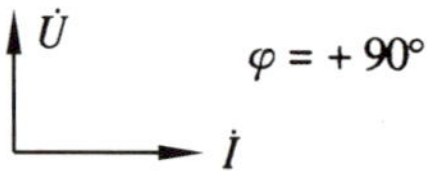	$I=\frac{U}{X_{L}}$	$\dot{I}=\frac{\dot{U}}{\mathrm{j}X_{L}}$
电容电路	$u=\frac{1}{C}\int i\mathrm{d}t$	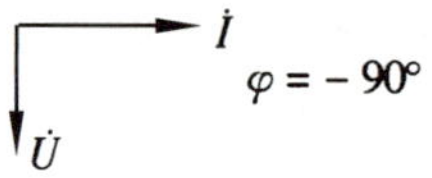	$I=\frac{U}{X_{C}}$	$\dot{I}=\frac{\dot{U}}{-\mathrm{j}X_{C}}$

续表

电路	一般关系式	相位关系	数值关系	相量式
RL 串联电路	$u = iR + L\dfrac{di}{dt}$	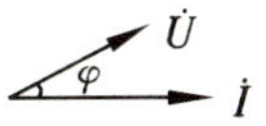 $\varphi > 0$	$I = \dfrac{U}{\sqrt{R^2 + X_L^2}}$	$\dot{I} = \dfrac{\dot{U}}{R + jX_L}$
RC 串联电路	$u = iR + \dfrac{1}{C}\int i dt$	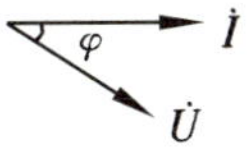 $\varphi < 0$	$I = \dfrac{U}{\sqrt{R^2 + X_C^2}}$	$\dot{I} = \dfrac{\dot{U}}{R - jX_C}$
RLC 串联电路	$u = iR + L\dfrac{di}{dt} + \dfrac{1}{C}\int i dt$	$\varphi > 0$ $\varphi = 0$ $\varphi < 0$	$I = \dfrac{U}{\sqrt{R^2 + (X_L - X_C)^2}}$	$\dot{I} = \dfrac{\dot{U}}{R + j(X_L - X_C)}$

思考题

1. 下列各式中哪些是对的，哪些是错的？

$$\dot{I} = \frac{\dot{U}}{j\omega L}, \qquad \frac{\dot{U}}{\dot{I}} = X_L, \qquad \frac{U}{I} = j\omega L$$

$$\dot{I} = \frac{\dot{U}}{-j\omega C}, \qquad \frac{\dot{U}}{\dot{I}} = jX_C, \qquad \frac{U}{I} = \omega C$$

2. 把一个 0.1 H 的电感元件接到频率为 50 Hz、电压有效值为 100 V 的正弦交流电源上，通过的电流是多少？

3. 在正弦交流电路中，当电容的电压过零值时，电容的电流是否也过零值？

2.4 *RLC* 串联电路

图 2.13(a) 所示是 *RLC* 串联的交流电路。在讨论这一电路时，将直接引用单一参数电路的各个结论。

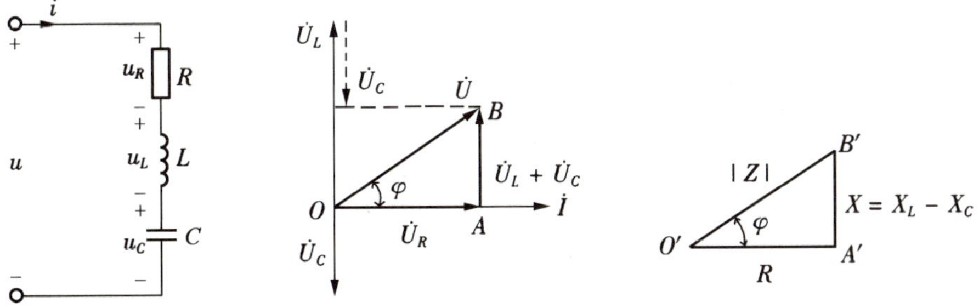

(a) 电路图　　(b) 相量图　　(c) 阻抗三角形

图 2.13　*RLC* 串联电路

2.4.1 电流和电压的关系

对于图 2.13(a) 所示电路，根据基尔霍夫电压定律，有

$$u = u_R + u_L + u_C$$

这一关系同样可用相量表示：

$$\dot{U} = \dot{U}_R + \dot{U}_L + \dot{U}_C \qquad (2.16)$$

式(2.16) 也称为相量形式的基尔霍夫电压定律。

因为在串联电路中，各元件内通过同一电流，所以在讨论时常选择电流作为参考相量，并设它的初相位为零。于是，$\dot{U}_R$ 与 $\dot{I}$ 同相，$\dot{U}_L$ 比 $\dot{I}$ 超前 90°，$\dot{U}_C$ 比 $\dot{I}$ 滞后 90°。假设在此串联电路中，$X_L > X_C$，即可得到与式(2.16) 对应的相量图，如图2.13(b) 所示。在相量图中，由电压 $\dot{U}_R$、$\dot{U}_L + \dot{U}_C$ 和 $\dot{U}$ 构成的直角三角形 OAB 称为电压三角形。

由电压三角形并考虑到 $U_R = IR$，$U_L = IX_L$，$U_C = IX_C$，即可求得

$$\begin{aligned} U &= \sqrt{U_R^2 + (U_L - U_C)^2} \\ &= \sqrt{(IR)^2 + (IX_L - IX_C)^2} \\ &= I\sqrt{R^2 + (X_L - X_C)^2} \end{aligned}$$

所以

$$\frac{U}{I} = \sqrt{R^2 + (X_L - X_C)^2} = \sqrt{R^2 + X^2}$$

令

$$|Z| = \sqrt{R^2 + X^2} = \frac{U}{I}$$

其是电路两端的正弦电压有效值与正弦电流有效值的比值，称为阻抗。上式中

$$X = X_L - X_C = \omega L - \frac{1}{\omega C}$$

是感抗($X_L = \omega L$)与容抗($X_C = 1/\omega C$)之差，称为电抗。阻抗和电抗的大小都与频率有关，它们的单位均为欧姆(Ω)。

由公式 $|Z| = \sqrt{R^2 + X^2}$ 可知：R、X 和 $|Z|$ 三者在数值上符合直角三角形勾股弦关系，如图 2.13(c) 所示。这个三角形称为阻抗三角形。显然，电压三角形的各边除以电流 I，即得阻抗三角形。所以，阻抗三角形与电压三角形是两个相似三角形。阻抗角 φ 在数值上等于电流与电压的相位差，即

$$\varphi = \arctan\frac{U_L - U_C}{U_R} = \arctan\frac{X_L - X_C}{R} = \arctan\frac{X}{R}$$

由上式可知，φ 角的大小是由电路参数决定的。在电路中，若 $X_L > X_C$，则 $\varphi > 0$，这时电流滞后于电压，这种电路称为电感性电路；若 $X_L < X_C$，则 $\varphi < 0$，这时电流超前于电压，这种电路称为电容性电路；若 $X_L = X_C$，则 $\varphi = 0$，这时电流与电压同相，这种电路称为电阻性电路，这时的电路状态称为谐振。

如果用相量表示电流与电压的关系，则有

$$\dot{U} = \dot{U}_R + \dot{U}_L + \dot{U}_C = \dot{I}(R + \mathrm{j}X) = \dot{I}Z \qquad (2.17)$$

式中

$$Z = R + \mathrm{j}X = |Z|\underline{/\varphi}$$

称为复阻抗，其中 $|Z|$ 为复阻抗的模，φ 为复阻抗的辐角。由于复阻抗不是时间函数，也非正弦量，而仅仅是一个复数，故不是相量，为了与 $\dot{U}$、$\dot{I}$ 等相量相区别，

用不加点的大写字母 Z 表示。因为它不是相量，所以阻抗三角形不是相量图，从图 2.13(c) 中可以看到各线段是不带箭头的。

引入复阻抗的概念之后，式(2.17) 可以写成

$$\dot{I} = \frac{\dot{U}}{Z} \tag{2.18}$$

式(2.18) 与欧姆定律的形式相似，习惯上称它为相量形式的欧姆定律。

2.4.2　电路的功率

由图 2.13 中电流和电压的关系可知

$$i = I_m \sin \omega t$$

$$u = U_m \sin(\omega t + \varphi)$$

当频率一定时，φ 角由 R、L、C 三个参数决定。于是可以得到串联电路的瞬时功率为

$$p = ui = U_m \sin(\omega t + \varphi) \cdot I_m \sin \omega t = UI[\cos \varphi - \cos(2\omega t + \varphi)]$$

其平均功率为

$$P = \frac{1}{T}\int_0^T p\mathrm{d}t = \frac{1}{T}\int_0^T UI[\cos \varphi - \cos(2\omega t + \varphi)]\mathrm{d}t = UI\cos \varphi$$

上式表明，电路中的有功功率不仅与电压和电流的有效值的乘积有关，而且与电压和电流相位差的余弦 $\cos \varphi$ 有关。$\cos \varphi$ 称为交流电路的功率因数，φ 称为功率因数角。

由图 2.13(b) 可知，$U\cos \varphi = U_R$，故

$$P = UI\cos \varphi = U_R I = I^2 R$$

可见，电路的有功功率即为电阻 R 上消耗的功率。这与单一参数电路中所说的电抗元件(L、C) 不消耗功率($P = 0$) 的结论是一致的。

电路的无功功率为

$$Q = UI\sin \varphi = U_X I = (U_L - U_C)I = U_L I - U_C I = Q_L - Q_C$$

可以看出，无功功率是电感、电容元件与电源之间进行能量交换的功率。由于电感的无功功率为正，电容的无功功率为负，因此，电感吸取的无功功率，一部分是由电容补偿的，所以在电感电路中增添电容元件，可以减少电源供给的无功功率。

对于电源来说，其输出电压为 U，输出电流为 I，它们的乘积 UI 虽具有功率的量纲，但一般并不表示电路实际消耗的有功功率，也不表示电路进行能量转换的无功功率。通常，把它称为视在功率，用 S 来表示，即

$$S = UI$$

视在功率 S、有功功率 P 和无功功率 Q 虽然都称为功率，并且具有相同的量纲，但所表示的意义是不同的。为了区别，视在功率的单位为伏安(V·A) 或千伏安(kV·A)。

因为

$$P = UI\cos \varphi = S\cos \varphi$$

$$Q = UI\sin \varphi = S\sin \varphi$$

所以

$$S = \sqrt{P^2 + Q^2}$$

可见,视在功率 S、有功功率 P 和无功功率 Q 也构成了一个直角三角形,称为功率三角形。它与电压三角形也是相似的,因为将电压三角形每边同乘以 I 即可得到它,如图 2.14 所示。由于 P、Q、S 都不是正弦量,所以它们不能用相量表示。

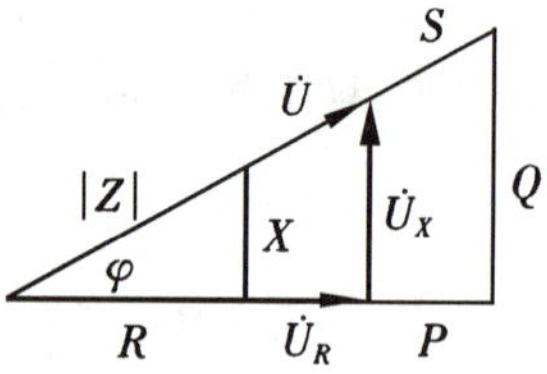

图 2.14 阻抗、电压、功率三角形

由阻抗三角形、电压三角形和功率三角形可得到 RLC 串联电路功率因数的 3 种表示式,即

$$\cos\varphi = \frac{R}{|Z|} = \frac{U_R}{U} = \frac{P}{S}$$

在计算时,可根据不同条件选用。

例 2.8 一个电阻 $R = 15\ \Omega$、电感 $L = 12\ \text{mH}$ 的线圈与一个电容 $C = 5\ \mu\text{F}$ 的电容器串联,所施加的电压 $u = 100\sqrt{2}\sin 5\,000t\ \text{V}$,如图 2.15(a) 所示。(1) 求电路中的电流,以及线圈和电容器两端的电压;(2) 作电流、电压的相量图;(3) 写出电流、电压的三角函数表示式;(4) 求电路的有功功率 P 和无功功率 Q。

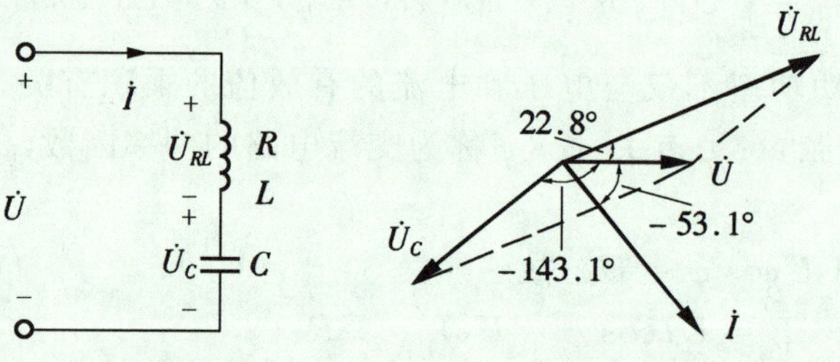

图 2.15 例 2.8 的图

解 (1) 因为 $R = 15\ \Omega$,且

$$X_L = \omega L = 5\,000 \times 12 \times 10^{-3}\ \Omega = 60\ \Omega$$

$$X_C = \frac{1}{\omega C} = \frac{1}{5\,000 \times 5 \times 10^{-6}}\ \Omega = 40\ \Omega$$

所以电路的阻抗为

$$Z = R + \text{j}X = R + \text{j}(X_L - X_C) = 15\ \Omega + \text{j}(60 - 40)\ \Omega = 25\ \underline{/53.1^\circ}\ \Omega$$

又因为 $\dot{U} = 100\ \underline{/0^\circ}\ \text{V}$,所以电路的电流为

$$\dot{I} = \frac{\dot{U}}{Z} = \frac{100\ \underline{/0^\circ}}{25\ \underline{/53.1^\circ}}\ \text{A} = 4\ \underline{/-53.1^\circ}\ \text{A}$$

线圈的阻抗为

$$Z_{RL} = R + \text{j}X_L = (15 + \text{j}60)\ \Omega = 61.8\ \underline{/75.9^\circ}\ \Omega$$

线圈的端电压为

$$\dot{U}_{RL} = Z_{RL}\dot{I} = 61.8\underline{/75.9^\circ} \times 4\underline{/-53.1^\circ}\ \text{V} = 247\underline{/22.8^\circ}\ \text{V}$$

电容器的端电压

$$\dot{U}_C = -jX_C\dot{I} = 40\angle -90^\circ \times 4\angle -53.1^\circ \text{ V} = 160\angle -143.1^\circ \text{ V}$$

(2) 电流和电压的相量图如图 2.15(b) 所示。从相量图及相量运算都能得出，各电压相量满足

$$\dot{U} = \dot{U}_{RL} + \dot{U}_C$$

(3) 根据求出的电路的电流相量及电路各部分的电压相量，即可以写出这些电流和电压的三角函数表示式：

$$i = 4\sqrt{2}\sin(5\,000t - 53.1^\circ) \text{ A}$$

$$u_{RL} = 247\sqrt{2}\sin(5\,000t + 22.8^\circ) \text{ V}$$

$$u_C = 160\sqrt{2}\sin(5\,000t - 143.1^\circ) \text{ V}$$

(4)
$$P = UI\cos\varphi = 100 \times 4\cos 53.1^\circ \text{ W} = 240 \text{ W}$$

或
$$P = I^2R = 4^2 \times 15 \text{ W} = 240 \text{ W}$$

$$Q = UI\sin\varphi = 100 \times 4\sin 53.1^\circ \text{ var} = 320 \text{ var}$$

或
$$Q = Q_L - Q_C = I^2X_L - I^2X_C = (4^2 \times 60 - 4^2 \times 40) \text{ var} = 320 \text{ var}$$

由以上计算结果可以看出，电路总电压 $U = 100$ V，电容器端电压 $U_C = 160$ V，线圈的端电压 $U_{RL} = 247$ V，U_C 和 U_{RL} 都比总电压 U 大。所以，在选择交流电路的电感或电容元件时，其耐压水平必须按实际承受的电压最大值来考虑，不能只按电路的总电压来考虑。

思考题

1. 在 RLC 串联交流电路中，已知 $R = 30\ \Omega$，$X_L = 40\ \Omega$，$X_C = 80\ \Omega$，$I = 1$ A，试求其两端电压 U 及电路的功率 P、Q、S。
2. 在 RLC 串联交流电路中，总电压 U 是否一定大于 U_R、U_L 及 U_C？
3. RLC 串联交流电路的功率因数 $\cos\varphi$ 是否总是小于 1？
4. RL 串联电路的阻抗 $Z = (4 + j3)\Omega$，求电路电压与电流的相位差。
5. 有一 RC 串联交流电路，已知 $R = 3\ \Omega$，$X_C = 4\ \Omega$，电源电压 $\dot{U} = 100\angle 0^\circ$ V，试求电流 $\dot{I}$。

2.5 复阻抗的串联与并联电路

在交流电路中，复阻抗的串联与并联是较简单和常见的两种连接形式。

2.5.1 复阻抗的串联

图 2.16(a) 所示是两个复阻抗串联的电路。根据基尔霍夫电压定律，可写出它的相量表示式：

$$\dot{U} = \dot{U}_1 + \dot{U}_2 = Z_1\dot{I} + Z_2\dot{I} = (Z_1 + Z_2)\dot{I} = Z\dot{I}$$

式中,Z 称为串联电路的等效复阻抗。将图 2.16(a) 中的 Z_1 和 Z_2 两个串联的复阻抗用一个复阻抗 Z 来代替,如图 2.16(b) 所示,则在同样电压的作用下,电路中的电流保持不变。复阻抗串联后,等效复阻抗等于各个复阻抗之和,即

$$Z = Z_1 + Z_2$$

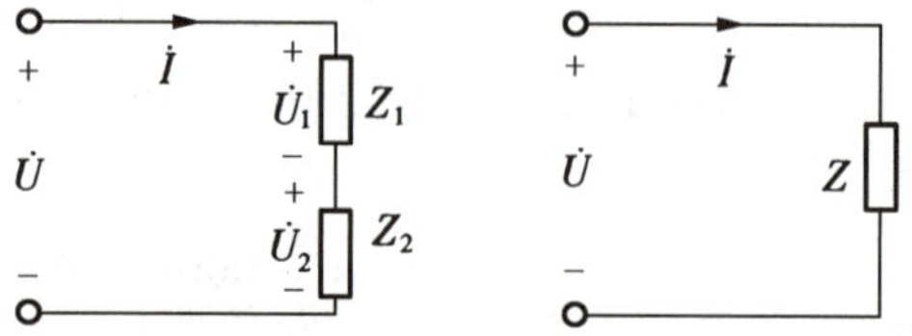

(a) 复阻抗串联电路　　(b) 等效电路

图 2.16　复阻抗的串联

若有多个复阻抗串联,则计算等效复阻抗的一般公式为

$$Z = \sum Z_k = \sum R_k + j\sum X_k = |Z| \angle\varphi$$

式中

$$|Z| = \sqrt{\left(\sum R_k\right)^2 + \left(\sum X_k\right)^2}$$

$$\varphi = \arctan\frac{\sum X_k}{\sum R_k}$$

对于上列各式的 $\sum X_k$,感抗 X_L 取正号,容抗 X_C 取负号。

例 2.9　设有两个负载串联,如图 2.16(a) 所示。各负载的参数为 $R_1 = 3\ \Omega$、$X_{L1} = 4\ \Omega$ 和 $R_2 = 5\ \Omega$、$X_{C2} = 7\ \Omega$。接在电压为 $u = 220\sqrt{2}\sin(314t + 30°)$ V 的交流电源上。试求:(1) 各负载的复阻抗及电路的等效复阻抗;(2) 电流 $\dot{I}$ 和各负载电压 $\dot{U}_1$、$\dot{U}_2$。

解　(1) 各负载的复阻抗分别为

$$Z_1 = (3 + j4)\ \Omega = 5\angle 53.1°\ \Omega$$

$$Z_2 = (5 - j7)\ \Omega = 8.6\angle -54.5°\ \Omega$$

电路的等效复阻抗为

$$Z = Z_1 + Z_2 = [3 + 5 + j(4 - 7)]\ \Omega = (8 - j3)\ \Omega = 8.54\angle -20.6°\ \Omega$$

(2) 电路中的电流相量为

$$\dot{I} = \frac{\dot{U}}{Z} = \frac{220\angle 30°}{8.54\angle -20.6°}\ \text{A} = 25.8\angle 50.6°\ \text{A}$$

各负载上的电压相量分别为

$$\dot{U}_1 = \dot{I}Z_1 = 25.8\angle 50.6° \times 5\angle 53.1°\ \text{V} = 129\angle 103.7°\ \text{V}$$

$$\dot{U}_2 = \dot{I}Z_2 = 25.8\angle 50.6° \times 8.6\angle -54.5°\ \text{V} = 221.9\angle -3.9°\ \text{V}$$

2.5.2　复阻抗的并联

图 2.17(a) 所示是两个复阻抗并联的电路。根据基尔霍夫电流定律，可写出它的相量表示式：

$$\dot{I} = \dot{I}_1 + \dot{I}_2 = \frac{\dot{U}}{Z_1} + \frac{\dot{U}}{Z_2}$$
$$= \dot{U}\left(\frac{1}{Z_1} + \frac{1}{Z_2}\right)$$

两个并联的复阻抗可用一个等效复阻抗 Z 来代替，根据图 2.17(b) 所示的等效电路可写出：

$$\dot{I} = \frac{\dot{U}}{Z}$$

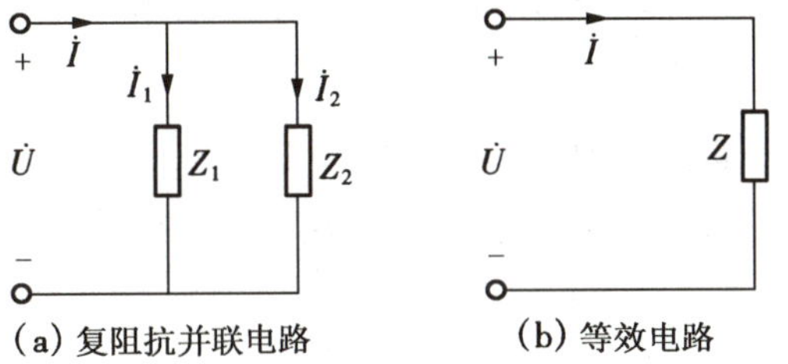

图 2.17　复阻抗的并联

比较上列两式，可得

$$\frac{1}{Z} = \frac{1}{Z_1} + \frac{1}{Z_2}$$

或

$$Z = \frac{Z_1 Z_2}{Z_1 + Z_2}$$

若有多个复阻抗并联，则计算等效复阻抗的一般公式为

$$\frac{1}{Z} = \sum \frac{1}{Z_k}$$

例 2.10　如图 2.18 所示，在 RLC 并联电路中，已知 $R = 10\ \Omega$，$X_L = 8\ \Omega$，$X_C = 15\ \Omega$，电路端电压 $U = 120\ \text{V}$，$f = 50\ \text{Hz}$。试求：(1) 电流 $\dot{I}_R$、$\dot{I}_L$、$\dot{I}_C$ 及总电流 $\dot{I}$；(2) 作出相量图；(3) 确定整个电路的性质。

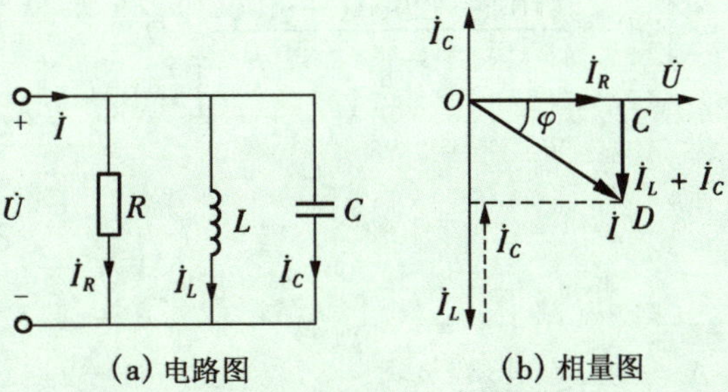

图 2.18　例 2.10 的图

解 取电压为参考相量,令 $\dot{U}=120\angle 0^\circ$ V,则

(1) $\dot{I}_R=\dfrac{\dot{U}}{R}=\dfrac{120\angle 0^\circ}{10}\text{ A}=12\angle 0^\circ\text{ A}$

$$\dot{I}_L=\frac{\dot{U}}{\mathrm{j}X_L}=\frac{120\angle 0^\circ}{8\angle 90^\circ}\text{ A}=15\angle -90^\circ\text{ A}$$

$$\dot{I}_C=\frac{\dot{U}}{-\mathrm{j}X_C}=\frac{120\angle 0^\circ}{15\angle -90^\circ}\text{ A}=8\angle 90^\circ\text{ A}$$

$$\dot{I}=\dot{I}_R+\dot{I}_L+\dot{I}_C=(12\angle 0^\circ+15\angle -90^\circ+8\angle 90^\circ)\text{ A}$$

$$=(12-\mathrm{j}15+\mathrm{j}8)\text{ A}=(12-\mathrm{j}7)\text{ A}=13.9\angle -30.2^\circ\text{ A}$$

(2) 根据以上各相量作出相量图,如图 2.18(b) 所示。

(3) 因为 $I_L>I_C$,$\varphi>0$,总电流滞后于电压,所以电路呈电感性。

在例 2.10 的相量图中,电流 $\dot{I}_R$、$(\dot{I}_L+\dot{I}_C)$ 和 $\dot{I}$ 构成的直角三角形 OCD,称为电流三角形。由电流三角形可求出总电流的有效值为

$$I=\sqrt{I_R^2+(I_L-I_C)^2}$$

电压与总电流的相位差为

$$\varphi=\arctan\frac{I_L-I_C}{I_R}=\arctan\frac{\dfrac{1}{X_L}-\dfrac{1}{X_C}}{\dfrac{1}{R}}$$

由上式可知,当 $1/X_L>1/X_C$ 时,φ 为正值,则总电流滞后于电压,此时电路呈电感性;当 $1/X_L<1/X_C$ 时,φ 为负值,则总电流超前于电压,此时电路呈电容性;当 $1/X_L=1/X_C$ 时,$\varphi=0$,则总电流与电压同相,此时电路呈纯电阻性。

例 2.11 如图 2.19 所示,电源电压 $\dot{U}=220\angle 0^\circ$ V。试求:(1) 等效复阻抗 Z;(2) 电流 $\dot{I}_1$、$\dot{I}_2$和$\dot{I}$。

解 已知 $Z_1=50\ \Omega$,$Z_2=(100+\mathrm{j}200)\ \Omega$,$Z_3=-\mathrm{j}400\ \Omega$。

(1) 等效复阻抗为

$$Z=Z_1+\frac{Z_2Z_3}{Z_2+Z_3}=\left[50+\frac{(100+\mathrm{j}200)(-\mathrm{j}400)}{100+\mathrm{j}200-\mathrm{j}400}\right]\Omega$$

$$=(50+320+\mathrm{j}240)\ \Omega$$

$$=(370+\mathrm{j}240)\ \Omega$$

$$=440\angle 33^\circ\ \Omega$$

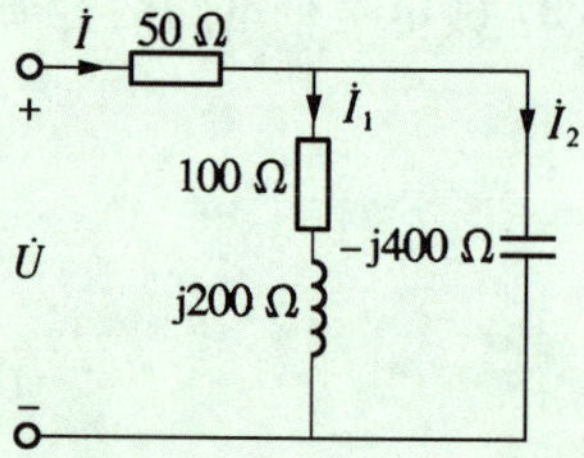

图 2.19 例 2.11 的图

(2) 电流为

$$\dot{I}=\frac{\dot{U}}{Z}=\frac{220\angle 0^\circ}{440\angle 33^\circ}\text{ A}=0.5\angle -33^\circ\text{ A}$$

$$\dot{I}_1 = \frac{Z_3}{Z_2 + Z_3} \times \dot{I} = \frac{-\mathrm{j}400}{100 + \mathrm{j}200 - \mathrm{j}400} \times 0.5\underline{/-33^\circ}\ \mathrm{A}$$

$$= \frac{400\underline{/-90^\circ}}{224\underline{/-63.4^\circ}} \times 0.5\underline{/-33^\circ}\ \mathrm{A}$$

$$= 0.89\underline{/-59.6^\circ}\ \mathrm{A}$$

$$\dot{I}_2 = \frac{Z_2}{Z_2 + Z_3} \times \dot{I} = \frac{100 + \mathrm{j}200}{100 + \mathrm{j}200 - \mathrm{j}400} \times 0.5\underline{/-33^\circ}\ \mathrm{A}$$

$$= \frac{224\underline{/63.4^\circ}}{224\underline{/-63.4^\circ}} \times 0.5\underline{/-33^\circ}\ \mathrm{A}$$

$$= 0.5\underline{/-93.8^\circ}\ \mathrm{A}$$

2.6 交流电路的频域分析

交流电路中的感抗 X_L 和容抗 X_C 都与频率有关，当电源电压（激励）的频率改变时，电路中感抗和容抗值都随着改变，各部分所产生的电流和电压（响应）的大小和相位也随之改变。响应与频率的关系称为电路的频率特性或频率响应。

在频率领域内对电路进行分析，就称为频域分析。

以下讨论几种电路的频率特性。

2.6.1 *RC* 电路的频率特性

1. 低通滤波电路

如图 2.20(a) 所示的 *RC* 串联电路，$\dot{U}_1$ 是输入电压，$\dot{U}_2$ 是输出电压，现讨论两者大小的比值 U_2/U_1 和其间的相位差 φ 与角频率 ω 的关系。

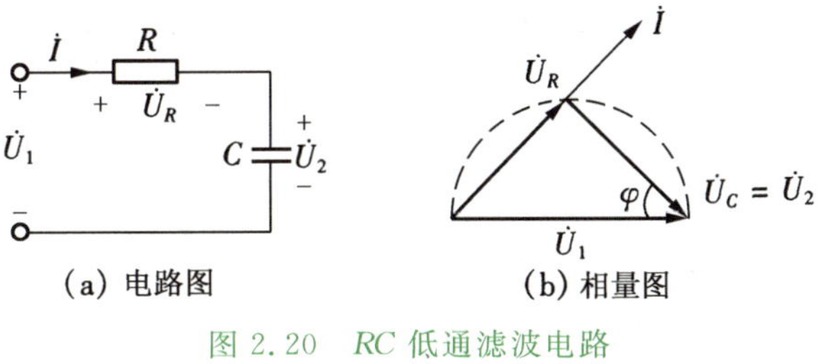

图 2.20　*RC* 低通滤波电路

电路输出电压 $\dot{U}_2$ 与输入电压 $\dot{U}_1$ 的比值，称为电路的传递函数（或转移函数），是一个复数，用 $T(\mathrm{j}\omega)$ 表示，即

$$T(\mathrm{j}\omega) = \frac{\dot{U}_2}{\dot{U}_1} = \frac{\dfrac{1}{\mathrm{j}\omega C}}{R + \dfrac{1}{\mathrm{j}\omega C}} = \frac{1}{1 + \mathrm{j}\omega RC}$$

$$= \frac{1}{\sqrt{1 + (\omega RC)^2}}\underline{/-\arctan(\omega RC)} = T(\omega)\underline{/\varphi(\omega)}$$

式中

$$T(\omega)=\frac{U_2}{U_1}=\frac{1}{\sqrt{1+(\omega RC)^2}}$$

是输出电压与输入电压有效值的比值，它是角频率 ω 的函数；

$$\varphi(\omega)=-\arctan(\omega RC)$$

是输出电压与输入电压之间的相位差，它也是角频率 ω 的函数。

电压和电流的相量图如图 2.20(b) 所示。当 $\dot{U}_1$ 一定时，不论是频率发生变化，还是参数 R 和 C 发生变化，$\dot{U}_R$ 和 $\dot{U}_C$ 的相位差总是等于 $90°$。如果以 U_1 为直径作一半圆，$\dot{U}_R$ 和 $\dot{U}_C$ 的直角顶点总是在这个半圆上。

通常把表示 $T(\omega)$ 随 ω 变化的特性称为幅频特性（或幅频响应），表示 $\varphi(\omega)$ 随 ω 变化的特性称为相频特性（或相频响应），两者统称频率特性（或频率响应）。

这种 RC 串联电路的频率特性曲线如图 2.21 所示。

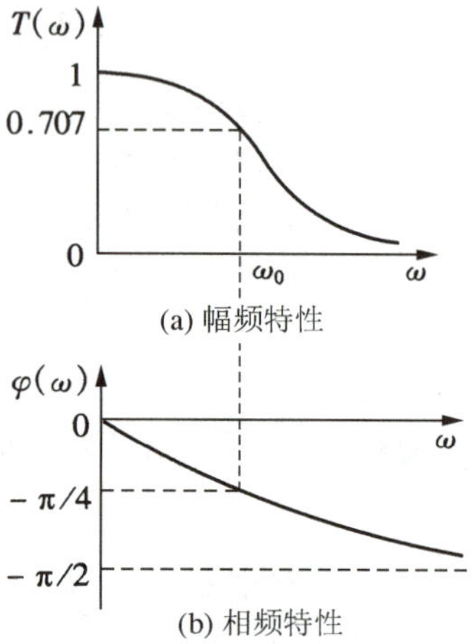

图 2.21 低通滤波电路的频率特性

由以上各式或相量图都可以看出，当 $\omega=0$ 时，

$$T(\omega)=1,\ \varphi(\omega)=0$$

当 $\omega=\infty$ 时，

$$T(\omega)=0,\ \varphi(\omega)=-\frac{\pi}{2}$$

又当 $\omega=\omega_0=\dfrac{1}{RC}$ 时，

$$T(\omega)=\frac{1}{\sqrt{2}}=0.707,\varphi(\omega)=-\frac{\pi}{4}$$

即当 $\omega=\omega_0$ 时，输出电压下降到输入电压的 70.7%。在工程上把 ω_0 称为截止角频率。

从上述分析可知，这种电路使低频信号容易通过，高频信号不容易通过，故称为低通滤波电路。

2. 高通滤波电路

图 2.22 所示电路与图 2.20(a) 所示电路的不同，从电阻 R 两端输出。电路的传递函数为

$$T(\mathrm{j}\omega)=\frac{\dot{U}_2}{\dot{U}_1}=\frac{R}{R+\dfrac{1}{\mathrm{j}\omega C}}=\frac{\mathrm{j}\omega RC}{1+\mathrm{j}\omega RC}$$

$$=\frac{\omega RC}{\sqrt{1+(\omega RC)^2}}\underline{/\ 90°-\arctan(\omega RC)}$$

$$=T(\omega)\underline{/\varphi(\omega)}$$

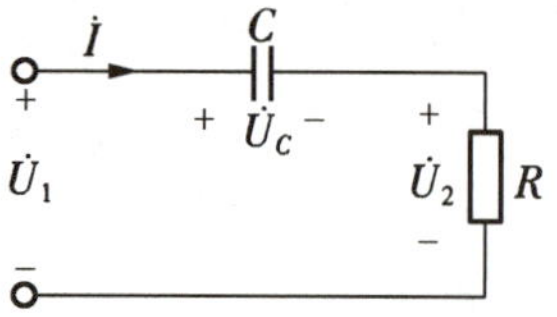

图 2.22 RC 高通滤波电路

式中

$$T(\omega)=\frac{\omega RC}{\sqrt{1+(\omega RC)^2}}$$

$$\varphi(\omega)=90^\circ-\arctan(\omega RC)$$

由上列两式可看出，当 $\omega=0$ 时，

$$T(\omega)=0,\ \varphi(\omega)=+\pi/2$$

当 $\omega=\infty$ 时，

$$T(\omega)=1,\ \varphi(\omega)=0$$

又当 $\omega=\omega_0=\dfrac{1}{RC}$ 时，

$$T(\omega)=\frac{1}{\sqrt{2}}=0.707,\quad \varphi(\omega)=\frac{\pi}{4}$$

这种电路的频率特性曲线如图 2.23 所示。由图可见，上述 RC 电路使高频信号较容易通过，低频信号不容易通过，故常称为高通滤波电路。

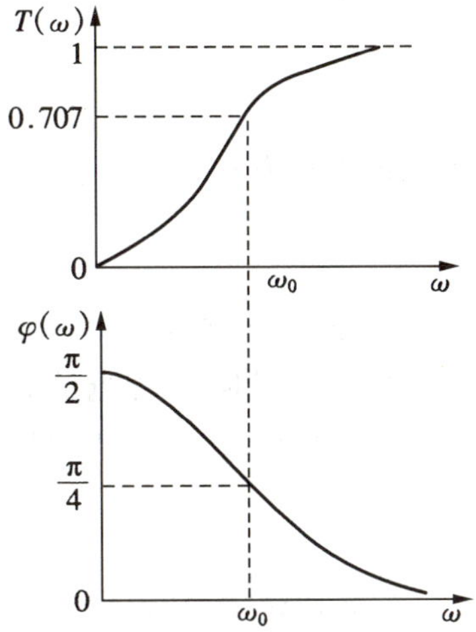

图 2.23　高通滤波电路的频率特性

2.6.2　谐振电路

在具有电感和电容元件的电路中，电路两端的电压和其中的电流一般是不同相的。如果调节电路的参数或电源的频率而使它们同相，这时的电路状态称为谐振。

讨论电路的谐振的目的是认识这种客观现象，充分利用谐振的特性，同时又要预防其所产生的危害。根据发生谐振的电路的不同，谐振又可以分为串联谐振和并联谐振。

1. 串联谐振

在 RLC 串联电路中，曾提过 $X_L=X_C$，即 $X=X_L-X_C=0$ 时，电流与电压同相，即 $\varphi=0$。这时的电路状态称为串联谐振。

在图 2.24(a) 所示的 RLC 串联电路中，产生谐振时，$X_L=X_C$，即 $\omega L=1/\omega C$。由此可见，若调节 ω、L、C 三个参数中的任意一个，都能使电路产生谐振。这种调节过程称为调谐。

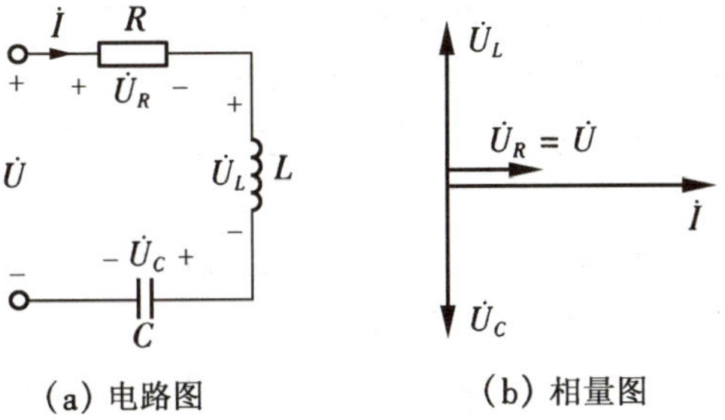

图 2.24　串联谐振电路

电路谐振时的角频率称为谐振角频率,用 ω_0 表示,即有

$$\omega_0 L = \frac{1}{\omega_0 C}$$

由此可得

$$\omega_0 = \frac{1}{\sqrt{LC}}$$

而谐振频率为

$$f_0 = \frac{\omega_0}{2\pi} = \frac{1}{2\pi\sqrt{LC}}$$

可见,谐振频率只与电路的 L、C 参数有关,而与电阻 R 无关。

电路谐振时,虽然电路的电抗 $X=0$,但其感抗和容抗均不为零。谐振时的感抗 X_L 或容抗 X_C 称为特性阻抗 ρ,即

$$\rho = \omega_0 L = \frac{1}{\omega_0 C} = \sqrt{\frac{L}{C}}$$

特性阻抗 ρ 与电阻 R 的比值称为谐振电路的品质因数 Q,即

$$Q = \frac{\rho}{R} = \frac{\omega_0 L}{R} = \frac{1}{\omega_0 RC} = \frac{1}{R}\sqrt{\frac{L}{C}}$$

电路在产生串联谐振时有以下主要特征。

(1) 阻抗 $Z = R + \mathrm{j}X = R$,具有最小值。因此,在一定电压下,电流 $I = \dfrac{U}{|Z|} = \dfrac{U}{R} = I_0$,具有最大值。$I_0$ 称为串联谐振电流。阻抗和电流等随频率变化的曲线如图 2.25 所示。

(2) 电压 $\dot{U}$ 与电流 $\dot{I}$ 同相,$\varphi = 0$,整个电路具有电阻性。这是因为电感上的电压与电容上的电压大小相等,相位相反,互相抵消,所以电路的端电压 $\dot{U} = \dot{U}_R + \dot{U}_L + \dot{U}_C = \dot{I}_0 Z = \dot{I}_0 R = \dot{U}_R$,如图 2.24(b) 所示。

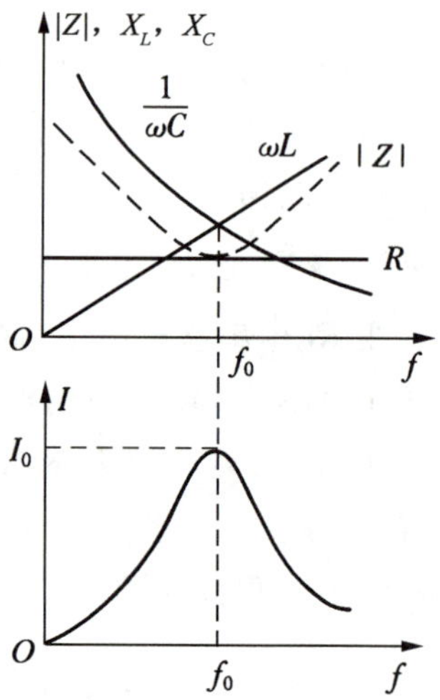

图 2.25 阻抗和电流等随频率变化的曲线

(3) 当串联谐振电路的电阻较小,即 $X_L = X_C \gg R$ 时,将有 $U_L = U_C \gg U_R = U$,即电感或电容上的电压可以远超过电路的端电压 U。过高的电压可能会破坏这些电气元件的绝缘,因此在电力工程中要避免谐振或接近谐振情况的发生。但在无线电、通信技术等方面,则广泛地应用串联谐振来选择所需的信号。例如,无线电广播和电视接收机都调谐在某种频率或频带上,以使该频率内的信号增强,而把非谐振频率的其他信号滤去,这称为谐振电路的选择性。

由于谐振时电感上的电压 U_L 与电容上的电压 U_C 相等,电路的端电压 U 与电阻上的电压 U_R 相等,因此,品质因数的表达式又可写为

$$Q = \frac{\omega_0 L I_0}{R I_0} = \frac{U_L}{U} = \frac{U_C}{U}$$

可见，发生串联谐振时，可以从电感或电容上获得是信号电压 Q 倍的电压。因为这种谐振会产生高电压，所以串联谐振又称电压谐振。

如图 2.26 所示，当谐振曲线比较尖锐时，稍有偏离谐振频率 f_0 的信号就大大减弱。这就是说，谐振曲线越尖锐，选择性越强。Q 值越大，谐振曲线越尖锐，电路选择性越强。在无线电工程上，实用的谐振电路的 Q 值在 50 ～ 200 范围内。

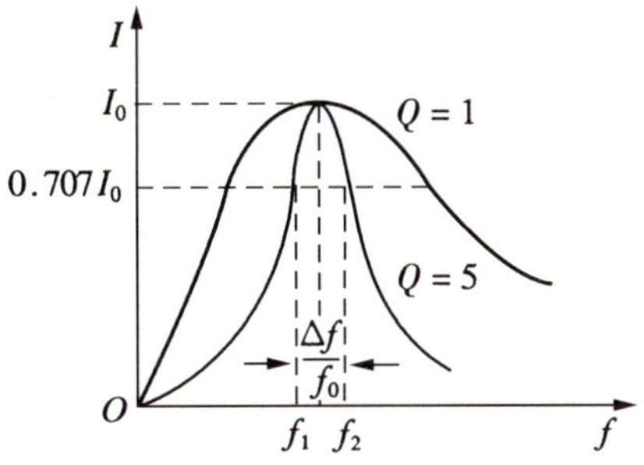

图 2.26　谐振曲线与 Q 值的关系

(4) 电路的总无功功率等于零，即

$$Q = Q_L - Q_C = UI\sin\varphi = 0$$

即

$$Q_L = Q_C$$

上式表明：串联谐振时，电源不向电路输送无功功率，电感中的无功功率与电容中的无功功率相互完全补偿，电感和电容相互进行能量的交换而不与电源进行能量的交换。

电路吸收的有功功率为

$$P = UI_0\cos\varphi = UI_0 = RI_0^2$$

2. 并联谐振

用电阻 R 与电感 L 的串联等效电感线圈，与电容 C 并联组成如图 2.27 所示电路，当电路中电压与电流同相时，电路呈电阻性，称为并联谐振。

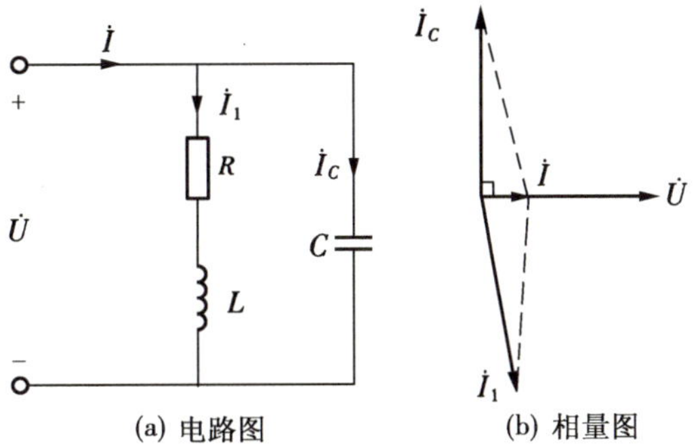

图 2.27　并联谐振电路

电路的等效复阻抗为

$$Z = \frac{(R + j\omega L)\dfrac{1}{j\omega C}}{R + j\omega L + \dfrac{1}{j\omega C}} = \frac{R + j\omega L}{1 + j\omega RC - \omega^2 LC}$$

通常线圈本身的电阻 R 很小，所以一般在谐振时，$\omega L \gg R$，则上式可写成

$$Z \approx \frac{j\omega L}{1 + j\omega RC - \omega^2 LC} = \frac{1}{\dfrac{RC}{L} + j\left(\omega C - \dfrac{1}{\omega L}\right)} \tag{2.19}$$

由此可见，并联谐振时

$$\omega_0 C - \frac{1}{\omega_0 L} \approx 0$$

并联谐振角频率为

$$\omega_0 \approx \frac{1}{\sqrt{LC}}$$

而谐振频率为

$$f_0 \approx \frac{1}{2\pi\sqrt{LC}}$$

电路产生并联谐振时具有以下特征。

(1) 电路的阻抗最大,在外加电压一定时,电路的总电流最小。

由式(2.19)可知,谐振时电路的阻抗为

$$Z_0 = \frac{1}{\frac{RC}{L}} = \frac{L}{RC}$$

电路的总电流为

$$I = I_0 = \frac{U}{|Z_0|} = \frac{U}{\frac{L}{RC}}$$

阻抗和电流随频率变化的曲线如图2.28所示。

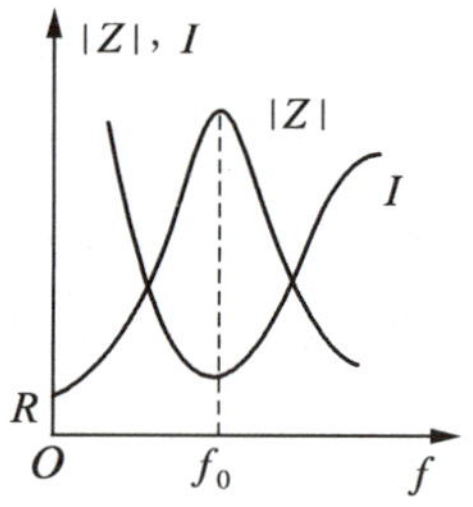

图2.28 阻抗和电流随频率变化的曲线

(2) 电压 $\dot{U}$ 与电流 $\dot{I}$ 同相,$\varphi = 0$,整个电路呈现电阻的性质。可见,并联谐振电路的等效阻抗具有电阻的性质。

(3) 谐振时并联支路的电流近似相等,而比总电流大许多倍,即

$$I_1 = \frac{U}{\sqrt{R^2 + (\omega_0 L)^2}} \approx \frac{U}{\omega_0 L}$$

$$I_C = \frac{U}{\frac{1}{\omega_0 C}}$$

$$I_0 = \frac{U}{\frac{L}{RC}} = \frac{U}{\frac{\omega_0 L}{\omega_0 RC}} = \frac{U}{\frac{(\omega_0 L)^2}{R}}$$

当 $\omega_0 L \gg R$ 时,则有

$$\omega_0 L \approx \frac{1}{\omega_0 C} \ll \frac{(\omega_0 L)^2}{R}$$

由此可得

$$I_1 \approx I_C \gg I_0$$

因此,并联谐振也称为电流谐振。

并联谐振电路的品质因数为

$$Q = \frac{I_1}{I_0} \approx \frac{\omega_0 L}{R} \approx \frac{1}{\omega_0 RC} \approx \frac{1}{R}\sqrt{\frac{L}{C}}$$

(4) 由于并联谐振时,电路呈纯电阻性,所以电源只对并联谐振电路提供有功功率。电感与电容之间进行能量的交换而不与电源进行能量的交换。

思考题

1. 试分析电路发生谐振时能量的消耗和转换情况。
2. 试说明当频率低于和高于谐振频率时，RLC 串联电路呈电容性还是电感性。
3. 试说明电路发生谐振时，电路中具有哪些主要特征。

2.7 功率因数的提高

2.7.1 提高功率因数的意义

功率和功率因数

在正弦交流电路中负载消耗的功率为

$$P = UI\cos\varphi$$

即负载消耗的功率不仅与电压 U、电流 I 有关，而且与功率因数 $\cos\varphi$ 有关。

电路的功率因数 $\lambda = \cos\varphi$ 取决于负载的性质和参数。例如，白炽灯、电阻炉等电阻性负载，$\cos\varphi = 1$；而异步电动机、变压器、荧光灯、交流接触器等电感性负载，$\cos\varphi < 1$。在一般情况下，供电线路的功率因数总是小于1，电源与负载之间发生能量的互换，出现无功功率$Q = UI\sin\varphi$。当$\cos\varphi$较低时，则Q较大，对电源和线路会带来以下问题。

(1) 电源设备的容量不能充分利用。交流电源(发电机或变压器)的容量通常用视在功率 $S(S = UI)$ 来表示。对容量一定的电源而言，它向负载提供有功功率的大小取决于负载的性质。在电压、电流为一定值的情况下，功率因数越低，电源发出的有功功率就越小，而无功功率越大，即电路中能量互换的规模越大，则电源设备的容量就不能充分利用，其中有一部分即在电源与负载之间进行互换。

例如，容量为100 kV·A的变压器，如果 $\cos\varphi = 1$，即能发出100 kW的有功功率；而在 $\cos\varphi = 0.6$ 时，则只能发出60 kW的有功功率。

(2) 增加线路和电源内部的功率损耗。当电源电压 U 和输出的功率 P 一定时，电源供给负载的电流(输电线路上的电流)为

$$I = \frac{P}{U\cos\varphi}$$

显然，功率因数越低，通过线路的电流越大，由于线路和电源内部都存在一定的阻抗，因此线路上和电源内部的功率损耗越大。可见，提高功率因数具有重要的经济意义。功率因数的提高可使电源设备的容量得到充分利用，同时可使电能得到大量的节约。按照我国供用电规则，高压供电的工业企业的平均功率因数不得低于0.95，其他单位不得低于0.9。但是，在生产中广泛使用的交流异步电动机等感性负载的功率因数都较低，所以要采取措施来提高电路的功率因数。

2.7.2 提高功率因数的方法

造成功率因数不高的根本原因是电感性负载的存在,它本身需要一定的无功功率。从技术经济观点出发,总希望电源少发出无功功率。解决这个矛盾就要寻找既能减少电源与负载之间能量的互换,又能使感性负载取得所需的无功功率的方法或措施。

提高功率因数的常用方法有以下几个。

1. 提高用电设备本身的功率因数

提高功率因数的措施之一就是减少用电设备本身与电源之间的能量交换,即提高用电设备本身的功率因数。例如,正确选择异步电动机和电力变压器的容量。因为异步电动机和电力变压器在空载和轻载运行时的功率因数较低,满载运行时功率因数较高,所以选用异步电动机和电力变压器的容量要恰当,尽量减少轻载运行的情况。

2. 在电感性负载上并联静电电容器

提高功率因数的措施之二就是在电感性负载上并联静电电容器,以提高电路的功率因数,如图 2.29(a) 所示。

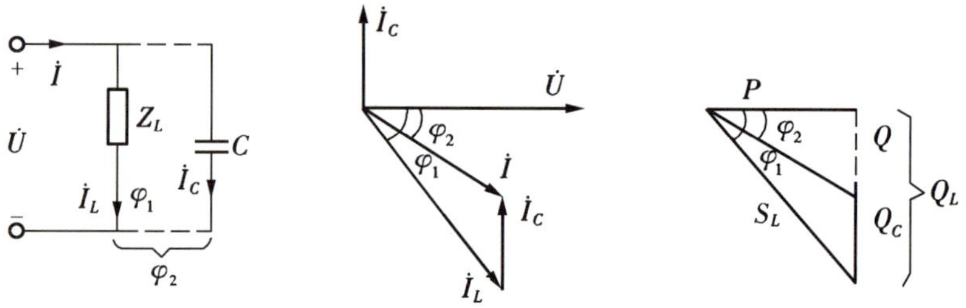

(a) 电路图　　(b) 相量图　　(c) 功率三角形

图 2.29　并联电容器提高感性电路的功率因数

并联电容器前后,电感性负载的电流 $I_L = \dfrac{U}{\sqrt{R^2 + X_L^2}}$ 和功率因数 $\cos\varphi_1 = \dfrac{R}{\sqrt{R^2 + X_L^2}}$ 均未发生变化,这是因为所加电压和负载参数均没有变化。但是并联电容器之后,U 和 I 之间的相位差由 φ_1 减小到 φ_2[见图 2.29(b)],即整个电路的功率因数由 $\cos\varphi_1$ 提高到 $\cos\varphi_2$。

图 2.29(c) 所示为该电路的功率三角形。它说明,在未并联电容器之前,电路的有功功率为 P,无功功率为 Q_L,功率因数为 $\cos\varphi_1$,它们之间具有

$$Q_L = P\tan\varphi_1$$

的关系。当电路并联上电容器之后,整个电路的有功功率仍为 P,但增加了电容器的无功功率 Q_C。使电感性负载需要的无功功率被电容提供的无功功率补偿一部分,所以电路的总无功功率 $Q = Q_L - Q_C$ 减小了。这样,对于整个电路来说,功率因数提高了。因为

$$Q = P\tan\varphi_2$$

所以可求出需要电容器补偿的无功功率为

$$Q_C = Q_L - Q = P(\tan\varphi_1 - \tan\varphi_2)$$

又因为

$$Q_C = \omega CU^2 = 2\pi fCU^2$$

所以提高功率因数需要并联的电容器的电容值为

$$C = \frac{Q_C}{2\pi fU^2} = \frac{P}{2\pi fU^2}(\tan\varphi_1 - \tan\varphi_2)$$

式中，φ_1 为并联电容器之前的功率因数角；φ_2 为并联电容器之后的功率因数角；C 为需要并联的电容值；P 为电路的有功功率。

例 2.12　有一电感性负载，它的功率为 15 kW，功率因数为 0.55，接在 50 Hz、220 V 的交流电源上。

(1) 若要将功率因数提高到 0.9，求补偿电容器的电容值 C；

(2) 计算并联电容器前后的电流值；

(3) 若要将功率因数从 0.9 再提高到 1，求还需增加的并联电容值。

解　(1) 并联电容前 $\cos\varphi_1 = 0.55$，即 $\varphi_1 = 56.6°$，所以

$$\tan\varphi_1 = \tan 56.6° = 1.52$$

并联电容后 $\cos\varphi_2 = 0.9$，即 $\varphi_2 = 25.8°$，所以

$$\tan\varphi_2 = \tan 25.8° = 0.48$$

则补偿电容器的电容值为

$$C = \frac{Q_C}{2\pi fU^2} = \frac{P}{2\pi fU^2}(\tan\varphi_1 - \tan\varphi_2)$$

$$= \frac{15\times 10^3}{2\times 3.14\times 50\times 220^2}(1.52 - 0.48)\text{F} = 1\,026\ \mu\text{F}$$

(2) 并联电容器前、后，电路中的电流分别为

$$I_1 = \frac{P}{U\cos\varphi_1} = \frac{15\times 10^3}{220\times 0.55}\text{ A} = 124\text{ A}$$

$$I_2 = \frac{P}{U\cos\varphi_2} = \frac{15\times 10^3}{220\times 0.9}\text{ A} = 75.8\text{ A}$$

可见，并联电容器后，电路中的电流大大减小。

(3) 若要将功率因数从 0.9 再提高到 1，即 $\cos\varphi_3 = 1$，故 $\varphi_3 = 0°$，$\tan\varphi_3 = \tan 0° = 0$，则还需增加的并联电容值 C' 为

$$C' = \frac{Q_C}{2\pi fU^2} = \frac{P}{2\pi fU^2}(\tan\varphi_2 - \tan\varphi_3)$$

$$= \frac{15\times 10^3}{2\times 3.14\times 50\times 220^2}(0.48 - 0)\text{ F} = 474\ \mu\text{F}$$

上述计算表明，在功率因数接近 1 时，再继续提高，则所需增加的并联电容值相对较大，产生的效果并不显著，所以一般不必提高到 1。

思考题

1. 造成电路功率因数低的主要原因是什么?
2. 在电感性负载的两端并联电容器是否可以提高负载的功率因数?

习　题

2.1　有一正弦交流电压 $u=311\sin(314t+45°)$ V。求:(1) 角频率 ω、频率 f、周期 T、最大值 U_m、有效值 U 和初相位 ψ_u;(2) 当 $t=0$ 时,电压的瞬时值 $u(0)$;(3) 当 $t=0.01$ s时,电压的瞬时值 $u(0.01)$;(4) 电压的波形图。

2.2　已知正弦电压 $U=200$ V,$\psi_u=-30°$,正弦电流 $I=10$ A,电流超前电压 60° 相位角,试写出电压、电流瞬时值的三角函数表达式。

2.3　设正弦电动势和电流的最大值以及它们的初相位如下:$E_m=24$ V,$\psi_e=0°$;$I_m=10$ mA,$\psi_i=-45°$。试写出它们的瞬时值表达式,作出波形图,并说明它们之间的相位关系。

2.4　写出下列正弦量所对应的相量,并作出其相量图。

(1) $i=10\sin(100t+90°)$ mA;　　(2) $i=5\sqrt{2}\sin(5t-120°)$ A;

(3) $u=6\sin(\omega t+30°)$ V;　　(4) $u=10\sqrt{2}\sin(100t+10°)$ V。

2.5　分别写出下列相量所表示的正弦量的瞬时值表达式(设角频率均为 ω)。

(1) $\dot{I}=(6-\mathrm{j}8)$ mA;　　(2) $\dot{U}_m=(4-\mathrm{j}3)$ V;

(3) $\dot{U}=(30+\mathrm{j}40)$ V;　　(4) $\dot{I}_m=(10+\mathrm{j}10)$ A。

2.6　利用相量计算下列两个正弦电压的和 u_1+u_2 与差 u_1-u_2。

$$u_1=60\sqrt{2}\sin(314t+60°)\ \text{V}$$

$$u_2=80\sqrt{2}\sin(314t-30°)\ \text{V}$$

2.7　已知电感线圈的电感 $L=12$ mH(电阻忽略不计),现将其接到电压为 110 V 的工频电源上。试求:(1) 电感的感抗和电流;(2) 有功功率 P、无功功率 Q。

2.8　一个绝缘良好的电容器的电容量 $C=8\ \mu$F,现将其接到 $u=100\sqrt{2}\sin 1\,000t$ V 的交流电源上,试求电容的容抗 X_C 及电流 i,并作出电压、电流的相量图。

2.9　在 RLC 串联电路中,已知 $R=10\ \Omega$,$L=20$ mH,$C=100\ \mu$F,电源电压 $u=100\sin 1\,000t$ V,求电路的复阻抗 Z、电流 I、有功功率 P 和无功功率 Q。

2.10　电路如图 2.30 所示,求出各电流表和电压表的读数,并作出相量图。

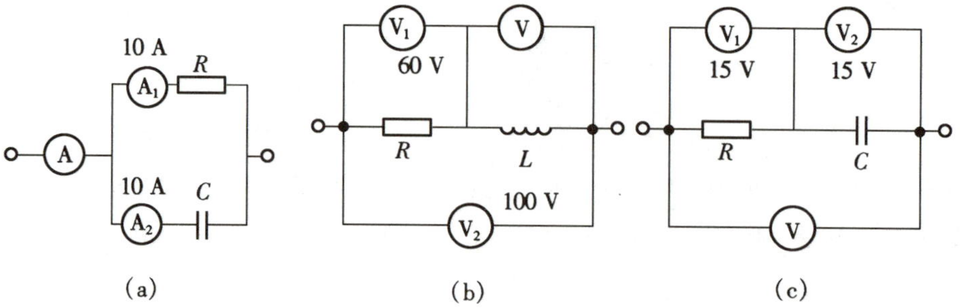

图 2.30　习题 2.10 的图

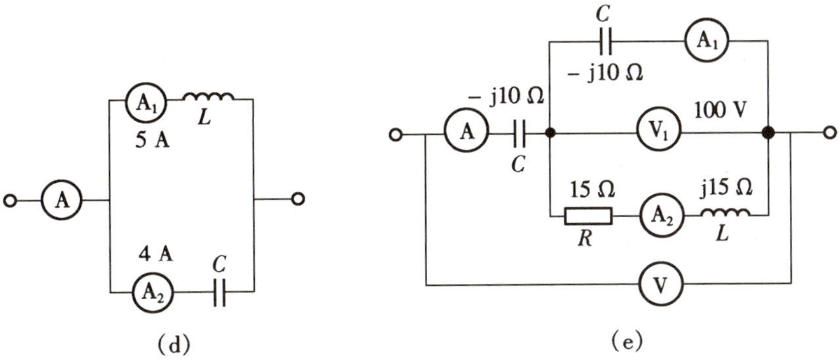

图 2.30　习题 2.10 的图(续)

2.11　已知负载的电压和电流为

(1) $\dot{U}=100\angle -60^\circ$ V, $\dot{I}=5\angle 30^\circ$ A;

(2) $\dot{U}=220\angle -30^\circ$ V, $\dot{I}=(2.5-\mathrm{j}4.33)$ A。

求负载的复阻抗 Z。

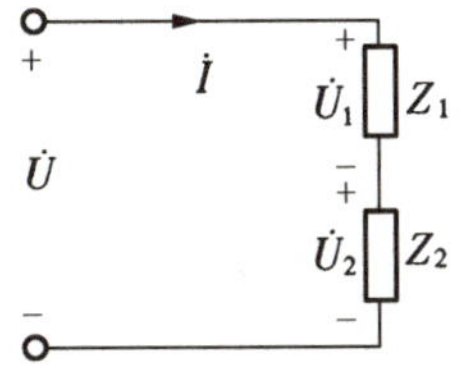

图 2.31　习题 2.12 的图

2.12　两个线圈串联,如图 2.31 所示。已知 Z_1 中的 $R_1=5\ \Omega$,$L_1=1.05$ mH;Z_2 中的 $R_2=20\ \Omega$,$L_2=80.5$ mH;$I=10$ A,$f=50$ Hz。(1) 求阻抗 Z_1、Z_2 和总阻抗 Z;(2) 求电压 U_1、U_2 和总电压 U;(3) 求功率 P_1、P_2 和总功率 P;(4) 求无功功率 Q_1、Q_2 和总无功功率 Q;(5) 视在功率 S_1、S_2 和总视在功率 S;(6) 试用计算数据验证 $P=P_1+P_2$,$Q=Q_1+Q_2$,而 $S\neq S_1+S_2$。

2.13　两个线圈并联(一个线圈的 $R_1=4\ \Omega$,$X_1=13\ \Omega$;另一个线圈的 $R_2=8\ \Omega$,$X_2=4\ \Omega$)接到 $f=50$ Hz,$U=120$ V 的交流电源上。求:(1) 各支路的电流和总电流;(2) 各支路的功率和总功率;(3) 各支路的无功功率和总无功功率;(4) 各支路的视在功率和总视在功率。

2.14　把电阻 $R=3\ \Omega$、电抗 $X_L=4\ \Omega$ 的线圈接到 $f=50$ Hz,$U=220$ V 的交流电源上。(1) 绘出电路图,并计算电流 I;(2) 计算电阻上的电压 U_R、电感上的电压 U_L 和电路的有功功率 P、无功功率 Q_L、视在功率 S、功率因数 $\cos\varphi$、电感 L;(3) 按比例作出相量图、阻抗三角形、功率三角形。

2.15　在图 2.32 所示电路中,已知电容电压 $\dot{U}_C=1\angle 0^\circ$ V,试求总电压 $\dot{U}$。

2.16　求图 2.33 所示电路的等效复阻抗(设 $\omega=2$ rad/s)。

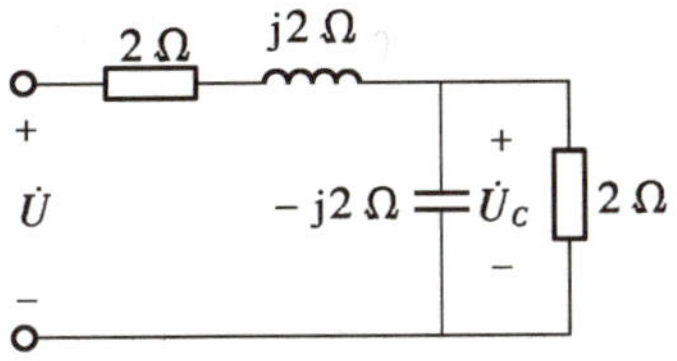

图 2.32　习题 2.15 的图

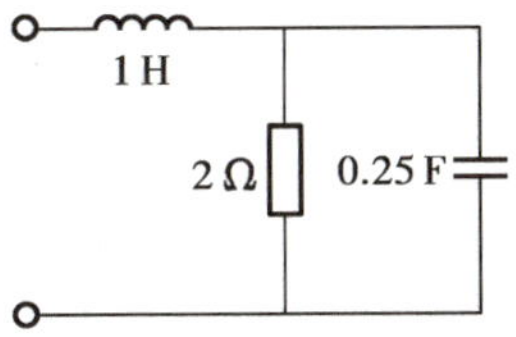

图 2.33　习题 2.16 的图

2.17　在图 2.34 所示的无源二端网络中,已知电压 $\dot{U}=220\angle 0^\circ$ V,电流 $\dot{I}=(4-\mathrm{j}3)$ A,求该二端网络的平均功率 P、无功功率 Q、视在功率 S 和等效复阻抗 Z。

2.18　在图 2.35 中,已知 $U=220$ V,$R_1=10\ \Omega$,$X_1=10\sqrt{3}\ \Omega$,$R_2=20\ \Omega$,试求各支路电流和平均功率。

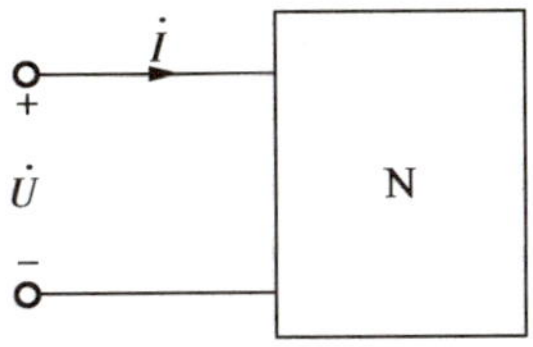

图 2.34　习题 2.17 的图

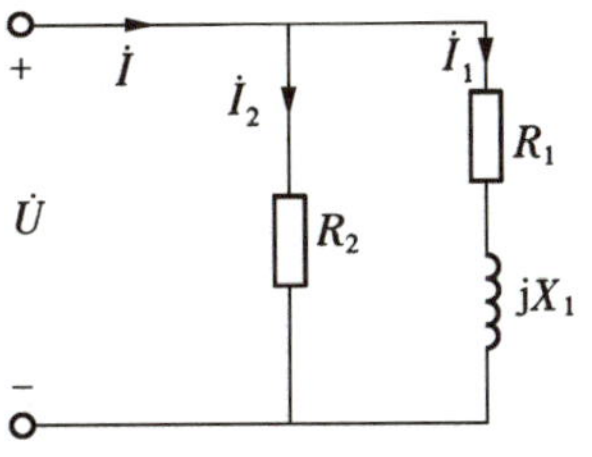

图 2.35　习题 2.18 的图

2.19　求图2.36所示电路的总电流 I。

2.20　在图2.37所示电路中，已知 $I_1=10\ \text{A}$，$I_2=10\sqrt{2}\ \text{A}$，$U=200\ \text{V}$，$R=5\ \Omega$，$R_2=X_L$，试求：I、X_C、X_L 及 R_2。

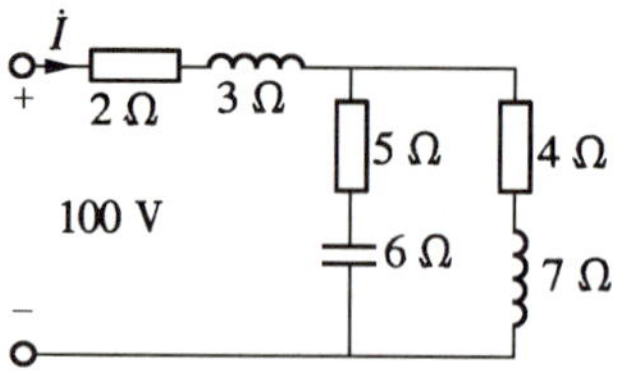

图2.36　习题2.19的图

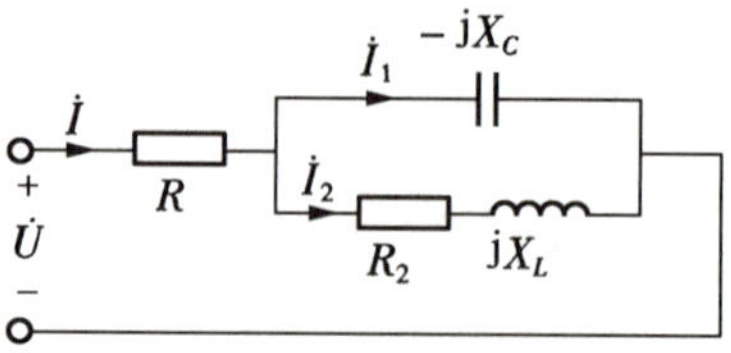

图2.37　习题2.20的图

2.21　图2.38所示为放大电路中常用的阻容耦合电路，设 $R=20\ \Omega$，$C=10\ \mu\text{F}$，输入电压 $u_i=\sqrt{2}\sin\omega t$，$f=1\ \text{kHz}$。试求：(1)U_o 与 U_i 的比值；(2) 输出电压 $\dot{U}_o$ 与输入电压 $\dot{U}_i$ 之间的相位差 φ。

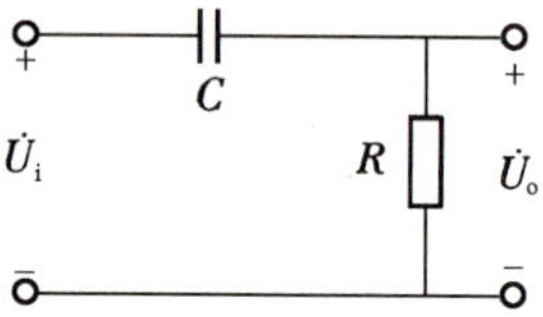

图2.38　习题2.21的图

2.22　有一 RLC 串联电路，它在电源频率为500 Hz时发生谐振。谐振时电流 $I=0.2\ \text{A}$，容抗 $X_C=314\ \Omega$，并测得电容电压 U_C 为电源电压 U 的20倍。试求该电路的电阻 R 和电感 L。

2.23　已知图2.39所示电路的参数为 R、L、C，电源电压 $u=U_m\sin\omega t$，其中角频率 $\omega=\dfrac{1}{\sqrt{LC}}$，求通过 R 的电流 i_R 和通过电感 L 的电流 i_L。

2.24　图2.40所示的电路接到 $U=220\ \text{V}$ 的交流电源上，当电源的角频率为 $\omega_1=1\ 000\ \text{rad/s}$ 时，$U_R=0$；当电源的角频率为 $\omega_2=2\ 000\ \text{rad/s}$ 时，$U_R=220\ \text{V}$，求电路参数 L_1 和 L_2。

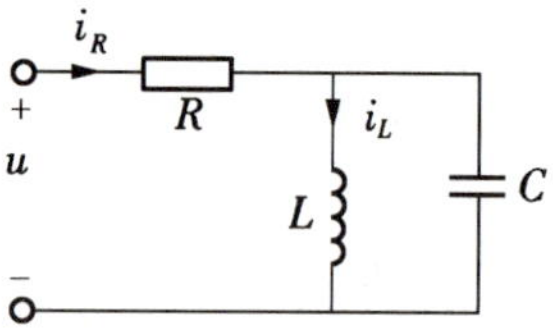

图2.39　习题2.23的图

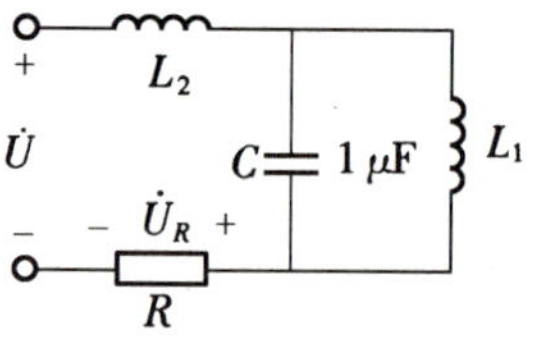

图2.40　习题2.24的图

2.25　把一台输入功率 $P=1.1\ \text{kW}$ 的电动机接到 $U=220\ \text{V}$，$f=50\ \text{Hz}$ 的电源上，电流 $I=10\ \text{A}$。求：(1) 电动机的功率因数 $\cos\varphi_1$；(2) 在电动机两端并联一只 $C=79.5\ \mu\text{F}$ 的电容器后，整个电路的功率因数 $\cos\varphi_2$。

2.26　在电压 $U=220\ \text{V}$、$f=50\ \text{Hz}$ 的交流电路中，接入一台 $\cos\varphi_1=0.65$、取用功率为 $P=6\ \text{kW}$ 的电感性负载。为了把功率因数提高到 $\cos\varphi_2=0.9$，试计算需要并联的电容器的电容值 C。

本章习题参考答案

第 3 章 三相交流电路

内容提要

本章讨论三相交流电源的线电压与相电压，三相负载星形连接的三相电路，三相四线制系统中中线的作用，三相负载三角形连接的三相电路，三相电路的功率。

目前，三相交流电在生产生活中应用非常广泛，发电、输电、用电几乎都采用三相交流电。在用电方面，作为最主要负载的三相交流电动机是由三相交流电源供电的，前面讨论的单相交流电源也是由三相交流电源的一相提供的。

本章重点讨论负载在三相电路中的连接和使用。

三相电路的优越性

3.1 三相交流电源

三相交流电获得广泛应用是因为其具有如下优点。

(1) 在发电方面，发出相同功率的电能时，三相发电机比单相发电机节省材料。

(2) 在输电方面，在输电距离、输送功率、功率因数、电压损失和功率损耗相同的条件下，三相输电比单相输电经济得多。

(3) 在用电方面，三相交流电动机性能比单相电动机性能好。单相负载也可按一定方式接入三相交流电源。

此外，三相交流电经整流后，其输出波形较为平直，接近于理想的直流。

三相交流电是由三相交流发电机（即三相交流电源）产生的，图 3.1(a) 是三相交流发电机的原理图，三相交流发电机主要由电枢和磁极组成。

电枢是固定的，称为定子。定子铁心的内圆周表面冲有槽，用以放置三相电枢绕组（线圈）。每相绕组的几何形状、尺寸和匝数都相同，如图 3.1(b) 所示。设三个绕组分别为 U_1U_2、V_1V_2、W_1W_2，U_1、V_1、W_1 为它们的首端，U_2、V_2、W_2 为它们的末端。每个绕组的两边放置在相应的定子铁心槽内，但要求绕组的首端之间或末端之间在空间相隔 120°。

磁极是转动的，称为转子。转子铁心上绕有励磁绕组，转子绕组通入直流电后产生磁通，选择合适的极面形状和励磁绕组的布置，可使定子与转子之间的气隙中的磁感应强度按正弦规律分布。

当转子由其他动力机械拖动，并以恒定转速按顺时针方向转动时，则每相定子绕组依次切割磁力线,其中产生频率相同、幅值相等,并按正弦规律变化的感应电动势 e_U、e_V 及 e_W。电动势的参考方向选定为自绕组的末端指向首端。

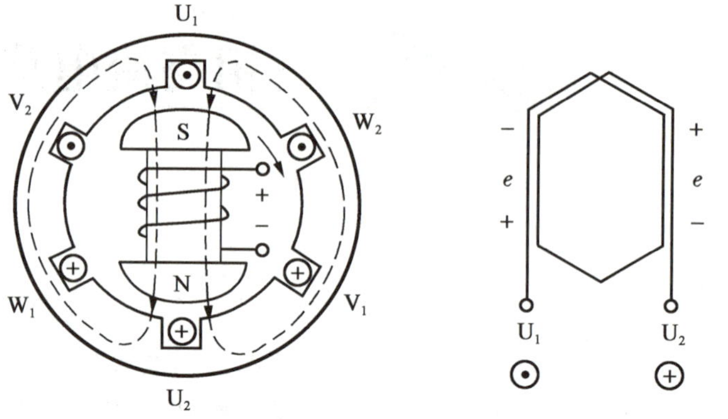

(a) 三相交流发电机的原理图 (b) 电枢绕组及其中的电动势

图 3.1 三相交流电动势的产生

由图 3.1(a) 可见,当 S 极的轴线转到 U_1 处时,U 相的电动势达到正的幅值。经过 120° 后 S 极轴线转到 V_1 处,V 相的电动势达到正的幅值。同理,再由此经过 120° 后,W 相的电动势达到正的幅值。周而复始,所以在相位上 e_U 比 e_V 超前 120°,e_V 比 e_W 也超前 120°,而 e_W 又比 e_U 超前 120°。若以 U 相为参考,三相交流电动势的瞬时值分别为

$$\begin{cases} e_U = E_m \sin \omega t \\ e_V = E_m \sin(\omega t - 120°) \\ e_W = E_m \sin(\omega t - 240°) = E_m \sin(\omega t + 120°) \end{cases} \tag{3.1}$$

它们的相量式为

$$\begin{cases} \dot{E}_U = E\underline{/0°} = E \\ \dot{E}_V = E\underline{/-120°} = E\left(-\frac{1}{2} - j\frac{\sqrt{3}}{2}\right) \\ \dot{E}_W = E\underline{/+120°} = E\left(-\frac{1}{2} + j\frac{\sqrt{3}}{2}\right) \end{cases} \tag{3.2}$$

由式(3.1)和式(3.2)可作出三相交流电动势的波形图和相量图,如图 3.2 所示。

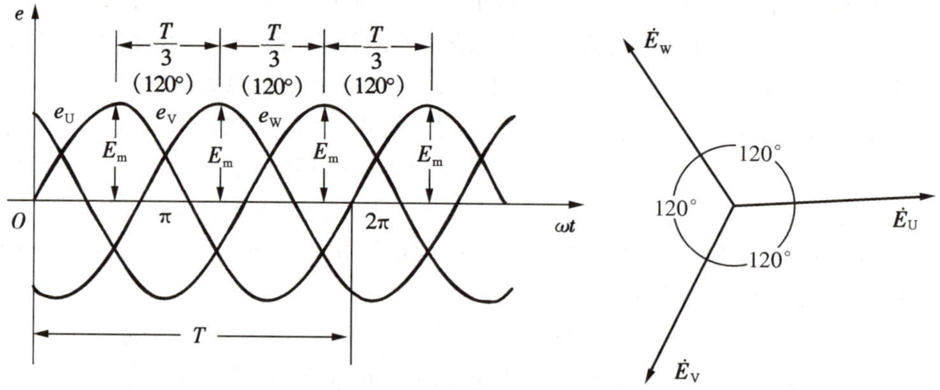

(a) 波形图 (b) 相量图

图 3.2 三相交流电动势的波形图和相量图

当转子转动方向已确定，参考电动势也选定后，三个电动势达到相同数值的先后顺序也就确定了。三相交流电达到相同数值（如达到正的幅值或零）的先后顺序称为相序。如图 3.1(a) 所示，发电机的转子顺时针方向旋转并以 U 相绕组的电动势作为参考电动势，则三个电动势出现正的幅值的顺序为 U 相、V 相、W 相。因此相序是 U－V－W，这样的相序称为顺相序。

由上可见，三相电动势的幅值相等，频率相同，彼此间的相位差也相等。这种电动势称为对称电动势。显然，它们的瞬时值或相量之和为零。

如图 3.3 所示，若将发电机三相绕组的 3 个末端 U_2、V_2、W_2 连在一起，这一连接点称为中性点或零点，用 N 表示。这种连接称为星形连接。从中性点引出的导线称为中线或零线。由于在低压供电系统中，中线往往与大地直接相连，故中线又俗称地线。从首端 U_1、V_1、W_1 引出的 3 根导线称为相线或端线，俗称火线。

在图 3.3 所示电路中每相首端与末端间的电压，即相线与中线间的电压称为相电压，其有效值用 U_1、U_2、U_3 或一般地用 U_P 表示。而任意两首端间的电压，即两相线间的电压称为线电压，其有效值用 U_{12}、U_{23}、U_{31} 或一般地用 U_L 表示。

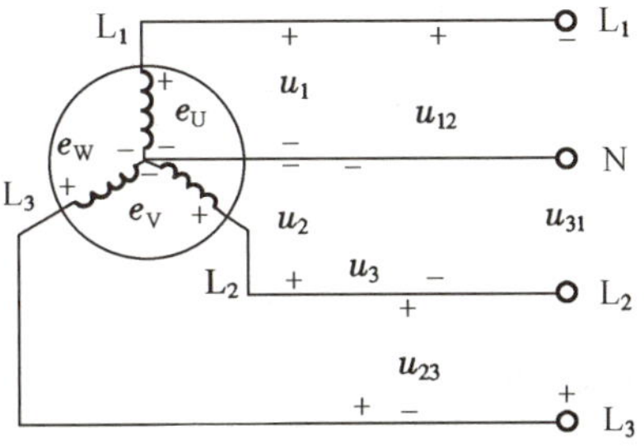

图 3.3　发电机绕组的星形连接

各相电动势的参考方向，选定为自绕组的末端指向首端（如前所述）；相电压的参考方向，选定为自首端指向末端（中性点）；线电压的参考方向，如 U_{12}，自 U 端指向 V 端。

当发电机绕组为星形连接时，由图 3.3 可看出相电压和线电压是不相等的。由基尔霍夫电压定律，可算出线电压为

$$u_{12} = u_1 - u_2$$

同理

$$u_{23} = u_2 - u_3$$

$$u_{31} = u_3 - u_1$$

因为它们都是同频率的正弦量，所以可以用相量来表示，即

$$\begin{cases} \dot{U}_{12} = \dot{U}_1 - \dot{U}_2 \\ \dot{U}_{23} = \dot{U}_2 - \dot{U}_3 \\ \dot{U}_{31} = \dot{U}_3 - \dot{U}_1 \end{cases} \tag{3.3}$$

图 3.4 是它们的相量图。由于发电机绕组上的内阻抗压降同相电压比较，可以忽略不计，于是相电压和对应的电动势基本上相等，因此可以认为相电压也是对称的。作相量图时，可先作出相电压 $\dot{U}_1$、$\dot{U}_2$、$\dot{U}_3$，而后根据式(3.3)分别作出相量 $\dot{U}_{12}$、$\dot{U}_{23}$、$\dot{U}_{31}$。由图 3.4 可见，线电压也是对称的，在相位上比相应的相电压超前 30°。

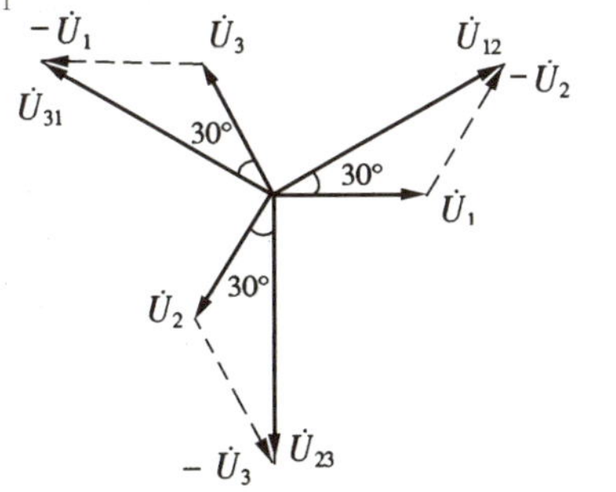

图 3.4　发电机绕组为星形连接时，相电压和线电压的相量图

线电压和相电压的大小关系，也很容易从相量图上得出，即

$$\frac{1}{2}U_L = U_P \cos 30^\circ = \frac{\sqrt{3}}{2}U_P$$

由此得

$$U_L = \sqrt{3}U_P$$

发电机(或变压器)的绕组为星形连接时,可将三根相线和一根中线同时引出,这种供电系统称为三相四线制供电系统,我国低压供电通常采用这种系统。此时,电源可向负载提供线电压(如 380 V)和相电压(如 220 V)两种电压。中线不引出的供电系统称为三相三线制供电系统,这种系统省去了一根中线,在大功率长距离输电时普遍采用。

思考题

1. 什么是三相电路的中点,什么是电源的相电压、线电压?
2. 什么是三相三线制供电系统?什么是三相四线制供电系统?
3. 什么是相序?

3.2 负载星形连接的三相电路

负载星形连接的三相电路

对三相电路的分析和对单相电路的分析一样,首先也应画出电路图,并标出电压和电流的参考方向,然后应用电路的基本定律找出电压和电流之间的关系。明确了电压和电流的关系,再求三相功率。

为适应三相电源的供电方式,三相电路中负载的连接方式有星形连接和三角形连接两种。负载如何连接,原则上应视其额定电压而定,即负载接入三相电路后,每相负载实际承受的电压应等于每相负载的额定电压。

图 3.5 所示为电灯与电动机的星形连接,设其线电压为 380 V。通常电灯(单相负载)的额定电压为 220 V,应接在相线与中线之间。电灯负载使用的量大,不能集中接在一相,从总的三相电路来说,它们应当比较均匀地分配在各相之中,如图 3.5 所示。电灯的这种连接法称为星形连接。其他单相负载(如电炉、继电器线圈等),若额定电压是 380 V,就接在相线之间;若额定电压是 220 V,就接在相线与中线之间。若负载的额定电压不等于相电压或线电压,则需要使用变压器。

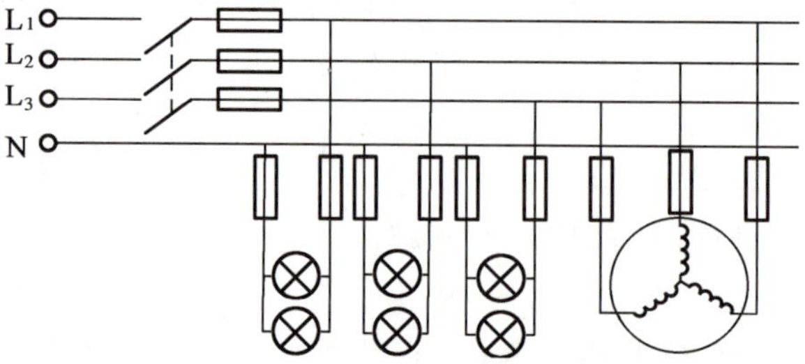

图 3.5 电灯与电动机的星形连接

三相电动机的三个接线端总是与电源的三根相线连接，但电动机本身的三相绕组可以接成星形或三角形。它们的连接方式在铭牌上标出，如 380 V，Y 接法或 380 V，△ 接法。

图 3.6(a) 所示电路是负载星形连接的三相四线制电路的一般表示法。每相负载的复阻抗的模分别为 $|Z_1|$、$|Z_2|$、$|Z_3|$，电压和电流的参考方向都已在图中标出。

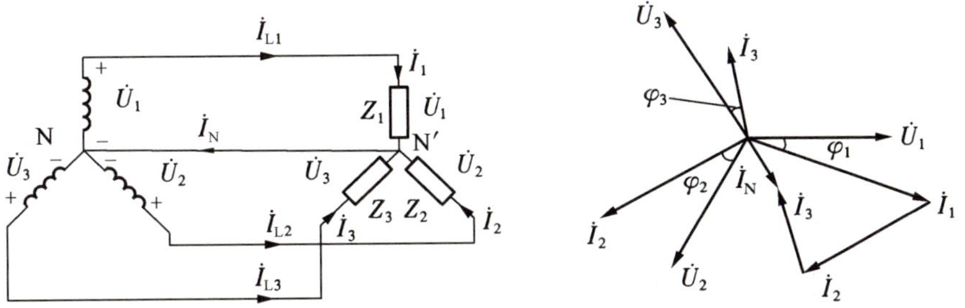

(a) 电路图　　(b) 相量图

图 3.6　负载星形连接的三相四线制电路

三相电路中的电流也有相电流与线电流之分。在各相线中流过的电流 $\dot{I}_{L1}$、$\dot{I}_{L2}$、$\dot{I}_{L3}$ 称为线电流，其有效值用 I_{L1}、I_{L2}、I_{L3} 或一般地用 I_L 表示。在各相负载中流过的电流 $\dot{I}_1$、$\dot{I}_2$、$\dot{I}_3$ 称为相电流，其有效值用 I_1、I_2、I_3 或一般地用 I_P 表示。在负载为星形连接时，由图 3.6(a) 可见，相电流为对应的线电流，即

$$I_P = I_L \tag{3.4}$$

在三相电路中，每相负载的电流应该一相一相地计算。

设电源相电压为参考正弦量，即 $\dot{U}_1 = U_P\angle 0°$，在图 3.6(a) 所示的电路中，电源相电压为每相负载电压。于是每相负载中的电流可分别求出，即

$$\begin{cases} \dot{I}_1 = \dfrac{\dot{U}_1}{Z_1} = \dfrac{U_1\angle 0°}{|Z_1|\angle\varphi_1} = I_1\angle -\varphi_1 \\ \dot{I}_2 = \dfrac{\dot{U}_2}{Z_2} = \dfrac{U_2\angle -120°}{|Z_2|\angle\varphi_2} = I_2\angle -120° - \varphi_2 \\ \dot{I}_3 = \dfrac{\dot{U}_3}{Z_3} = \dfrac{U_3\angle +120°}{|Z_3|\angle\varphi_3} = I_3\angle +120° - \varphi_3 \end{cases} \tag{3.5}$$

式中，每相负载中电流的有效值分别为

$$I_1 = \frac{U_1}{|Z_1|},\quad I_2 = \frac{U_2}{|Z_2|},\quad I_3 = \frac{U_3}{|Z_3|} \tag{3.6}$$

各相负载的电压与电流之间的相位差分别为

$$\varphi_1 = \arctan\frac{X_1}{R_1},\quad \varphi_2 = \arctan\frac{X_2}{R_2},\quad \varphi_3 = \arctan\frac{X_3}{R_3} \tag{3.7}$$

根据基尔霍夫电流定律，中线中的电流可按图 3.6(a) 选定的参考方向得出，即

$$\dot{I}_N = \dot{I}_{L1} + \dot{I}_{L2} + \dot{I}_{L3} \tag{3.8}$$

电压和电流的相量图如图 3.6(b) 所示。作相量图时，以 $\dot{U}_1$ 为参考相量，先画出相电压 $\dot{U}_1$、$\dot{U}_2$、$\dot{U}_3$，而后按式(3.6) 和式(3.7) 画出各相电流 $\dot{I}_1$、$\dot{I}_2$、$\dot{I}_3$ 的相量，再由式(3.8) 画出中线电流 $\dot{I}_N$ 的相量。

此外，电路中的负载对称是指各相复阻抗相等，即

$$Z_1 = Z_2 = Z_3$$

或复阻抗的模和阻抗角相等,即

$$|Z_1|=|Z_2|=|Z_3|=|Z| \text{ 和 } \varphi_1=\varphi_2=\varphi_3=\varphi$$

如果图3.6(a)电路中的负载对称,那么在式(3.6)和式(3.7)中,因为电压对称,所以负载相电流也是对称的,即

$$I_1=I_2=I_3=I_P=\frac{U_P}{|Z|}$$

$$\varphi_1=\varphi_2=\varphi_3=\varphi=\arctan\frac{X}{R}$$

这时,中线电流等于零,即

$$\dot{I}_N=\dot{I}_{L1}+\dot{I}_{L2}+\dot{I}_{L3}=0$$

对称负载星形连接时电压和电流的相量图如图3.7所示。

中线中既然没有电流通过,中线就可以去掉,图3.6(a)所示的三相四线制电路就变成三相三线制电路,如图3.8所示。

对于图3.8所示电路,要注意的是,3个电流都流向负载中点,而又没有中线,电流从哪里流回去呢?这里有一个参考方向的概念问题,图3.8中所标的3个电流方向,都是它们的参考方向,电流的方向究竟如何,则要对各个瞬间加以具体分析。

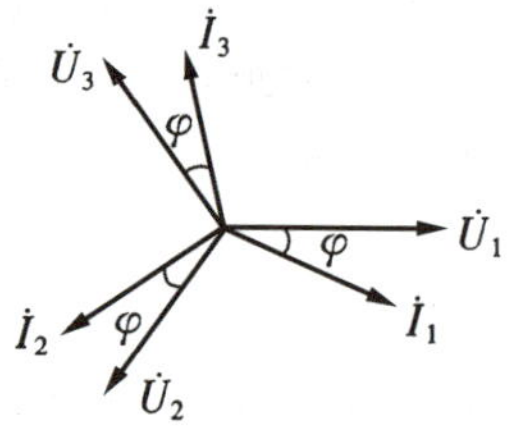

图3.7 对称负载星形连接时电压和电流的相量图

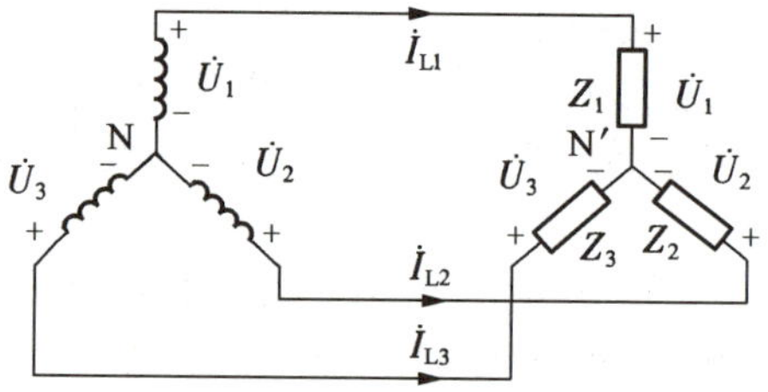

图3.8 对称负载星形连接的三相三线制电路

计算对称负载的三相电路,只需计算一相即可,因为对称负载的电压和电流也都是对称的,即大小相等,相位互差120°。

例3.1 图3.6所示三相电路中,电源电压 $U_L=380$ V,对称负载,每相负载阻抗 $Z=10\angle 37^\circ$ Ω,求各相负载中的电流 $\dot{I}_1$、$\dot{I}_2$、$\dot{I}_3$,以及线电流 $\dot{I}_{L1}$、$\dot{I}_{L2}$、$\dot{I}_{L3}$。

解 因负载对称、星形连接,所以每相负载的电压为

$$U_P=U_L/\sqrt{3}=380/\sqrt{3}\text{ V}=220\text{ V}$$

若设 $\dot{U}_1=220\angle 0^\circ$ V

则 $\dot{I}_1=\dfrac{\dot{U}_1}{Z}=\dfrac{220\angle 0^\circ}{10\angle 37^\circ}\text{ A}=22\angle -37^\circ\text{ A}$

而 $\dot{I}_2=\dot{I}_1\angle -120^\circ=22\angle -157^\circ$ A

$\dot{I}_3=\dot{I}_2\angle -120^\circ=22\angle -277^\circ\text{ A}=22\angle 83^\circ$ A

线电流 $\dot{I}_{L1}=\dot{I}_1=22\angle -37^\circ$ A

$\dot{I}_{L2}=\dot{I}_2=22\angle -157^\circ$ A

$\dot{I}_{L3}=\dot{I}_3=22\angle 83^\circ$ A

不对称三相负载接成星形，分有中线和无中线两种情况。

(1) 有中线时，尽管负载不对称，但负载两端电压等于电源相应的相电压，使负载能正常工作，这时中线电流不等于零，应按式(3.8)计算。

(2) 无中线时，又分以下 3 种情况。

① 每相有负载但不对称。

例 3.2 图 3.9 所示电路中，电源线电压为 380 V，3 个电阻性负载连成星形，其电阻分别为$R_1=22\ \Omega$，$R_2=R_3=44\ \Omega$，试求负载相电压和负载电流值。负载额定电压为 220 V。

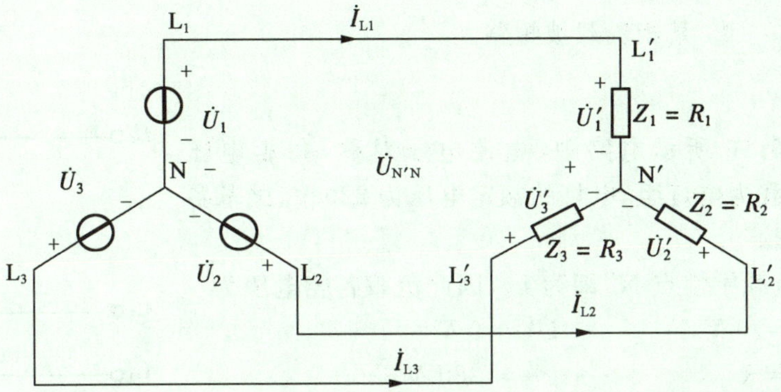

图 3.9　例 3.2 的图

解　当三相电源对称，而三相负载不对称时，由于无中线，将使电源和负载中点之间的电位差不为零，而产生中性点位移。

本例电路中有两个节点、3 条并联支路，可应用节点电压法计算，先算出节点电压 $U_{N'N}$，然后再应用基尔霍夫电压定律和欧姆定律分别计算负载相电压和负载电流。

设电源相电压相量分别为

$$\dot{U}_1=220\angle 0^\circ\ \text{V},\quad \dot{U}_2=220\angle -120^\circ\ \text{V},\quad \dot{U}_3=220\angle 120^\circ\ \text{V}$$

节点电压为

$$\dot{U}_{N'N}=\frac{\dfrac{\dot{U}_1}{Z_1}+\dfrac{\dot{U}_2}{Z_2}+\dfrac{\dot{U}_3}{Z_3}}{\dfrac{1}{Z_1}+\dfrac{1}{Z_2}+\dfrac{1}{Z_3}}=\frac{\dfrac{220\angle 0^\circ}{22}+\dfrac{220\angle -120^\circ}{44}+\dfrac{220\angle +120^\circ}{44}}{\dfrac{1}{22}+\dfrac{1}{44}+\dfrac{1}{44}}\ \text{V}$$

$$=\frac{10+(-2.5-\text{j}4.33)+(-2.5+\text{j}4.33)}{\dfrac{2+1+1}{44}}\ \text{V}=55\ \text{V}$$

负载相电压分别为

$$\dot{U}_1'=\dot{U}_1-\dot{U}_{N'N}=(220-55)\ \text{V}=165\ \text{V}$$

$$\dot{U}_2'=\dot{U}_2-\dot{U}_{N'N}=(220\angle -120^\circ-55)\ \text{V}$$

$$=[220(-0.5-\text{j}0.87)-55]\ \text{V}$$

$$=(-165-\text{j}190.52)\ \text{V}=252\angle -131^\circ\ \text{V}$$

$$\dot{U}_3'=\dot{U}_3-\dot{U}_{N'N}=(220\angle +120^\circ-55)\ \text{V}$$

$$=[220(-0.5+\text{j}0.87)-55]\ \text{V}$$

$$= (-165 + j190.52)\ V = 252\angle +131^\circ\ V$$

$$\dot{I}_1 = \frac{\dot{U}'_1}{Z_1} = \frac{165}{22}\ A = 7.5\ A$$

$$\dot{I}_2 = \frac{\dot{U}'_2}{Z_2} = \frac{252\angle -131^\circ}{44}\ A = 5.72\angle -131^\circ\ A$$

$$\dot{I}_3 = \frac{\dot{U}'_3}{Z_3} = \frac{252\angle 131^\circ}{44}\ A = 5.72\angle 131^\circ\ A$$

② 某相负载被短路。

例 3.3 图 3.10 所示电路中,电源电压对称,每相电压 $U_P = 220$ V;负载为电灯组,电灯的额定电压为 220 V,试求各相负载上的电压。

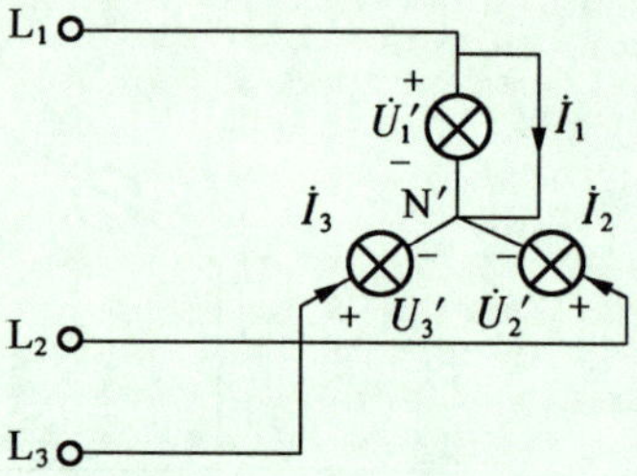

图 3.10 例 3.3 的图

解 此时负载中性点 N′ 即为 L_1,因此负载各相电压为

$\dot{U}'_1 = 0$ V,　　$U'_1 = 0$ V

$\dot{U}'_2 = \dot{U}_{21}$,　　$U'_2 = 380$ V

$\dot{U}'_3 = \dot{U}_{31}$,　　$U'_3 = 380$ V

在这种情况下,2 相与 3 相的电灯组上所加的电压都超过电灯的额定电压(220 V),这是不允许的。

③ 某相电源线断开。

例 3.4 图 3.11 所示电路中 1 相断开,试求各相负载上的电压。

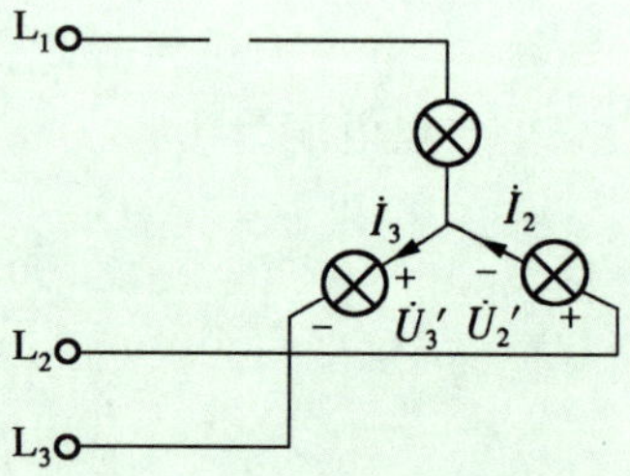

图 3.11 例 3.4 的图

解 这时电路已成为单相电路,即 2 相的电灯组和 3 相的电灯组串联,接在线电压 $U_{23} = 380$ V 的电源上,两相电流相同。至于两相电压如何分配,取决于两相的电灯组电阻,若 2 相的电阻比 3 相的电阻小,则其相电压低于电灯的额定电压,而 3 相的电压可能高于电灯的额定电压,这是不允许的。

上述例题说明如下。

(1) 负载不对称而无中线时,负载的相电压就不对称。当负载的相电压不对称时,势必使有的相的电压过高,高于负载的额定电压,有的相的电压过低,低于负载的额定电压,这都是不允许的。三相负载的相电压必须对称。

(2) 中线的作用就在于使星形连接的不对称负载的相电压对称。为了保证负载的相电压对称,中线不能省去,而且为了防止中线断开,中线要采用机械强度足够的导线架设,在中线(指干线)上不允许安装熔断器或开关。

思考题

1. 电源和负载都是星形连接的对称三相电路，有中线和无中线有何差别？三相四线制供电系统中，中线的作用是什么？为什么中线不允许断开？

2. 既然三相四线制电源的中线规定不能装熔断器，那为什么一般的照明线路的相线和中线都装有熔断器？

3.3 负载三角形连接的三相电路

如果每相负载的额定电压等于电源的线电压，则三相负载应作三角形连接，将三相负载依次首尾相连接，然后将 3 个连接点分别接到三相电源的 3 条相线上去，如图 3.12 所示。图 3.13 所示电路是负载三角形连接的三相电路的一般表示法。每相负载的复阻抗的模分别为 $|Z_{12}|$、$|Z_{23}|$、$|Z_{31}|$。电压和电流的参考方向如图 3.13 所示。

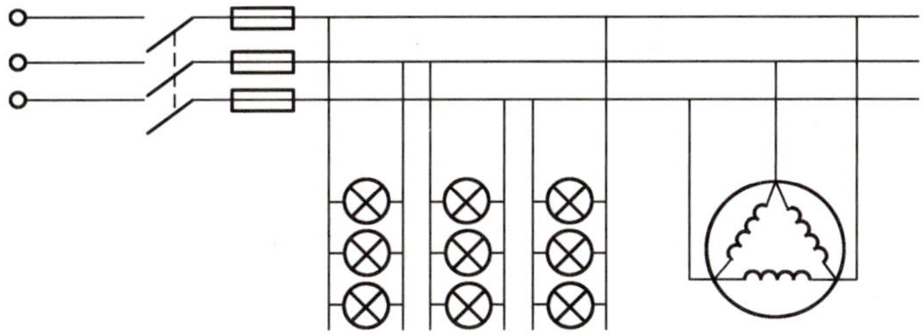

图 3.12　负载三角形连接的示意图

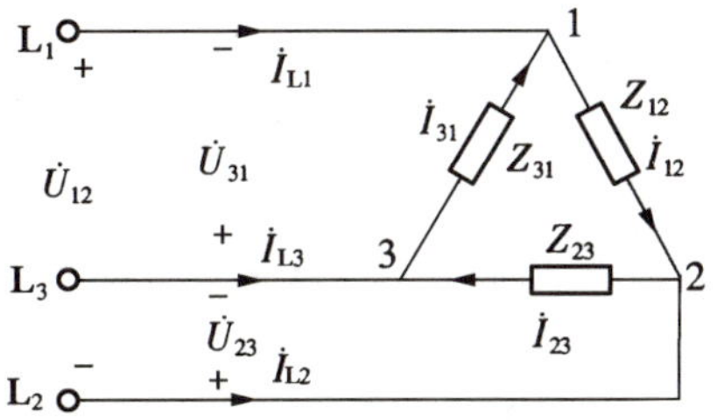

图 3.13　负载三角形连接的三相电路的一般表示法

由图 3.13 可看出，负载的相电压与电源的线电压相等。因此，不论负载对称与否，其相电压总是对称的，即

$$U_{12} = U_{23} = U_{31} = U_L = U_P \tag{3.9}$$

当负载三角形连接时，相电流和线电流是不一样的。

各相负载的相电流有效值分别为

$$I_{12} = \frac{U_{12}}{|Z_{12}|},\quad I_{23} = \frac{U_{23}}{|Z_{23}|},\quad I_{31} = \frac{U_{31}}{|Z_{31}|} \tag{3.10}$$

各相负载的电压与电流之间的相位差分别为

$$\varphi_{12}=\arctan\frac{X_{12}}{R_{12}},\quad \varphi_{23}=\arctan\frac{X_{23}}{R_{23}},\quad \varphi_{31}=\arctan\frac{X_{31}}{R_{31}} \tag{3.11}$$

负载的线电流可应用基尔霍夫电流定律列出下列各式并计算：

$$\begin{cases}\dot{I}_{L1}=\dot{I}_{12}-\dot{I}_{31}\\ \dot{I}_{L2}=\dot{I}_{23}-\dot{I}_{12}\\ \dot{I}_{L3}=\dot{I}_{31}-\dot{I}_{23}\end{cases} \tag{3.12}$$

当负载对称，即

$$|Z_{12}|=|Z_{23}|=|Z_{31}|=|Z|,\quad \varphi_{12}=\varphi_{23}=\varphi_{31}=\varphi$$

时，负载的相电流也是对称的，即

$$I_{12}=I_{23}=I_{31}=I_p=\frac{U_p}{|Z|},\quad \varphi_{12}=\varphi_{23}=\varphi_{31}=\varphi=\arctan\frac{X}{R}$$

负载对称时线电流和相电流的关系，可由根据式(3.12)作出的相量图(见图3.14)看出。很明显，线电流也是对称的，在相位上线电流比相应的相电流滞后30°。

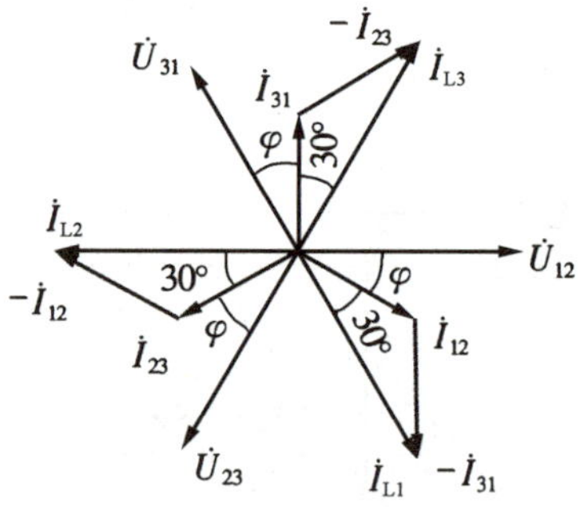

图3.14 对称感性负载作三角形连接时电压、电流的相量图

线电流与相电流的大小关系也很容易从相量图得出，因为

$$\frac{1}{2}I_L=I_P\cos 30°=\frac{\sqrt{3}}{2}I_P$$

所以

$$I_L=\sqrt{3}I_P \tag{3.13}$$

即线电流是相电流的$\sqrt{3}$倍。

实际三相负载到底采用哪种接法合适呢？目前照明负载因不属于对称负载，一般采用接有中线的星形连接，而生产中广泛应用着的三相对称负载，如三相电动机，其连接方式应根据电源电压和负载额定电压的大小来决定。例如，电源线电压$U_L=380$ V，如果负载的额定相电压为220 V，则负载应接成星形；如果负载的额定相电压是380 V，则负载应接成三角形。

思考题

分别说明三相负载的星形连接和三角形连接具体是如何连接的，并分别说明两种连接方式下电源线电压与负载相电压、相电流与线电流之间的关系。

3.4 三相电路的功率

无论三相负载是作星形连接还是作三角形连接，且无论三相负载对称与否，根据功率平衡原理，三相负载吸收的总有功功率与三相电源提供的总有功率都相等，且等于各相有功功率之和，即

$$P = P_1 + P_2 + P_3 = U_1 I_1 \cos\varphi_1 + U_2 I_2 \cos\varphi_2 + U_3 I_3 \cos\varphi_3 \qquad (3.14)$$

式中，U_1、U_2、U_3 分别为各相负载相电压有效值；I_1、I_2、I_3 分别为各相负载相电流有效值；φ_1、φ_2、φ_3 分别为各相负载相电压与相电流之间的相位差，即各相负载的阻抗角。

当三相负载对称时，各相有功功率相等，因此三相总功率等于一相有功功率的 3 倍，即

$$P = 3U_P I_P \cos\varphi \qquad (3.15)$$

因为线电压和线电流的数值容易测出，或者是已知的，有功功率通常用线电压、线电流来计算。

当对称负载作星形连接时，

$$U_P = U_L/\sqrt{3}, \quad I_P = I_L$$

当对称负载作三角形连接时，

$$U_P = U_L, \quad I_P = I_L/\sqrt{3}$$

不论对称负载作星形连接或三角形连接，将上述关系式代入式(3.15)，都可得

$$P = \sqrt{3} U_L I_L \cos\varphi \qquad (3.16)$$

式中，U_L、I_L 分别为线电压、线电流的有效值；φ 为每相负载相电压与相电流之间的相位差。

同理，可得出三相无功功率和视在功率分别为

$$Q = 3U_P I_P \sin\varphi = \sqrt{3} U_L I_L \sin\varphi \qquad (3.17)$$

$$S = 3U_P I_P = \sqrt{3} U_L I_L \qquad (3.18)$$

例 3.5　一台三相异步电动机，每相定子绕组的等效复阻抗为 $Z=(29+j21.8)\ \Omega$。试求：(1) 定子绕组连成星形接于 $U_L = 380$ V 的三相电源上时，电动机定子绕组的相电流、线电流以及从电源取用的功率；(2) 定子绕组连成三角形接于 $U_L = 220$ V 的三相电源上时，电动机定子绕组的相电流、线电流以及从电源取用的功率。并比较上述两种情况所得的结果。

解　(1)

$$I_P = \frac{U_P}{|Z|} = \frac{U_L/\sqrt{3}}{|Z|} = \frac{380/\sqrt{3}}{\sqrt{29^2 + 21.8^2}}\ \text{A} = 6.1\ \text{A}$$

$$I_L = I_P = 6.1\ \text{A}$$

$$P = \sqrt{3} U_L I_L \cos \varphi = \sqrt{3} \times 380 \times 6.1 \times \frac{29}{\sqrt{29^2 + 21.8^2}} \text{ W}$$

$$= \sqrt{3} \times 380 \times 6.1 \times 0.8 \text{ W} = 3\ 200 \text{ W} = 3.2 \text{ kW}$$

(2) $$I_P = \frac{U_P}{|Z|} = \frac{U_L}{|Z|} = \frac{220}{\sqrt{29^2 + 21.8^2}} \text{ A} = 6.1 \text{ A}$$

$$I_L = \sqrt{3} I_P = \sqrt{3} \times 6.1 \text{ A} = 10.5 \text{ A}$$

$$P = \sqrt{3} U_L I_L \cos \varphi = \sqrt{3} \times 220 \times 10.5 \times \frac{29}{\sqrt{29^2 + 21.8^2}} \text{ W}$$

$$= \sqrt{3} \times 220 \times 10.5 \times 0.8 \text{ W} = 3\ 200 \text{ W} = 3.2 \text{ kW}$$

比较(1)、(2)的结果如下。

有的三相电动机有两种额定电压，如 220/380 V。这表示当电源电压(指线电压)为 220 V 时，电动机的绕组应接成三角形；当电源电压为 380 V 时，电动机的绕组应接成星形。在两种接法中，相电压、相电流以及功率都未改变，只有线电流在(2)的情况下增大为在(1)的情况下的$\sqrt{3}$倍。

思考题

指出下列各说法中哪些是正确的、哪些是错误的，并说明理由。

(1) 当负载作星形连接时，必须有中线。

(2) 凡负载作三角形连接，线电流必为相电流的$\sqrt{3}$倍。

(3) 三相负载越接近对称，中线电流就越小。

(4) 当负载作星形连接时，电源线电压必等于负载相电压的$\sqrt{3}$倍。

(5) 当负载作星形连接时，线电流必等于相电流。

(6) 当三相负载作星形或三角形连接时，其总功率为 $P = \sqrt{3} U_L I_L \cos \varphi$。

习　题

3.1　某工厂有 3 个车间，每个车间的照明分别由三相电源的一相供电，三相电源的电压为 380 V，供电方式为三相四线制。每个车间装有 220 V、100 W 的白炽灯 10 盏。

(1) 绘出电灯接入电源的电路图。

(2) 在全部满载时中线电流和线电流各为多少？

3.2　在图 3.15 中，三相四线制电源的电压为 380 V，各相负载的参数为 $R_1 = 4\ \Omega$，$X_1 = 3\ \Omega$，$R_2 = 10\ \Omega$，$X_2 = X_3 = 0\ \Omega$，$R_3 = 10\ \Omega$。求各线电流及中线电流。

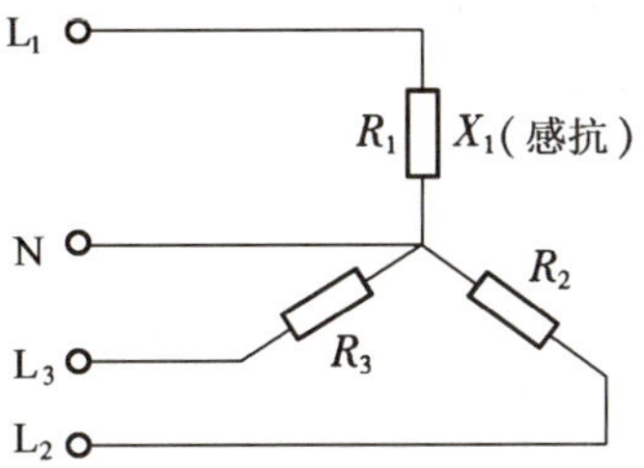

图 3.15　习题 3.2 的图

3.3　把一批额定电压为 220 V、功率为 100 W 的白炽灯接在线电压等于 380 V 的三相四线制电源上，设每相所接的白炽灯数分别为 $n_1 = 20$，$n_2 = 20$，$n_3 = 30$，求各相电流、各线电流、中线电流和总功率，并作出相量图。

3.4　在一三相对称负载中，各相电阻为 10 Ω，负载的额定相电压为 220 V，现将它接成星形，并接于 $U_L = 380$ V 的三相电源上，求相电流 I_P、线电流 I_L 及总功率 P。

3.5　在同一电源上，设把习题 3.4 中的负载错接成三角形，重求 I_P、I_L 和 P，并把计算结果与习题 3.4 的结果作比较，说明错误接法所造成的后果，从而得出必要的结论。

3.6　如图 3.16 所示，把取用功率为 2.2 kW 的三相异步电动机接在线电压为 380 V 的三相电源上，此时电动机工作正常，其线电流为 4.8 A，求电动机每相绕组的功率因数及其所承受的相电压。

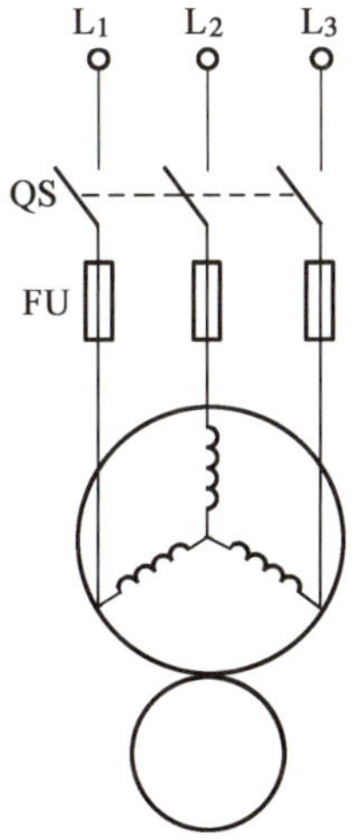

图 3.16　习题 3.6 的图

3.7　某建筑物有 3 层楼，每一层的照明分别由三相电源的各相供电，电源电压为 380/220 V，每层楼装有 220 V、100 W 的白炽灯 100 盏。

(1) 画出白炽灯接入电源的电路图。

(2) 建筑物白炽灯全部点亮时的线电流和中线电流各为多少？

(3) 若第一层白炽灯全部关闭，第二层白炽灯全部点亮，第三层开了 10 盏白炽灯，而电源中线因故断掉，这时第二、第三层白炽灯两端电压各为多少？第二、第三层白炽灯能否正常工作？

3.8　设在实验室中，三相电源的线电压为 220 V，欲把习题 3.6 中的电动机接在此电源上使用，则应采用何种连接法方能使每相绕组所承受的电压仍保持习题 3.6 中的数值？此时，电动机的取用功率是否仍为 2.2 kW？

3.9　某三相对称负载的取用功率为 5.5 kW，按三角形接法把它接在线电压为 380 V 的线路上，设此时该负载的取用线电流为 19.5 A，求此负载的相电流、功率因数和每相的阻抗值。

3.10　在图 3.17 中，对称负载接成三角形，已知电源电压 $U_L = 220$ V，各电流表读数均为 $I_L = 17.3$ A，三相功率 $P = 4.5$ kW。试求：

(1) 每相负载的电阻和感抗；

(2) 当 1、2 相断开时，图中各电流表的读数和总功率；

(3) 当 L_1 线断开时，图中各电流表的读数和总功率。

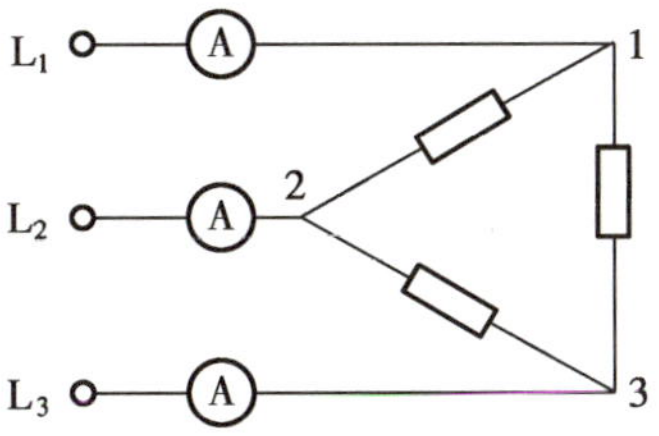

图 3.17　习题 3.10 的图

3.11　图3.18所示电路中，线电压380 V的三相对称电源与三角形接法的负载相连，负载每相阻抗 $Z=(30+j40)\ \Omega$，试求负载的相电流、线电流、电源输出的有功功率，并作出电压和电流的相量图。

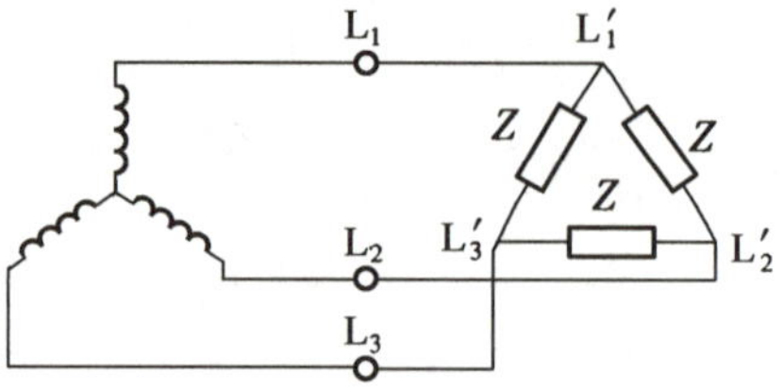

图3.18　习题3.11的图

3.12　已知电动机额定输出功率为7.5 kW，额定电压为380 V，效率 $\eta=85\%$，功率因数为0.83(滞后)，电源电压为380 V，频率为50 Hz，为了提高功率因数，将电动机与电容器并联，如图3.19所示，作星形连接。若要把功率因数提高到0.95，求所需并联的电容器的电容值及此时线路的总电流。

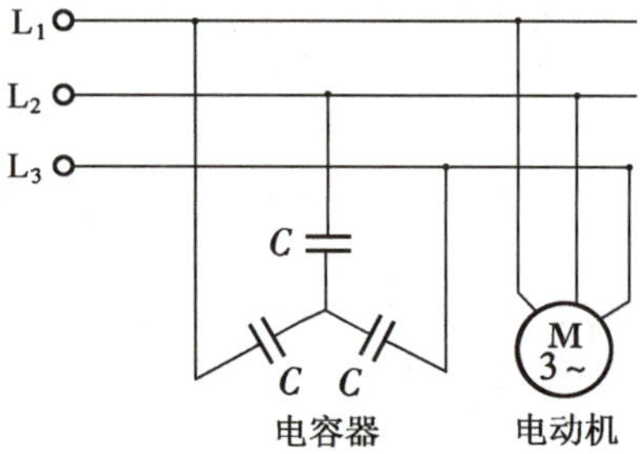

图3.19　习题3.12的图

本章习题参考答案

第 4 章 非正弦周期电流电路

内容提要

本章讨论非正弦周期信号的分解与合成，非正弦周期信号的最大值、平均值、有效值和功率，线性参数的非正弦周期电流电路的计算。

前面所讨论的交流电路中，电流及电压都认为是按正弦规律变化的。正弦电流是生产中动力用电和人们生活用电的主要形式。但在生产和科学实践中，经常遇到非正弦周期电压与电流。例如，方波发生器产生的电压波形(见图 4.1)，称为方波；示波器扫描电压是锯齿状的周期波形(见图 4.2)，称为锯齿波；计算机电路中使用的脉冲信号(见图 4.3)，称为脉冲波；工业上使用的大功率直流电源，大多是通过对正弦电流整流后获得的，这种直流电的波形(见图 4.4)称为整流波形(或脉动直流)。

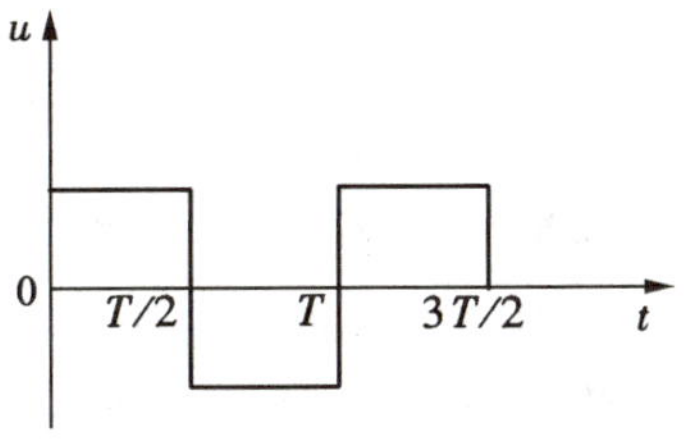

图 4.1 方波

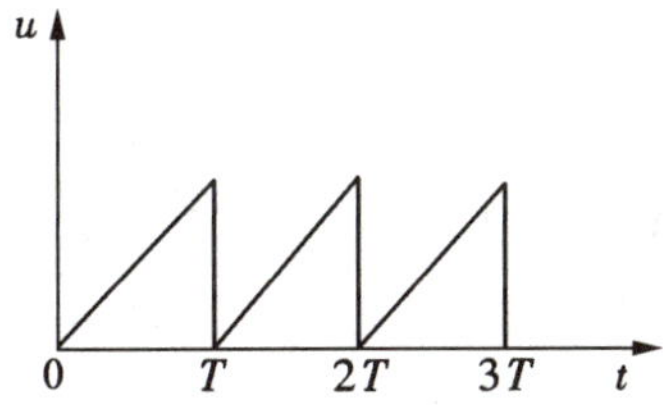

图 4.2 锯齿波

图 4.3 脉冲波

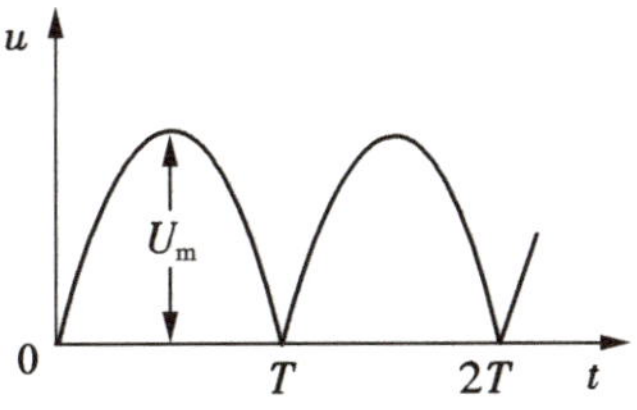

图 4.4 整流波形

电路中出现非正弦波的情况如下。

第一，电路中激励是非正弦的，因此响应也是非正弦的。例如，电路中接入方波发生器时，响应也是方波。

第二，激励是正弦波，但是电路中存在非线性元件，这时电路内的响应会出现非正弦波，如图 4.4 所示的整流波形。

第三，当电路中有不同频率的正弦波或交直流信号共存时，虽然电路的参数是线性的,这时也会出现非正弦波。例如,将一个频率为50 Hz的正弦电压与另一个频率为100 Hz的正弦电压加起来,就得到一个非正弦的周期电压。

分析非正弦周期电流电路时,仍要应用前面讲的电路的基本定律,但其方法和正弦交流电路的分析方法有不同之处。

本章仅研究线性参数电路的非正弦问题,主要讨论一个非正弦周期量可以分解为恒定分量(如果有的话)和一系列频率不同的正弦分量,至于因电路内含有非线性参数而产生的非正弦分量的问题,将在以后的电子技术中进行讨论。

4.1 非正弦周期信号的分解与合成

4.1.1 信号的分解

从数学分析中知道,任何一个关于时间的周期函数只要满足狄利克雷条件①,都可以分解成为收敛的三角级数,即傅里叶级数。电工技术中遇到的非正弦周期量都能满足这个条件,故都能展开成傅里叶级数,从而可以把非正弦周期信号分解成许多不同频率的正弦信号。

设非正弦周期函数为 $f(\omega t)$,其角频率为 ω,则其可以分解为如下的傅里叶级数:

$$\begin{aligned} f(\omega t) &= A_0 + A_{1m}\sin(\omega t+\psi_1) + A_{2m}\sin(2\omega t+\psi_2) + \cdots \\ &= A_0 + \sum_{k=1}^{\infty} A_{km}\sin(k\omega t+\psi_k) \end{aligned} \tag{4.1}$$

式中,A_0 是不随时间而变的常数,也就是一个周期内的平均值,在电工技术中就是直流(恒定)分量;第二项 $A_{1m}\sin(\omega t+\psi_1)$ 的频率与非正弦周期函数的频率相同,称为基波或一次谐波;其后各项的频率为周期函数的频率的整数倍,称为高次谐波,如 $k=2,3,\cdots$ 的各项,依次称为二次谐波、三次谐波……

利用和角公式,式(4.1)可以展开为下列形式:

$$\begin{aligned} f(\omega t) &= A_0 + A_{1m}\cos\psi_1\sin\omega t + A_{1m}\sin\psi_1\cos\omega t \\ &\quad + A_{2m}\cos\psi_2\sin 2\omega t + A_{2m}\sin\psi_2\cos 2\omega t + \cdots \\ &= A_0 + \sum_{k=1}^{\infty}(A_{km}\cos\psi_k)\sin k\omega t + \sum_{k=1}^{\infty}(A_{km}\sin\psi_k)\cos k\omega t \\ &= A_0 + \sum_{k=1}^{\infty} B_{km}\sin k\omega t + \sum_{k=1}^{\infty} C_{km}\cos k\omega t \end{aligned} \tag{4.2}$$

式中

$$B_{km} = A_{km}\cos\psi_k \tag{4.3}$$

$$C_{km} = A_{km}\sin\psi_k \tag{4.4}$$

根据数学中的证明,式(4.2)的系数 A_0、B_{km} 和 C_{km} 的值可由下式求出,即

①所谓狄利克雷条件,就是周期函数在一个周期内包含有限个最大值和最小值,以及有限个第一类间断点。

$$A_0 = \frac{1}{2\pi}\int_0^{2\pi} f(\omega t)\mathrm{d}(\omega t) \tag{4.5}$$

$$B_{km} = \frac{1}{\pi}\int_0^{2\pi} f(\omega t)\sin k\omega t\,\mathrm{d}(\omega t) \tag{4.6}$$

$$C_{km} = \frac{1}{\pi}\int_0^{2\pi} f(\omega t)\cos k\omega t\,\mathrm{d}(\omega t) \tag{4.7}$$

式(4.5)、式(4.6)、式(4.7)是由已知非正弦周期函数 $f(\omega t)$ 求傅里叶级数的基本公式。

由式(4.6)、式(4.7)求出 B_{km}、C_{km} 后，应用式(4.3)、式(4.4)可求出各谐波分量的幅值 A_{km} 和初相位 ψ_k：

$$A_{km} = \sqrt{B_{km}^2 + C_{km}^2} \tag{4.8}$$

$$\psi_k = \arctan\frac{C_{km}}{B_{km}} \tag{4.9}$$

从而可得 $f(\omega t)$ 的傅里叶级数表示式(见表 4.1)。

例 4.1　一方波电压如图 4.5 所示，求其傅里叶级数的展开式。

解　该方波电压在一个周期内的表示式为

$$u = \begin{cases} U_m & 0 < \omega t < \pi \\ -U_m & \pi < \omega t < 2\pi \end{cases}$$

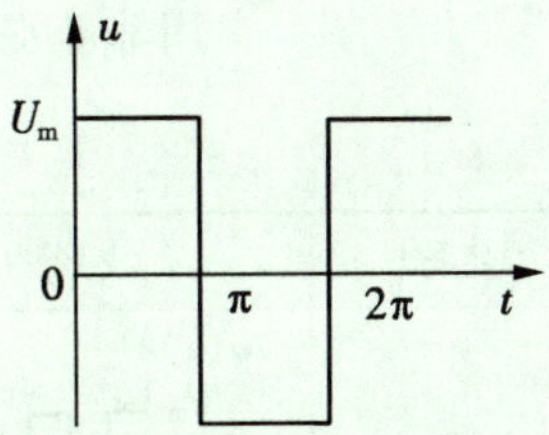

图 4.5　例 4.1 的图

由式(4.5)、式(4.6)、式(4.7)求出各系数：

$$A_0 = \frac{1}{2\pi}\int_0^{2\pi} u\mathrm{d}(\omega t)$$

$$= \frac{1}{2\pi}\left[\int_0^{\pi} U_m\mathrm{d}(\omega t) + \int_{\pi}^{2\pi}(-U_m)\mathrm{d}(\omega t)\right] = 0$$

$$B_{km} = \frac{1}{\pi}\int_0^{2\pi} u\sin k\omega t\,\mathrm{d}(\omega t)$$

$$= \frac{1}{\pi}\left[\int_0^{\pi} U_m\sin k\omega t\,\mathrm{d}(\omega t) + \int_{\pi}^{2\pi}(-U_m)\sin k\omega t\,\mathrm{d}(\omega t)\right]$$

$$= \frac{2U_m}{\pi}\int_0^{\pi}\sin k\omega t\,\mathrm{d}(\omega t) = \frac{2U_m}{\pi}\left[-\frac{1}{k}\cos k\omega t\right]_0^{\pi}$$

$$= \frac{2U_m}{k\pi}(1 - \cos k\pi)$$

$$= \begin{cases} 0 & k\ \text{为偶数} \\ \dfrac{4U_m}{k\pi} & k\ \text{为奇数} \end{cases}$$

即

$$B_{2m} = B_{4m} = B_{6m} = \cdots = 0$$

$$B_{1m} = \frac{4}{\pi}U_m$$

$$B_{3m} = \frac{4}{3\pi}U_m$$

$$B_{5m} = \frac{4}{5\pi}U_m$$

……

$$
\begin{aligned}
C_{km} &= \frac{1}{\pi}\int_0^{2\pi} u\cos k\omega t\,\mathrm{d}(\omega t)\\
&= \frac{1}{\pi}\left[\int_0^{\pi} U_m\cos k\omega t\,\mathrm{d}(\omega t) + \int_{\pi}^{2\pi}(-U_m)\cos k\omega t\,\mathrm{d}(\omega t)\right]\\
&= \frac{2U_m}{\pi}\int_0^{\pi}\cos k\omega t\,\mathrm{d}(\omega t)\\
&= \frac{2U_m}{\pi}\left[\frac{1}{k}\sin k\omega t\right]_0^{\pi} = 0
\end{aligned}
$$

由此可得

$$
u = \sum_{k为奇数} B_{km}\sin k\omega t = \frac{4U_m}{\pi}\left(\sin \omega t + \frac{1}{3}\sin 3\omega t + \frac{1}{5}\sin 5\omega t + \cdots\right)
$$

按例4.1的方法还可求得三角波电压、锯齿波电压和全波整流电压等的傅里叶级数的展开式。但对于大多数电工、电子电路中使用的非正弦波，其傅里叶级数的展开式可通过查表得到，而不必用上述公式求其系数。表4.1给出了常用非正弦周期信号的波形图和傅里叶级数。

表4.1　常用非正弦周期信号的波形图和傅里叶级数

名称	波形图	傅里叶级数
方波	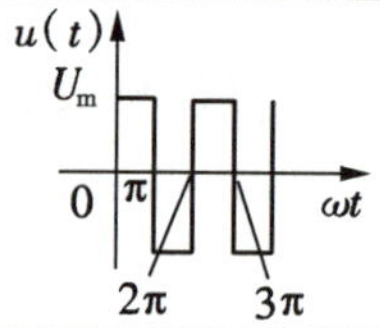	$u(t) = \frac{4U_m}{\pi}\left(\sin \omega t + \frac{1}{3}\sin 3\omega t + \frac{1}{5}\sin 5\omega t + \cdots + \frac{1}{k}\sin k\omega t\right)$ (k 为奇数)
单相全波整流	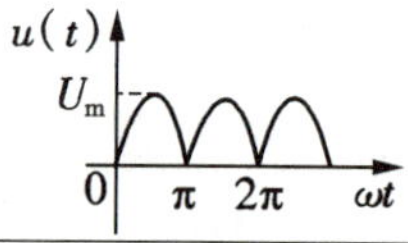	$u(t) = \frac{4U_m}{\pi}\left(\frac{1}{2} - \frac{1}{3}\cos 2\omega t - \frac{1}{3\times 5}\cos 4\omega t - \frac{1}{5\times 7}\cos 6\omega t - \cdots\right)$
单相半波整流	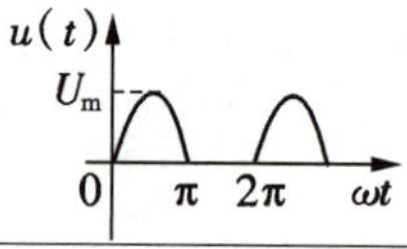	$u(t) = U_m\left(\frac{1}{\pi} + \frac{1}{2}\sin \omega t - \frac{2}{\pi}\times\frac{1}{1\times 3}\cos 2\omega t - \frac{2}{\pi}\times\frac{1}{3\times 5}\cos 4\omega t - \cdots\right)$
锯齿波	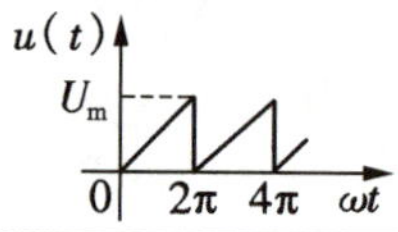	$u(t) = \frac{U_m}{2} - \frac{U_m}{\pi}\left(\sin \omega t + \frac{1}{2}\sin 2\omega t + \frac{1}{3}\sin 3\omega t + \cdots + \frac{1}{k}\sin k\omega t\right)$ ($k = 1,2,3,\cdots$)
三角波	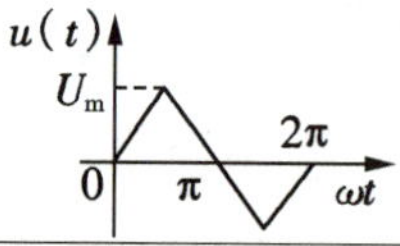	$u(t) = \frac{8U_m}{\pi^2}\left(\sin \omega t - \frac{1}{9}\sin 3\omega t + \frac{1}{25}\sin 5\omega t - \cdots + \frac{(-1)^{\frac{k-1}{2}}}{k^2}\sin k\omega t\right)$ (k 为奇数)
梯形波	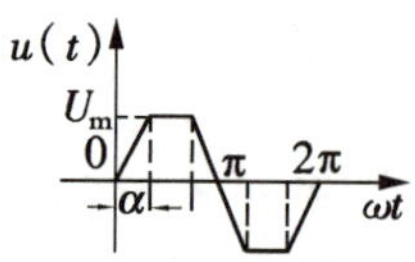	$u(t) = \frac{4U_m}{\alpha\pi}\left(\sin \alpha\sin \omega t + \frac{1}{9}\sin 3\alpha\sin 3\omega t + \frac{1}{25}\sin 5\alpha\sin 5\omega t + \cdots + \frac{1}{k^2}\sin k\alpha\sin k\omega t + \cdots\right)$ (k 为奇数)

一个非正弦周期信号，可以通过分解成傅里叶级数，或绘出直流（恒定）分量和各次谐波的波形图来表示。此外，还可用频谱图来表示。频谱图能直接地表示出非正弦周期信号分解后各次谐波分量幅值随频率改变的情况以及各次谐波的初相位随频率改变的情况。频谱图有两种：一种叫振幅频谱图；另一种叫相位频谱图。以 ω 为横坐标，以幅值为纵坐标，作出 A_{km} 与 $k\omega$ 的函数关系的曲线图。图中的每一条竖线代表一个谐波分量的幅值，这样的竖线为谱线，这种图形称为非正弦周期信号的振幅频谱图。以表 4.1 中的锯齿波为例，查得它的傅里叶级数展开式，并设其幅值 $U_m = 10$ V，则

$$u = \left(5 - \frac{10}{\pi}\sin \omega t - \frac{10}{2\pi}\sin 2\omega t - \frac{10}{3\pi}\sin 3\omega t - \cdots\right) \text{V}$$

作出其振幅频谱图如图 4.6 所示。相位频谱图是在以 ω 为横轴，以初相位为纵轴的坐标上，用一些不同长度的线段表示各次谐波的初相位大小的图形。

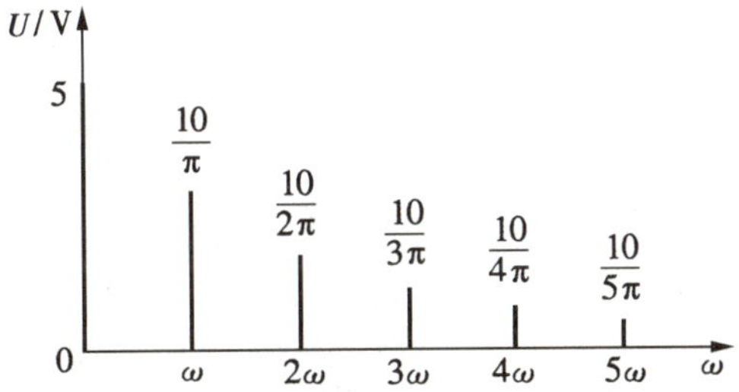

图 4.6　振幅频谱图

将非正弦周期信号分解，各次谐波幅值用频谱图表示后，各谐波幅值的大小一目了然。这对研究谐波分量在电路中作用的大小提供了依据，在满足一定精确度的条件下，可以将一些幅值较小、影响不大的分量忽略不计，从而减少计算工作量。

4.1.2　信号的合成

由前面分析的正弦交流电路已经知道，两个同频率的正弦信号相加减得到的仍是同频率的正弦信号。如果若干个频率成整数倍关系的不同频率的正弦信号相加减得到的又是怎样的信号呢？先看把两个不同频率的电压加起来是怎样的情况。设正弦电压 $u_1 = U_m \sin \omega t$，另一正弦电压的幅值为 u_1 的 1/3，频率为 u_1 的 3 倍，因此表示为 $u_3 = \frac{1}{3}U_m \sin 3\omega t$。现在把这两个电压的瞬时值加起来，如图4.7(a) 所示（在相同的横坐标下将 u_1 与 u_3 纵坐标上的值逐点相加），便得到一个非正弦的周期信号电压 u，即

$$u = U_m \sin \omega t + \frac{1}{3}U_m \sin 3\omega t$$

从这里可看出，频率成整数倍关系的两个正弦波加起来就变成了一个周期性的非正弦波。借助仪器设备的观察也能说明这一现象。例如，可用两台正弦波发生器分别输出上述 u_1 及 u_2 两个正弦波形的电压，然后将它们串联起来接到示波器上就能观察到图 4.7(a) 所示的电压 u 的波形。

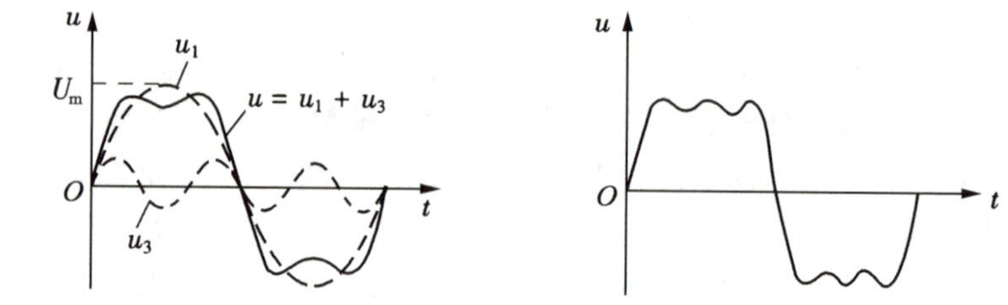

(a) 两个不同频率的正弦量的合成　　(b) 三个不同频率的正弦量的合成

图 4.7　波形的合成

如果在上面的两个电压 u_1 与 u_3 的基础上再加一个 u_5，它的幅值为 u_1 的 1/5，但频率为 u_1 的 5 倍，即 $u_5 = \frac{1}{5}U_m \sin 5\omega t$，这时得到一个如图 4.7(b) 所示的非正弦周期电压，仍以 u 表示，即

$$u = U_m \sin \omega t + \frac{1}{3}U_m \sin 3\omega t + \frac{1}{5}U_m \sin 5\omega t$$

和图 4.7(a) 中所画出的周期电压 u 相比，可以看出其更接近方波。

如果把幅值为 u_1 的 $1, \frac{1}{3}, \frac{1}{5}, \cdots$ 倍且频率为 u_1 的 $1, 3, 5, \cdots$ 倍的一系列无限多的正弦波都合成起来，用下式表示：

$$u = U_m \sin \omega t + \frac{1}{3}U_m \sin 3\omega t + \frac{1}{5}U_m \sin 5\omega t + \frac{1}{7}U_m \sin 7\omega t + \cdots$$

则 u 的波形就成为方波。

具有其他波形的周期信号，也是由一系列频率成整数倍关系的正弦波分量所合成的。

思考题

1. 说出两个以上的非正弦周期电压或电流的实例。
2. 设两个非正弦量 $u_{BE} = (0.7 + 0.01\sin \omega t)$ V，$u_{CE} = [5 + 2\sin(\omega t - \pi)]$ V，分别作出它们的波形图，并说明其中两个交流分量的大小和相位关系。

4.2 非正弦周期信号的最大值、平均值、有效值和平均功率

在许多场合，除了要知道非正弦周期信号的基波和谐波分量，常常还需要知道它的最大值、平均值、有效值和平均功率。

4.2.1 最大值

最大值是非正弦周期信号在一个周期内的最大瞬时绝对值。在工程实践

中，当考虑绝缘强度时，就要从电压的最大值出发；当考虑导体所能承受的最大应力时，就要从电流的最大值出发。

4.2.2　平均值

非正弦周期信号的平均值是它的直流分量。当考虑整流电路输出直流电流、电压的大小时，就要计算非正弦周期信号的平均值，即

$$I_0 = \frac{1}{T}\int_0^T i\mathrm{d}t \tag{4.10}$$

$$U_0 = \frac{1}{T}\int_0^T u\mathrm{d}t \tag{4.11}$$

4.2.3　有效值

正弦周期信号、非正弦周期信号的有效值均为其均方根值。

如果非正弦周期信号的傅里叶级数已知，则可将它的傅里叶级数表示式代入均方根值计算有效值。例如，非正弦电流为

$$i = I_0 + \sum_{k=1}^{\infty} I_{km}\sin(k\omega t + \psi_k)$$

则其有效值为

$$I = \sqrt{\frac{1}{T}\int_0^T i^2\,\mathrm{d}t} = \sqrt{\frac{1}{T}\int_0^T \left[I_0 + \sum_{k=1}^{\infty} I_{km}(k\omega t + \psi_k)\right]^2 \mathrm{d}t} \tag{4.12}$$

将式(4.12)根号内的积分展开，可得出下列 4 项：

$$\frac{1}{T}\int_0^T I_0^2\,\mathrm{d}t = I_0^2$$

$$\frac{1}{T}\int_0^T 2I_0 \sum_{k=1}^{\infty} I_{km}\sin(k\omega t + \psi_k)\mathrm{d}t = 0$$

$$\frac{1}{T}\int_0^T \sum_{k=1}^{\infty} I_{km}^2 \sin^2(k\omega t + \psi_k)\mathrm{d}t = \frac{1}{2}\sum_{k=1}^{\infty} I_{km}^2$$

$$\frac{1}{T}\int_0^T 2\sum_{k=1}^{\infty}\sum_{q=1}^{\infty} I_{km} I_{qm}\sin(k\omega t + \psi_k)\sin(q\omega t + \psi_q)\mathrm{d}t = 0 \quad (k \neq q)$$

因此，式(4.12)可写成

$$I = \sqrt{I_0^2 + \frac{1}{2}\sum_{k=1}^{\infty} I_{km}^2} = \sqrt{I_0^2 + I_1^2 + I_2^2 + \cdots} \tag{4.13}$$

式中

$$I_1 = \frac{I_{1m}}{\sqrt{2}},\ I_2 = \frac{I_{2m}}{\sqrt{2}},\ \cdots$$

分别为基波、二次谐波 …… 的有效值。因为它们本身都是正弦波，所以有效值等于各相应幅值的$\frac{1}{\sqrt{2}}$。

同理，非正弦周期电压的有效值为

$$U = \sqrt{U_0^2 + U_1^2 + U_2^2 + \cdots} \tag{4.14}$$

4.2.4 平均功率

设某无源二端网络两端的电压 $u(t)$ 及流过的电流 $i(t)$ 均是非正弦波(设电压、电流为关联参考方向),则计算非正弦周期电流电路中的平均功率和在正弦交流电路中一样,也可用下式:

$$P=\frac{1}{T}\int_0^T p\mathrm{d}t=\frac{1}{T}\int_0^T ui\,\mathrm{d}t \tag{4.15}$$

如果电压、电流的傅里叶级数展开式分别为

$$u=U_0+\sum_{k=1}^{\infty}U_{km}\sin(k\omega t+\psi_k)$$

$$i=I_0+\sum_{k=1}^{\infty}I_{km}\sin(k\omega t+\psi_k-\varphi_k)$$

将 u 和 i 代入式(4.15)并展开,可得出下列5项:

(1) $\frac{1}{T}\int_0^T U_0 I_0\mathrm{d}t$

(2) $\frac{1}{T}\int_0^T U_0\sum_{k=1}^{\infty}I_{km}\sin(k\omega t+\psi_k-\varphi_k)\mathrm{d}t$

(3) $\frac{1}{T}\int_0^T I_0\sum_{k=1}^{\infty}U_{km}\sin(k\omega t+\psi_k)\mathrm{d}t$

(4) $\frac{1}{T}\int_0^T \sum_{k=1}^{\infty}\sum_{q=1}^{\infty}U_{km}I_{qm}\sin(k\omega t+\psi_k)\sin(q\omega t+\psi_q-\varphi_q)\mathrm{d}t \qquad (k\neq q)$

(5) $\frac{1}{T}\int_0^T \sum_{k=1}^{\infty}U_{km}I_{km}\sin(k\omega t+\psi_k)\sin(k\omega t+\psi_k-\varphi_k)\mathrm{d}t$

其中,第(1)项 U_0I_0 为常数,其平均值就是 U_0I_0;第(2)项的总和及第(3)项的总和中的任意一项都是正弦量,因此其积分值等于零;第(4)项的总和中的每一项都是不同频率的两个正弦量的乘积,因此其积分也等于零。第(5)项的结果为

$$\frac{1}{2}\sum_{k=1}^{\infty}U_{km}I_{km}\cos\varphi_k=\sum_{k=1}^{\infty}U_kI_k\cos\varphi_k$$

所以,按式(4.15)得平均功率为

$$P=\frac{1}{T}\int_0^T p\mathrm{d}t=U_0I_0+\sum_{k=1}^{\infty}U_kI_k\cos\varphi_k \tag{4.16}$$

式中,φ_k 为 k 次谐波电压、电流的初相位之差,即

$$\varphi_k=\psi_{ku}-\psi_{ki} \tag{4.17}$$

由式(4.16)可知,非正弦周期电路中的平均功率等于直流分量的功率和各次谐波的有功功率之和,即

$$P=U_0I_0+U_1I_1\cos\varphi_1+U_2I_2\cos\varphi_2+U_3I_3\cos\varphi_3+\cdots \tag{4.18}$$

4.3 线性参数的非正弦周期电流电路的计算

当线性电路具有非正弦周期电动势的电压源和非正弦周期电激励的电流

源时，可应用叠加原理分析这种电路。其具体步骤如下。

(1) 将给定的非正弦周期的电压源电压和电流源电流按 4.1 节讲过的方法，分解成傅里叶级数，看作由直流分量和各次正弦谐波分量之和；高次谐波取到哪一项为止，要看所需要的准确度而定。

(2) 分别求出电源的直流分量和各次谐波单独作用时，在电路中所产生的电流分量和电压分量。

(3) 将属于同一支路的分量加起来，得到电路中实际的电压和电流。

在计算过程中，对于直流分量，可用直流电路的方法求解。要注意的是，凡有电容的支路都应视为开路，电流为零；凡有电感的支路都应视为短路。对于各次正弦谐波分量，电路的计算方法和正弦交流电路一样，注意计算电抗时频率必须是相应的谐波的频率。在合成属于同一支路的分量时，应将各次谐波的三角函数式或正弦波形相加，不能用相量图或相量式。因为后两种方法是对同频率的正弦量而言的。更不能将各分量的有效值直接相加来求非正弦周期量的有效值。

例 4.2　在图 4.8(a) 所示的电路中，作用于电路两端的电压为

$$u = [12 + \sqrt{2} \times 10\sin \omega t + \sqrt{2} \times 3\sin(3\omega t + 30°)]\ \text{V}$$

若基波的感抗 $X_{L1} = \omega L = 3\ \Omega$，基波的容抗 $X_{C1} = \dfrac{1}{\omega C} = 6\ \Omega$，电阻 $R = 4\ \Omega$，求各支路的电流和有功功率。

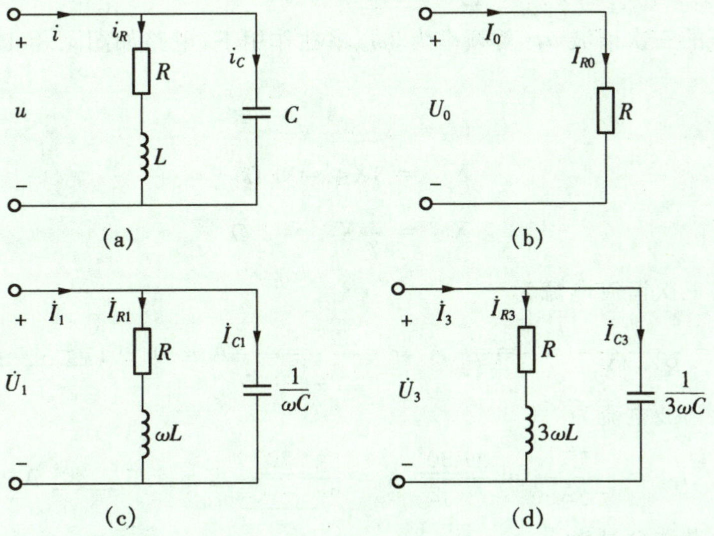

图 4.8　例 4.2 的图

解　电路外加的非正弦周期电压已分解成傅里叶级数，因而可以直接分别计算它们在电路中产生的电流。

在外加电压的直流分量 U_0 单独作用下，电容视为开路，电感视为短路。这时的电路如图 4.8(b) 所示，总电流的直流分量 I_0 和电阻支路的电流 I_{R0} 相等，即

$$I_0 = I_{R0} = \frac{U_0}{R} = \frac{12}{4}\ \text{A} = 3\ \text{A}$$

电容支路的电流为

$$I_{C0} = 0$$

在外加电压的基波分量 u_1(角频率为 ω) 单独作用下,电路如图 4.8(c) 所示,各支路电流用相量法来计算。

由于电压的基波

$$u_1 = \sqrt{2} \times 10\sin \omega t\ \text{V}$$

用相量来表示,则为

$$\dot{U}_1 = 10\angle 0^\circ\ \text{V}$$

于是电阻支路的基波电流为

$$\dot{I}_{R1} = \frac{\dot{U}_1}{R + \text{j}X_{L1}} = \frac{10\angle 0^\circ}{4 + \text{j}3}\ \text{A} = \frac{10\angle 0^\circ}{5\angle 36.9^\circ}\ \text{A} = 2\angle -36.9^\circ\ \text{A}$$

电容支路的基波电流为

$$\dot{I}_{C1} = \frac{\dot{U}_1}{-\text{j}X_{C1}} = \frac{10\angle 0^\circ}{-\text{j}6}\ \text{A} = \frac{10\angle 0^\circ}{6\angle -90^\circ}\ \text{A} = 1.67\angle 90^\circ\ \text{A}$$

因而,总电流的基波分量为

$$\begin{aligned}\dot{I}_1 &= \dot{I}_{R1} + \dot{I}_{C1} = (2\angle -36.9^\circ + 1.67\angle 90^\circ)\ \text{A} = (1.6 - \text{j}1.2 + \text{j}1.67)\ \text{A} \\ &= (1.6 + \text{j}0.47)\ \text{A} = 1.67\angle 16.4^\circ\ \text{A}\end{aligned}$$

在外加电压的三次谐波 u_3(角频率为 3ω) 单独作用下,电路如图 4.8(d) 所示。这时的电压相量为

$$\dot{U}_3 = 3\angle 30^\circ\ \text{V}$$

感抗为

$$X_{L3} = 3X_{L1} = 9\ \Omega$$

容抗为

$$X_{C3} = \frac{1}{3}X_{C1} = 2\ \Omega$$

所以电阻支路的三次谐波电流为

$$\dot{I}_{R3} = \frac{\dot{U}_3}{R + \text{j}X_{L3}} = \frac{3\angle 30^\circ}{4 + \text{j}9}\ \text{A} = \frac{3\angle 30^\circ}{10.3\angle 60.9^\circ}\ \text{A} = 0.291\angle -30.9^\circ\ \text{A}$$

电容支路的三次谐波电流为

$$\dot{I}_{C3} = \frac{\dot{U}_3}{-\text{j}X_{C3}} = \frac{3\angle 30^\circ}{-\text{j}2}\ \text{A} = \frac{3\angle 30^\circ}{2\angle -90^\circ}\ \text{A} = 1.5\angle 120^\circ\ \text{A}$$

而总电流的三次谐波分量为

$$\begin{aligned}\dot{I}_3 &= \dot{I}_{R3} + \dot{I}_{C3} = (0.291\angle -30.9^\circ + 1.5\angle 120^\circ)\ \text{A} \\ &= (0.25 - \text{j}0.149 - 0.75 + \text{j}1.299)\ \text{A} = (0.5 + \text{j}1.15)\ \text{A} \\ &= 1.25\angle 113.5^\circ\ \text{A}\end{aligned}$$

把属于同一支路的电流分量用三角函数式表示,然后叠加即得最终结果。

电阻支路的电流为

$$i_R = [3 + \sqrt{2} \times 2\sin(\omega t - 36.9°) + \sqrt{2} \times 0.291\sin(3\omega t - 30.9°)]\ \mathrm{A}$$

电容支路的电流为

$$i_C = [\sqrt{2} \times 1.67\sin(\omega t + 90°) + \sqrt{2} \times 1.5\sin(3\omega t + 120°)]\ \mathrm{A}$$
$$= [\sqrt{2} \times 1.67\cos \omega t + \sqrt{2} \times 1.5\cos(3\omega t + 30°)]\ \mathrm{A}$$

总电流为

$$i = [3 + \sqrt{2} \times 1.67\sin(\omega t + 16.4°) + \sqrt{2} \times 1.25\sin(3\omega t + 113.5°)]\ \mathrm{A}$$
$$= [3 + \sqrt{2} \times 1.67\sin(\omega t + 16.4°) + \sqrt{2} \times 1.25\cos(3\omega t + 23.5°)]\ \mathrm{A}$$

电路的有功功率就是在电阻 R 上所消耗的功率，即

$$P = U_0 I_0 + I_{R1}^2 R + I_{R3}^2 R = (12 \times 3 + 2^2 \times 4 + 0.291^2 \times 4)\ \mathrm{W} = 52.3\ \mathrm{W}$$

例 4.3　图 4.9 所示的电路，$R = 2\,000\ \Omega$，$C = 100\ \mu\mathrm{F}$，电流源向外电路提供的电流 $i = [3 + \sqrt{2} \times 1.5\sin 6\,280t]\ \mathrm{mA}$。试求两个并联支路的电流。

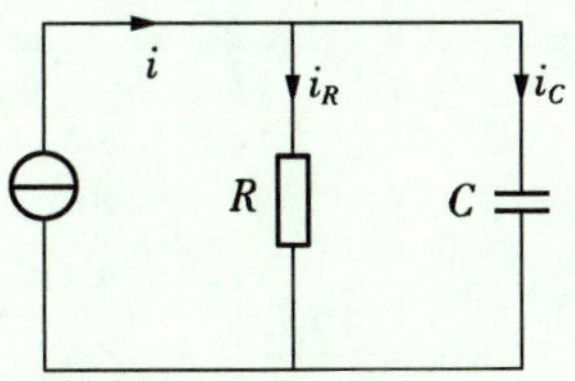

图 4.9　例 4.3 的图

解　电流源提供的直流分量只能通过电阻 R 而不能通过电容 C，所以电阻支路的直流分量为

$$I_{R0} = I_0 = 3\ \mathrm{mA}$$

而电容支路电流的直流分量为

$$I_{C0} = 0$$

通过电阻支路电流的交流分量为

$$\dot{I}_R = \dot{I}\frac{\dfrac{1}{\mathrm{j}\omega C}}{R + \dfrac{1}{\mathrm{j}\omega C}}$$
$$= 1.5 \times \frac{\dfrac{1}{\mathrm{j}6\,280 \times 100 \times 10^{-6}}}{2\,000 + \dfrac{1}{\mathrm{j}6\,280 \times 100 \times 10^{-6}}}\ \mathrm{A}$$
$$\approx 1.5(-\mathrm{j}0.000\,8)\ \mathrm{mA} = -\mathrm{j}0.001\,2\ \mathrm{mA} = 0.001\,2\angle -90°\ \mathrm{mA}$$

通过电容支路电流的交流分量为

$$\dot{I}_C = \dot{I}\frac{R}{R + \dfrac{1}{\mathrm{j}\omega C}} = 1.5 \times \frac{2\,000}{2\,000 + \dfrac{1}{\mathrm{j}6\,280 \times 100 \times 10^{-6}}}\ \mathrm{A}$$
$$\approx 1.5 \times (1 + \mathrm{j}0.000\,8)\ \mathrm{mA}$$
$$= (1.5 + \mathrm{j}0.001\,2)\ \mathrm{mA} \approx 1.5\angle 0°\ \mathrm{mA}$$

因而电阻支路的电流为

$$i_R \approx [3 + \sqrt{2} \times 0.001\,2\sin(6\,280t - 90°)]\ \mathrm{mA}$$
$$= (3 - \sqrt{2} \times 0.001\,2\cos 6\,280t)\ \mathrm{mA}$$

电容支路的电流为

$$i_C \approx \sqrt{2} \times 1.5\sin 6\ 280t$$

计算结果说明，电流源所提供的电流交流分量几乎全部通过电容支路，而通过电阻支路的则很小。在以后学习的电子技术中，我们会看到，晶体管放大器的射极电阻并联电容 C，并且使 $X_C \ll R$，对交流起了旁路作用，而产生的交流压降又小到可以忽略不计。这样，C 就保证了 R 两端的电压基本恒定，不致降低放大器的电压放大倍数。

思考题

"电源是方波，则电路各部分电压和电流也都是方波。"这句话对下列哪一种电路来说是正确的？(1) 线性电路；(2) 线性电阻电路；(3) 线性电容电路；(4) 非线性电路。

习　题

4.1　作 $u=[100+20\sin 314t+50\sin(3\times 314t-90^\circ)]$ V 的振幅频谱图。

4.2　有一锯齿形波电流，如图 4.10 所示，写出其具体展开式。

4.3　试求图 4.11 所示的单相半波整流电压的平均值和有效值。

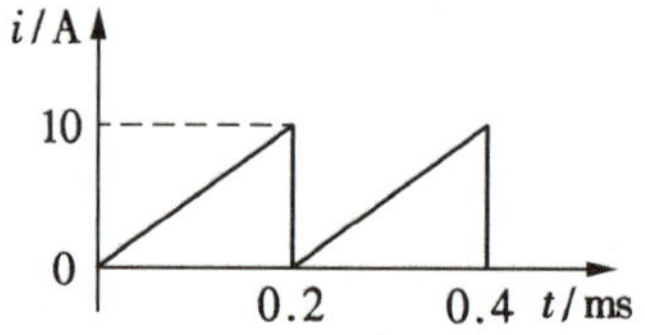

图 4.10　习题 4.2 的图

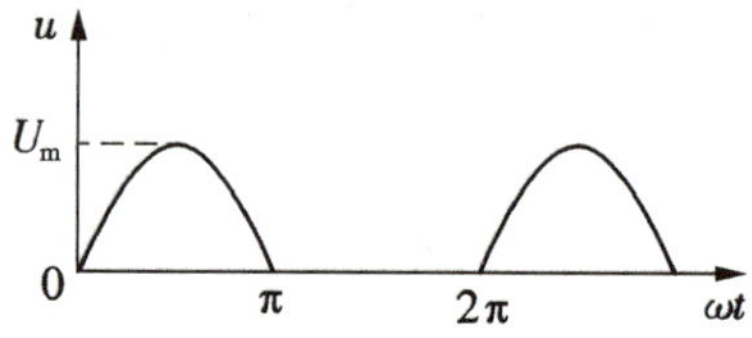

图 4.11　习题 4.3 的图

4.4　求图 4.12 所示波形的有效值和平均值。

4.5　图 4.13 是一可控半波整流电压的波形，在 $\frac{\pi}{3} \sim \pi$ 相位范围内是正弦波，求其平均值和有效值。

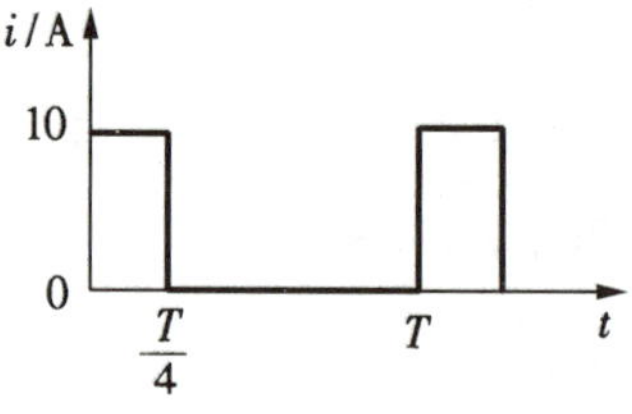

图 4.12　习题 4.4 的图

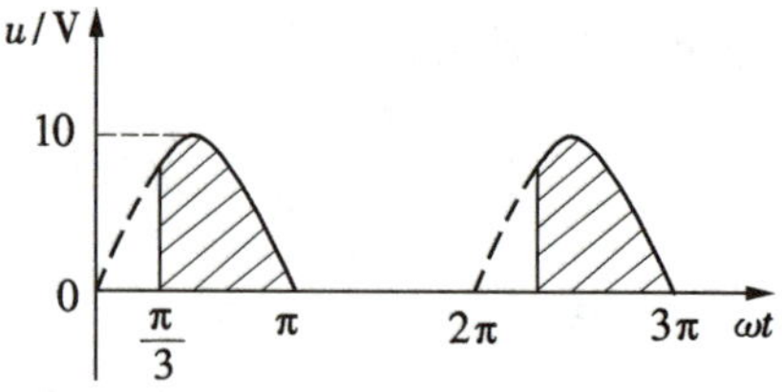

图 4.13　习题 4.5 的图

4.6　在图 4.14 所示电路中，$R=1\ \mathrm{k\Omega}$，$L=5$ H，$C=10\ \mu$F。输入端电压 u_i 为一全波整流电压，$T=0.02$ s，试求负载电阻 R 上的电压 u_R、电流 i_R 和电容电流 i_C。画出它们的波形图及输入电压和电阻电压的振幅频谱图。

4.7　图 4.15 所示电路中既有直流电源，又有交流电源，试用叠加原理分别画出分析直流和交流的电路图(电容对交流可视为短路)，并说明直流电源中是否通过交流电流，交流电源中是否通过直流电流。

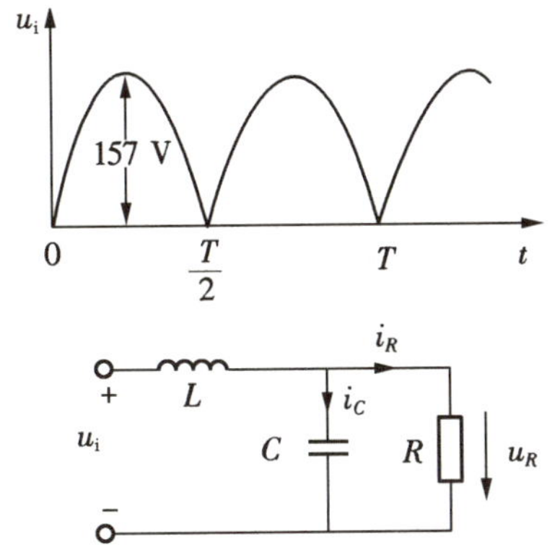

图 4.14　习题 4.6 的图

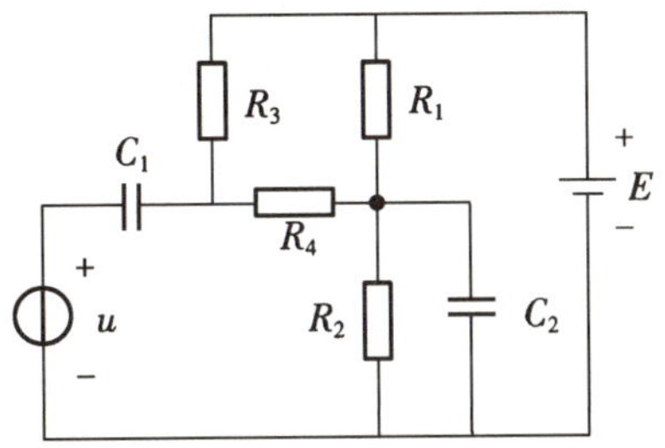

图 4.15　习题 4.7 的图

4.8　在图 4.16 所示电路中，输入信号电压中含有 $f_1 = 50$ Hz、$f_2 = 500$ Hz 和 $f_3 = 5\ 000$ Hz 三种频率的分量，但各分量电压的有效值均为 20 V。试估算从电容两端输出的电压中各种频率的分量。

4.9　在图 4.17 所示电路中，将一个三角波电压 u（见表 4.1）加到电容值为 $\frac{1}{30\pi}$ F 的电容器上，电源频率为 10 Hz，电压幅值为 10 V，试计算电路中基波及谐波电流的有效值（只算前三项），并求总电流的有效值。

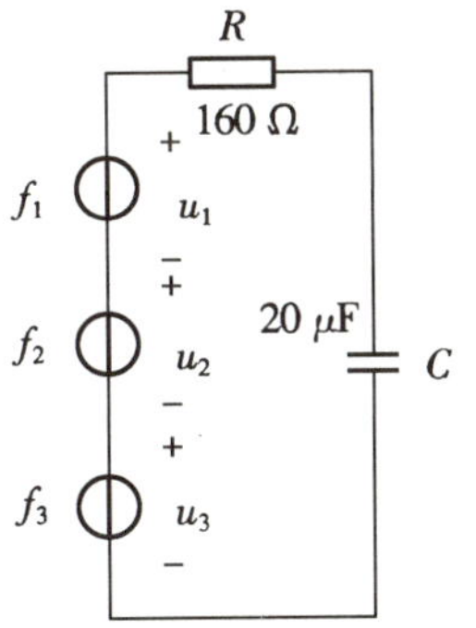

图 4.16　习题 4.8 的图

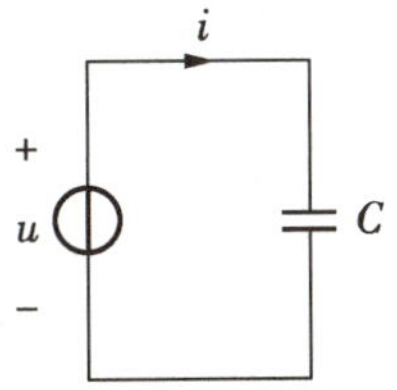

图 4.17　习题 4.9 的图

本章习题参考答案

4.10　在图 4.18 所示电路中，输入信号中含有直流分量 6 V，还有 1 000 Hz 交流分量，设其有效值为 6 V。要求在电阻 R_2 上输出直流电压为 1 V，而交流电压很小，可以忽略不计。问：R_2 该取多大？旁路电容 C 大约该取多大$\left(设\ X_C \leqslant \frac{R_2}{100}\right)$？

4.11　图 4.19(a) 所示为一并联谐振电路，其参数为 $R = 20\ \Omega$，$L = 1$ mH，$C = 1\ 000$ pF。设此电路在图 4.19(b) 所示的脉冲幅度 $I_m = 157\ \mu$A 的方波电流 i_S 的作用下，脉冲周期 $T = 6.28\ \mu$s，脉冲宽度 $t_w = \frac{T}{2}$，试求此并联谐振电路的端电压 u。

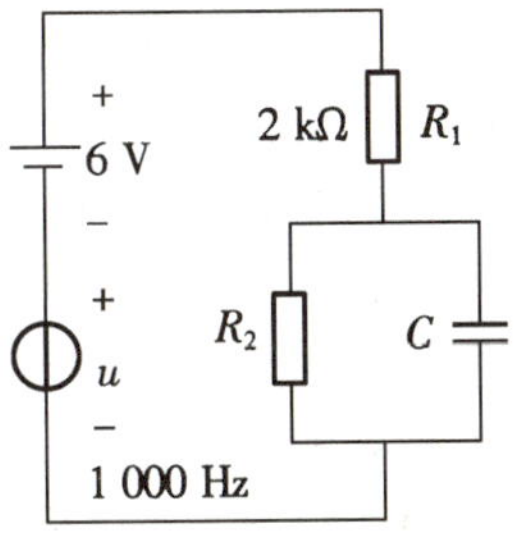

图 4.18　习题 4.10 的图

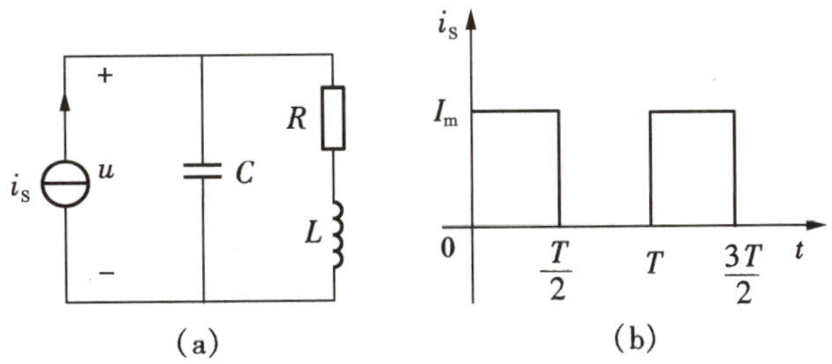

图 4.19　习题 4.11 的图

第 5 章 电路的暂态分析

内容提要

本章首先介绍暂态过程的基本概念和换路定律，接着讨论 RC 电路的暂态响应，着重分析 RC 电路的零输入响应、零状态响应和全响应，并在此基础上导出求解一阶电路的三要素法公式。此外，对 RC 电路构成的微分电路和积分电路作简要介绍。最后讨论 RL 电路的暂态响应。

5.1 暂态过程的基本概念和换路定律

电路中的稳态是指在直流电源或某种周期规律变化的电源（如正弦交流电源）作用下，电路中各部分的电流和电压也都是恒定的或按周期规律（如正弦规律）变化的。而暂态是指电路从一种稳态到另一种稳态的过程中的状态。

5.1.1 暂态过程

在生活中我们都知道，当汽车起动后，车速便由零开始逐渐增加，经过一段时间后，车速才保持不变。这说明条件改变后（发动机发动），汽车从一种稳定状态（静止状态）转变到另一种稳定状态（匀速状态）是不能跃变的，而是需要一定的过程（时间），这个物理过程称为暂态过程。

同样地，电路中也存在暂态过程。例如，电阻、电容元件串联的直流电路，其中的电流为零，电容元件上的电压等于电源电压。实际上，在开关接通直流电源后的过程是电容元件被充电的过程，电容元件的电压由零逐渐上升，最后维持在电源电压不变，而充电电流由零突然增加到某一数值，然后才逐渐下降到零。可见开关动作后，电容元件上电压与电流在到达稳定值前曾有一个暂态过程。暂态过程所经历的时间一般很短暂，有的只有几秒甚至几微秒。

既然暂态过程经历的时间如此短暂，那为什么还要去研究它呢？因为在暂态过程中，电压和电流可能会超过稳态时电压和电流的很多倍，过大的电压和电流会导致电气设备的损坏。此外，在现代电子技术中，常常利用它来改善波形，或产生特定的信号波形等。所以研究暂态过程进行暂态分析的目的，就是要掌握客观存在的物理现象，在生产中既要利用它为生产服务，又要防止其可能造成的危害。

分析暂态过程常采用数学分析法和实验分析法。数学分析法很多，本章只介绍经典法来分析电路中的暂态过程，此外欧姆定律和基尔霍夫定律也是分析与计算电路中暂态过程的基本定律。

5.1.2　换路定律

暂态过程的产生究其根本原因是物质具有的能量不能跃变。自然界中的任何物质，在稳态下都具有一定形式的能量，当条件改变时，能量也将随之改变，但是能量的积累与衰减是需要一定时间的。在前面所举例子中，汽车的车速不能跃变是因为它的动能不能跃变，而动能与速度的平方成正比，即 $W=\frac{1}{2}mv^2$（v 代表速度），所以车速也不能跃变。由于电路的换路（接通、切断、短路、电压改变或参数改变），电路中的能量会发生变化，但这种变化是不能跃变的。在电感元件中，储存有磁场能，而磁场能的大小与电流的平方成正比，即 $W_L=\frac{1}{2}Li_L^2$。换路时，磁场能不能跃变，所以电感元件的电流不能跃变。在电容元件中，储存有电场能，而电场能的大小与电压的平方成正比，即 $W_C=\frac{1}{2}Cu_C^2$。换路时，电场能不能跃变，所以电容元件的电压也不能跃变。由此可得出储能元件的换路定律。

（1）在任意支路中，电容元件上的电压不能跃变。假设 $t=0$ 时为换路瞬间，用 $t=0_-$ 表示换路前的终了瞬间，$t=0_+$ 表示换路后的初始瞬间。由于电容元件上的电压不能跃变，则换路前的终了瞬间电容元件上的电压 $u_C(0_-)$ 应等于换路后的初始瞬间电容元件上的电压 $u_C(0_+)$。用数学式表示为

$$u_C(0_-)=u_C(0_+) \tag{5.1}$$

（2）在任意支路中，电感元件中的电流不能跃变。换路前的终了瞬间，电感元件上的电流 $i_L(0_-)$ 应等于换路后的初始瞬间电感元件上的电流 $i_L(0_+)$。用数学式表示为

$$i_L(0_-)=i_L(0_+) \tag{5.2}$$

综上所述，在换路的瞬间（$t=0_+$ 时），电容元件可等效为电压等于 $u_C(0_+)$ 的电压源，电感元件可等效为电流等于 $i_L(0_+)$ 的电流源。

例 5.1　在图 5.1 所示的电路中，设开关闭合前电路已处于稳定状态，试求当开关 S 闭合后的初始瞬间电压 u_C、u_L、u_{R_1}、u_{R_2}、u_{R_3} 及初始瞬间电流 i_1、i_L、i_C。

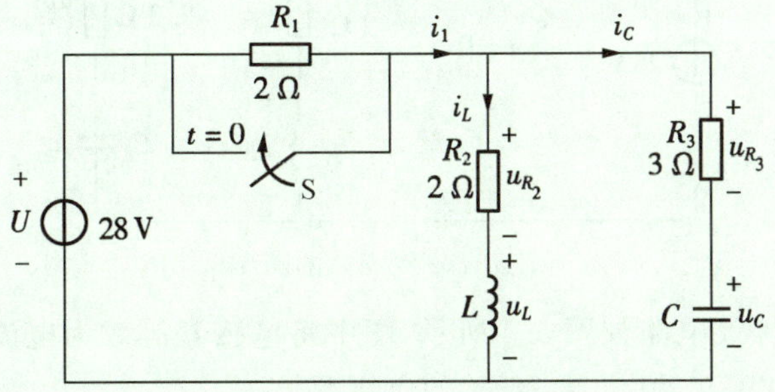

图 5.1　例 5.1 的图 1

解 因为开关S闭合前电路已处于稳定状态,所以电感对于直流而言应视为短路,电容对于直流而言应视为开路,电感等效为电流等于 $i_L(0_+)=7\ \text{A}$ 的电流源;电容等效为电压等于 $u_C(0_+)=14\ \text{V}$ 的电压源。由此作出 $t=0_+$ 时的等效电路,如图5.2所示。

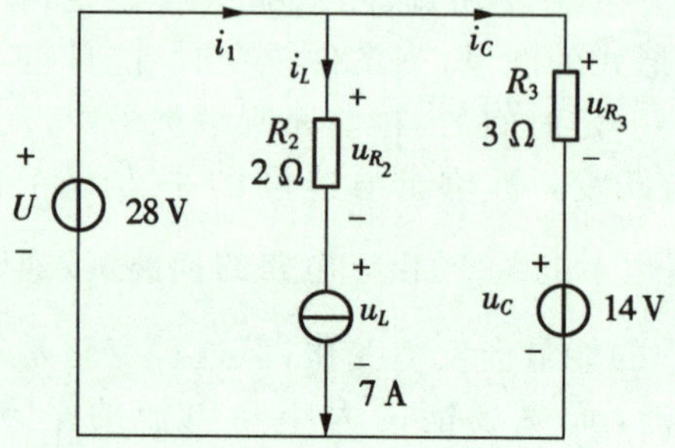

图5.2 例5.1的图2

经过计算得到结果,如表5.1所示。

表5.1 例5.1的计算结果列表

时刻	u_{R_1}	u_{R_2}	u_{R_3}	u_L	u_C	i_1	i_L	i_C
$t=0_-$	14 V	14 V	0 V	0 V	14 V	7 A	7 A	0 A
$t=0_+$	0 V	14 V	14 V	14 V	14 V	$\frac{35}{3}$ A	7 A	$\frac{14}{3}$ A

由例5.1可知,虽然电感中的电流 i_L 不能跃变,但电感上的电压 u_L 是可以跃变的。虽然电容上的电压 u_C 不能跃变,但电容上的电流 i_C 是可以跃变的。因为电阻不是储能元件,所以电阻电路中,电压与电流均可以跃变。但是,在 RC 和 RL 电路中电阻上的电压与电流是否跃变,则取决于储能元件 C 与 L。

例5.2 在例5.1中,若开关S在换路前已闭合,电路也已达到稳定状态,在 $t=0$ 时将开关S断开,如图5.3所示。试求在 $t=0_+$ 时各元件上的电压与电流的初始值。

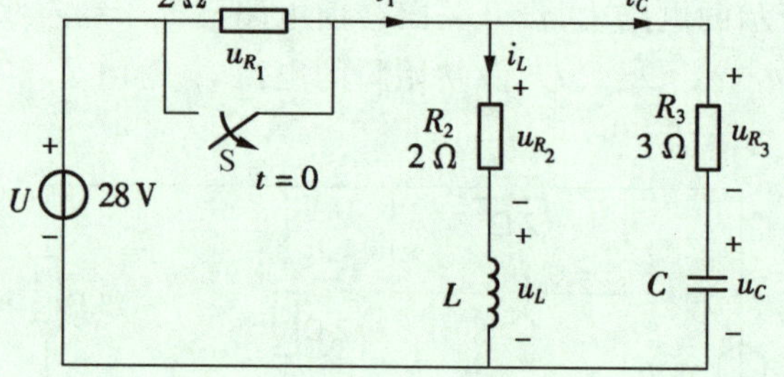

图5.3 例5.2的图1

解 $t=0_+$ 时的等效电路如图5.4所示,图中将电感 L 等效为电流 $i_L(0_+)=14\ \text{A}$ 的电流源,电容 C 等效为电压 $u_C(0_+)=28\ \text{V}$ 的电压源。

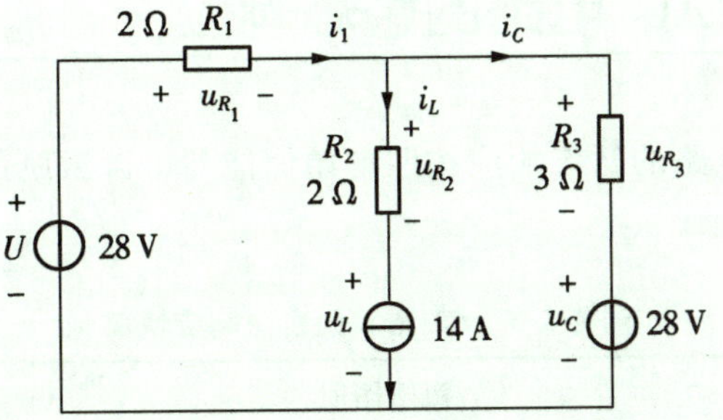

图 5.4　例 5.2 的图 2

经过计算得到结果，如表 5.2 所示。

表 5.2　例 5.2 的表

时刻	u_{R_1}	u_{R_2}	u_{R_3}	u_L	u_C	i_1	i_L	i_C
$t=0_-$	0 V	28 V	0 V	0 V	28 V	14 A	14 A	0 A
$t=0_+$	16.8 V	28 V	−16.8 V	−16.8 V	28 V	8.4 A	14 A	−5.6 A

在计算的过程中需要用到基尔霍夫电流定律与基尔霍夫电压定律，在此不作详细介绍。

例 5.3　在图 5.5 所示电路中，开关 S 断开前电路已处于稳态，在 $t=0$ 时将开关 S 断开，试求断开后电压表两端电压的初始值。已知 $L=1\ \text{mH}$，$R=10\ \Omega$，电压表内阻 $R_V=2\ \text{k}\Omega$，电源电压 $U=6\ \text{V}$。

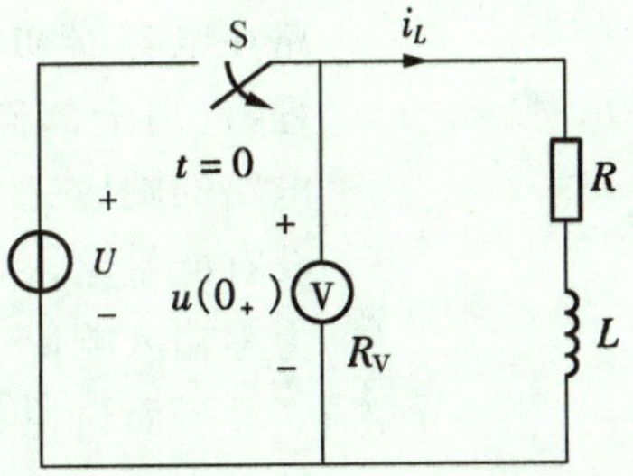

图 5.5　例 5.3 的图

解　开关断开前

$$i_L(0_-)=\frac{U}{R}=\frac{6}{10}\ \text{A}=0.6\ \text{A}$$

$t=0$ 时开关断开，根据换路定律有

$$i_L(0_+)=i_L(0_-)=0.6\ \text{A}$$

所以
$$u(0_+)=-i_L(0_+)R_V=-0.6\times2\times10^3\ \text{V}=-1\ 200\ \text{V}$$

由此可见，换路的瞬间电压表两端出现了 1 200 V 的高电压，尽管时间很短暂（仅几微秒），也可能使电压表击穿，所以在电感电路中应采取相应的措施，避免高电压的出现，以免损坏电气设备。

思考题

1. 研究暂态过程的实际意义是什么？
2. 电容上的电压和电感上的电流不能跃变的根本原因是什么？

5.2 RC 电路的暂态响应

RC 电路的暂态响应按照初始储能与电源激励的情况来分，可分为 3 种，如表 5.3 所示。

表 5.3　RC 电路的暂态响应情况

响应类型	初始储能	电源激励
零输入响应	有	无
零状态响应	无	有
全响应	有	有

5.2.1 RC 电路的零输入响应

图 5.6 所示电路为 RC 串联电路，在换路前开关 S 接通 1，电源 U 对电容 C 充电，当充到 $u_C = U$ 时电路处于稳定状态，此时电容器已具有初始储能，即 $u_C(0_-) = U$；在 $t = 0$ 时将开关 S 扳到 2，则电路在电容器初始储能的激励下将产生暂态过程，直到全部储能在 R 上消耗掉为止。由于该电路的响应完全是靠电容的储能进行的，外界没有能量输入，这时该电路发生的暂态过程称为零输入响应。

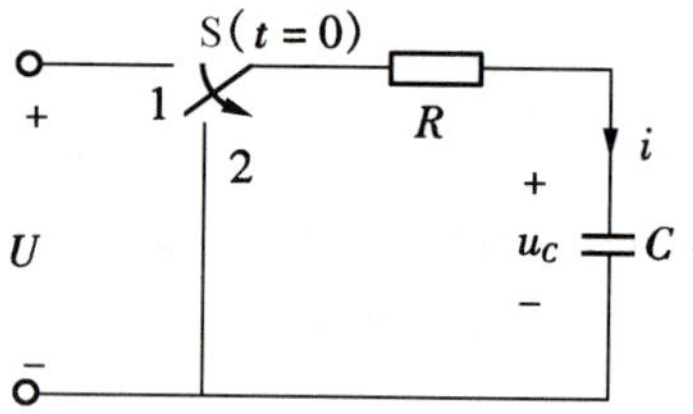

图 5.6　RC 串联电路

下面讨论 RC 电路的零输入响应，即放电过程中电压和电流随时间变化的规律。

根据基尔霍夫电压定律列出 $t \geqslant 0$ 时的回路电压方程为

$$u_C + iR = 0$$

因为 $i = C\dfrac{\mathrm{d}u_C}{\mathrm{d}t}$，代入回路电压方程得

$$RC\frac{\mathrm{d}u_C}{\mathrm{d}t} + u_C = 0 \tag{5.3}$$

这是一个一阶常系数线性齐次微分方程，其通解为

$$u_C = A\mathrm{e}^{pt} \tag{5.4}$$

其中，p 是式(5.3)的特征方程 $RCp + 1 = 0$ 的根，所以 $p = -1/RC$；A 是积分常数，由初始条件决定。因为换路前电路已处于稳态，$u_C(0_-) = U$，根据换路定律可知 $u_C(0_+) = u_C(0_-) = U$，代入式(5.4)得

$$A = U$$

所以

$$u_C = U\mathrm{e}^{-\frac{t}{RC}} = U\mathrm{e}^{-\frac{t}{\tau}} \tag{5.5}$$

$$i = C\frac{\mathrm{d}u_C}{\mathrm{d}t} = -\frac{U}{R}\mathrm{e}^{-\frac{t}{\tau}} \tag{5.6}$$

$$u_R = iR = -Ue^{-\frac{t}{\tau}} \tag{5.7}$$

从以上各式可见，电压 u_C、u_R 及电流 i 都按同样的指数规律由其初始值逐渐衰减到零，这是一阶电路零输入响应的特点。但应注意的是，$t=0$ 时，电容电压是连续的，没有跃变，即 $u_C(0_+)=u_C(0_-)=U$；而放电电流 i 及电阻 R 上的电压 u_R 均有跃变，u_C、u_R 及 i 随时间 t 变化的曲线(零输入响应)如图 5.7 所示。

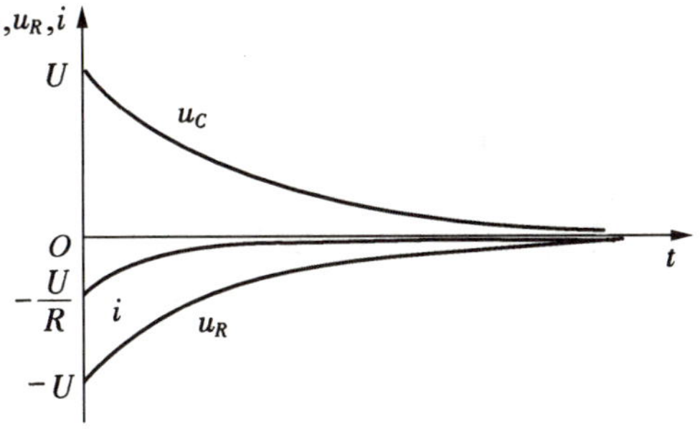

图 5.7　u_C、u_R 及 i 的零输入响应

式(5.5)中

$$\tau = RC \tag{5.8}$$

称为时间常数，它具有时间的量纲，当 R 的单位为 Ω，C 的单位为 F 时，τ 的单位为 s。u_C、u_R 及 i 衰减的速度取决于电路的时间常数。当 $t=\tau$ 时，由式(5.5)得出电容电压为

$$u_C = Ue^{-1} = 0.368U$$

这就是说，时间常数 τ 是电容电压衰减到初始值的 36.8% 所需的时间。不同时刻电容电压与初始值的比值如表 5.4 所示。

表 5.4　不同时刻电容电压与初始值的比值

t	0	τ	2τ	3τ	4τ	5τ	6τ
$u_C/U=e^{-\frac{t}{\tau}}$	1	0.368	0.135	0.05	0.018	0.007	0.002

从理论上讲，电压 u_C 要经过无限长的时间，即 $t=\infty$ 时才能衰减到零，电路达到稳定状态。但实际上只要经过 $3\tau \sim 5\tau$ 的时间，就可以认为暂态过程已经结束，电路进入稳定状态了。

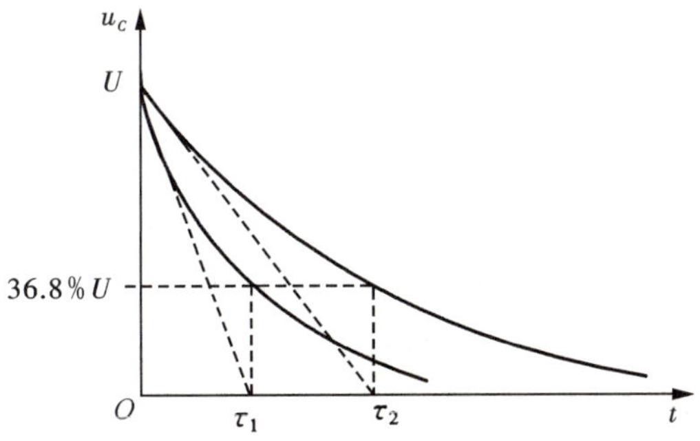

图 5.8　不同 τ 的放电曲线

时间常数可用改变电路参数的方法调节，图 5.8 中画出了两种不同 τ 值下的电压 u_C 随时间变化的曲线(放电曲线)。由图可见，RC 越大，即 τ 值越大，暂态过程越长。这是由于 U 一定时，C 越大，其储存的电量越多，放电需要经历的时间越长；而 R 越大，则放电电流就越小，所需时间也就越

长。反之，τ 值越小，即 RC 乘积越小，暂态过程就越短。

例 5.4 在图 5.9(a) 所示电路中，开关 S 与 1 接通，电路已达到稳定状态，在 $t=0$ 时将开关 S 扳到 2，求 $t \geqslant 0$ 时的 u_C。

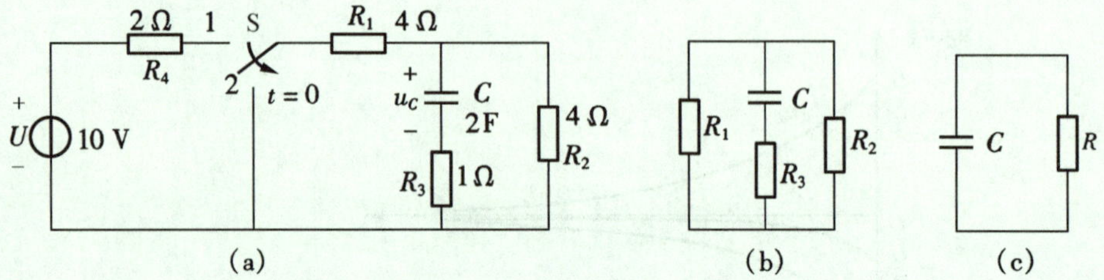

图 5.9 例 5.4 的图

解 由于开关 S 与 1 接通时，电路已处于稳定状态，由图 5.9(a) 可知

$$u_C(0_-) = U \times \frac{R_2}{R_1+R_2+R_4} = 10 \times \frac{4}{2+4+4}\ \text{V} = 4\ \text{V}$$

$$u_C(0_+) = u_C(0_-) = 4\ \text{V}$$

当 $t=0$ 时，开关 S 与 2 接通，电路如图 5.9(b) 所示，并进一步化简为如图 5.9(c) 所示的电路，其中等效电阻为

$$R = R_1 /\!/ R_2 + R_3 = \frac{R_1R_2}{R_1+R_2} + R_3 = \left(\frac{4\times4}{4+4}+1\right)\ \Omega = 3\ \Omega$$

该电路的时间常数为

$$\tau = RC = 3\times2\ \text{s} = 6\ \text{s}$$

由式(5.5)可得

$$u_C = 4\text{e}^{-\frac{t}{6}}\ \text{V} = 4\text{e}^{-0.17t}\ \text{V}$$

需注意的是，用式(5.5)解题时，公式中的 U 表示的是 $u_C(0_+)$。

5.2.2 RC 电路的零状态响应

储能元件的初始储能为零时，由电源激励所产生的响应称为零状态响应。下面分析 RC 电路的零状态响应。

图 5.10 所示的 RC 充电电路，开关 S 闭合前，电容未充电，当 $t=0$ 时开关闭合，电源 U 经电阻 R 向电容 C 充电。在这种情况下，换路时储能元件没有储存能量，故称为电路的零状态，其响应的分析仍依据基尔霍夫电压定律。在 $t \geqslant 0$ 时，电路的回路电压方程为

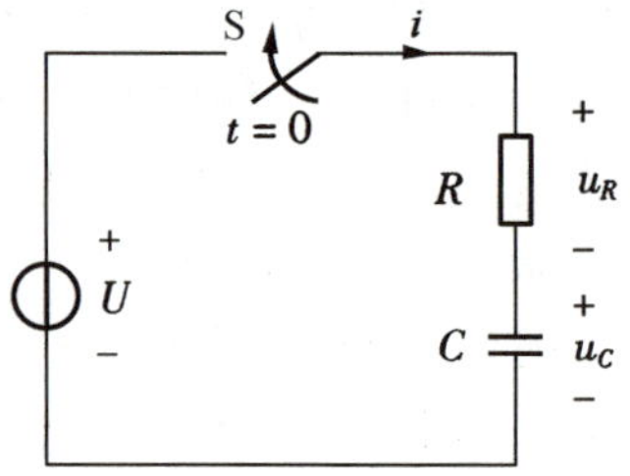

图 5.10 RC 充电电路

$$iR + u_C = U$$

将 $i = C\dfrac{\text{d}u_C}{\text{d}t}$ 代入上式得

$$RC\frac{\mathrm{d}u_C}{\mathrm{d}t}+u_C=U \tag{5.9}$$

这是一个一阶常系数线性非齐次微分方程。这个方程的通解是特解 u'_C 和补函数 u''_C 之和，即

$$u_C=u'_C+u''_C$$

特解 u'_C 与输入的激励函数形式有关。因输入为一恒定电压 U，所以 u'_C 就是电路达到稳定状态时电容的稳定分量，即

$$u'_C=u_C(\infty)=U$$

补函数 u''_C 是齐次微分方程

$$RC\frac{\mathrm{d}u''_C}{\mathrm{d}t}+u''_C=0$$

的通解，即电路的暂态分量，该式与式(5.9) 形式上完全一样，即

$$u''_C=A\mathrm{e}^{-\frac{t}{RC}}=A\mathrm{e}^{-\frac{t}{\tau}}$$

因此，式(5.9) 的通解为

$$u_C=u'_C+u''_C=U+A\mathrm{e}^{-\frac{t}{\tau}} \tag{5.10}$$

最后定出积分常数 A，根据换路定律，$t=0$ 时 $u_C=0$，则 $A=-U$。所以，电路的零状态响应为

$$u_C=U-U\mathrm{e}^{-\frac{t}{\tau}}=U(1-\mathrm{e}^{-\frac{t}{\tau}}) \tag{5.11}$$

$$i=C\frac{\mathrm{d}u_C}{\mathrm{d}t}=\frac{U}{R}\mathrm{e}^{-\frac{t}{\tau}} \tag{5.12}$$

$$u_R=U\mathrm{e}^{-\frac{t}{\tau}} \tag{5.13}$$

分析式(5.11) 可知，暂态过程中电容两端的电压可视为由两个分量叠加而成：其一是稳态分量 U，即电路达到稳定状态时电容两端的电压，它取决于电源电压的大小；另一个仅存于暂态过程中，称为暂态分量，它的大小与电源电压有关，但变化规律与电源电压无关，总是按照指数规律变化，暂态过程结束，暂态分量也就为零。

在图 5.11 中，绘出了 u_C、u_R 及 i 随时间 t 变化的曲线(零状态响应)。其中，u_C 由初始值为零开始按指数规律增长，逐渐趋于稳态值 U，这时电容电压不再变化；电容相当于开路，充电过程结束。电容充电的速度取决于电路的时间常数 τ，$\tau=RC$，当 $t=\tau$ 时，电容电压值 $u_C(\tau)=0.638U$，经历 $3\tau\sim5\tau$ 的时间，可以认为充电完毕，电压达到稳定值 U。i 和 u_R 也按相同的时间常数，从初始值开始按指数规律逐渐衰减到零。

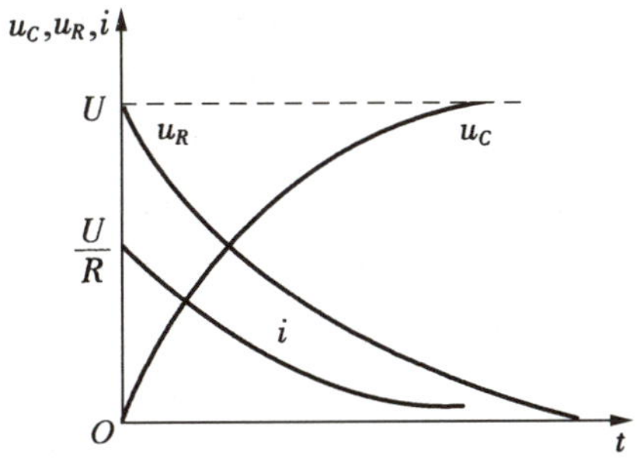

图 5.11　u_C、u_R 及 i 的零状态响应

例 5.5　电路如图 5.12(a) 所示，开关闭合前，$u_C(0_-)=0$，$t=0$ 时开关闭合，试求 $t\geqslant0$ 时的 u_C、i_C、i_2 及 i，已知 $R_1=R_2=6\ \mathrm{k\Omega}$，$R_3=2\ \mathrm{k\Omega}$，$C=1\ \mu\mathrm{F}$，$I_S=2\ \mathrm{mA}$。

解 将图5.12(a)所示电路中与电容相连的ab左侧的有源二端网络用戴维南定理化简，得到图5.12(b)所示电路。其中

$$U = I_S \times \frac{R_1 R_2}{R_1 + R_2} = 2 \times \frac{6 \times 6}{6+6}\ \text{V} = 6\ \text{V}$$

$$R_0 = R_1 // R_2 + R_3 = (6 // 6 + 2)\ \text{k}\Omega = 5\ \text{k}\Omega$$

电路的时间常数 $\tau = R_0 C = 5 \times 10^3 \times 1 \times 10^{-6}\ \text{s} = 5 \times 10^{-3}\ \text{s}$

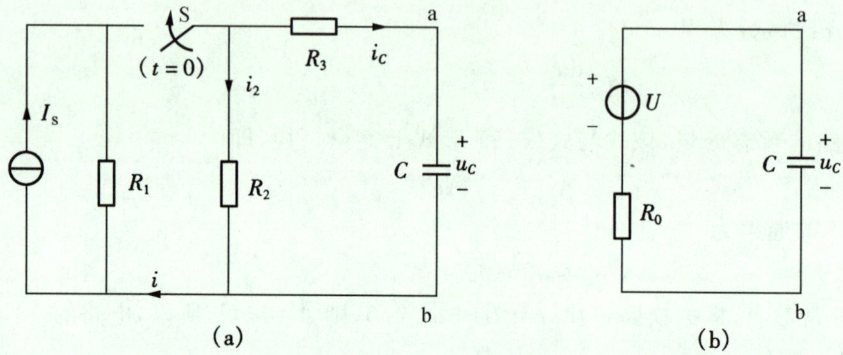

图5.12 例5.5的图

根据式(5.11)可以得出

$$u_C = 6(1 - e^{-\frac{t}{5\times10^{-3}}})\ \text{V} = 6(1 - e^{-200t})\ \text{V}$$

$$i_C = C\frac{du_C}{dt} = 1 \times 10^{-6} \times (-6e^{-200t}) \times (-200)\ \text{A} = 1.2e^{-200t}\ \text{mA}$$

$$i_2 = \frac{u_{R_2}}{R_2} = \frac{u_{R_3} + u_C}{R_2}$$

而 $$u_{R_3} = i_C R_3 = 1.2e^{-200t} \times 2\ \text{V} = 2.4e^{-200t}\ \text{V}$$

故 $$u_{R_2} = (6 - 3.6e^{-200t})\ \text{V}$$

$$i_2 = (1 - 0.6e^{-200t})\ \text{mA}$$

$$i = i_2 + i_C = (1 + 0.6e^{-200t})\ \text{mA}$$

综上所述，可将计算线性电路零状态响应的步骤归纳如下。

(1) 用戴维南定理将换路后的电路替代为一个简单的电路，即将储能元件划出，求出该有源二端网络的等效电动势和内阻。

(2) 计算电路的时间常数。

(3) 将所得到的数据代入对应的零状态响应公式即可。

5.2.3 *RC* 电路的全响应

电源激励与储能元件的初始储能均不为零时电路的响应，称为全响应。下面分析 *RC* 电路的全响应。

电路如图5.13所示，开关S闭合前，电容已被充电，其电压 $u_C = U_0$，即 $u_C(0_-) = U_0$，当 $t = 0$ 时开关闭合，已储有电场能的电容 C 与电源 U 接通，此时

电路处于非零状态下，其响应的分析仍然是求解非齐次微分方程的问题，解方程的步骤与求解零状态响应相同，只不过在确定积分常数时，初始条件为非零。

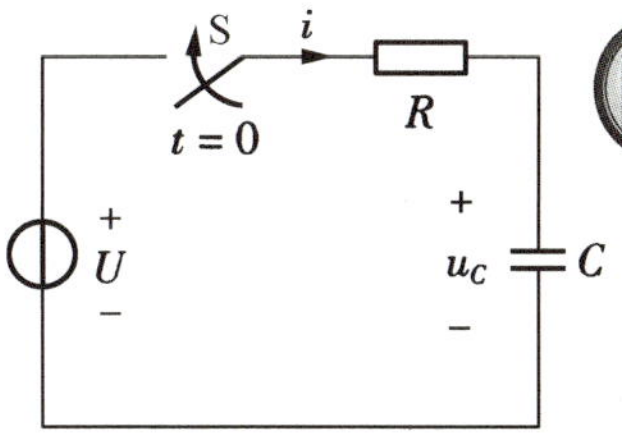

图 5.13　RC 电路

在 $t \geqslant 0$ 时，该电路的微分方程为

$$RC\frac{\mathrm{d}u_C}{\mathrm{d}t} + u_C = U$$

该方程的通解为

$$u_C = U + A\mathrm{e}^{-\frac{t}{\tau}}$$

将 $u_C(0_+) = u_C(0_-) = U_0$ 代入上式，可得

$$A = U_0 - U$$

因此，全响应为

$$u_C = U + (U_0 - U)\mathrm{e}^{-\frac{t}{\tau}} \tag{5.14}$$

它由稳态分量 U 和暂态分量 $(U_0 - U)\mathrm{e}^{-\frac{t}{\tau}}$ 叠加而成。

图 5.14 画出了 $U > U_0$ 和 $U < U_0$ 两种情况下的 u_C 和 i 随时间 t 变化的曲线（全响应）。

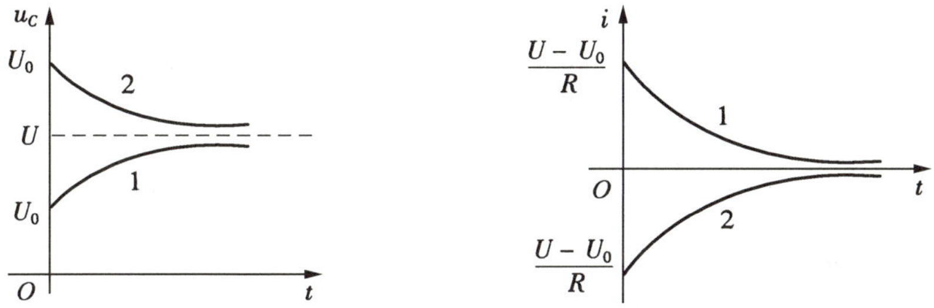

曲线 1— $U > U_0$ 的情况；曲线 2—$U < U_0$ 的情况。

图 5.14　两种情况下 u_C 和 i 的全响应

从图 5.14 可以看出，曲线 1 表示 $U_0 < U$ 的情况，此时电容处于充电状态，其电压由初始值 U_0 增长到稳态值 U，充电电流由初始值$\frac{U - U_0}{R}$ 逐渐衰减到稳态值 0。曲线 2 表示 $U < U_0$ 的情况，此时电容器处于放电状态，其电压由初始值 U_0 逐渐衰减到稳态值 U，电流由初始值$\frac{U - U_0}{R}$ 逐渐衰减至稳态值 0。

式(5.14) 也可以写成下面的形式：

$$u_C = U_0\mathrm{e}^{-\frac{t}{\tau}} + U(1 - \mathrm{e}^{-\frac{t}{\tau}}) \tag{5.15}$$

$u'_C = U_0\mathrm{e}^{-\frac{t}{\tau}}$ 为 RC 电路的零输入响应；$u''_C = U(1 - \mathrm{e}^{-\frac{t}{\tau}})$ 为 RC 电路接通直流电源 U 的零状态响应。

所以，全响应又可以表示为

$$全响应 = 零输入响应 + 零状态响应$$

应该注意，该结论仅适用于线性电路，因为对非线性电路，在不同电压电流下，电路参数不同，上式结论一般不成立。

例 5.6 电路如图 5.15(a) 所示，开关 S 闭合前电路已达到稳定状态，$t=0$ 时，开关 S 闭合，试求 $t\geqslant 0$ 时的电容电压 u_C。已知 $R_1=6\ \Omega$，$R_2=4\ \Omega$，$R_3=4\ \Omega$，$C=100\ \mu\text{F}$，$U_1=5\ \text{V}$，$U_2=10\ \text{V}$。

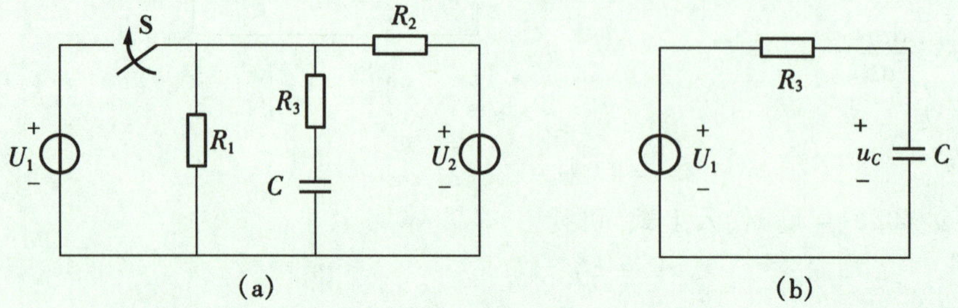

图 5.15 例 5.6 的图

解 将 C 从电路中断开，求出 $t\geqslant 0$ 时戴维南等效电路如图 5.15(b) 所示。因为本例是要求 u_C 的全响应，根据全响应的两种分解形式，有两种方法。

方法一 全响应 = 零输入响应 + 零状态响应

电容电压 u_C 的零输入响应为

$$u'_C=u_C(0_+)\mathrm{e}^{-\frac{t}{\tau}}=\frac{R_1}{R_1+R_2}U_2\mathrm{e}^{-\frac{t}{\tau}}=6\mathrm{e}^{-\frac{t}{\tau}}\ \text{V}$$

由

$$\tau=R_3C=4\times100\times10^{-6}\ \text{s}=4\times10^{-4}\ \text{s}$$

得

$$u'_C=6\mathrm{e}^{-2\,500t}\ \text{V}$$

电容电压 u_C 的零状态响应为

$$u''_C=u_C(\infty)(1-\mathrm{e}^{-\frac{t}{\tau}})=U_1(1-\mathrm{e}^{-\frac{t}{\tau}})=5(1-\mathrm{e}^{-2\,500t})\ \text{V}$$

因此，电容电压 u_C 的全响应为

$$u_C=u'_C+u''_C=(5+\mathrm{e}^{-2\,500t})\ \text{V}$$

方法二 全响应 = 稳态分量 + 暂态分量

由图 5.15(b) 可知，电容电压 u_C 的稳态分量为

$$u'_C=u_C(\infty)=U_1=5\ \text{V}$$

电容电压 u_C 的暂态分量为

$$u''_C=A\mathrm{e}^{-\frac{t}{\tau}}=A\mathrm{e}^{-2\,500t}\ \text{V}$$

即

$$u_C=u'_C+u''_C=(5+A\mathrm{e}^{-2\,500t})\ \text{V}$$

将初始条件 $u_C(0_+)=u_C(0_-)=6\ \text{V}$ 代入上式，得

$$u_C(0_+)=u'_C+u''_C=(5+A\mathrm{e}^{0})\ \text{V}=6\ \text{V}$$

$$A=1$$

因此，电容电压 u_C 的全响应为

$$u_C=(5+\mathrm{e}^{-2\,500t})\ \text{V}$$

5.3 求解一阶电路的三要素法

从 5.2 节讨论的一阶电路的全响应分析，可以引出另一种更为简便的计算方法 —— 三要素法。

所谓一阶电路是指含有一种储能元件的线性电路。对于一阶电路而言，$f(t)$ 可以代表其中任何元件上的电流或电压，它的全响应均可由稳态分量和暂态分量两部分叠加而成，即

$$f(t) = f(\infty) + [f(0_+) - f(\infty)]e^{-\frac{t}{\tau}} \tag{5.16}$$

三要素公式的应用

从式(5.16)可见，只要求得 $f(0_+)$、$f(\infty)$ 和 τ 这 3 个要素，就可以直接求出暂态过程中的电压或电流，式(5.16)称为三要素公式。

在用三要素法求解一阶电路的响应时，一般采用下面步骤。

第一步，从换路后($t \geqslant 0$)的电路中求出 $f(t)$ 的稳态值 $f(\infty)$。

第二步，求 $f(0_+)$。① 若 $f(t)$ 是不能跃变的物理量，则从换路前的电路中求出 $f(t)$ 的稳态值即 $f(0_-)$，然后根据换路定律求出 $f(0_+)$，即 $f(0_-) = f(0_+)$。② 若 $f(t)$ 是可以跃变的物理量，则 $f(0_+)$ 由 $t \geqslant 0$(换路后)的等效电路中求出。

第三步，求时间常数 τ。$\tau = RC$，其中 R 为换路后电路中断开储能元件处的等效入端电阻。

最后将求出的三要素代入式(5.16)即可。

例 5.7　如图 5.16 所示的电路中，已知开关 S 闭合前电路已处于稳态，$R_1 = R_2 = 10\ \text{k}\Omega$，$R_3 = 5\ \text{k}\Omega$，$C = 2\ \mu\text{F}$，$U = 20\ \text{V}$，$t = 0$ 时开关 S 闭合，试用三要素法求 $t \geqslant 0$ 时的 u_C、i_2、i_C 及 i_1。

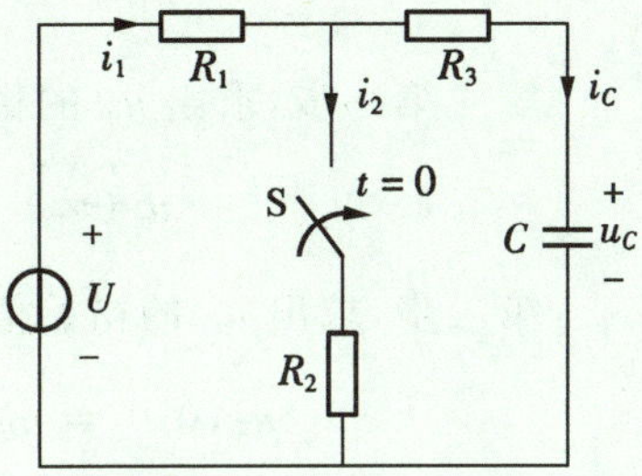

图 5.16　例 5.7 的图

解　第一步，求出换路后的电容电压的稳态值 $u_C(\infty)$。

$$u_C(\infty) = U \times \frac{R_2}{R_1 + R_2} = 20 \times \frac{10}{10+10}\ \text{V} = 10\ \text{V}$$

第二步，求 $u_C(0_+)$。根据换路定律

$$u_C(0_+) = u_C(0_-)$$

而 $u_C(0_-) = U = 20\ \text{V}$，所以 $u_C(0_+) = 20\ \text{V}$。

第三步，求出时间常数 τ。$\tau = RC$，在 $t > 0$ 时的电路中，断开 C，则断开处的入端电阻 $R = R_1 \mathbin{/\!/} R_2 + R_3 = (10 \mathbin{/\!/} 10 + 5)\ \text{k}\Omega = 10\ \text{k}\Omega$，$\tau = RC = 10 \times 10^3 \times 2 \times 10^{-6}\ \text{s} = 0.02\ \text{s}$。

将 $u_C(0_+)$、$u_C(\infty)$、τ 代入式(5.16)得

$$u_C = u_C(\infty) + [u_C(0_+) - u_C(\infty)]e^{-\frac{t}{\tau}} = [10 + (20-10)e^{-\frac{t}{0.02}}]\ \text{V} = 10(1 + e^{-50t})\ \text{V}$$

对于 i_C、i_2、i_1，则可利用 u_C 分别求出，即

$$i_C = C\frac{\mathrm{d}u_C}{\mathrm{d}t} = 2\times10^{-6}\times10\mathrm{e}^{-50t}\times(-50)\ \mathrm{mA} = -\mathrm{e}^{-50t}\ \mathrm{mA}$$

$$i_2 = \frac{u_{R_2}}{R_2}$$

而

$$\begin{aligned} u_{R_2} &= u_C + u_{R_3} = u_C + i_C R_3 \\ &= [10(1+\mathrm{e}^{-50t}) + 5\times(-\mathrm{e}^{-50t})]\ \mathrm{V} \\ &= (10+5\mathrm{e}^{-50t})\ \mathrm{V} \end{aligned}$$

故

$$i_2 = (10+5\mathrm{e}^{-50t})/10\ \mathrm{mA} = (1+0.5\mathrm{e}^{-50t})\ \mathrm{mA}$$

$$i_1 = i_2 + i_C = (1-0.5\mathrm{e}^{-50t})\ \mathrm{mA}$$

此外，也可用三要素法，先求出 $i_1(0_+)$、$i_1(\infty)$、$i_2(0_+)$、$i_2(\infty)$、$i_C(0_+)$、$i_C(\infty)$、τ，再分别代入式(5.16)求出 i_1、i_2、i_C，请读者自行分析。

例 5.8 在图 5.17 所示电路中，开关 S 长期合在 1 上，$t=0$ 时开关合到 2，试求 $t\geqslant 0$ 时的电压 u_C。已知 $R_1 = 1\ \mathrm{k\Omega}$，$R_2 = 2\ \mathrm{k\Omega}$，$C_1 = 40\ \mu\mathrm{F}$，$C_2 = C_3 = 20\ \mu\mathrm{F}$，$U_1 = 9\ \mathrm{V}$，$U_2 = 12\ \mathrm{V}$。

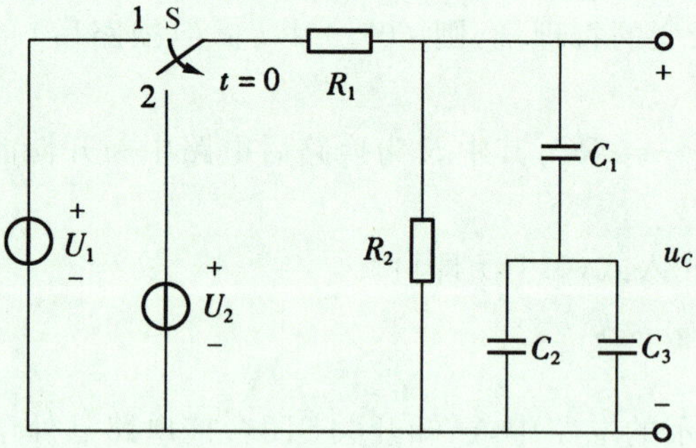

图 5.17 例 5.8 的图

解 第一步，求出 u_C 的稳态值 $u_C(\infty)$。

$$u_C(\infty) = U_2\cdot\frac{R_2}{R_1+R_2} = 12\times\frac{2}{1+2}\ \mathrm{V} = 8\ \mathrm{V}$$

第二步，求出 u_C 的初始值 $u_C(0_+)$。

$$u_C(0_+) = u_C(0_-) = U_1\cdot\frac{R_2}{R_1+R_2} = 9\times\frac{2}{1+2}\ \mathrm{V} = 6\ \mathrm{V}$$

第三步，求出时间常数 τ。

电路中的等效电容 C 为 C_2 与 C_3 并联后再与 C_1 串联得到的电容，即

$$C = \frac{C_1(C_2+C_3)}{C_1+(C_2+C_3)} = \frac{40\times(20+20)}{40+(20+20)}\ \mu\mathrm{F} = 20\ \mu\mathrm{F}$$

R 为将电容 C 断开后的入端电阻，即

$$R = R_1 \,/\!/\, R_2 = \frac{1\times2}{1+2}\ \mathrm{k\Omega} = \frac{2}{3}\ \mathrm{k\Omega}$$

所以

$$\tau = RC = \frac{2}{3}\times10^3\times20\times10^{-6}\ \mathrm{s} = \frac{4}{3}\times10^{-2}\ \mathrm{s}$$

将所计算出来的 $u_C(\infty)$、$u_C(0_+)$ 与 τ 代入式(5.16)，可得

$$u_C = u_C(\infty) + [u_C(0_+) - u_C(\infty)]e^{-\frac{t}{\tau}}$$
$$= [8 + (6-8)e^{-\frac{t}{\frac{4}{3}\times 10^{-2}}}]\ \text{V}$$
$$= (8 - 2e^{-75t})\ \text{V}$$

思考题

使用三要素法的条件是什么？

5.4 微分电路与积分电路

本节讨论的微分电路和积分电路实质上是 RC 充放电电路，只是由于电路结构不同、时间常数不同而有所区别。

5.4.1 微分电路

电路如图 5.18 所示，当输入端输入一系列幅值为 U、脉冲宽度为 t_w 的脉冲电压 u_i 时，在电阻两端会得到一定的输出电压 u_o。下面主要分析输出电压 u_o 与输入电压 u_i 之间的关系。由图 5.19 可见，当 $t=0$ 时输入电压 u_i 从 0 跃变到 U，此时输出电压 u_o 为零状态响应，由式(5.13) 可知

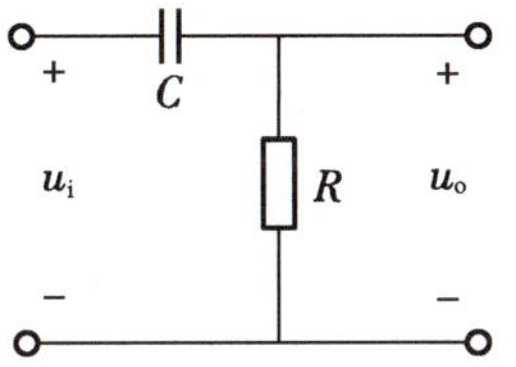

图 5.18　微分电路

$$u_o = u_R = Ue^{-\frac{t}{\tau}}$$

u_o 由初始值 U($t=0$ 时) 按照指数的规律衰减至零。

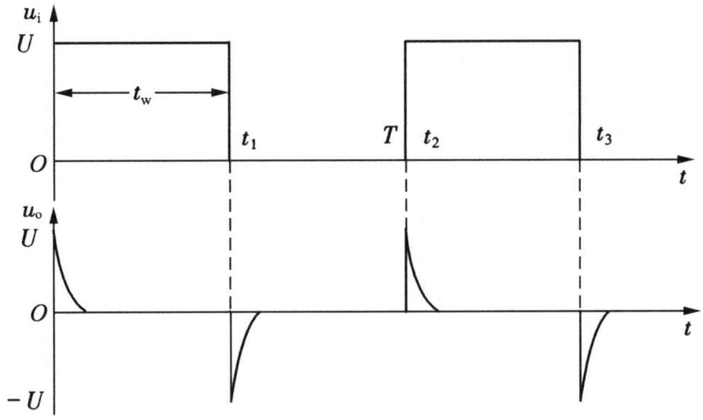

图 5.19　微分电路输入电压与输出电压波形图

当 $t = t_1$ 时，电路处于换路状态，输入电压 u_i 由 U 跃变到 0($u_i = 0$ 时，相当于输入端短路)，此时 u_o 为零输入响应，由式(5.7)可知

$$u_o = u_R = -Ue^{-\frac{t}{\tau}}$$

u_o 由初始值 $-U$($t = t_1$ 时)按照指数的规律衰减至零。

同理，当 t_2、t_3 时也一样，得到的输出电压如图 5.19 所示为一交变电压，其波形形状与 RC 参数及输入电压的脉冲宽度有关。

当 t_w 为一定值时，改变充放电时间常数 τ，电容器充放电速度改变，输出电压 u_o 的波形也随之改变。

当 $t_w = \tau$ 时，u_o 的波形如图 5.20 所示。这是由于 τ 较大，电容充放电速度较慢，暂态时间长。τ 越大，电容充放电的速度就越慢，输出电压 u_o 的波形就越接近于输入电压 u_i 的波形。

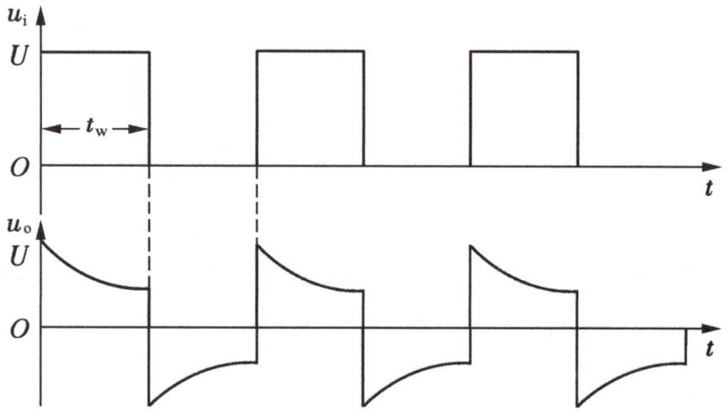

图 5.20　$\tau = t_w$ 的输出电压波形

当 $\tau \ll t_w$ 时，RC 充放电速度极快，u_o 从初始值 U(或 $-U$)很快衰减至 0，使输出电压 u_o 形成如图 5.19 所示的正负尖脉冲。这就是微分电路的输出波形。

由于 $\tau \ll t_w$，RC 电路的充放电很快，除了电容器充放电的一段极短时间有电流，其余的时间电流都为零，因此可以认为

$$u_i = u_R + u_C \approx u_C$$

输出电压

$$u_o = iR = RC\frac{du_C}{dt} \approx RC\frac{du_i}{dt} \tag{5.17}$$

即输出电压 u_o 近似地与输入电压成微分关系，这就是微分电路的得名由来。

综上所述，要成为微分电路应具备两个条件：

(1) $\tau \ll t_w$；

(2) 输出电压从电阻上取出。

由微分电路所产生的尖脉冲，常被作为触发信号使用。

5.4.2　积分电路

若将上面所讨论的 RC 微分电路的条件变换一下，即 $\tau \gg t_w$，输出电压取自电容两端，那么该电路就变成了积分电路(见图 5.21)。它将输入的矩形波电压变换为三角波(或锯齿波)电压输出。

如图 5.22 所示，输入电压 u_i 为一系列矩形脉冲，脉冲的幅值为 U，脉冲宽

度为 t_w。当 $\tau \gg t_w$ 时，电容器充放电速度相对很慢，当 $t=0$ 时，输入电压由 0 跃变到 U，输出电压 u_o 按指数规律由 0 慢慢增长，由于充电速度慢，u_o 还只是刚刚增长一点点（即指数规律起始的直线部分），便又开始了第二次换路，当 $t=t_1$ 时，输入电压 u_i 由 U 跃变到 0，输出电压 u_o 按指数的规律下降，还只下降了一点点（即指数规律起始的直线部分），u_i 又由 0 跃变到 U…… 一直如此反复地延续下去，输出端得到了一系列的三角波电压 u_o，如图5.22 所示。

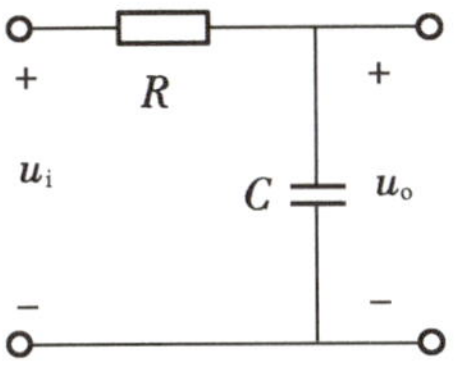

图 5.21　积分电路

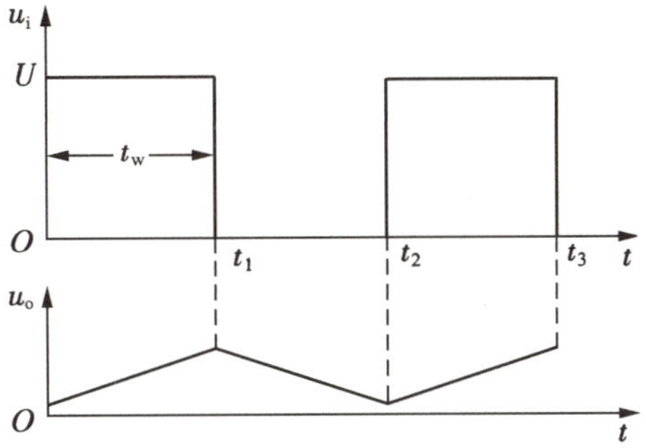

图 5.22　积分电路输入输出波形

由于 $\tau \gg t_w$，电容器充放电的过程进行得极其缓慢，故 $u_C \ll u_R$，导致 $u_i = u_C + u_R \approx u_R$，而

$$i = \frac{u_R}{R} \approx \frac{u_i}{R}$$

所以

$$u_o = \frac{1}{C}\int i\mathrm{d}t \approx \frac{1}{RC}\int u_i\mathrm{d}t \tag{5.18}$$

即输出电压 u_o 近似与输入电压 u_i 对时间的积分成正比，因此这种电路称为积分电路。

思考题

微分电路与积分电路的区别是什么？

5.5 RL 电路的响应

Multisim 简介

5.5.1　RL 电路的零输入响应

RL 串联电路如图 5.23 所示，开关动作前电路已处于稳定状态，$t=0$ 时，开关 S 由 a 扳向 b，下面分析开关动作后电路中的 i_L、u_L 及 u_R 变化的规律。

根据基尔霍夫定律，列出 $t \geqslant 0$ 时电路的回路电压方程为

$$i_L R + u_L = 0$$

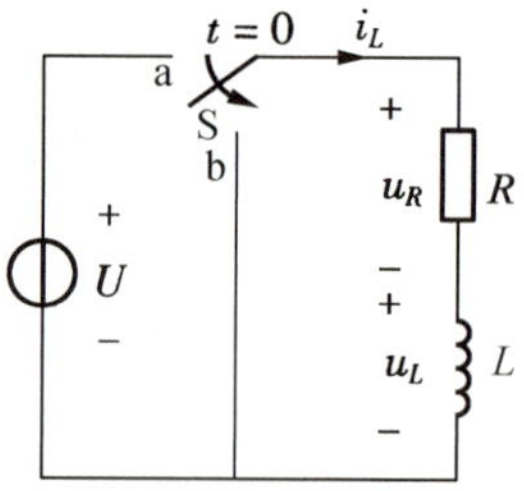

图 5.23 RL 串联电路

因为 $$u_L = L\frac{di_L}{dt}$$

所以 $$\frac{L}{R}\frac{di_L}{dt} + i_L = 0$$

该一阶线性齐次微分方程的特征方程为

$$\frac{L}{R}p + 1 = 0$$

所以 $$p = -\frac{R}{L}$$

故 $$i_L = Ae^{pt} = Ae^{-\frac{R}{L}t}$$

由于电路的初始条件为

$$i_L(0_-) = \frac{U}{R} = I_0$$

根据换路定律可知

$$i_L(0_+) = i_L(0_-) = I_0$$

由此定出积分常数

$$A = I_0$$

因此 $$i_L = I_0 e^{-\frac{t}{\tau}} = I_0 e^{-\frac{t}{L/R}} \tag{5.19}$$

式中，$\tau = \frac{L}{R}$ 是 RL 电路的充放电时间常数，它具有时间的量纲。当 L 的单位是 H，R 的单位是 Ω 时，τ 的单位是 s。因此

$$u_L = L\frac{di_L}{dt} = -RI_0 e^{-\frac{t}{\tau}} \tag{5.20}$$

$$u_R = i_L R = RI_0 e^{-\frac{t}{\tau}} \tag{5.21}$$

i_L、u_R 及 u_L 随时间变化的曲线(零输入响应)如图 5.24 所示，它们都按同一时间常数的指数规律衰减到 0，其衰减速度取决于时间常数 τ。$\tau = L/R$，L 越大，R 越小，暂态过程越长，这是由于 L 越大，阻碍电流变化的作用越大，R 越小，则在相同的电压下，电路中电流的暂态分量的初始值越大。

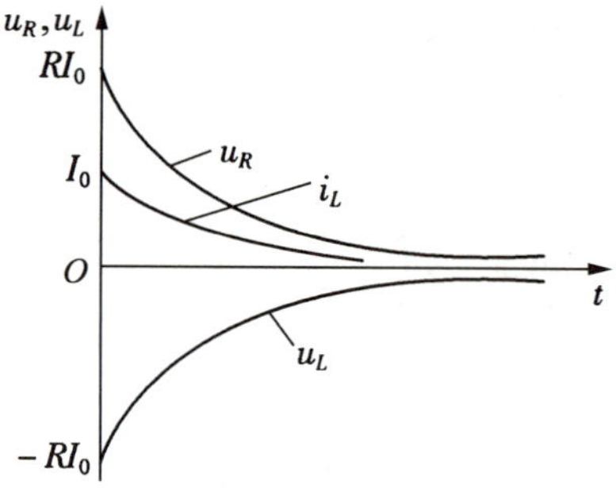

图 5.24 i_L、i_R 及 u_L 随时间变化的曲线

当然，RL 串联电路的零输入响应，也可以用三要素法求解，读者可自行分析。

5.5.2 RL 电路的零状态响应

图 5.25 所示电路中，开关 S 接通前，电感元件 L 没有初始储能，$t = 0$ 时开

关 S 闭合接通电源电压 U，此时电路的零状态响应可用三要素法求出。

使用三要素法的步骤与前述相同。

(1) 求 i_L 的稳态值 $i_L(\infty)$。

$$i_L(\infty) = \frac{U}{R}$$

(2) 求 i_L 的初始值 $i_L(0_+)$。

因为 L 上无初始储能，所以

$$i_L(0_+) = i_L(0_-) = 0$$

(3) 求时间常数 τ：$\tau = L/R$。

将 $i_L(0_+)$、$i_L(\infty)$ 及 τ 代入式(5.16)，得

$$\begin{aligned} i_L &= i_L(\infty) + [i_L(0_+) - i_L(\infty)]e^{-\frac{t}{\tau}} \\ &= \frac{U}{R}(1 - e^{-\frac{t}{\tau}}) \end{aligned} \tag{5.22}$$

相应地可写出

$$u_L = L\frac{di_L}{dt} = Ue^{-\frac{t}{\tau}} \tag{5.23}$$

$$u_R = iR = U(1 - e^{-\frac{t}{\tau}}) \tag{5.24}$$

i_L、u_L 及 u_R 随时间变化的曲线(零状态响应)如图 5.26 所示，它们都是按相同的指数规律变化的。

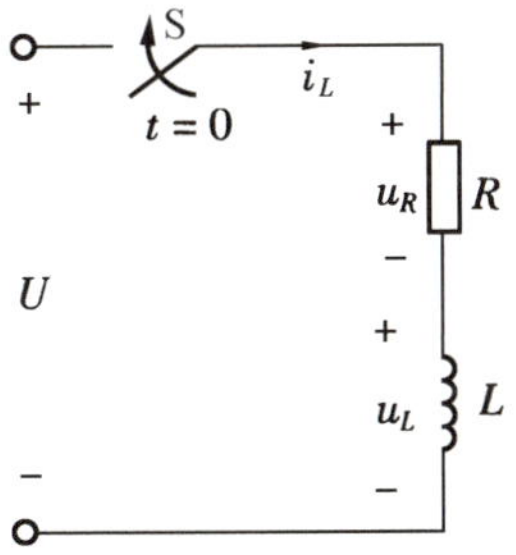

图 5.25　RL 电路 1

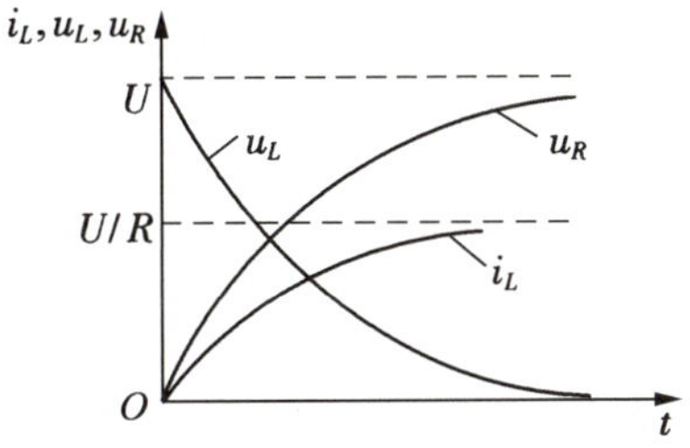

图 5.26　i_L、u_L 及 u_R 的零状态响应

例 5.9　在图 5.27 中，$R_1 = R_2 = 1\ \text{k}\Omega$，$R_3 = 2\ \text{k}\Omega$，$L_1 = 15\ \text{mH}$，$L_2 = L_3 = 10\ \text{mH}$，$I = 30\ \text{mA}$，当开关 S 闭合后($t = 0$)，经过多长时间电流 i_L 达到 10 mA？设开关 S 闭合前电路已处于稳定状态，电感元件无初始储能。

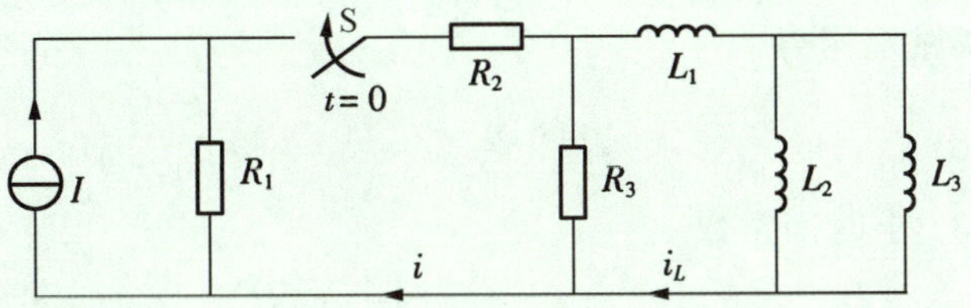

图 5.27　例 5.9 的图

解　用三要素法求解。

① 求电流稳态值 $i_L(\infty)$。因为电感元件在直流中视为短路，所以

$$i_L(\infty) = I \times \frac{R_1}{R_1 + R_2} = 30 \times \frac{1}{1+1}\ \text{mA} = 15\ \text{mA}$$

② 求电流的初始值 $i_L(0_+)$。因为电感元件无初始储能，所以 $i_L(0_+) = i_L(0_-) = 0$。

③ 求时间常数 τ。$\tau = L/R$。L 为电路的等效电感，本例中 L_2 与 L_3 并联后再与 L_1 串联，其等效电感为

$$L = L_1 + \frac{L_2 \times L_3}{L_2 + L_3} = \left(15 + \frac{10 \times 10}{10 + 10}\right)\ \text{mH} = 20\ \text{mH}$$

R 是 $t > 0$ 时电感元件断开处的等效电阻，所以

$$R = (R_1 + R_2) \mathbin{/\!/} R_3 = [(1+1) \mathbin{/\!/} 2]\ \text{k}\Omega = 1\ \text{k}\Omega$$

$$\tau = L/R = 20 \times 10^{-3}/10^3\ \text{s} = 2 \times 10^{-5}\ \text{s}$$

将所得的三要素 $i_L(\infty)$、$i_L(0_+)$ 及 τ 代入式(5.16)，可得

$$i_L = i_L(\infty) + [i_L(0_+) - i_L(\infty)]e^{-\frac{t}{\tau}}$$

$$= [15 + (0 - 15)e^{-\frac{t}{2\times10^{-5}}}]\ \text{mA} = 15(1 - e^{5\times10^4 t})\ \text{mA}$$

当电流达到 10 mA 时，则有

$$10 = 15(1 - e^{-5\times10^4 t})$$

因此，所经过的时间为

$$t = 22\ \mu\text{s}$$

5.5.3 *RL* 电路的全响应

RL 电路如图 5.28 所示，开关 S 闭合前电路已达到稳态，电感元件有初始储能，当 $t = 0$ 时将开关闭合，电路发生换路，此时电路的响应称为 *RL* 电路的全响应，我们仍用三要素法求解。

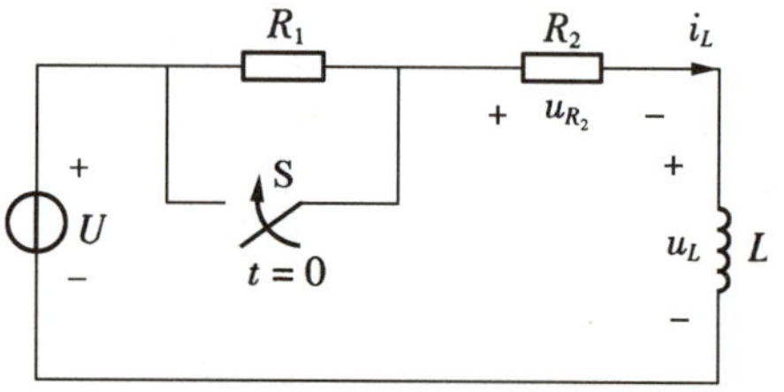

图 5.28 *RL* 电路 2

(1) 求电流的稳态值 $i_L(\infty)$。

$$i_L(\infty) = \frac{U}{R_2}$$

(2) 求电流的初始值 $i_L(0_+)$。因为换路前电感元件已具有初始储能，所以

$$i_L(0_-) = \frac{U}{R_1 + R_2}$$

根据换路定律得

$$i_L(0_+) = i_L(0_-) = \frac{U}{R_1 + R_2}$$

(3) 求时间常数 τ。

$$\tau = L/R$$

其中 R 为 $t > 0$ 时电路中 L 断开处的等效电阻，所以

$$R = R_2,\quad \tau = \frac{L}{R_2}$$

将 $i_L(0_+)$、$i_L(\infty)$ 及 τ 代入式(5.16)，得该电路的全响应为

$$i_L = i_L(\infty) + [i_L(0_+) - i_L(\infty)]e^{-\frac{t}{\tau}}$$
$$= \frac{U}{R_2} + \left(\frac{U}{R_1+R_2} - \frac{U}{R_2}\right)e^{-\frac{t}{L/R_2}} \quad (5.25)$$

由式(5.25)推导出

$$u_L = L\frac{\mathrm{d}i_L}{\mathrm{d}t} = -R_2 \times \left(\frac{U}{R_1+R_2} - \frac{U}{R_2}\right)e^{-\frac{t}{L/R_2}} \quad (5.26)$$

$$u_{R_2} = i_L R_2 = U + \left(\frac{R_2}{R_1+R_2}U - U\right)e^{-\frac{t}{L/R_2}} \quad (5.27)$$

例 5.10　图 5.29 所示电路中，$i_L(0_-) = 0$，当 $t = 0$ 时开关 S_1 闭合，经 t_1 后又把开关 S_2 合上，求电流 i_L 的响应表示式并绘出 i_L 的波形。设 $U = 15$ V，$R_1 = 2$ kΩ，$R_2 = 1$ kΩ，$L = 1$ H，$t_1 = 0.33$ ms。

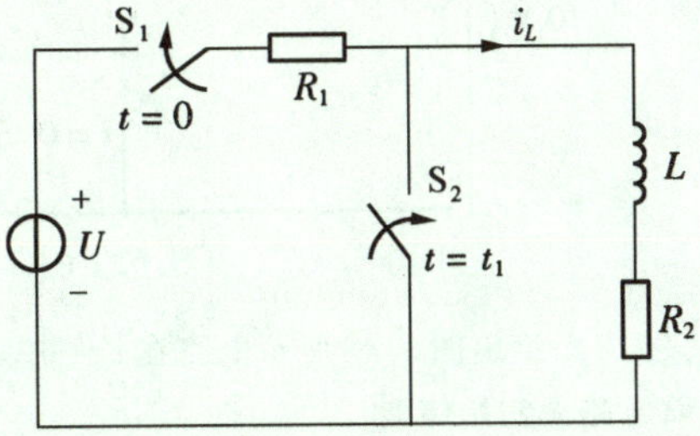

图 5.29　例 5.10 的图 1

解　当开关 S_1 闭合后，在 $0 < t < t_1$ 期间决定 i_L 的三要素为

$$i_L(\infty) = \frac{U}{R_1+R_2} = \frac{15}{2+1}\text{ mA} = 5\text{ mA}$$

$$i_L(0_+) = i_L(0_-) = 0$$

$$\tau = \frac{L}{R} = \frac{L}{R_1+R_2} = \frac{1}{2+1}\text{ s} = \frac{1}{3}\times 10^{-3}\text{ s}$$

i_L 的表示式为

$$i_L = i_L(\infty) + [i_L(0_+) - i_L(\infty)]e^{-\frac{t}{\tau}} = 5(1 - e^{-3\,000t})\text{ mA}$$

当 $t = t_1$ 时，开关 S_2 闭合，那么当 $t > t_1$ 时 i_L 的表示式可由下面的三要素决定

$$i_L(\infty) = 0$$

$$i_L(0_+) = i_L(0_-) = 5(1 - e^{-3\,000t_1})\text{ mA}$$

因为

$$t_1 = 0.33\text{ ms}$$

$$i_L(0_+) = 5(1 - e^{-1})\text{ mA} = 3.16\text{ mA}$$

$$\tau = \frac{L}{R} = \frac{L}{R_2} = 1 \times 10^{-3}\text{ s}$$

所以

$$i_L = i_L(\infty) + [i_L(0_+) - i_L(\infty)]e^{-\frac{t}{\tau}} = 3.16e^{-1\,000t}\text{ mA}$$

i_L 的波形如图 5.30 所示。

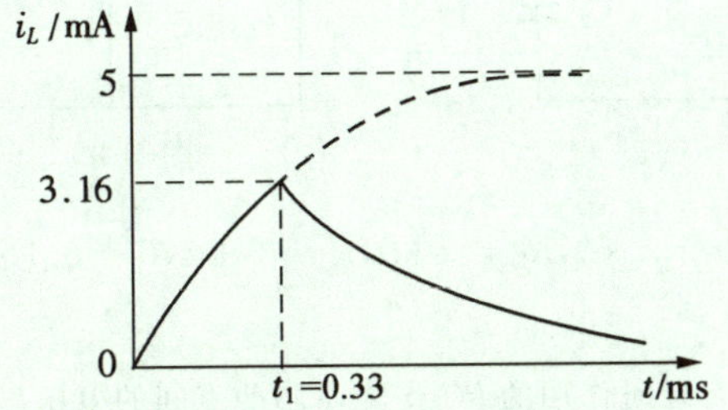

图 5.30　例 5.10 的图 2

习　题

5.1　电路如图5.31所示,已知开关S断开前电路已处于稳定状态,在$t=0$时将开关S断开,求电路中各元件上的电流和电压的初始值。

5.2　电路如图5.32所示,已知开关S闭合前电容元件和电感元件均无储能,在$t=0$时将开关S闭合,试求闭合瞬间电路中各电压、电流的初始值。

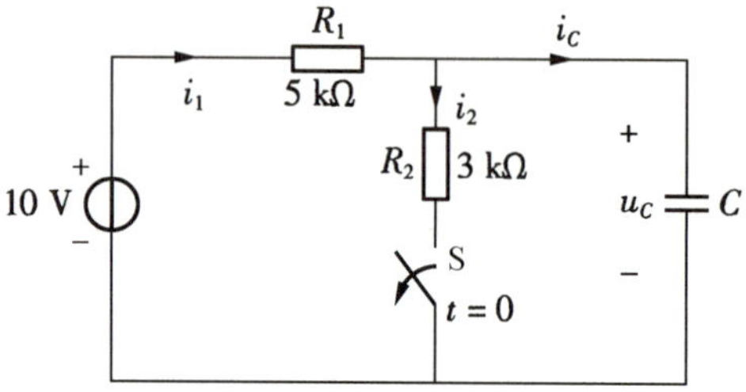

图5.31　习题5.1的图

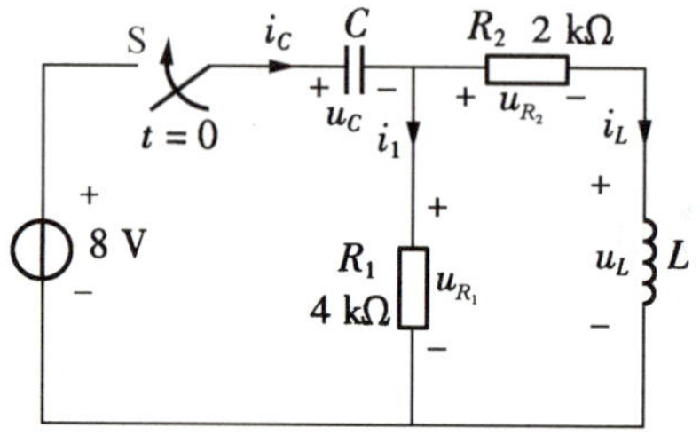

图5.32　习题5.2的图

5.3　绘出图5.33所示电路在$t=0_+$时的等效电路,并计算$i_3(0_+)$、$i_2(0_+)$、$u_C(0_+)$、$u_L(0_+)$。已知开关S闭合前电路无初始储能。

5.4　图5.34所示电路中,在$t=0$时开关S闭合,求开关S闭合后的时间常数τ。

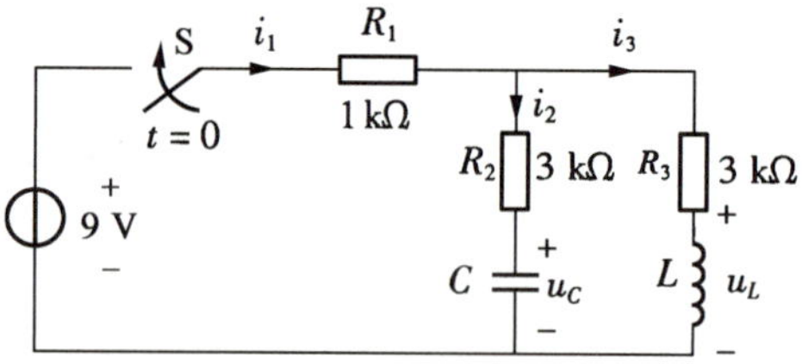

图5.33　习题5.3的图

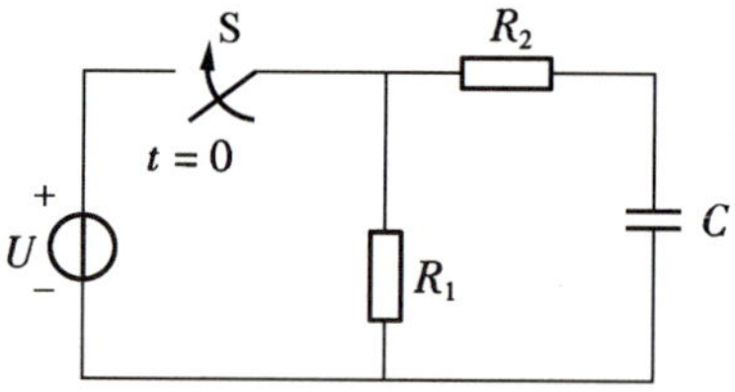

图5.34　习题5.4的图

5.5　图5.35所示电路中,已知$U=3\text{ V}$,$R_1=12\text{ k}\Omega$,$R_2=6\text{ k}\Omega$,$C_1=10\ \mu\text{F}$,$C_2=20\ \mu\text{F}$,电容预先都未充电,当开关闭合后,试求电容两端的电压u_C。

5.6　图5.36所示电路中,已知$I=10\text{ mA}$,$R_1=3\text{ k}\Omega$,$R_2=2\text{ k}\Omega$,$R_3=6\text{ k}\Omega$,$C=2\ \mu\text{F}$,在开关闭合前,电容已处于稳态,求$t\geqslant0$时的u_C和i_C,并画出它们随时间变化的曲线。

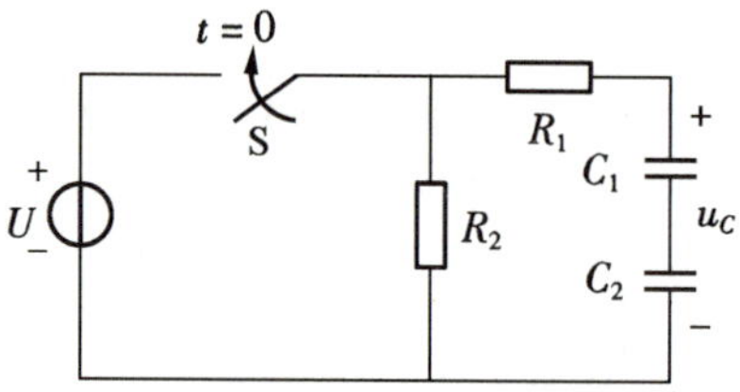

图5.35　习题5.5的图

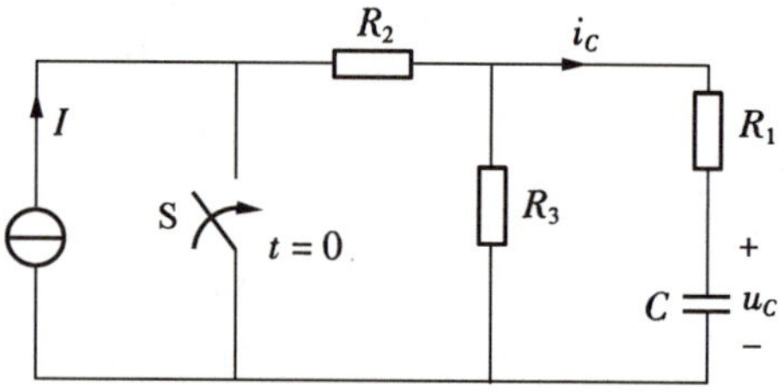

图5.36　习题5.6的图

5.7　图5.37所示电路中,$R_1=4\text{ k}\Omega$,$R_2=1\text{ k}\Omega$,$R_3=5\text{ k}\Omega$,$C=0.1\ \mu\text{F}$,$I_S=5\text{ mA}$,换路前电路已处于稳态,求开关S闭合后的u_C。

5.8　图5.38所示为一个具有延时作用的RC支路,a、b两点间的电压$U=25\text{ V}$,$R=9\text{ k}\Omega$,$C=20\ \mu\text{F}$,当充电至电容器上的电压为10 V时,起开关作用的电子器件S闭合,继电器KA将有电流通过。问:(1) 充电到

10 V 需要多少时间？(2) 如果要将充电时间延长至原来的 2 倍，则电阻应改为何值？

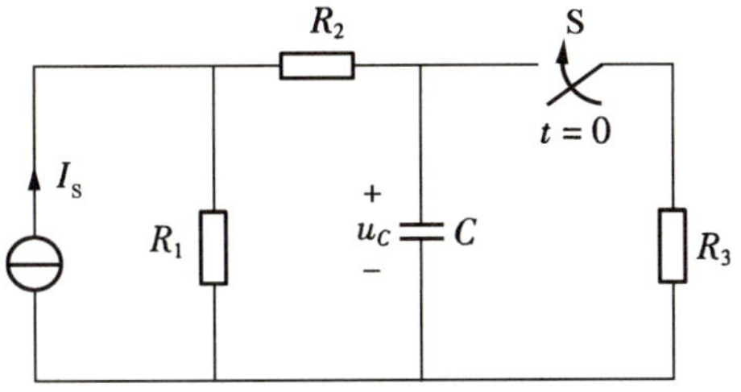

图 5.37　习题 5.7 的图

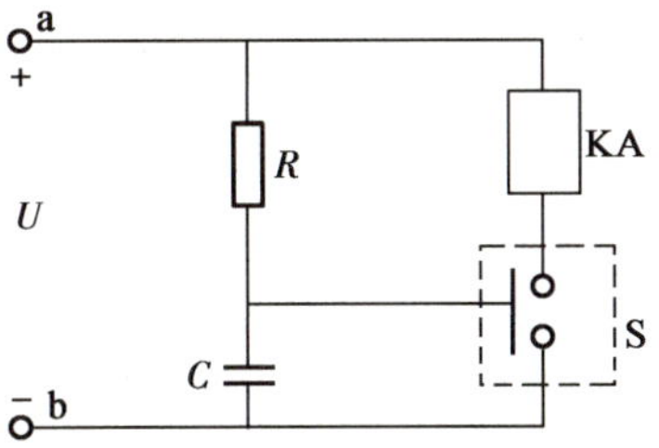

图 5.38　习题 5.8 的图

5.9　电路如图 5.39 所示，当 $t=0$ 时将开关 S 断开，求零状态响应的 u_C 和 u_0，并画出其随时间变化的曲线。设开关 S 断开前电路已处于稳态。

5.10　电路如图 5.40 所示，开关 S 闭合前电路已处于稳态，试求开关 S 闭合后的 u_C。

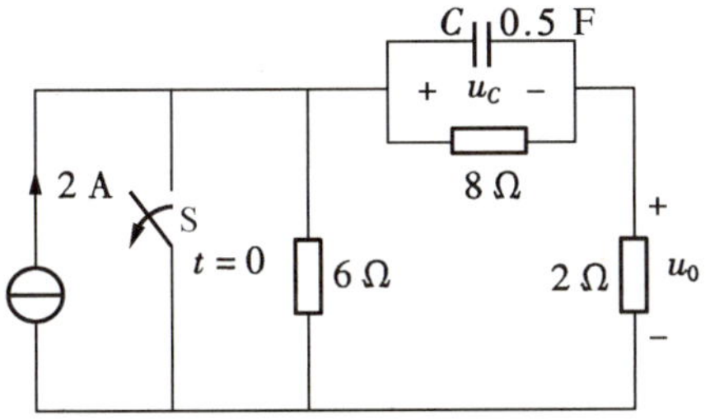

图 5.39　习题 5.9 的图

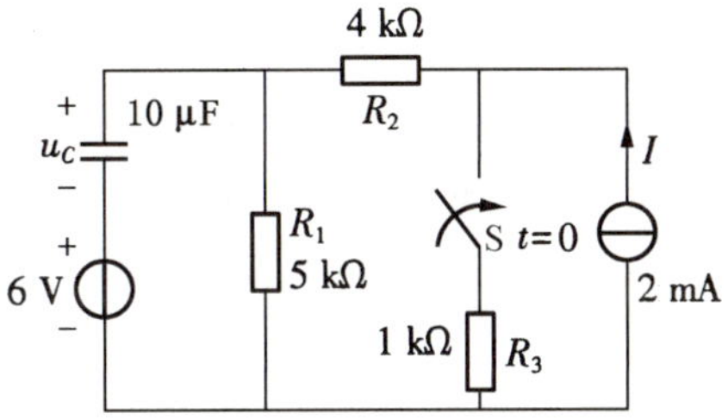

图 5.40　习题 5.10 的图

5.11　电路如图 5.41(a) 所示，画出在图 5.41(b) 所示脉冲作用下输出电压 u_o 的波形。

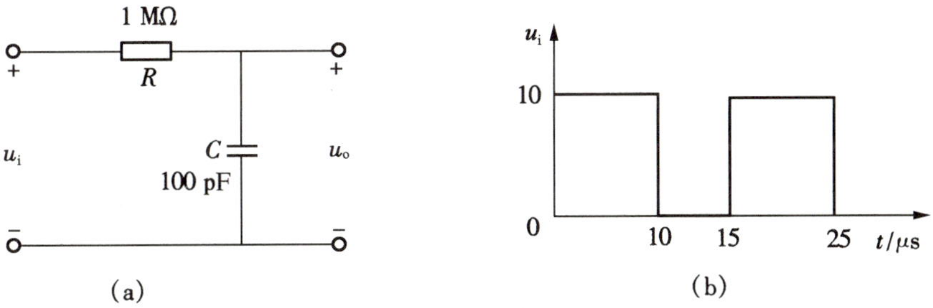

图 5.41　习题 5.11 的图

5.12　电路如图 5.42 所示，$t=0$ 时合上开关 S，求开关 S 闭合后的时间常数。

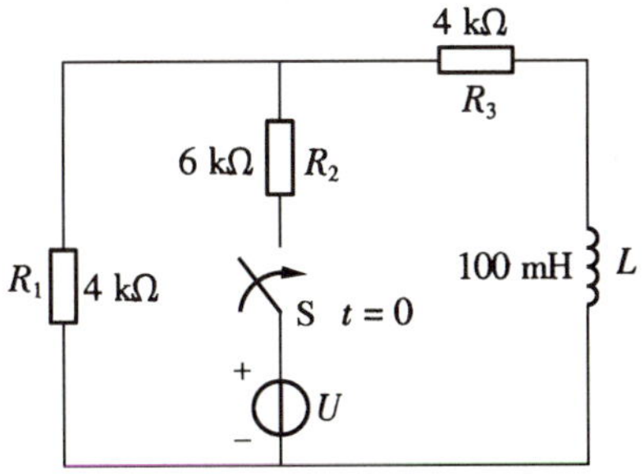

图 5.42　习题 5.12 的图

5.13　电路如图 5.43 所示，R、L 代表某继电器的励磁线圈，R_1 为可调电阻器，调节 R_1 可改变线圈的时间常数,因此可以用来调整继电器通电后建立最小工作电流 I_{min} 所需的时间,从而达到使继电器可以在不同的延时下工作的目的。已知 $R=250\ \Omega$,$L=14.4\ \text{H}$,$I_{min}=6\ \text{mA}$,$U_S=6\ \text{V}$,R_1 可调范围为 $0\sim250\ \Omega$,试求继电器的延时范围。

5.14 电路如图5.44所示,已知 $U=24\ \text{V}$,$R_1=R_2=40\ \Omega$,$R_3=30\ \Omega$,$L=2\ \text{H}$,求闭合开关S后各支路的电流和电感电压。设开关S闭合前电路已处于稳态。

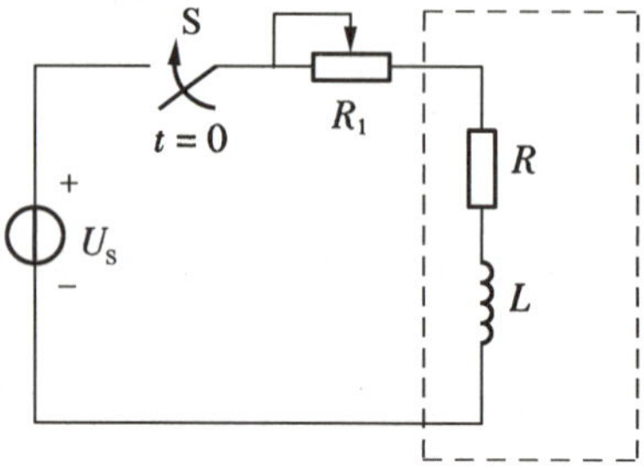

图5.43 习题5.13的图

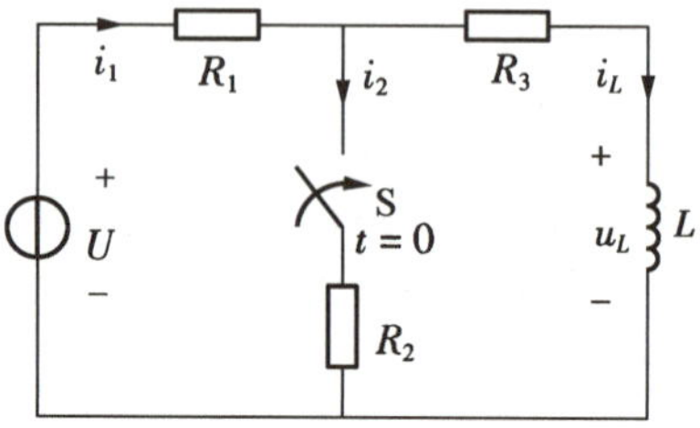

图5.44 习题5.14的图

5.15 电路如图5.45所示,开关S闭合前电路已处于稳态,$t=0$ 时开关S闭合,求 u_R。

5.16 图5.46所示电路中,电磁继电器的线圈中的电流 $i=30\ \text{A}$,继电器切断电源。设线圈电阻 $R=6\ \Omega$,$L=0.2\ \text{H}$,负载电阻 $R_L=16\ \Omega$,电源电压 $U=220\ \text{V}$,试问:当负载被短路后需要多长时间继电器才能将电源切断?

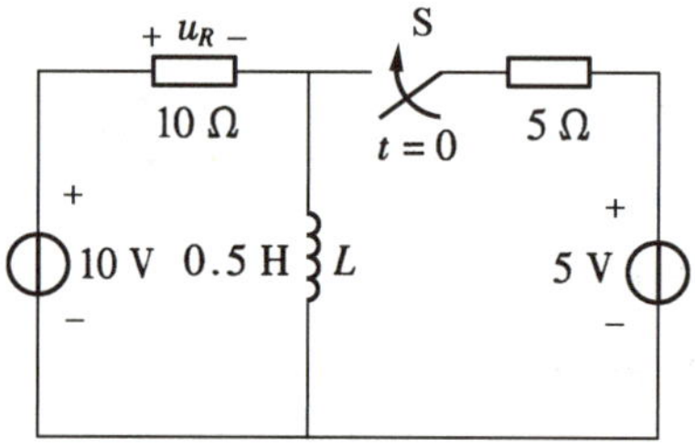

图5.45 习题5.15的图

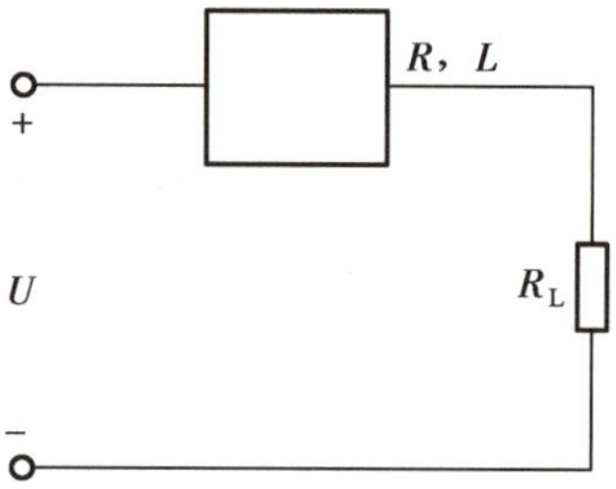

图5.46 习题5.16的图

本章习题参考答案

第 2 篇　传动与控制

第 6 章　磁路与变压器

内容提要

本章主要讨论磁路与变压器。首先介绍磁路的概念、磁路的基本物理量、磁性材料的磁性能及简单磁路的分析等内容。然后讨论交流铁心线圈电路和变压器，着重讨论变压器的工作原理和工作特性，并简要介绍自耦变压器、电流互感器、电压互感器和电焊变压器等几种特殊变压器。最后对电磁铁作简单介绍。

第 1 篇介绍了电路，讨论了电路的基本规律和分析方法。本篇将在第 1 篇的基础上，介绍变压器、电动机和电动机的继电接触器控制等方面的内容。

变压器、电机、继电器、接触器等很多电气设备，都是利用电磁现象实现能量的传递和转换的。学习这些内容，不仅要用到电路的知识，还要用到磁路的知识。

6.1 磁路

6.1.1 磁路及其基本物理量

1. 磁路概念

在电机、变压器和许多电器中，为了用较小的电流（称为励磁电流）产生足够大的磁通，常用导磁性能良好的磁性材料做成一定形状的铁心，使之形成一个磁通的路径。由于铁心的磁导率比周围空气和其他物质的磁导率高得多，因此，磁通的绝大部分都通过这一路径而闭合。这种磁通的路径称为磁路。

图 6.1 分别表示变压器、直流电动机和交流接触器的磁路。当线圈通入电流时，便产生磁通，磁通经过铁心和气隙（有的磁路没有气隙）而闭合。磁通的路径是由铁心的形状决定的。

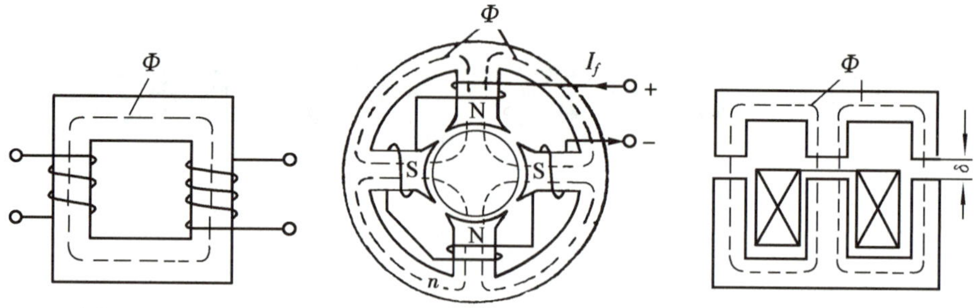

图 6.1　几种电气设备的磁路

磁路也和电路一样,有直流和交流之分。若励磁电流为直流,则磁路为直流磁路;若励磁电流为交流,则磁路为交流磁路。直流磁路和交流磁路具有不同特点,使用时必须加以注意。

2. 磁路的基本物理量

在研究和分析磁路时,经常用到下面几个基本物理量。

(1) 磁感应强度。磁感应强度 $\boldsymbol{B}$ 是表示磁场中某点磁场强弱和方向的物理量,它是一个矢量。它的方向即磁场的方向,可根据产生磁场的电流方向用右手螺旋定则确定;它的大小可用通电导体在磁场中受力大小来衡量。如果用磁力线来表示,磁感应强度的方向即为该点磁力线的方向,大小则等于通过垂直于磁场方向单位面积的磁力线数目。

在国际单位制中,磁感应强度的单位是特斯拉(T),即韦伯/米^2(Wb/m^2)。

(2) 磁通。磁感应强度大小 B(非均匀磁场则取平均值)与垂直于磁场方向面积 S 的乘积,称为通过该面积的磁通 Φ,即

$$\Phi = BS \quad 或 \quad B = \frac{\Phi}{S} \tag{6.1}$$

式(6.1)也说明,磁感应强度在数值上可以看成垂直于磁场方向单位面积通过的磁通。因此,磁感应强度又称为磁通密度。

磁通的单位是韦伯(Wb),即伏·秒(V·s)。

(3) 磁场强度。磁场强度 $\boldsymbol{H}$ 是计算磁场时引用的一个辅助物理量,它也是一个矢量。它的方向就是该点磁感应强度的方向,它的大小仅与产生该磁场的电流有关,而与磁场内的介质无关(磁感应强度与介质有关)。磁场强度和电流之间的关系由全电流定律(或称安培环路定律)确定,其数学表示式为

$$\oint_l \boldsymbol{H}\mathrm{d}\boldsymbol{l} = \sum I \tag{6.2}$$

即磁场强度 $\boldsymbol{H}$ 沿任一闭合回路的线积分,等于穿过该闭合回路所包围面积的电流的代数和。电流的正负号规定:凡电流方向与闭合回路的循行方向之间符合右手螺旋定则的,电流为正,反之为负。

如果能将积分路线分为若干段,各段中 $\boldsymbol{H}$ 大小相等,并且都与积分路线同方向,则式(6.2)可表示为

$$\sum Hl = \sum I \tag{6.3}$$

式中，Hl 通常称为磁路的磁压降；$\sum I$ 是产生磁通的磁动势。

因此，式(6.3) 表示，在一个闭合磁路中，磁压降的代数和等于磁动势的代数和。它与电路的基尔霍夫第二定律相似，故全电流定律可看成磁路的基尔霍夫第二定律。它是分析和计算磁路的基本定律。

磁场强度大小 H 的单位为安 / 米(A/m) 或安 / 厘米(A/cm)。

(4) 磁导率。磁导率 μ 又称导磁系数或导磁率，是衡量物质导磁能力的物理量。它在数值上等于磁感应强度大小 B 与磁场强度大小 H 之比，即

$$\mu = \frac{B}{H} \quad 或 \quad B = \mu H \tag{6.4}$$

磁导率 μ 的单位为亨 / 米(H/m)。

通过实验测得真空的磁导率为一常数，用 μ_0 表示，即

$$\mu_0 = 4\pi \times 10^{-7}\ \mathrm{H/m}$$

为了便于比较物质的导磁能力，通常将其他物质的磁导率 μ 和真空的磁导率 μ_0 的比值称为该物质的相对磁导率，用 μ_r 表示，即

$$\mu_r = \frac{\mu}{\mu_0} \tag{6.5}$$

不同的物质，其导磁的能力不同，磁导率也不同。按照磁导率的大小，可将自然界的所有物质分为磁性材料和非磁性材料两大类。

非磁性材料的导磁能力很差，它们的磁导率近似等于真空的磁导率，即 $\mu \approx \mu_0$，$\mu_r \approx 1$。工程中常用 μ_0 代替 μ。与真空相同，非磁性材料的磁导率都是常数。因此，当磁场介质是非磁性材料时，其磁感应强度 $\boldsymbol{B}$ 与磁场强度 $\boldsymbol{H}$ 之间具有线性关系。

6.1.2　磁性材料的磁性能

磁性材料是构成磁路的主要材料，常用的磁性材料有铁、镍、钴及其合金，它们具有下列磁性能。

1. 高导磁性

磁性材料的磁导率很高，它们的相对磁导率 μ_r 一般可达数百、数千，高者甚至可达数万乃至上十万。磁性材料的磁导率高是因为它们在磁场中能够被强烈磁化。

磁性材料的高导磁性已广泛地应用于各种电气设备中。例如，在电机、变压器及其他电磁元件的线圈中都有铁心，只要在线圈中通入不大的励磁电流，就能产生足够大的磁通，从而较好地解决了既要磁通大，又要励磁电流小的矛盾。如果采用优质磁性材料，可以使同样容量的设备体积和质量大大减小。

2. 磁饱和性

磁性材料的磁化特性通常用磁化曲线来表征。磁化曲线即 B-H 曲线，它是用来描述磁化过程中磁性材料的磁感应强度 $\boldsymbol{B}$ 随磁场强度 $\boldsymbol{H}$ 变化的曲线，如图 6.2 所示。由图可见，磁化曲线大致可分为 3 段：Oa 段，B 随 H 的增大迅速增大；ab 段，B 的增加变得缓慢下来；bc 段，随着 H 的增加，B 增加得很少，此即磁

饱和现象。

根据磁化曲线,可画出 μ-H 曲线,由于磁性材料的 B 与 H 之间的关系是非线性的,故磁导率 μ 不是常数,它是随 H 而变化的。

不同的磁性材料,具有不同的磁化曲线,也有不同的 μ-H 曲线。各种材料的磁化曲线可以通过实验的方法求得。磁化曲线在计算磁路时极为重要。由于磁性材料的磁化曲线是非线性的,故磁路是非线性的。

3. 磁滞性

工程实际中的励磁电流多为周期性变化的交流电流,当线圈通入电流时,铁心便处于反复交变磁化的状态中。

磁性材料在交变磁场磁化下的磁化曲线如图 6.3 所示。由图可见,当磁场强度 H 由 0 开始增加,对铁心进行初始磁化时,B 沿 Oa 曲线由 0 增加到 a 点。但当 H 逐渐减小时,B 并不沿着原来上升的那条曲线返回,而是沿着位于其上部的另一条曲线 ab 下降。在 H 减小到 0 时,B 并未下降到 0。这种磁感应强度变化滞后于磁场强度变化的特性称为磁性材料的磁滞性。当 $H=0$ 时,$B=B_r$,B_r 称为磁性材料的剩余磁感应强度,简称剩磁。工业生产中广泛使用的永久磁铁就是利用剩磁制造的。自励直流发电机也是利用剩磁“自励”建立起电压而发电的。

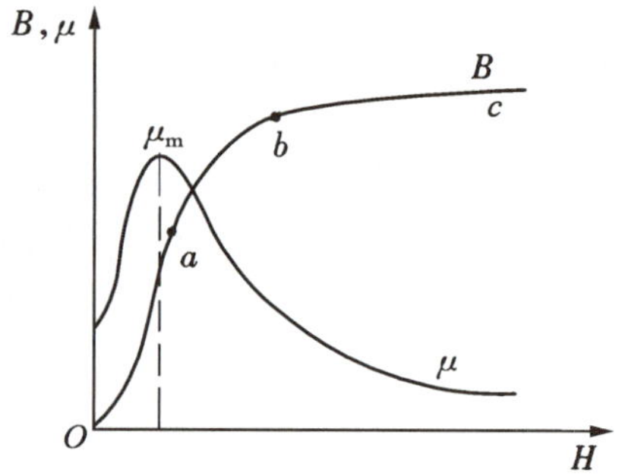

图 6.2 磁化曲线与 μ-H 曲线

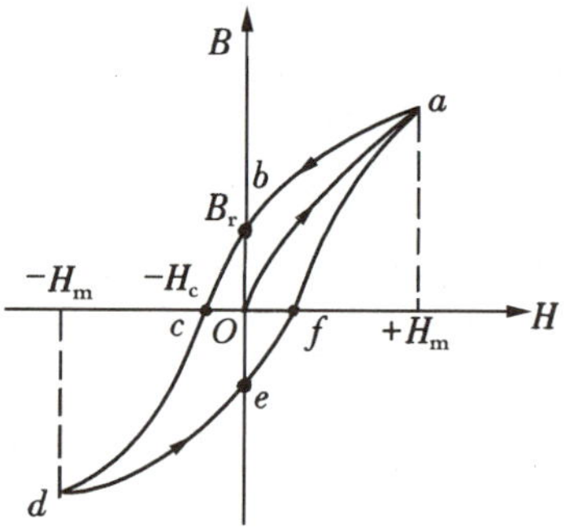

图 6.3 磁滞回线

如果要去掉磁性材料中的剩磁,即要使 $B=0$,就必须施加一个反方向的磁场来进行反向磁化,如图 6.3 中的 $-H_c$。这种使 $B=0$ 的磁场强度 H_c 值称为矫顽磁场强度,简称矫顽力。

如果继续增大反方向的磁场强度,并使之反复交变磁化,就可以得到一条如图 6.3 所示的闭合曲线 $abcdefa$。这一闭合曲线称为磁滞回线。不同种类的磁性材料,其磁滞回线是不同的。

通常手册中给出的磁化曲线,是由许多不同 H_m 的磁滞回线顶点连接而成,称为基本磁化曲线。图 6.4 中表示出了几种常用磁性材料的磁化曲线。

根据磁性物质的磁性能,可将磁性材料分为 3 类:软磁材料、硬磁材料和矩磁材料。

软磁材料的磁滞回线长而窄,磁导率高,剩磁和矫顽力小,它较适用于交变磁场,是磁路最主要的材料,电机、变压器等电气设备的铁心多用它来制造。常用的软磁材料有铸铁、铸钢、硅钢、坡莫合金及软磁铁氧体等。

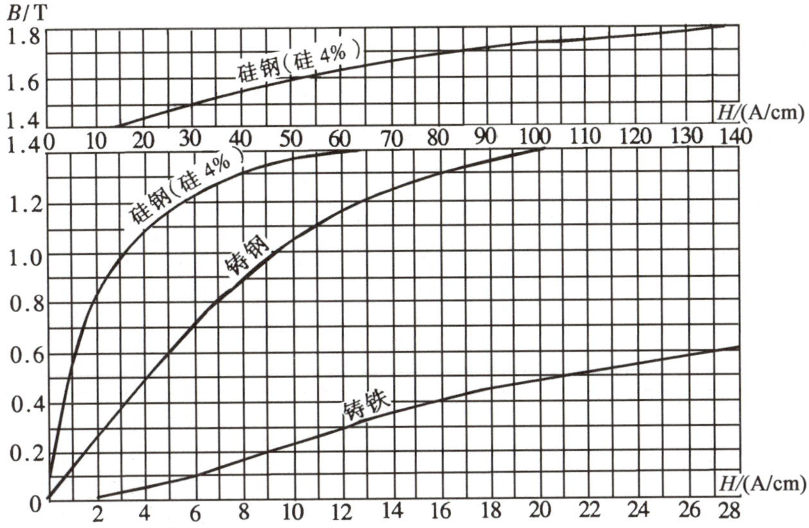

图 6.4 常用磁性材料的磁化曲线

硬磁材料，又称永磁材料。它的磁滞回线宽，剩磁和矫顽力大，主要用于制造永久磁铁。常用的硬磁材料有碳钢、钴钢、铁镍铝钴合金及硬磁铁氧体等。

矩磁材料的磁滞回线接近矩形，剩磁较大，而矫顽力较小，在计算机和控制系统中多用作记忆元件、开关元件和逻辑元件。常用的矩磁材料有镁锰铁氧体和 1J51 型铁镍合金等。

6.1.3 简单磁路的分析

磁路的分析计算和电路一样，要用到一些基本定律，其中最基本的定律之一是磁路的欧姆定律。磁路的欧姆定律是用来表示磁通与磁动势之间关系的，它可以由全电流定律推导得出。

图 6.5 所示为一环形铁心，它由单一磁性材料构成，其横截面积为 S，磁路的平均长度为 l。应用全电流定律，取磁路中心线 l 为闭合回路，则中心线上各点磁场强度 $\boldsymbol{H}$ 大小相同，方向都与 l 在该点处切线方向一致。根据式(6.3)可得

$$Hl = IN \tag{6.6}$$

将式(6.4)和式(6.1)代入式(6.6)，则

$$IN = Hl = \frac{B}{\mu}l = \frac{\Phi}{\mu S}l$$

于是得到

$$\Phi = \frac{IN}{\dfrac{l}{\mu S}} = \frac{F}{R_{\mathrm{m}}} \tag{6.7}$$

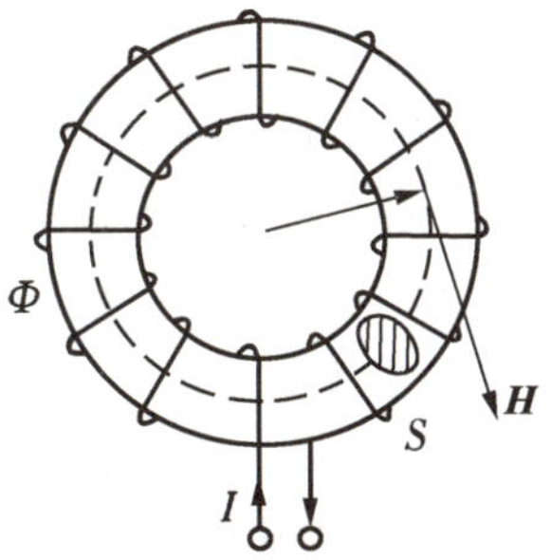

图 6.5 环形磁路

式中，$F = IN$ 为磁动势，它是产生磁通的原因，磁动势的单位是安·匝或安(A)；N 是线圈匝数；$R_{\mathrm{m}} = l/(\mu S)$ 称为磁阻，它是一个表示磁路对磁通具有阻碍作用的物理量，磁阻的单位是 1/亨(1/H)。

式(6.7)在形式上和电路中的欧姆定律相似，磁通 Φ 相当于电流 I，磁动势

F 相当于电动势 E，磁阻 R_m 相当于电阻 R。因此，通常将式(6.7)表达的关系称为磁路的欧姆定律。

磁路的欧姆定律主要用于磁路的定性分析，一般不能直接用来定量计算。这是因为磁性材料的磁导率 μ 不是常数，因此它的磁阻 R_m 也不是常数。磁路的定量计算通常要应用全电流定律和查阅磁化曲线来完成。

磁路和电路之间，磁路的基本物理量、基本定律和电路的基本物理量、基本定律有很多相似之处。为了便于理解和记忆，现将它们部分相似的对应关系列于表6.1中。

表6.1 电路和磁路的比较

项目	电路	磁路
典型结构	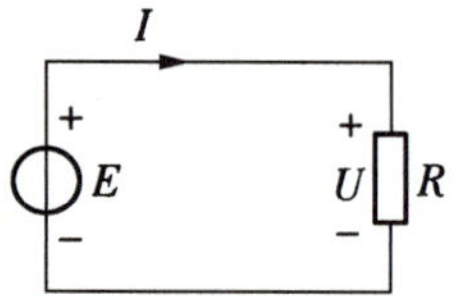	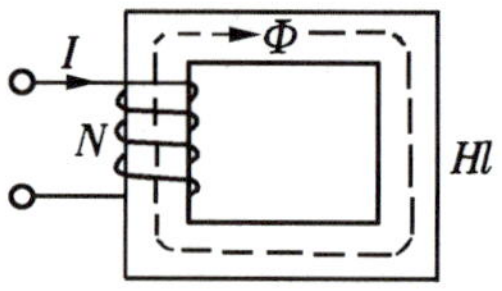
基本物理量	电动势 E 电流 I 电流密度 J 电阻 R 电导率 γ	磁动势 F 磁通 Φ 磁通密度 B 磁阻 R_m 磁导率 μ
基本关系	电阻 $R=\frac{l}{\gamma s}$ 电路的欧姆定律 $I=\frac{E}{R}$ 电路的基尔霍夫第二定律 $\sum IR=\sum E$	磁阻 $R_m=\frac{l}{\mu S}$ 磁路的欧姆定律 $\Phi=\frac{F}{R_m}$ 磁路的基尔霍夫第二定律 $\sum Hl=\sum I$

磁路分析的主要目的在于找出磁通与磁动势之间的关系，最常见的是已知铁心的材料和尺寸，按铁心中的磁通要求，求所需磁动势。对于恒定磁通、无分支的简单磁路的分析，其步骤大致如下。

(1) 将磁路按材料和截面积的不同分成若干段，由已知磁通 Φ 分别求出各段的磁感应强度 $\boldsymbol{B}$。

(2) 根据各段磁路材料的磁化曲线 $B=f(H)$，找出与各段 B 值对应的 H 值。对气隙或其他非磁性材料可按下式计算：

$$H_0=\frac{B_0}{\mu_0}=\frac{B_0}{4\pi\times10^{-7}}\ \text{A/m}$$

式中，B_0 的单位是特斯拉(T)。

(3) 计算各段磁路的磁压降 Hl。

(4) 按磁路的基尔霍夫第二定律 $F=IN=\sum Hl$，求出所需的磁动势。

例 6.1　有一环形均匀铁心的线圈，其匝数为 500，磁路平均长度为 50 cm。试求：(1) 当铁心中的磁感应强度为 0.4 T，铁心材料分别为铸铁和硅钢片时的励磁电流；(2) 当励磁电流为 0.4 A，铁心材料分别为铸铁和硅钢片时的磁感应强度。

解　(1) 先由图 6.4 中的磁化曲线，查出铸铁和硅钢片的磁场强度分别为 16 A/cm 和 0.7 A/cm，然后按式(6.6) 进行计算。

当铁心为铸铁时

$$I = \frac{Hl}{N} = \frac{16 \times 50}{500}\ \mathrm{A} = 1.6\ \mathrm{A}$$

当铁心为硅钢片时

$$I = \frac{Hl}{N} = \frac{0.7 \times 50}{500}\ \mathrm{A} = 0.07\ \mathrm{A}$$

由此可见，为了得到相同的磁感应强度，采用磁导率高的铁心材料，可以大大减小励磁电流和线圈的用铜量。

(2) 由式(6.6) 求出磁场强度 H：

$$H = \frac{NI}{l} = \frac{500 \times 0.4}{50}\ \mathrm{A/cm} = 4\ \mathrm{A/cm}$$

当铁心为铸铁时，由磁化曲线查得

$$B = 0.05\ \mathrm{T}$$

当铁心为硅钢片时，由磁化曲线查得

$$B = 1.08\ \mathrm{T}$$

在这里，励磁电流相同，但硅钢片作铁心时的磁感应强度是铸铁作铁心时的 21.6 倍，即若要得到相同的磁通，铸铁铁心的截面积必需是硅钢片铁心的 21.6 倍。因此，采用磁导率高的铁心材料可使用铁量大为减少。

例 6.2　已知图 6.6 所示磁路的铁心由铸钢制成，铁心截面积 $S_1 = 15\ \mathrm{cm}^2$，平均长度 $l_1 = 40$ cm，气隙长度 $l_0 = 0.2$ cm，若线圈通入 1 A 电流，试求铁心中产生 $\Phi = 1.2 \times 10^{-3}$ Wb 时所需线圈匝数。

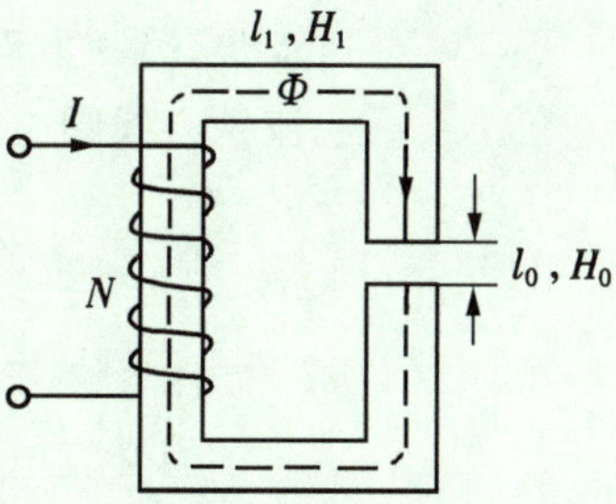

图 6.6　例 6.2 的图

解　① 求磁感应强度：

$$B_1 = B_0 = \frac{\Phi}{S} = \frac{1.2 \times 10^{-3}}{1.5 \times 10^{-3}}\ \mathrm{T} = 0.8\ \mathrm{T}$$

② 求磁场强度：

$$H_0 = \frac{B_0}{\mu_0} = \frac{0.8}{4\pi \times 10^{-7}}\ \mathrm{A/m} = 6.4 \times 10^5\ \mathrm{A/m}$$

由图 6.4 中铸钢的磁化曲线查得 $H_1 = 7$ A/cm。

③ 求磁压降：

$$H_0 l_0 = 6.4 \times 10^5 \times 0.2 \times 10^{-2}\ \mathrm{A} = 1\,280\ \mathrm{A}$$

$$H_1 l_1 = 7 \times 40\ \mathrm{A} = 280\ \mathrm{A}$$

④ 求总磁动势和线圈匝数:

$$F = IN = H_1 l_1 + H_0 l_0 = (280 + 1\ 280)\ \text{A} = 1\ 560\ \text{A}$$

$$N = \frac{F}{I} = \frac{1\ 560}{1} = 1\ 560$$

上面的分析表明,当磁路中具有气隙时,由于气隙磁阻较大,磁动势的绝大部分都作用在气隙上。为了减少线圈的匝数,应尽可能地减小气隙长度。

思考题

1. 什么是直流磁路?什么是交流磁路?在工程应用中,直流磁路和交流磁路所用材料在结构上有何异同?

2. 当磁路使用的材料和磁路的几何尺寸一定时,磁路的磁阻是否也为定值?

6.2 交流铁心线圈电路

铁心线圈按励磁电流的不同可分为直流和交流,直流铁心线圈通入的电流是直流,产生的磁通是恒定不变的,因此在线圈和铁心中不会产生感应电动势,也不会出现涡流和磁滞损耗。直流铁心线圈的电路分析很简单,与普遍的直流电路完全一样,流入线圈的电流只与线圈两端的电压和线圈本身的电阻有关,即 $I = U/R$,其功率损耗只有电阻上消耗的功率(I^2R)。但交流铁心线圈通入的是交流电流,由此产生的磁通是随时间交变的。一方面在线圈中要产生感应电动势,另一方面在铁心中要产生涡流和磁滞损耗。与直流铁心线圈电路比较,交流铁心线圈电路具有很多不同的特点。

6.2.1 各物理量之间的关系

图 6.7 所示是一个交流铁心线圈电路,首先分析其物理量之间的关系。

当交流电压 u 作用于线圈时,线圈中便会产生交变电流 i 和交变磁通。磁通的绝大部分通过铁心而闭合,称为主磁通,用符号 Φ 表示;此外,还有很少的一部分经线圈周围的空气和其他非磁性物质而闭合,称为漏磁通,用 Φ_σ 表示。主磁通和漏磁通都会在线圈中产生感应电动势,分别称为主磁电动势和漏磁电动势,用 e 和 e_σ 表示。主磁通的变化还会在

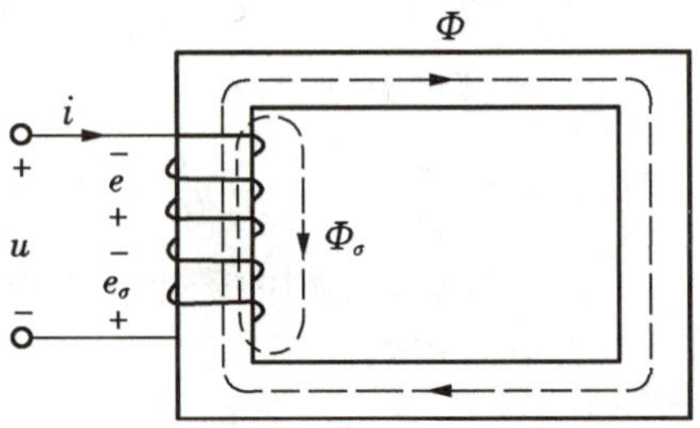

图 6.7　交流铁心线圈电路

铁心中引起涡流和磁滞损耗，并使铁心发热，电流流过线圈时也会在线圈的电阻上产生压降。这些关系可表示如下：

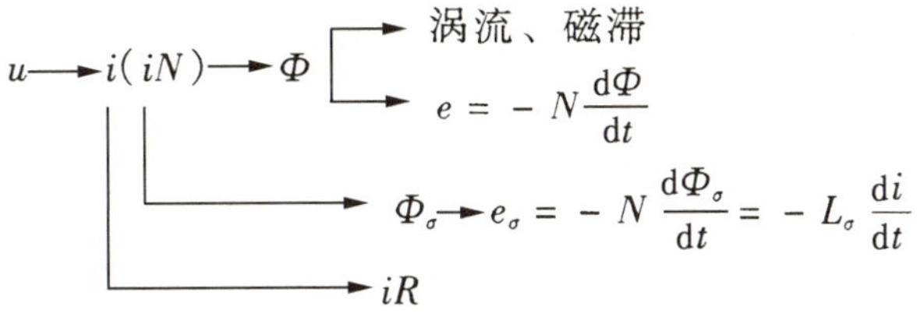

由于漏磁通主要是通过空气和其他非磁性物质的，故 Φ_σ 与电流 i 之间呈线性关系，漏磁电感为

$$L_\sigma = \frac{N\Phi_\sigma}{i} = \text{常数}$$

漏磁电动势为

$$e_\sigma = -N\frac{\mathrm{d}\Phi_\sigma}{\mathrm{d}t} = -L_\sigma\frac{\mathrm{d}i}{\mathrm{d}t}$$

主磁通是通过铁心的，由于铁心的磁导率 μ 不是常数，所以主磁通 Φ 与 i 之间不呈线性关系，即主磁电感 L 不是一个常数。因此，主磁电动势不能像漏磁电动势那样处理。

假设主磁通 Φ 是按正弦规律变化的，即

$$\Phi = \Phi_\mathrm{m}\sin\omega t$$

则

$$e = -N\frac{\mathrm{d}\Phi}{\mathrm{d}t} = -N\frac{\mathrm{d}(\Phi_\mathrm{m}\sin\omega t)}{\mathrm{d}t} = -N\omega\Phi_\mathrm{m}\cos\omega t$$
$$= 2\pi fN\Phi_\mathrm{m}\sin(\omega t - 90^\circ) = E_\mathrm{m}\sin(\omega t - 90^\circ)$$

式中，$E_\mathrm{m} = 2\pi fN\Phi_\mathrm{m}$ 是主磁电动势的幅值，其有效值为

$$E = \frac{E_\mathrm{m}}{\sqrt{2}} = 4.44fN\Phi_\mathrm{m} \tag{6.8}$$

交流铁心线圈电路的电压平衡关系可由基尔霍夫定律得出，即

$$u = iR - e_\sigma - e = iR + L_\sigma\frac{\mathrm{d}i}{\mathrm{d}t} + N\frac{\mathrm{d}\Phi}{\mathrm{d}t} \tag{6.9}$$

由于通常电阻压降 iR 和漏磁电动势 e_σ 都很小，与主磁电动势 e 比较往往可以忽略不计，于是式(6.9)可表示为

$$u \approx -e = N\frac{\mathrm{d}\Phi}{\mathrm{d}t} \tag{6.10}$$

因而

$$U \approx E = 4.44fN\Phi_\mathrm{m} \tag{6.11}$$

式(6.11)是一个常用的公式，它表示当交流铁心线圈电路中线圈匝数 N、电源电压 U 及频率 f 一定时，主磁通的最大值 Φ_m 就是一定的，即为"常磁通"。常磁通的概念对分析变压器、交流电机、交流接触器等交流电磁器件是十分重要的。

当 u 是正弦电压时，式(6.11)电压平衡方程式可写成相量形式：

$$\dot{U} = \dot{I}R - \dot{E}_\sigma - \dot{E} = \dot{I}R + \mathrm{j}\dot{I}X_\sigma - \dot{E} \tag{6.12}$$

式中，$X_\sigma = \omega L_\sigma$ 称为漏磁感抗。

例 6.3 有一铁心线圈，接于 220 V 工频电源，已知线圈匝数为 800，铁心由硅钢片叠成，截面积为 12 cm²，磁路平均长度为 40 cm，设叠片间隙系数为 0.9。试求：(1) 主磁通的最大值 Φ_m；(2) 励磁电流 I。

解 (1) 由式(6.11) 得主磁通的最大值为

$$\Phi_m = \frac{U}{4.44fN} = \frac{220}{4.44 \times 50 \times 800}\ \text{Wb} = 1.24 \times 10^{-3}\ \text{Wb}$$

(2) 考虑铁心叠片之间具有间隙，铁心有效截面积应按其几何尺寸乘以叠片间隙系数计算：

$$S = 12 \times 0.9\ \text{cm}^2 = 10.8\ \text{cm}^2$$

铁心的磁感应强度最大值为

$$B_m = \frac{\Phi_m}{S} = \frac{1.24 \times 10^{-3}}{10.8 \times 10^{-4}}\ \text{T} = 1.15\ \text{T}$$

由图 6.4 中硅钢的磁化曲线查得，当 $B_m = 1.15$ T 时，$H_m = 4.6$ A/cm，根据式(6.6)，励磁电流的最大值为

$$I_m = \frac{H_m l}{N} = \frac{4.6 \times 40}{800}\ \text{A} = 0.23\ \text{A}$$

励磁电流的有效值为

$$I = \frac{I_m}{\sqrt{2}} = \frac{0.23}{\sqrt{2}}\ \text{A} = 0.163\ \text{A}$$

6.2.2 铁心中的能量损耗

在交流铁心线圈电路中，除了线圈中有功率损耗 I^2R(称为铜损耗，用 P_{Cu} 表示)，交变磁通在铁心中也会引起损耗，称为铁损耗，用 P_{Fe} 表示。铁损耗是由涡流和磁滞产生的。

1. 涡流损耗

当绕在铁心上的线圈流过交变电流时，铁心中的主磁通也是交变的。交变的主磁通，不仅会在线圈中产生感应电动势，也会在铁心中产生感应电动势，并形成旋涡状的感应电流，如图 6.8(a) 所示，这种电流称为涡流。由涡流产生的能量损耗叫作涡流损耗，用 P_e 表示。

涡流损耗不仅消耗了电能，而且引起铁心发热，温度升高，严重时还会影响电气设备的正常运行。为了减少涡流损耗，变压器、交流电机等电气设备的铁心，不是采用整块材料制成，而是用互相绝缘的薄钢片(如硅钢片)叠成，如图 6.8(b) 所示。这样就可以限制涡流，使之只能在每片的窄小的范围内流动。同时，由于硅钢片中含有少量的硅，其电阻率较高，也可以减小涡流。此外，在一些频率较高的电气设备中，有时也采用非金属磁性材料(如铁氧体)作铁心。由于铁氧体电阻率很高，近似绝缘体，因而可以使涡流大大减小。

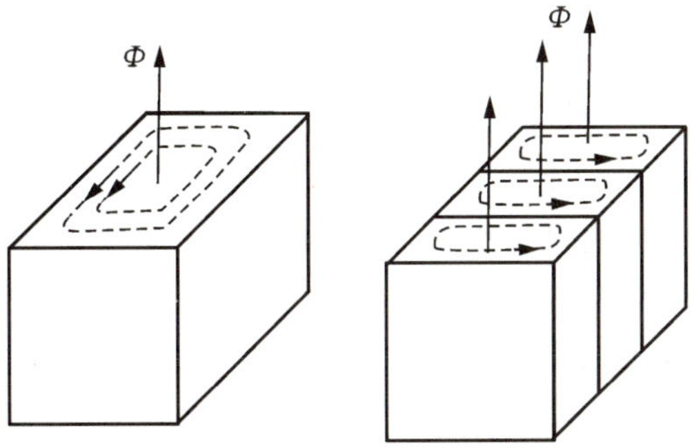

图6.8　铁心中的涡流

涡流损耗的大小是与铁心中磁感应强度的最大值 B_m 的平方成正比的，因此，一般 B_m 不要选得过大。

在变压器、电机等电气设备中，涡流是有害的，所以要采取措施减小涡流。但涡流也有其有利的一面。例如，各种感应加热炉就是利用涡流的热效应来加热和冶炼金属的，感应式电能表也是利用涡流与磁场的相互作用产生电磁力的原理制成的。

2. 磁滞损耗

磁性材料在交变磁化过程中存在磁滞现象，由此产生的损耗称为磁滞损耗，用 P_h 表示。可以证明，铁心交变磁化一周所消耗的功率与材料磁滞回线所包围的面积成正比。

磁滞损耗也会引起铁心发热，为了减少磁滞损耗，应选用磁滞回线所包围的面积小的软磁材料作为铁心。变压器和交流电机中广泛使用的铁心材料硅钢片，就是磁滞损耗较小的软磁材料。

综上所述，交流铁心线圈电路中消耗的总有功功率为

$$P = P_{Cu} + P_{Fe} = I^2R + P_{Fe} \tag{6.13}$$

思考题

1. 如果将交流铁心线圈接到电压相同的直流电源上使用，或将直流铁心线圈接到电压相同的交流电源上使用(交流电压指有效值)，将会产生什么后果？

2. 在电源电压不变的情况下，空心线圈中引入铁心后，对交流励磁电流和直流励磁电流有什么影响？

3. 在一个具有气隙的铁心上绕有一个线圈，将此线圈接到一定电压的直流电源上，改变气隙的长度，线圈中的电流和铁心中的磁通是否发生变化？为什么？若将此线圈接到一定电压的交流电源上，又将如何？

4. 在分析交流铁心线圈电路时，为什么漏磁通产生的感应电动势可以用公式 $e_\sigma = -L_\sigma \dfrac{di}{dt}$ 计算，而主磁通产生的感应电动势只能用公式 $e = -N\dfrac{d\Phi}{dt}$ 计算？

5. 直流铁心线圈和交流铁心线圈的功率损耗有何异同？恒定磁通通过铁心时会不会产生功率损耗？

6.3 变压器

变压器

变压器是一种常见的电气设备,可用来将某一电压值的交流电变换为同频率的另一电压值的交流电。除了变换电压,它还可以变换电流和变换阻抗。变压器在国民经济的很多领域里有着非常广泛的应用。

在电力系统中,输送一定的电功率,电压越高,线路中的电流就越小,线路上的损耗也越小,同时也可减少金属导线的用量。因此,输电时需要用变压器将电压升高。一般而言,输电的距离越远,输送的功率越大,要求输电的电压也越高。例如,葛洲坝至上海的输电线路电压高达 500 kV。在用电方面,从安全和制造成本考虑,一般使用比较低的电压,如 380 V、220 V,特殊地方还要用到 36 V、24 V 或 12 V。这又需要用变压器将电压降低,使之符合用电设备的需要。在电子电路中,变压器不仅用于变换电压,提供电源,还用来耦合电路,传递信号,实现阻抗匹配。在测量方面,可利用电压互感器、电流互感器的变压、变流作用,扩大交流电压表、电流表的测量范围。此外,在工程技术领域中,还大量使用着各种不同的专用变压器,如自耦变压器、电焊变压器、电炉变压器等。虽然变压器的种类很多,用途各异,但其基本结构和工作原理是相同的。

变压器的一般结构如图 6.9 所示。它们都是由铁心和高、低压绕组(线圈)构成的。其中图 6.9(a) 所示为心式变压器,其特点是铁心在绕组里面,即绕组包围铁心。心式变压器的结构简单,用铁量少,绕组的安装和绝缘比较容易,多用于容量较大的单相变压器和三相电力变压器中。图 6.9(b) 所示是壳式变压器,其特点是绕组在铁心里面,即铁心包围绕组。壳式变压器用铜量少,散热比较容易,而且不要专门的变压器外壳,多用于小容量的单相变压器和某些特殊用途的变压器中。

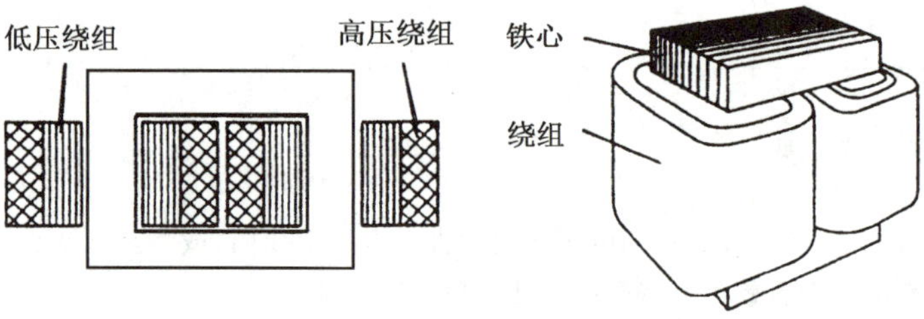

(a) 心式变压器

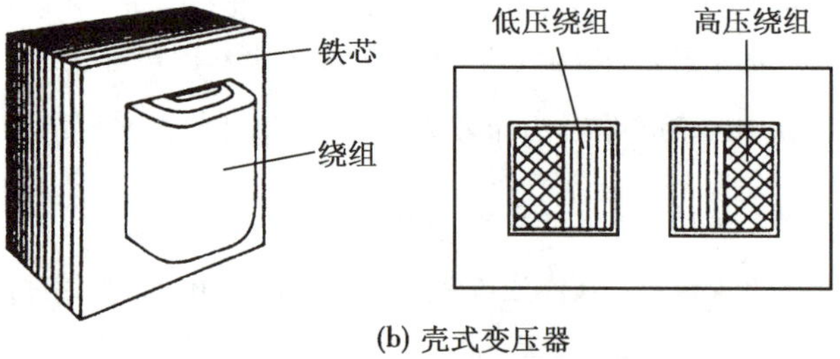

(b) 壳式变压器

图 6.9 变压器的一般结构

铁心是变压器的磁路部分，为了提高导磁能力和降低铁心损耗，铁心都由表面涂有绝缘漆膜、厚度为 0.22 ～ 0.5 mm 的硅钢片叠成。

绕组是变压器的电路部分。变压器的绕组多绕制成圆柱形。为了加强绕组之间的磁耦合，通常将高、低压绕组绕在同一铁心柱上。一般是低压绕组靠近铁心放置，以便与铁心绝缘，而高压绕组同心地套在低压绕组的外侧。

6.3.1　变压器的工作原理

1. 变压器的基本工作原理

图 6.10 是单相变压器的原理图，为了便于分析，图中将高、低压绕组分别画在两个铁心柱上。其中，与电源相连的绕组称为一次绕组（又称初级绕组或原绕组），一次绕组中的电压、电流、电动势分别用 u_1、i_1、e_1 表示；与负载相连的绕组称为二次绕组（又称次级绕组或副绕组），二次绕组中的电压、电流和电动势分别用 u_2、i_2、e_2 表示。一次、二次绕组的匝数分别用 N_1 和 N_2 表示。

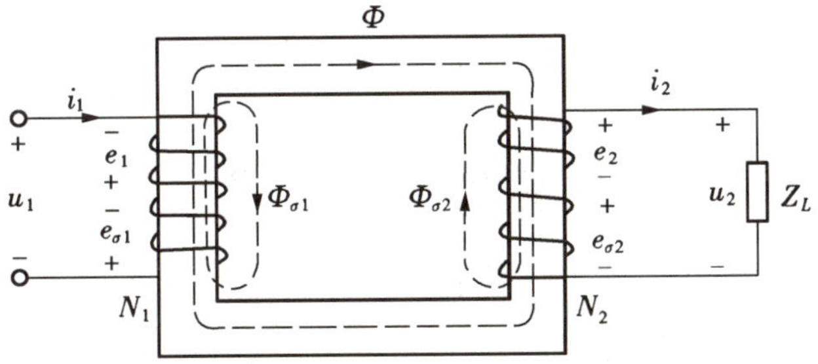

图 6.10　单相变压器的原理图

当一次绕组接上交流电压 u_1 时，便有交变电流 i_1 通过一次绕组，一次绕组的磁动势 i_1N_1 就会在铁心中产生交变主磁通 Φ。由于主磁通既穿过一次绕组又穿过二次绕组，因此，当主磁通交变在一次绕组中产生感应电动势 e_1 时，也要在二次绕组中产生感应电动势 e_2。如果二次绕组接有负载，负载上就有电流 i_2 流过。显然，对负载来说，二次绕组中的感应电动势 e_2 就相当于电源电动势。此时，负载上的电流和功率是通过变压器铁心中的交变磁通，利用电磁感应作用，从一次绕组传递到二次绕组的，即能量由交流电源供给，通过铁心中的磁通来传递。这就是变压器的基本工作原理。

这里需要说明的是，当二次绕组接有负载而有电流 i_2 流过时，二次绕组的磁动势 i_2N_2 也要在铁心中产生磁通。因此，铁心中的主磁通 Φ 是一次、二次绕组共同产生的合成磁通。此外，一次、二次绕组的磁动势还要产生漏磁通 $\Phi_{\sigma1}$ 和 $\Phi_{\sigma2}$，并在各自的绕组中分别感应出漏磁电动势 $e_{\sigma1}$ 和 $e_{\sigma2}$。

2. 变压器的空载运行与电压变换作用

变压器一次绕组接通电源，二次绕组不接负载时的运行状态称为空载运行。

由于空载运行时二次绕组中没有电流，不会对铁心中的磁通产生影响，因此一次绕组的工作情况与交流铁心线圈电路完全一样，一次绕组的电压平衡方

程式为

$$u_1 = i_0 R_1 + L_1 \frac{\mathrm{d}i_0}{\mathrm{d}t} - e_1 \tag{6.14}$$

或写成相量形式,即

$$\dot{U}_1 = \dot{I}_0 R_1 + \mathrm{j}\dot{I}_0 X_1 - \dot{E}_1 \tag{6.15}$$

式中,I_0 为空载状态下的一次电流,称为空载电流;R_1 为一次绕组的等效电阻;$X_1 = \omega L_1$,为一次绕组的漏磁感抗,它由漏磁通产生;L_1 为漏磁电感。

由于 R_1 和 X_1 上的电压降很小,与主磁电动势 E_1 比较可以忽略不计,于是

$$\dot{U}_1 \approx -\dot{E}_1$$

有效值为

$$U_1 \approx E_1 = 4.44 f N_1 \Phi_\mathrm{m} \tag{6.16}$$

由于二次绕组开路,因此,它的开路电压(空载电压)等于感应电动势,即

$$u_{20} = e_2 = -N_2 \frac{\mathrm{d}\Phi}{\mathrm{d}t} \tag{6.17}$$

或写成相量形式,即

$$\dot{U}_{20} = \dot{E}_2$$

有效值为

$$U_{20} = E_2 = 4.44 f N_2 \Phi_\mathrm{m} \tag{6.18}$$

于是得出

$$\frac{U_1}{U_{20}} \approx \frac{E_1}{E_2} = \frac{N_1}{N_2} = K \tag{6.19}$$

式中,$K = N_1/N_2$,为变压器一次、二次绕组的匝数比,称为变比。

式(6.19)说明空载时,变压器一次、二次绕组的电压之比等于匝数比。当电源电压一定时,只要改变匝数比,就可以得到不同的输出电压。这就是变压器的电压变换作用。

变压器的变比可由其铭牌数据求得,它等于一次、二次绕组的额定电压之比。例如,6 000/230 V 的单相变压器,$K = 26$。这里斜线上方的 6 000 V 为一次绕组的额定电压 $U_{1\mathrm{N}}$,斜线下方的 230 V 为二次绕组的额定电压 $U_{2\mathrm{N}}$。在变压器中,二次绕组的额定电压是指一次绕组加上额定电压时,二次绕组的空载电压。三相变压器的额定电压均指线电压。

若要变换三相电压,可采用三相变压器。三相变压器的高、低压绕组都可以接成星形或三角形。图 6.11 表示了三相变压器的两种接法及电压的变换关系。图 6.11(a) 中的三相变压器采用 Y/Y_0 联结,图 6.11(b) 为 Y/D 联结。斜线上方表示高压绕组的连接方式,斜线下方表示低压绕组的连接方式。Y_0 表示星形连接,并有中线引出。例如,图 6.11(a) 中,当高压边线电压为 U_1 时,则相电压为 $U_1/\sqrt{3}$。若变压器的变比为 K,则低压边相电压为 $U_1/(\sqrt{3}K)$,线电压 $U_2 = U_1/K$。

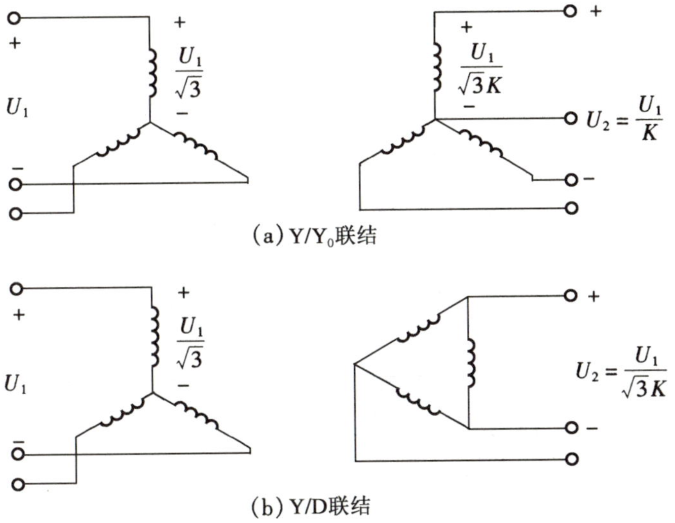

图 6.11　三相变压器一、二次电压关系举例

3. 变压器的负载运行与电流变换作用

变压器二次绕组接有负载时的运行状态称为变压器的负载运行。

由于二次绕组接上负载后，在感应电动势 e_2 作用下，二次电路有电流 i_2 通过，因此，在二次绕组中除了主磁通产生的主磁电动势 e_2，还有漏磁通产生的漏磁电动势 $e_{\sigma 2}$ 以及电阻压降 i_2R_2。根据基尔霍夫定律，可写出二次绕组电路的电压平衡方程式为

$$u_2 = e_2 + e_{\sigma 2} - i_2R_2 \tag{6.20}$$

用相量表示，则有

$$\dot{U}_2 = \dot{E}_2 - \mathrm{j}\dot{I}_2X_2 - \dot{I}_2R_2 \tag{6.21}$$

式中，$X_2=\omega L_2$，是二次绕组的漏磁感抗；L_2 是二次绕组的漏电感。

二次绕组有了电流 i_2 之后，一次绕组电流也相应地由 i_0 变为 i_1。这时，一次绕组电压平衡方程式为

$$\dot{U}_1 = \dot{I}_1R_1 + \mathrm{j}\dot{I}_1X_1 - \dot{E}_1 \tag{6.22}$$

虽然在负载状态下，I_1 增加了很多，但由于 R_1 和 X_1 很小，其上压降比 E_1 小得多。因此仍可以认为 $U_1 \approx E_1$，即仍有 $U_1 \approx E_1 = 4.44fN_1\Phi_m$ 的关系。与此相同，二次绕组中 I_2R_2 和 I_2X_2 也远小于 E_2，故有

$$\dot{U}_2 \approx \dot{E}_2$$

$$U_2 \approx E_2 = 4.44fN_2\Phi_m \tag{6.23}$$

$$\frac{U_1}{U_2} \approx \frac{E_1}{E_2} = \frac{N_1}{N_2} = K \tag{6.24}$$

式(6.24)说明，变压器在负载运行时，电压之比仍近似等于匝数之比。

下面讨论一次、二次绕组电流之间的关系。

变压器二次绕组接上负载后，出现了电流 i_2，使一次绕组电流发生了变化，从 i_0 变为了 i_1。因此，负载运行时，变压器铁心中的主磁通是由磁动势 i_1N_1 和 i_2N_2 共同作用产生的。但根据前述常磁通概念可知，当电源电压 U_1 和频率 f 不变时，磁通最大值 Φ_m 也不变。Φ_m 不变，则产生主磁通的磁动势不变。因此，变压

器负载运行时的磁动势应与空载运行时的磁动势相等，即

$$i_1N_1 + i_2N_2 = i_0N_1$$

或

$$\dot{I}_1N_1 + \dot{I}_2N_2 = \dot{I}_0N_1$$

$$\dot{I}_1N_1 = \dot{I}_0N_1 - \dot{I}_2N_2 \tag{6.25}$$

式(6.25)说明，变压器负载运行时，一次绕组磁动势由两部分组成：一部分为 I_0N_1，用于产生主磁通，另一部分为 $-I_2N_2$，用于补偿负载电流对主磁通的作用。

由于变压器的空载电流 I_0 很小，仅占额定电流的百分之几，因此一般可以认为

$$\dot{I}_1N_1 \approx -\dot{I}_2N_2 \tag{6.26}$$

一次、二次绕组电流有效值之比为

$$\frac{I_1}{I_2} \approx \frac{N_2}{N_1} = \frac{1}{K} \tag{6.27}$$

即变压器一次、二次绕组电流有效值之比近似等于它们的匝数比的倒数。这就是变压器的电流变换作用。

式(6.26)和式(6.27)说明，虽然变压器的电流由负载的大小决定，但一次、二次绕组电流的比值却不变。因为当负载增加而使二次绕组电流增加时，一次绕组电流也必须增加，以抵消二次绕组电流对主磁通的影响，维持主磁通基本不变。从式(6.26)也可以看出，在图6.10所示参考方向下，$\dot{I}_1$ 和 $\dot{I}_2$ 相位几乎相反，$\dot{I}_2N_2$ 是对主磁通起去磁作用的。

变压器一次、二次绕组额定电流 I_{1N} 和 I_{2N} 分别是指一次绕组加上额定电压 U_{1N} 时，一次、二次绕组允许长期通过的最大电流，三相绕组中为线电流。二次绕组额定电压与额定电流的乘积称为额定容量，记为 S_N，即

$$S_N = U_{2N}I_{2N}$$

额定容量是变压器输出的视在功率。忽略变压器的损耗，则

$$S_N = U_{2N}I_{2N} \approx U_{1N}I_{1N}$$

三相变压器的额定容量为

$$S_N = \sqrt{3}U_{2N}I_{2N} \approx \sqrt{3}U_{1N}I_{1N}$$

4. 变压器的阻抗变换作用

变压器除具有变换电压和变换电流的作用外，还具有变换阻抗的作用。图6.12是用电路符号表示的变压器电路图。当把阻抗为 Z_L 的负载接到变压器的二次绕组时，则有

$$|Z_L| = \frac{U_2}{I_2}$$

对电源来说，它所接的负载等效阻抗模为

$$|Z'_L| = \frac{U_1}{I_1} \approx \frac{KU_2}{I_2/K} = K^2\frac{U_2}{I_2} = K^2|Z_L| \tag{6.28}$$

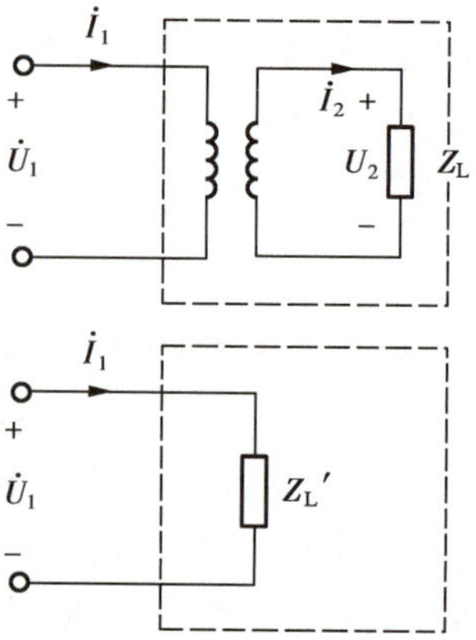

图6.12　负载阻抗的等效变换

由式(6.28)可见，当把阻抗模为 $|Z_L|$ 的负载

接到变压器二次绕组时，对电源来说，相当于接上一个阻抗模为 $|Z'_L| = K^2 |Z_L|$ 的负载。这就是变压器的阻抗变换作用。根据这一功能，在电子电路中常用变压器作为阻抗变换器。

例 6.4　有一台单相降压变压器，已知一次绕组电压 $U_1 = 6\,600$ V，二次绕组电压 $U_2 = 220$ V，一次绕组匝数 $N_1 = 3\,000$。(1) 求二次绕组匝数 N_2；(2) 如果在变压器二次绕组接入一个 220 V、40 kW 的电阻炉，一次、二次绕组电流及一次绕组的等效电阻各为多少？

解　(1) 因为变压器的变比

$$K = \frac{U_1}{U_2} = \frac{6\,600}{220} = 30$$

故

$$N_2 = \frac{N_1}{K} = \frac{3\,000}{30} = 100$$

(2) 因为电阻炉为电阻性负载，功率因数 $\lambda = 1$，故变压器二次绕组电流为

$$I_2 = \frac{P}{U_2} = \frac{40 \times 10^3}{220}\ \text{A} = 182\ \text{A}$$

$$I_1 = \frac{I_2}{K} = \frac{182}{30}\ \text{A} = 6.07\ \text{A}$$

电阻炉的电阻为

$$R_L = \frac{U_2^2}{P} = \frac{220^2}{40 \times 10^3}\ \Omega = 1.21\ \Omega$$

一次绕组的等效电阻为

$$R'_L = K^2 R_L = 30^2 \times 1.21\ \Omega = 1\,089\ \Omega$$

或

$$R'_L = \frac{U_1}{I_1} = \frac{6\,600}{6.07}\ \Omega = 1\,088\ \Omega$$

例 6.5　某三相电力变压器，额定容量为 30 kV·A，额定电压为 10 000/400 V，接法为"Y/Y_0"。(1) 求一次、二次绕组额定电流；(2) 向 $\lambda_2 = \cos\varphi_2 = 0.9$ 的感性负载供电且满载时，测得二次绕组线电压为 380 V，求变压器的输出功率。

解　(1) 因为在忽略变压器的损耗时，三相变压器的额定容量为

$$S_N = \sqrt{3} U_{2N} I_{2N} \approx \sqrt{3} U_{1N} I_{1N}$$

故

$$I_{2N} = \frac{S_N}{\sqrt{3} U_{2N}} = \frac{30 \times 10^3}{\sqrt{3} \times 400}\ \text{A} = 43.3\ \text{A}$$

$$I_{1N} = \frac{S_N}{\sqrt{3} U_{1N}} = \frac{30 \times 10^3}{\sqrt{3} \times 10\,000}\ \text{A} = 1.73\ \text{A}$$

或

$$K = \frac{U_{P1}}{U_{P2}} = \frac{U_{L1}/\sqrt{3}}{U_{L2}/\sqrt{3}} = \frac{U_{L1}}{U_{L2}} = \frac{10\,000}{400} = 25$$

$$I_{1N} = I_{P1} = \frac{I_{P2}}{K} = \frac{I_{2N}}{K} = \frac{43.3}{25}\ \text{A} = 1.732\ \text{A}$$

(2) 满载时的输出功率为

$$P_2 = \sqrt{3} U_2 I_2 \lambda_2 = \sqrt{3} \times 380 \times 43.3 \times 0.9\ \text{W} = 25.6\ \text{kW}$$

6.3.2 变压器的工作特性

变压器的工作特性是变压器运行时的性能指标，这里主要介绍外特性、电压变化率和效率。

1. 外特性

外特性用来描述变压器二次电压随负载变化的关系。在电源电压 U_1 和负载功率因数 λ_2 不变的情况下，二次电压随电流 I_2 变化的特性曲线 $U_2=f(I_2)$，称为变压器的外特性，如图 6.13 所示。

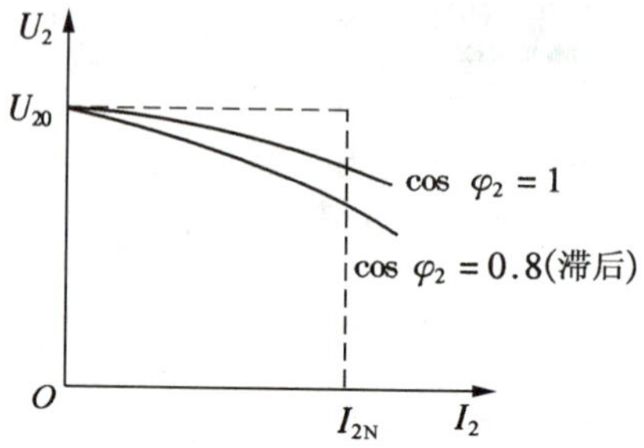

图 6.13 变压器的外特性

在电阻性和电感性负载时，U_2 随 I_2 的增加而下降。这是由于变压器一次、二次绕组中的阻抗压降随 I_2 的增加而增加。外特性的下降程度与负载的功率因数有关，功率因数越低(感性)，下降幅度越大。

2. 电压变化率

变压器二次绕组电压随负载变化的程度常用电压变化率(也称电压调整率)来表示。电压变化率定义为

$$\Delta U\%=\frac{U_{20}-U_2}{U_{20}}\times 100\% \tag{6.29}$$

式中，U_{20} 和 U_2 分别为变压器空载和额定负载时的二次绕组电压。由于变压器的漏阻抗很小，负载变化时，U_2 变化范围一般不大。大型电力变压器的电压变化率为 2% ~ 3%，而一般变压器在 5% 左右。

3. 效率

变压器的效率 η 是指它的输出功率 P_2 与输入功率 P_1 的比值，通常用百分数表示，即

$$\eta=\frac{P_2}{P_1}\times 100\% \tag{6.30}$$

变压器运行中存在两种损耗，即铁损耗 P_{Fe} 和铜损耗 P_{Cu}。

铁损耗是交变的主磁通在铁心中产生的涡流损耗和磁滞损耗之和，即

$$P_{Fe}=P_e+P_h \tag{6.31}$$

由于变压器正常运行时，其一次绕组中的电压有效值和频率都不变，因此主磁通基本上不变。主磁通不变则铁损耗也基本上不变，故铁损耗又称为不变损耗。

铜损耗是变压器在负载运行时，电流在一次、二次绕组电阻上产生的功率损耗，即

$$P_{Cu}=I_1^2R_1+I_2^2R_2 \tag{6.32}$$

显然，铜损耗与负载有关，当负载变化时，铜损耗也要跟着发生变化。因此，铜损耗又称为可变损耗。

因为变压器有铁损耗和铜损耗，故式(6.30)又可表示为

$$\eta=\frac{P_2}{P_2+P_{Fe}+P_{Cu}}\times 100\% \tag{6.33}$$

变压器的损耗很小，效率很高，一般在 95% 以上，大型电力变压器可高达 99%。

例 6.6　有一台单相变压器，额定电压为 3 300/230 V，当它向 $R=4\ \Omega$、$X_L=3\ \Omega$ 的负载供电时，正好满载。此时测得负载电流为 44.2 A，电源输入的有功功率为 8.2 kW。试求：(1) 变压器的电压变化率 $\Delta U\%$；(2) 满载时的效率 η 及变压器的损耗 $P(P_{Cu}+P_{Fe})$。

解　(1) 负载阻抗的模为

$$|Z|=\sqrt{R^2+X_L^2}=\sqrt{4^2+3^2}\ \Omega=5\ \Omega$$

满载时的二次绕组电压为

$$U_2=I_{2N}|Z|=44.2\times5\ \text{V}=221\ \text{V}$$

故电压变化率为

$$\Delta U\%=\frac{U_{20}-U_2}{U_{20}}\times100\%=\frac{230-221}{230}\times100\%=3.9\%$$

(2) 负载的功率因数为

$$\lambda_2=\frac{R}{|Z|}=\frac{4}{5}=0.8$$

满载时的输出功率为

$$P_2=U_2I_2\lambda_2=221\times44.2\times0.8\ \text{W}=7.8\ \text{kW}$$

故效率

$$\eta=\frac{P_2}{P_1}\times100\%=\frac{7.8}{8.2}\times100\%=95\%$$

变压器的损耗为

$$P=P_1-P_2=(8.2-7.8)\ \text{kW}=0.4\ \text{kW}$$

6.3.3　特殊变压器

特殊变压器的基本原理和普通变压器相同，但根据其特殊的使用要求，各种不同用途的变压器都有各自不同的特点。下面简单介绍几种特殊变压器。

1. 自耦变压器

自耦变压器只在铁心上绕了一个线圈，高低压共用，其低压绕组是高压绕组的一部分。自耦变压器的电路如图 6.14 所示。因此，它的一次、二次绕组之间不仅有磁的耦合，还有电的直接联系。

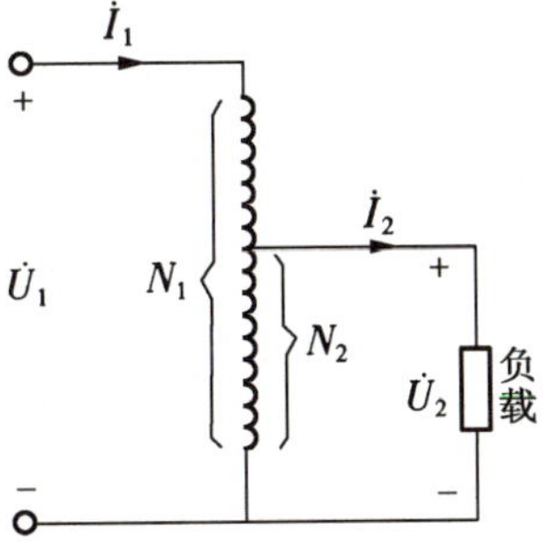

图 6.14　自耦变压器的电路

单相自耦变压器与普通单相双绕组变压器一样,一次、二次绕组的电压之间、电流之间,同样存在如下的关系:

$$\frac{U_1}{U_2} \approx \frac{N_1}{N_2} = K \qquad \frac{I_1}{I_2} \approx \frac{N_2}{N_1} = \frac{1}{K}$$

自耦变压器分为可调式和固定式两种结构。实验室中常用的自耦调压器(简称调压器)是一种可调式自耦变压器,其外形和电路如图 6.15 所示。使用时,通过旋转调压器的手柄,就可以改变滑动触头的位置,从而调节输出电压的大小。

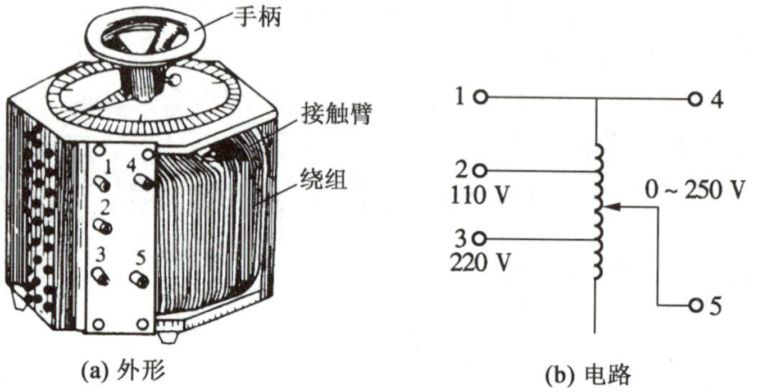

图 6.15 自耦调压器的外形和电路

与普通双绕组变压器比较,自耦变压器使用材料少,损耗小,效率高。但由于其一次、二次绕组之间有电的联系,使用中不够安全。

三相自耦变压器的工作原理与单相自耦变压器相同,其绕组常作星形连接。旋转三相自耦变压器的手柄,3 个线圈的滑动触头将同轴同方向改变,达到三相调压的目的。

2. 电流互感器

电流互感器是一种将大电流变为小电流的特殊变压器,可用来测量交流大电流及高压电路中的电流。它是根据变压器的原理制成的。

电流互感器的接线图及符号如图 6.16 所示。其一次绕组的匝数很少,只有一匝或几匝,使用时与被测电路串联。二次绕组匝数较多,与电流表或其他仪表的电流线圈连接。电流互感器二次绕组额定电流一般为 5 A 或 1 A。根据变压器原理,可认为

$$\frac{I_1}{I_2} = \frac{N_2}{N_1}$$

或

$$I_1 = \frac{N_2}{N_1} I_2 = K_i I_2 \tag{6.34}$$

式中,K_i 为电流互感器的变流比。将 K_i 乘上电流表的读数 I_2,即为被测电流 I_1。若配以专用互感器,电流表的刻度可按一次侧大电流值标出。

电流互感器工作时二次绕组不允许开路。这是因为一次绕组中的电流 I_1 由被测电路决定。当二次绕组开路时,$I_2 = 0$,二次绕组磁动势也为零。这时,铁心内的磁通全由 $I_1 N_1$ 产生,使磁通急剧增加,这一方面会在二次绕组中产生一个很高的感应电动势,危及人身安全;另一方面会使铁损耗大大增加,导致电流

互感器过热而损坏。

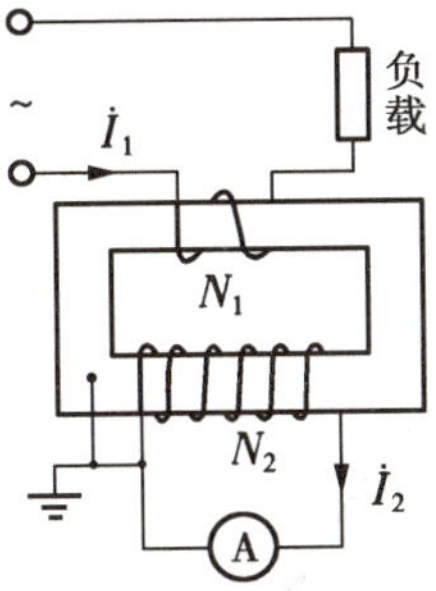

(a) 接线图

(b) 符号

图 6.16　电流互感器的接线图及其符号

另外，为安全起见，电流互感器的铁心（或金属外壳）和二次绕组的一端都应可靠接地。

实际工作中常用的钳形电流表，就是将电流互感器和电流表配套装在一起的一种便携式仪表。用它测量电流时，无需断开电路，使用非常方便。

3. 电压互感器

电压互感器是一种将高电压变为低电压的特殊变压器，可用它测量交流高电压。电压互感器的原理图如图 6.17 所示。它的一次绕组匝数较多，与被测电路并联；二次绕组匝数较少，与电压表或其他仪表的电压线圈连接。由于 $U_1/U_2 = N_1/N_2$，故

$$U_1 = \frac{N_1}{N_2}U_2 = KU_2$$

因此，只要将变比 K 乘以电压表的读数就可以求得被测高电压。电压互感器二次绕组额定电压均为 100 V，若配以专用互感器，电压表的刻度也可按高压侧电压值标出。

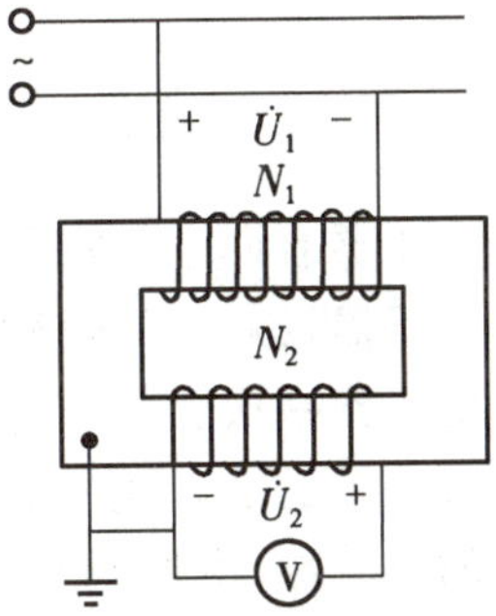

图 6.17　电压互感器的原理图

为安全起见，电压互感器的铁心（或金属外壳）及二次绕组的一端应可靠接地，以防高压边绝缘损坏而在低压边出现高压。另外，使用电压互感器时不允许二次绕组短路，否则，很大的短路电流会烧坏绕组。为此，电压互感器的一次、二次绕组都要接熔断器，以便出现短路时对互感器起保护作用。

4. 电焊变压器

电焊变压器是交流电焊机的主要组成部分，是为焊接金属而设计的一种专门用途的变压器，也有单相和三相之分。

电焊变压器一次侧电压有单相 220 V、380 V 或三相 380 V，其二次绕组空载电压 U_{20} 为60 ～80 V，作为焊接的电弧点火电压。由于焊接过程中变压器的负载经常在空载和短路状态（当焊条与工件接触时）之间变化，因此，要求电焊变压器具有陡降型的外特性，如图 6.18 所示。这样，当电流增大时，输出电压就迅速下降，即使输出端短路，二次绕组电流也不致过大。为了得到这种特性，电焊变压器的一次、二次绕组不是同心地套在一起，而是分装在两个铁心柱上，以增

大其漏阻抗。并且,一般还在变压器的二次绕组串联一个可调的铁心电抗器,如图 6.19 所示。改变电抗器的感抗(调节电抗器气隙的长度) 就可以改变焊接电流的大小,使变压器能够适应不同工件和不同规格的焊条。

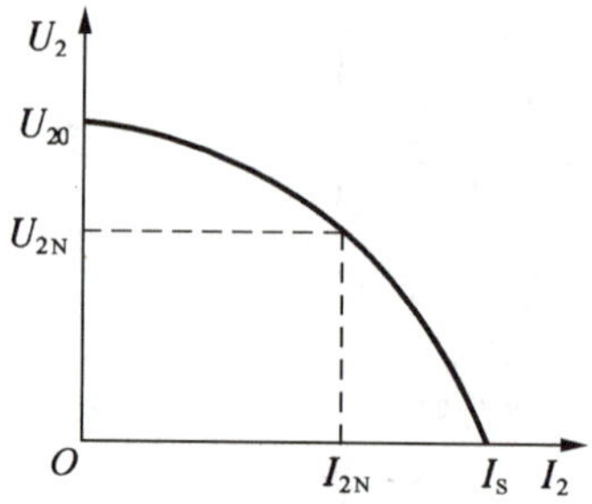

图 6.18 电焊变压器的外特性

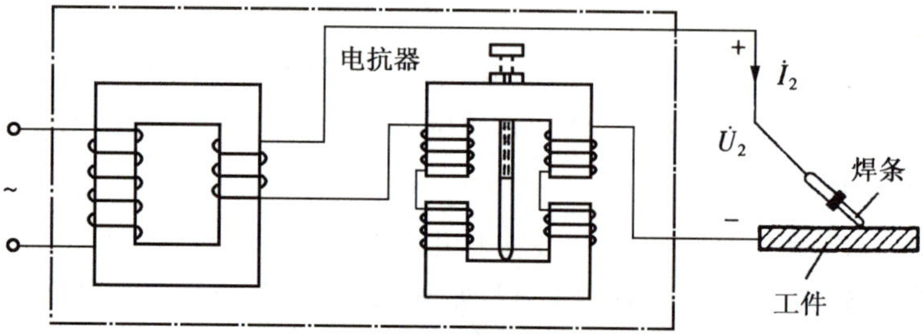

图 6.19 电焊变压器的原理示意图

6.3.4 变压器绕组的同极性端

变压器有两个(或两个以上) 绕组,有时会遇到绕组的连接问题,为了正确使用变压器,必须了解绕组的同极性端。

变压器一次、二次绕组上的电压都是随时间而变化的,某一时刻,当一次绕组上某一端的瞬时电位相对于另一端为正时,在二次绕组上,同时也会有一个这样的对应端,其瞬时电位相对于另一端为正。这种电位瞬时极性相同的对应端称为同极性端,也叫同名端。

如图 6.20(a) 所示,变压器的两个绕组绕在同一铁心柱上,且绕向相同,当磁通变化(增大或减小) 使绕组中产生感应电动势时,A 与 a 的电位瞬时极性始终相同,即当绕组 AX 中的感应电动势在 A 端为正时,绕组 ax 中的感应电动势 a 端也为正,反之亦然。因此,在这里 A 与 a 为同极性端。同极性端用符号"·"或"*"标记,以便辨认。当然,X 与 x 也是同极性端,也可以将符号"·"或"*"标在 X 端与 x 端。

在图 6.20(b) 中,两个绕组绕向相反,当绕组 AX 的感应电动势在 A 端为正时,绕组 ax 的感应电动势在 x 端为正。这里 A 与 x 为同极性端。因此,变压器绕组的同极性端与它的绕向有关。

除了用感应电动势来判定绕组的同极性端,还可以用电流和磁通的方向来判定绕组的同极性端,即当电流同时从绕组的同极性端流入(或流出) 时,产生的磁通方向相同。此外,还可以通过实验的方法来测定绕组的同极性端。

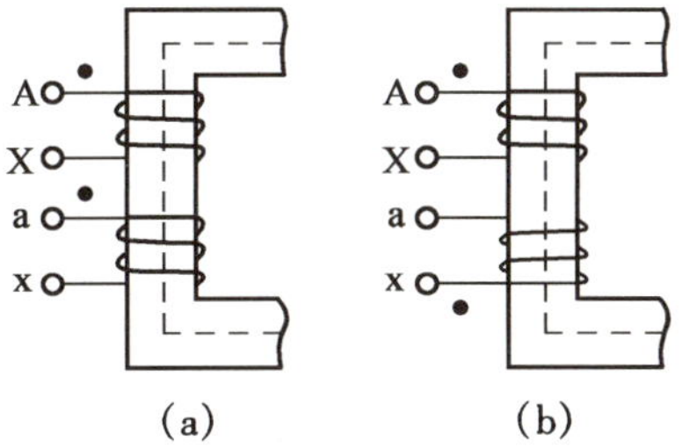

图 6.20　变压器绕组的同极性端

为了适应多种不同电压，有的变压器有多个一次、二次绕组，称为多绕组变压器。使用时应根据同极性端的标记正确连接。例如，图 6.21 中所示的变压器，其有两个 110 V 的一次绕组，当电源电压为 220 V 时，两个绕组应当串联，这时必须是异极性端相连，如图 6.21(a) 所示，当电源电压为 110 V 时，两个绕组应当并联，这时必须是同极性端相连，如图 6.21(b) 所示。

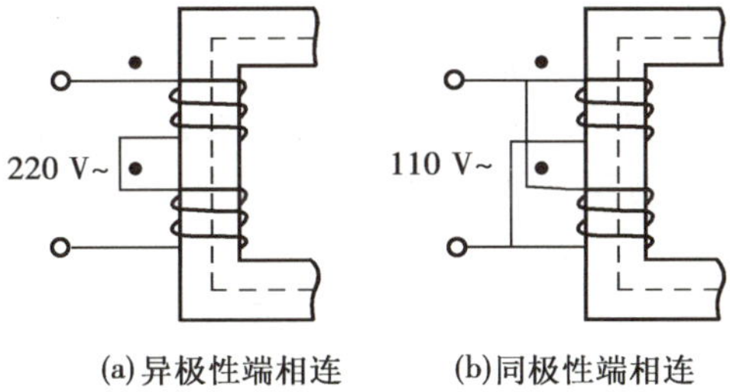

图 6.21　变压器原绕组的正确连接

在电子电路中，有时也要用到变压器，如变压器耦合的振荡电路，如果变压器的极性接反了，就不可能起振。

思考题

1. 变压器的一次、二次绕组在电路上并未连接在一起，一次绕组的电能是怎样输送到二次绕组去的？

2. 变压器一次绕组的电阻很小，但为什么空载运行时，给一次绕组加上额定交流电压，一次绕组电流并不大？

3. 某电子电路需要一台电源变压器，要求一次绕组能承受 220 V 电压，二次绕组能承受 6 V 电压。有人为了节约铜线，拟将二次绕组绕 1 匝，一次绕组绕 37 匝。你认为这样考虑合理吗？

4. 变压器额定电压为 220/110 V，如不慎将低压边接到 220 V 电源上，励磁电流的大小将会怎样变化？

5. 为什么变压器的一次绕组电流会随二次绕组电流的变化而变化？变压器一次、二次绕组电流的变比关系 $I_1/I_2 = 1/K$ 在空载和轻载时是否成立？为什么？

6. 变压器能不能用来变换直流电压？为什么？

7. 有一台 220/0 ~ 220 V 的自耦调压器，如果误将 220 V 的电源接到了二次绕组，可能产生什么后果？

8. 一般规定，不允许使用自耦变压器来将高电压变换为低电压，而作为 36 V 以下的安全电压，必须使用普通双绕组变压器，这是为什么？

9. 电流互感器二次绕组的电流表与其他仪表的电流线圈（串联）接得过多，对互感器的工作和仪表的测量精度会有什么影响？为什么电流互感器二次绕组不允许开路？

10. 电压互感器二次绕组的电压表与其他仪表的电压线圈(并联)接得过多，对互感器的工作和仪表的测量精度会有什么影响?为什么电压互感器二次绕组不允许短路?

6.4 电磁铁

电磁铁是一种通电后能够产生电磁吸力的电器。它是基于变化的电流能产生磁场，磁场能够吸引铁磁物质的原理制成的。电磁铁用来操纵或牵引某种机械装置，以完成一定的动作要求。它在各个工业部门应用十分广泛。例如，起重机上用于制动电动机的电磁抱闸；冶金工业中用于提放钢铁材料的电磁吊车；机床工业中用于夹持工件进行加工的电磁工作台；传递动力中的电磁离合器；液压和气动传动中的电磁阀；自动控制系统中切换电路用的电磁继电器、接触器；电力系统中的各种高压开关的操作机构；等等。这些都是电磁铁的应用例子。

电磁铁的形式很多，但它的基本结构和工作原理都是相同的。电磁铁一般由线圈、铁心和衔铁三部分组成，常见的几种结构形式如图6.22所示。电磁铁也可以没有衔铁，如电磁吸盘，它的被吸物体就相当于衔铁。

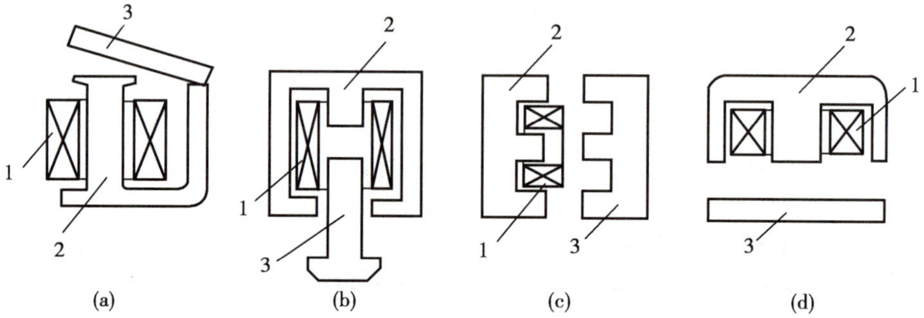

1— 线圈；2— 铁心；3— 衔铁。

图6.22 电磁铁的几种结构形式

电磁吸力 F 是电磁铁的主要参数之一，其基本计算公式为

$$F = \frac{10^7}{8\pi} B_0^2 S_0 \tag{6.35}$$

式中，B_0 是气隙的磁感应强度，单位是特斯拉(T)；S_0 是气隙的截面积，单位是平方米(m^2)；F 的单位是牛(N)。上式说明，电磁吸力的大小，与气隙的截面积及气隙中的磁感应强度的平方成正比。

电磁铁有直流和交流之分。交流电磁铁的励磁电流是交变的，因而磁感应强度和电磁吸力也是随时间交变的。设

$$B_0 = B_m \sin \omega t$$

则吸力为

$$f=\frac{10^7}{8\pi}B_m^2S_0\sin^2\omega t=\frac{10^7}{8\pi}B_m^2S_0\left(\frac{1-\cos 2\omega t}{2}\right)$$
$$=F_m\left(\frac{1-\cos 2\omega t}{2}\right)=\frac{1}{2}F_m-\frac{1}{2}F_m\cos 2\omega t \tag{6.36}$$

式中，$F_m=\frac{10^7}{8\pi}B_m^2S_0$ 是电磁吸力的最大值。它在一个周期内的平均值为

$$F=\frac{1}{T}\int_0^T f\mathrm{d}t=\frac{1}{2}F_m=\frac{10^7}{16\pi}B_m^2S_0 \tag{6.37}$$

电磁吸力随时间变化的关系如图 6.23 所示。由图可见，交流电磁铁的吸力在零与最大值 F_m 之间以 2 倍电源频率振动。这会引起衔铁振动，产生噪声，也易使铁心以及和衔铁联动的机械零件、触头等损坏。为了消除振动，可按图 6.24 所示，在铁心的部分端面嵌入一个铜环，称为短路环或分磁环。当交变磁通穿过短路环时，在环上便会产生感应电流阻碍磁通的变化，使铁心中的两部分磁通 Φ_1 与 Φ_2 之间出现相位差。于是两部分磁通产生的吸力不同时为零，从而消除衔铁的振动。

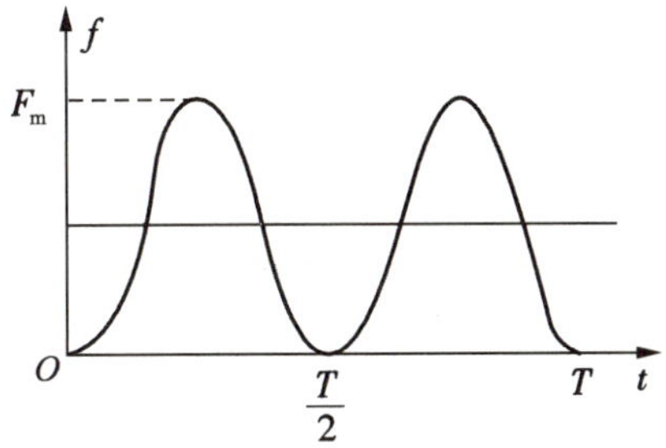

图 6.23　交流电磁铁的吸力

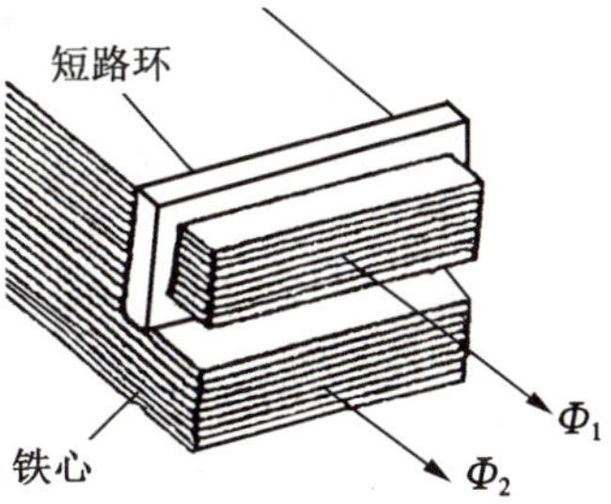

图 6.24　短路环及作用

交、直流电磁铁之间除励磁电流的类型不同外，两者所使用的铁心材料和工作特性也不同。

为了减小铁损耗，交流电磁铁的铁心和衔铁都用硅钢片叠成，而直流电磁铁用整块的铸钢、软钢和工程纯钢等制成。

直流电磁铁的励磁电流只与电源电压和线圈本身的电阻有关，而与气隙的长度无关，因此直流电磁铁是恒电流的。当衔铁吸合后，气隙长度变小，磁阻减小。但由于励磁电流不变，所以磁动势不变。由磁路欧姆定律可知，这时磁通将增大，因而电磁吸力增大。一般来说，衔铁吸合后的气隙长度比吸合前小得多，故吸力比吸合前大得多。

对于交流电磁铁来说，由于其工作中的主磁通基本上不变（常磁通），因而衔铁吸合前后吸力的平均值基本上不变。但衔铁吸合后的磁阻比吸合前的磁阻小得多，故衔铁吸合后的励磁电流比吸合前的励磁电流小得多。因此，如果使用过程中衔铁被卡住，不能吸合，则可能会因长时间流过很大的电流而使线圈严重过热，甚至烧毁。

思考题

1. 直流电磁铁的铁心结构和线圈匝数保持不变,如果减小电源电压,电磁铁的励磁电流、磁通和电磁吸力将如何变化?如果电源电压不变,减小气隙长度,电磁铁的励磁电流、磁通和电磁吸力又将如何变化?

2. 交流电磁铁的铁心结构、线圈匝数和电源电压的大小(有效值)保持不变,如果降低电源频率(如频率为 60 Hz 的电磁铁接到 50 Hz 电源上),电磁铁的励磁电流、磁通和电磁吸力如何变化?如果电源频率不变,减小气隙长度,电磁铁的励磁电流、磁通和电磁吸力又将如何变化?

习　题

6.1　一个由同一种材料构成、铁心截面积处处相等的均匀磁路,采用直流励磁,在保持磁通不变的情况下,试分析:

(1) 铁心截面积不变,磁路长度增加 1 倍,励磁电流将增加多少倍?

(2) 铁心截面积减少一半,磁路长度缩短一半,励磁电流如何变化(设原磁路已工作在接近饱和状态)?

6.2　有一铁心线圈,线圈匝数 $N = 800$,铁心由铸钢制成,截面积 $S = 20\ \text{cm}^2$,铁心的平均长度 $l = 4$ cm,若在线圈中通入电流后,要求产生磁通 $\Phi = 2 \times 10^{-3}$ Wb。问:

(1) 线圈应通入多大的直流电流?

(2) 如果铁心中含有一气隙,其长度 $l_0 = 0.2$ cm,为了使磁通维持不变,线圈中的电流应为多大?

6.3　有一环形铁心线圈,其内径为 20 cm,外径为 25 cm,铁心材料为铸钢,铁心中的磁感应强度大小为 0.6 T,磁路含有一长度为 0.7 cm 的气隙。试求:

(1) 铁心和气隙中的磁阻和磁压降;

(2) 励磁线圈的磁动势,铁心和气隙中磁压降与总磁动势的比值(用百分数表示)。

6.4　要绕制一个铁心线圈,已知电源电压 $U = 220$ V,频率 $f = 50$ Hz,今测得铁心截面积为 30.2 cm^2,铁心由硅钢片叠成,设叠片间隙系数为 0.91,问:

(1) 若取 $B_m = 1.2$ T,线圈匝数应为多少?

(2) 若磁路平均长度为 60 cm,励磁电流应为多大?

6.5　试分析在下列几种情况下,交流铁心线圈铁心中的磁感应强度和线圈中的电流将如何变化(设铁心工作在磁化曲线的直线段):

(1) 铁心截面积变大,其他(如电源电压大小和频率、线圈匝数、磁路长度等)保持不变。

(2) 铁心中的气隙长度增大,其他保持不变。

(3) 线圈匝数增加,其他保持不变。

(4) 电源频率减小,其他保持不变。

(5) 电源电压增大,其他保持不变。

6.6　有一铁心线圈,加上 50 Hz 的正弦交流电压后,测得铁心中的磁通最大值 $\Phi_m = 2.25 \times 10^{-3}$ Wb。现欲在此铁心上再绕上一个线圈,为了得到有效值为 100 V 的开路电压,则线圈匝数应为多少?

6.7　有一台单相变压器,$N_1 = 500$,当一次绕组接入 220 V 电压时,二次绕组电压为 110 V。已知负载为 $R = 5\ \Omega$ 的电阻,试求 I_1、I_2 和 N_2。

6.8　某单相变压器额定容量为 10 kV·A,一次绕组电压为 3 300 V,二次绕组电压为 220 V,要求变压器在额定状态下运行(绕组上的阻抗压降忽略不计)。问:

(1) 在二次绕组接入 40 W、220 V 的白炽灯($\cos\varphi=1$)，这种电灯可接多少盏?

(2) 如果改接功率因数为 0.44，220 V、40 W 的日光灯(每盏附有功率损耗为 8 W 的镇流器一个)，可接多少盏这样的日光灯?

(3) 一次、二次绕组额定电流各为多少?

6.9　一台额定容量为 50 kV·A，额定电压为 10 000/230 V 的单相变压器，在额定状态下向功率因数为 0.8 的电感性负载供电，测得二次绕组电压为 220 V。试求：

(1) 一次、二次绕组额定电流；(2) 负载的电阻和感抗；(3) 变压器输出的有功功率、无功功率和视在功率。

6.10　将电阻 $R=8\ \Omega$ 的扬声器接于某变压器的二次绕组，已知变压器一次绕组匝数 $N_1=500$，二次绕组匝数 $N_2=100$。试求：(1) 变压器一次绕组的等效电阻；(2) 将变压器一次绕组接入 $U_S=12$ V，$R_0=100\ \Omega$ 的信号源时，输送到扬声器的功率；(3) 直接将扬声器接到信号源时，输送到扬声器功率，并与(2)中结果进行比较。

6.11　某变压器一次绕组匝数 $N_1=1\,100$，接于 220 V 交流电源，二次绕组有两个，其中 $N_{21}=180$，接有 $R_{21}=7.2\ \Omega$ 的负载电阻；$N_{22}=120$ 匝，接有 $R_{22}=3\ \Omega$ 的负载电阻。试求：(1) 两个二次绕组的电压 U_{21}、U_{22}；(2) 一次绕组和两个二次绕组的电流 I_1、I_{21}、I_{22}；(3) 一次绕组等效负载电阻。

6.12　某三相电力变压器采用"Y/Y$_0$"接法，其额定容量为 180 kV·A，额定电压为 10/0.4 kV，已知变压器每匝线圈的感应电动势为 5.133 V。试求一次、二次绕组的匝数和一次、二次绕组额定电流。

6.13　某三相电力变压器一次绕组每相匝数为 2 000，二次绕组每相匝数为 80，接于 10kV 的三相电源，试求在"Y/Y$_0$"和"Y/D"两种接法时，二次绕组的线电压和相电压。

6.14　接法为"Y/Y$_0$"的某三相电力变压器，额定电压为 10/0.4 kV，向有功功率为 30 kW、功率因数为 0.9 的照明和电力混合负载供电，测得二次绕组电压为 380 V。试求：(1) 一次、二次绕组电流；(2) 变压器的额定容量(设这时变压器刚好满载)；(3) 变压器的电压变化率。

6.15　有一台 100 kV·A、6 600/230 V 的单相变压器，空载电流为额定电流的 3%，测得空载损耗(铁损耗)为 750 W，短路损耗(铜损耗)为 1 650 W，满载时二次绕组电压为 220 V。试求：(1) 变压器一次、二次绕组额定电流；(2) 空载电流和空载时的功率因数；(3) 电压变化率；(4) 满载时的效率(设负载的功率因数 $\cos\varphi_2=0.9$)。

6.16　有一台容量为 10 kV·A 的单相自耦变压器，已知 $U_1=220$ V，$N_1=500$。问：(1) 如果要使 $U_2=200$ V，绕组要在多少匝处抽出线头?(2) 额定负载时 I_{1N} 和 I_{2N} 各为多少?

6.17　某电流互感器(见图 6.16)一次绕组额定电流 $I_{1N}=1\,000$ A，二次绕组额定电流 $I_{2N}=5$ A，二次绕组接有与之配套使用的 5 A 电流表。(1) 若电流表的读数为 750 A(电流表的刻度是按一次绕组电流标出的)，流过电流表的实际电流是多少?(2) 如果电流表损坏，必须在运行中更换新表，从安全角度考虑要注意什么问题?

6.18　图 6.25 所示是一台多绕组电源变压器，N_{11}、N_{12} 为一次绕组，各能承受 110 V 电压；N_{21}、N_{22}、N_{23} 为二次绕组，各能承受 12 V 电压。(1) 标出各绕组的同极性端；(2) 一次电压为 220 V 或 110 V 时，一次绕组应如何连接?(3) 当负载需要 12 V、24 V、36 V 电压时，二次绕组应如何连接?(4) 能将一次绕组的 2、4 两端连在一起，将 1、3 两端接入 220 V 电源吗?为什么?

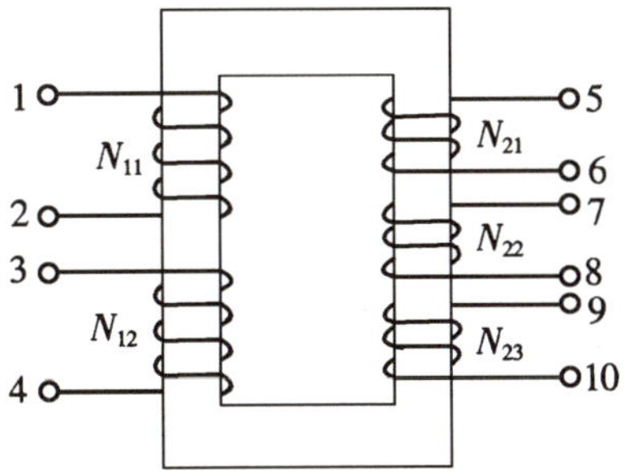

图 6.25　习题 6.18 的图

6.19　对电压为 220/110 V 的变压器进行极性试验，接线图如图 6.26 所示。在高压绕组 AX 端加 220 V 电压，将 X 和 x 相连。试问：(1) 若 A 和 a 为同极性端，电压表的读数是多少?(2) 若 A 和 a 不为同极性端，电压表的读数又是多少?

6.20 图6.27所示为一直流电磁铁的磁路,电磁铁的励磁绕组匝数 $N=2\ 500$,铁心由硅钢片叠成,衔铁为铸钢,各部分尺寸如图6.27所示,单位为cm。今欲在气隙中产生 $\Phi=0.06$ Wb 的磁通,求所需电流并计算电磁铁的吸力。

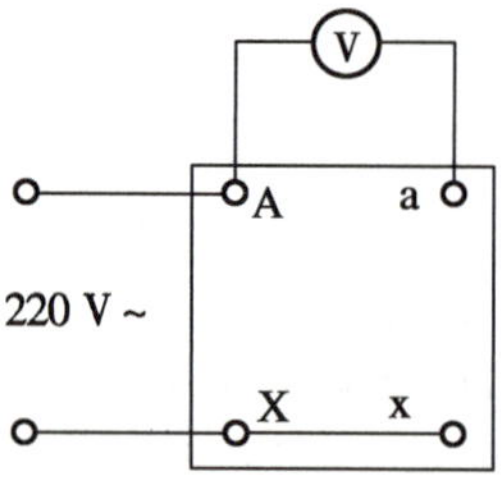

图6.26 习题6.19的图

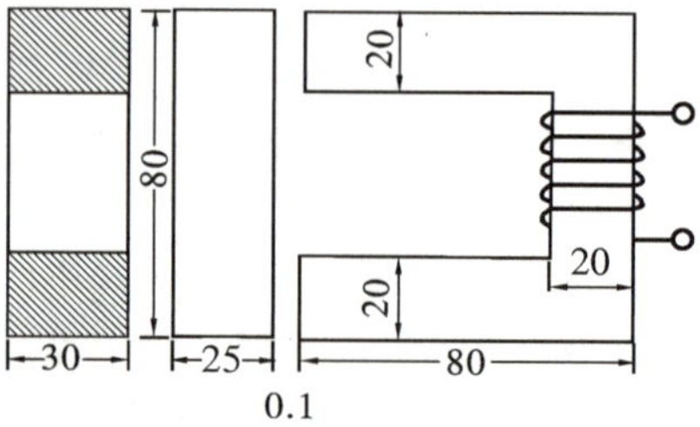

图6.27 习题6.20的图

本章习题参考答案

第7章 交流电动机

内容提要

本章以三相异步电动机为重点，首先介绍三相异步电动机的结构，讨论三相异步电动机的旋转磁场和工作原理。在此基础上，对三相异步电动机的电磁转矩、机械特性和运行特性进行分析。然后从使用的角度出发，讨论三相异步电动机的起动、调速和制动，以及三相异步电动机的铭牌数据和选择。最后对单相异步电动机和三相同步电动机进行了简要介绍。

实现电能与机械能互换的旋转机械称为电机。其中，将机械能转换为电能的称为发电机，将电能转换为机械能的称为电动机。电动机是现代工农业生产、交通运输、国防建设、科学研究等各部门以及人们日常生活中常用的电气设备。

交流电动机

按照使用电源的种类不同，电动机可分为交流电动机和直流电动机。交流电动机又可分为同步电动机和异步电动机，而直流电动机可分为他励、并励、串励和复励电动机。此外，按照使用场合的不同，电动机还可分为动力电动机和控制电动机。

在所有的这些电动机中，目前应用最广泛的是异步电动机。例如，在工业生产中常用的金属切削机床、轻工机械、化工机械、建筑机械、矿山机械；在农业生产中常用的各种水泵、脱粒机、粉碎机，以及其他农副产品加工机械；在日常生活中常用的电风扇、电冰箱、洗衣机、空调机；等等。这些设备大多是采用异步电动机来驱动的。据统计，异步电动机的总容量约占全部电动机总容量的85%。这是因为与其他电动机相比，异步电动机具有结构简单、制造容易、价格低廉、工作可靠、使用维护方便、运行效率高和适用的工作特性等一系列优点。异步电动机的缺点是功率因数较低，调速性能较差。因此，对于那些调速性能要求较高，如需要大范围均匀调速的设备，往往采用调速性能较好的直流电动机来驱动。而对于那些功率较大，不需要调速，或需要速度恒定的设备，有时则采用功率因数可调的同步电动机来驱动，以提高电路的功率因数。但是需要指出的是，随着电力电子技术的发展，近年来异步电动机的调速问题也因应用电力电子技术而得到了较为满意的解决，因此目前在一些调速要求较高的场合，也已广泛采用异步电动机来驱动。

按照电源相数的不同，异步电动机又有三相和单相之分。三相异步电动机是应用最多的一种电动机，因此本章重点讨论三相异步电动机。

7.1 三相异步电动机的结构

电动机的动态图

三相异步电动机由定子和转子两个基本部分加上其他零部件组成。图 7.1 是三相鼠笼式异步电动机的主要部件。

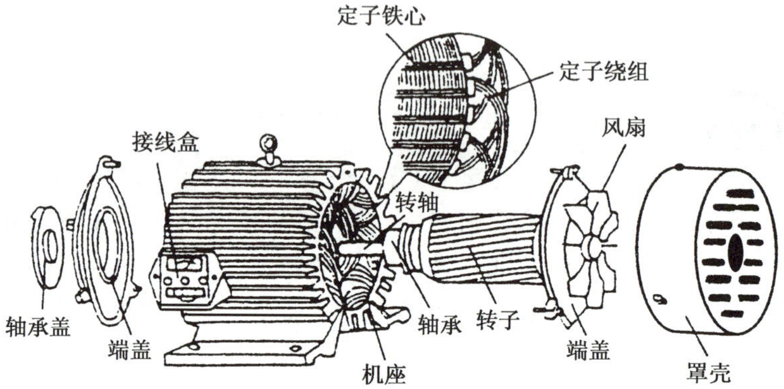

图 7.1 三相鼠笼式异步电动机的主要部件

7.1.1 定子

定子是电动机固定不动的部分。三相异步电动机的定子由定子铁心、定子绕组，以及机座、端盖、轴承等组成。

定子铁心是电动机磁路的一部分，一般由互相绝缘的硅钢片叠压成圆筒形，装在机座内。硅钢片的内圆周上冲有均匀分布的槽孔(见图 7.2)，用于嵌放定子绕组。

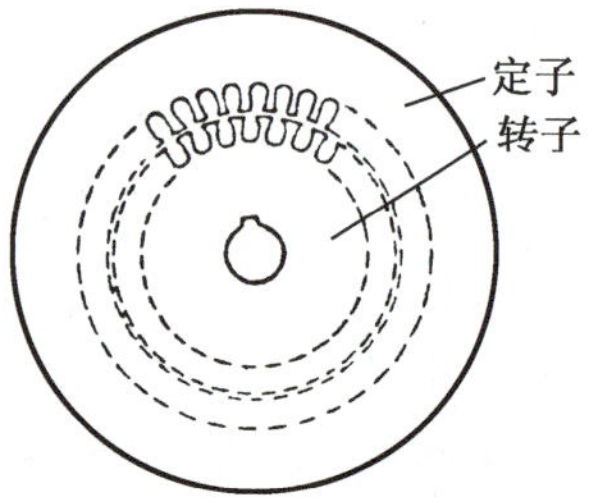

图 7.2 定子铁心和转子铁心

三相异步电动机的定子绕组是对称的三相绕组，一般由绝缘导线绕制而成。三相绕组的 6 个出线端 U_1、U_2、V_1、V_2、W_1、W_2 分别引出，接在机座外侧接线盒中的接线板上，如图 7.3(a) 所示。其中 U_1、V_1、W_1 为三相绕组的 3 个首端，U_2、V_2、W_2 为三相绕组的 3 个末端。根据电源电压和电动机绕组额定电压的不同，定子绕组可接成星形，如图 7.3(b) 所示；或接成三角形，如图 7.3(c) 所示。

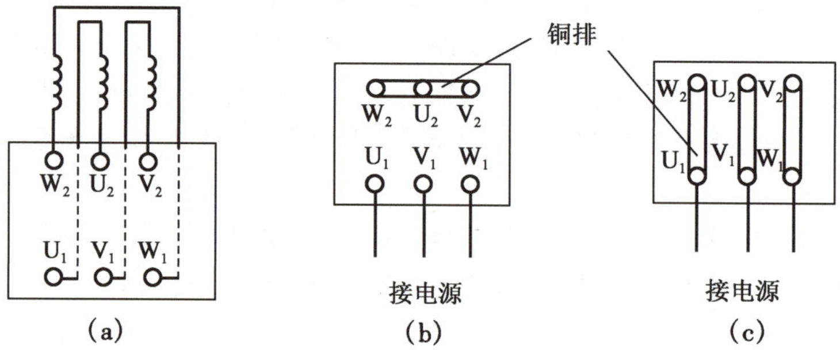

图 7.3 三相定子绕组的连接

三相异步电动机的机座一般用铸铁或铸钢制成。机座主要用于固定和支承定子铁心。另外，端盖也固定在机座上。端盖起支承转子和保护电动机的作用。

7.1.2　转子

转子是电动机旋转的部分。它主要由转子铁心、转子绕组、转轴和风扇等组成。

转子铁心是磁路的一部分，与定子铁心一起构成完整的磁路。转子铁心通常由硅钢片叠成圆筒形，固定在转轴上。硅钢片的外圆周表面冲有槽孔（见图7.2），用于嵌放转子绕组。根据转子绕组的结构不同，三相异步电动机又分为鼠笼式（也简称笼式）和绕线式两种形式。

鼠笼式异步电动机的转子有铜鼠笼式转子和铸铝鼠笼式转子之分。铜鼠笼式转子是在转子铁心的槽内插入铜条，并将铜条的两端分别焊接在两个铜环（也称端环）上而构成，如图7.4(a)所示。因转子绕组（包括导电铜条和端环）的形状如同松鼠笼子，故称为铜鼠笼式转子。铸铝鼠笼式转子是在转子铁心的槽中浇铸铝液而制成，如图7.4(b)所示。铸铝鼠笼式转子节约了铜材，同时可将绕组、端环和风扇一并铸成，简化了制造工艺，也降低了成本。因此，现在中小型异步电动机普遍采用这种转子。鼠笼式异步电动机结构简单，因此应用也最为广泛。

绕线式异步电动机在转子铁心的槽内嵌置了对称的三相绕组。三相绕组接成星形，末端接在一起，首端分别接在转轴上的3个彼此绝缘的滑环上。滑环通过电刷与外电路连接。绕线式异步电动机的转子，如图7.4(c)所示。与鼠笼式异步电动机相比，绕线式异步电动机的结构较复杂，但起动性能和调速性能较好。两种电动机虽然转子结构不同，但它们的工作原理是相同的。

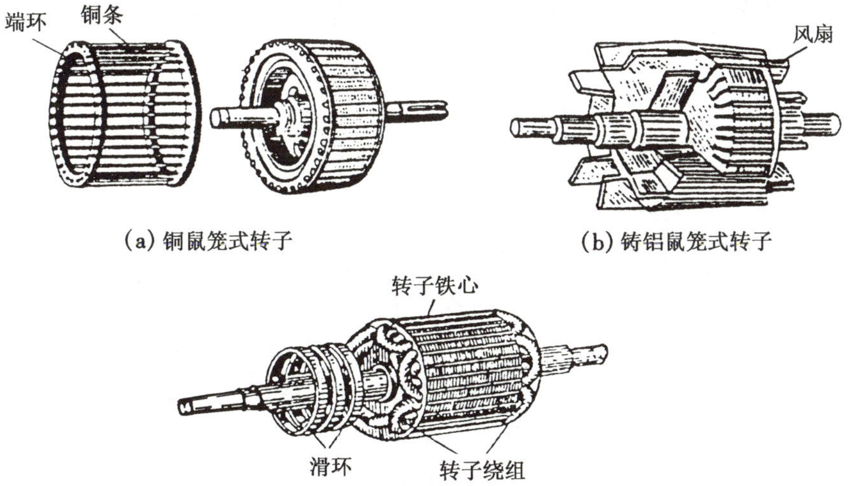

(a) 铜鼠笼式转子　(b) 铸铝鼠笼式转子

(c) 绕线式转子

图7.4　三相异步电动机的转子

电动机定子、转子之间的间隙称为气隙。气隙的大小对异步电动机的性能影响很大。气隙大则空载电流大，功率因数低。因此，为了提高电动机的功率因数，应尽量使气隙小一些。一般的中小型异步电动机，气隙为0.2～1.5 mm。

7.2 三相异步电动机的工作原理

三相异步电动机是利用定子绕组中三相电流产生的旋转磁场,与转子导体内的感应电流相互作用而工作的。因此,下面首先讨论三相异步电动机的旋转磁场。

7.2.1 旋转磁场

1. 旋转磁场的产生

图 7.5 为三相异步电动机定子绕组的示意图。三相定子绕组 U_1U_2、V_1V_2、W_1W_2 的首端与首端、末端与末端在空间互差 120°,对称地嵌置在定子铁心槽内。三相绕组接成星形(或三角形),如图 7.6 所示。

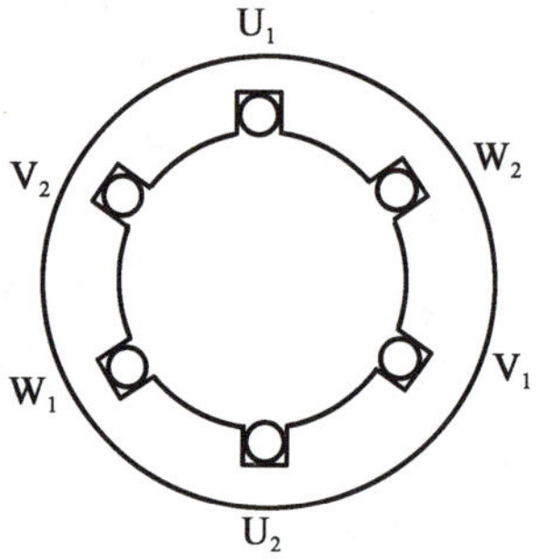

图 7.5 三相异步电动机定子绕组的示意图

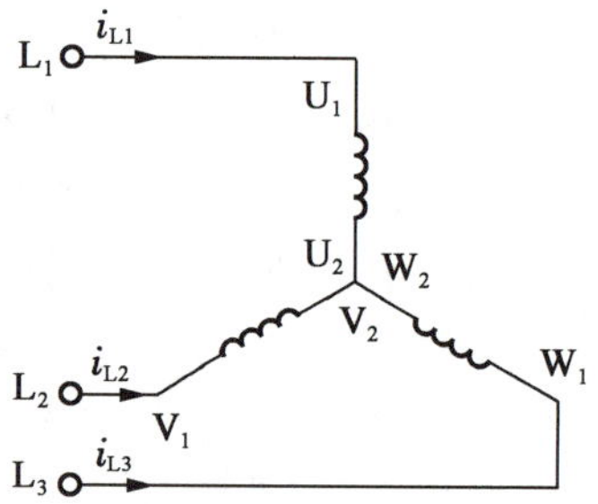

图 7.6 定子绕组星形连接

接入三相电源,定子绕组便有三相对称电流通入,设各电流参考方向如图 7.6 所示,则

$$i_{L1} = I_m \sin \omega t$$
$$i_{L2} = I_m \sin(\omega t - 120°)$$
$$i_{L3} = I_m \sin(\omega t + 120°)$$

其波形如图 7.7 所示。

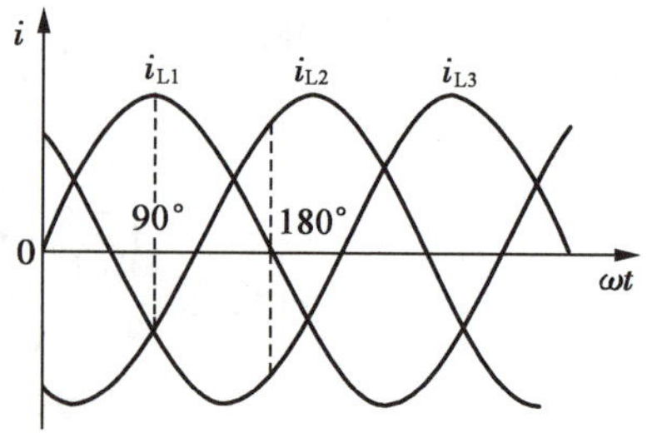

图 7.7 三相对称电流波形图

电流通过各相绕组,将分别产生自己的磁场,现取几个时刻来分析三相对称电流所产生的合成磁场。

当 $\omega t = 0$ 时,i_{L1} 为零,U_1U_2 绕组中没有电流;i_{L2} 为负,实际方向与参考方向相反,电流从末端 V_2 流入(用 ⊗ 表示),从首端 V_1 流出(用 ⊙ 表示);i_{L3} 为正,实际方向与参考方向相同,电流从首端 W_1 流入,从末端 W_2 流出。根据右手螺旋定则,可画出三相电流的合成磁场,如图 7.8(a) 所示(图中转子铁心未画出)。它是一个 2 极磁场,即磁极对数 $p = 1$。

当 $\omega t = 90°$ 时，i_{L1} 为正，i_{L2}、i_{L3} 为负，其合成磁场如图 7.8(b) 所示。它仍是一个 2 极磁场，但相对 $\omega t = 0$ 时的位置，已按顺时针方向在空间旋转了 90°。

同理，可画出当 $\omega t = 180°$ 时的合成磁场，如图 7.8(c) 所示。它相对于 $\omega t = 0$ 时的位置，已按顺时针方向在空间旋转了 180°。

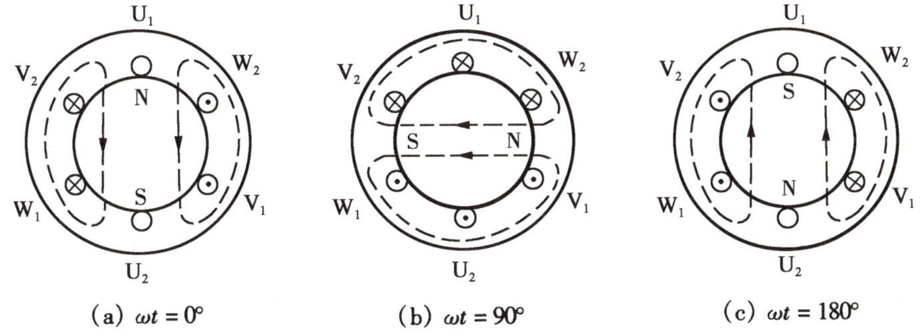

图 7.8　三相电流产生的旋转磁场($p = 1$)

通过上面的分析可以看出，图 7.8 所示的定子绕组，通入三相电流后，将产生磁极对数 $p = 1$ 的旋转磁场，且当电流变化一个周期时，磁场将在空间旋转 360°，即一周。

旋转磁场的磁极对数 p 与三相定子绕组的布置方式有关。如果每相绕组由两个线圈串联组成，如图 7.9 所示，则各相绕组在空间相差 120°/2 = 60° 对称嵌置。通入对称的三相电流后，就会产生四极($p = 2$) 旋转磁场，如图 7.10 所示。在此，当电流变化 90° 电角度时，磁场只在空间旋转了 45°；而当电流变化 180° 电角度时，磁场只在空间旋转了 90°。因此，当电流变化一个周期时，磁场将只在空间旋转 180°，即半周。

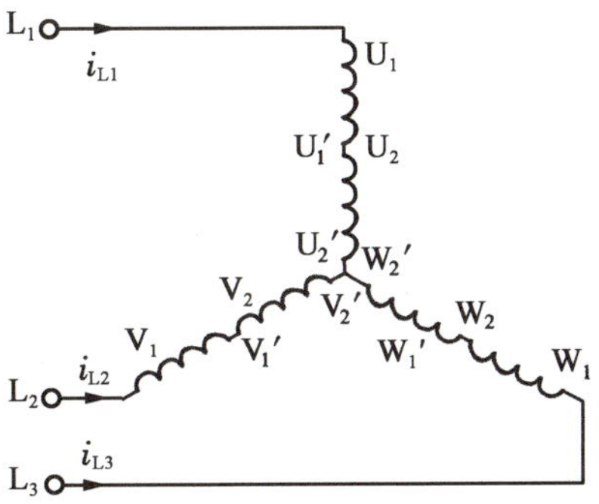

图 7.9　产生四极旋转磁场时定子绕组的连接

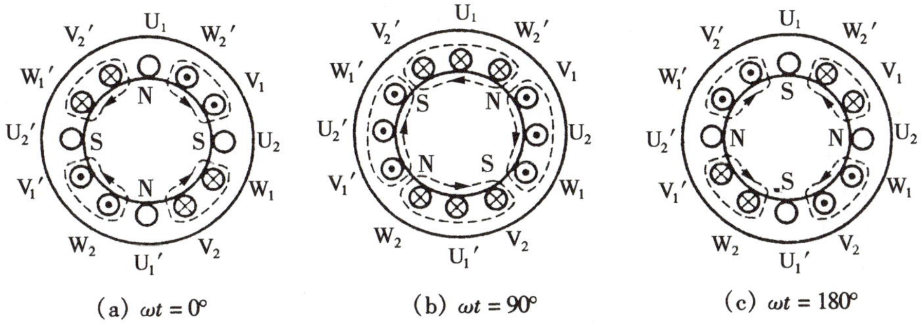

图 7.10　三相电流产生的旋转磁场($p = 2$)

同理，如果每相绕组由3个线圈串联组成，各相绕组在空间相差 $120°/3 = 40°$ 对称嵌置，便可以得到 $p = 3$ 的旋转磁场。

采用同样的方法，也可以得到其他极对数的旋转磁场。

2. 旋转磁场的转速

旋转磁场的转速称为同步转速，用 n_0 表示，单位为转每分(r/min)。

根据上面的分析，对于 $p = 1$ 的旋转磁场，当电流变化一个周期时，旋转磁场刚好在空间旋转了一周。设电流的频率为 f_1，即电流每秒变化了 f_1 个周期，也即旋转磁场每秒旋转了 f_1 转，故旋转磁场每分钟旋转了 $60f_1$ 转，或 $n_0 = 60f_1$ r/min。

对于 $p = 2$ 的旋转磁场，当电流变化一个周期时，旋转磁场只在空间旋转半周，其转速为 $p = 1$ 的旋转磁场的一半，即 $n_0 = (60f_1/2)$ r/min。

同理可得 $p = 3$ 的旋转磁场的转速 $n_0 = (60f_1/3)$ r/min。并由此可推知，对于具有极对数为 p 的旋转磁场，磁场的转速为

$$n_0 = \frac{60f_1}{p}\ \text{r/min} \tag{7.1}$$

由此可见，旋转磁场的转速 n_0 取决于电流频率 f_1 和电动机的磁极对数 p。在电流的频率 f_1 为工频时，旋转磁场的转速与磁极对数 p 的关系如表7.1所示。

表7.1　旋转磁场的转速与磁极对数 p 的关系($f_1 = 50$ Hz)

p	1	2	3	4	5	6
n_0/(r/min)	3 000	1 500	1 000	750	600	500

3. 旋转磁场的转向

从对图7.8和图7.10的分析可以看出，旋转磁场沿着 $U_1 \rightarrow V_1 \rightarrow W_1$ 的方向旋转，即与通入定子绕组的三相电流的相序 $L_1 \rightarrow L_2 \rightarrow L_3$ 是一致的。因此，如果要改变旋转磁场的转向，就必须改变绕组中三相电流的相序。这可通过将三相绕组接到电源的三根引线中的任意两根对调来实现。

7.2.2　工作原理

异步电动机的工作原理示意图如图7.11所示。图中用一对旋转的磁极来表示三相电流产生的旋转磁场。当旋转磁场按顺时针方向旋转时，闭合的转子绕组因逆时针方向切割磁力线而产生感应电动势和电流。其方向由右手螺旋定则确定(见图7.11，转子上半部分垂直纸面向外，下半部分垂直纸面向内)。转子电流与旋转磁场相互作用，就会在转子绕组上产生电磁力 **F**。电磁力 **F** 的方向由左手定则确定(如图7.11中箭头所示)。电磁力对转轴所形成的转矩称为电磁转矩，在它的作用下，电动机转子就会沿着旋转磁场的转向转动起来。这样，电动机

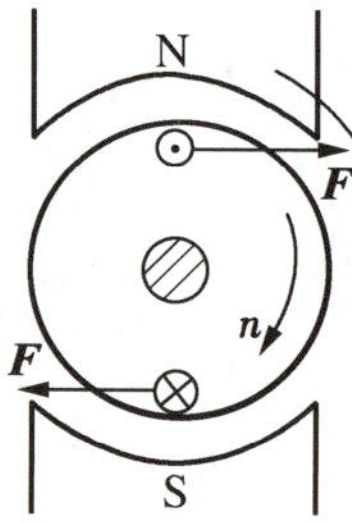

图7.11　异步电动机的工作原理示意图

便将电源输入的电能变成了转子轴上输出的机械能，从而实现了电能到机械能的转换。

显然，异步电动机转子的转向与旋转磁场的转向相同。因此，若要改变转子的转向，只要将定子绕组所接的三根电源线中的任意两根对调即可。

7.2.3　转速和转差率

异步电动机转子的转速 n 总是小于同步转速 n_0。这是因为转子绕组只在与旋转磁场之间有相对运动时，才会切割磁场，产生感应电动势和电流，并形成转矩。否则，若 $n = n_0$，转子和旋转磁场之间便没有了相对运动。这时，转子中的感应电动势、电流和电磁转矩也都不复存在，电动机也就不可能继续维持在同步转速下运行。

这种电动机由于转子的转速与旋转磁场的同步转速不相等，也即转子的转速异于同步转速，所以称为异步电动机。又由于它的转子电流是通过电磁感应而产生的，所以也称为感应电动机。

转子转速 n 和同步转速 n_0 的转速差常用转差率 s 来表示，即

$$s = \frac{n_0 - n}{n_0} \quad 或 \quad s = \frac{n_0 - n}{n_0} \times 100\% \tag{7.2}$$

转差率 s 是异步电动机的一个重要参数。

在电动机起动瞬间，$n = 0$，$s = 1$，转差率最大，而在理想空载（$n = n_0$）时，$s = 0$，故转差率在 0 ～ 1 的范围内，即 $0 < s \leqslant 1$。一般异步电动机在额定负载下运行时，转速 n_N 接近同步转速 n_0，所以它的额定转差率 s_N 很小，为 1% ～ 9%。

例 7.1　一台六极（$p = 3$）三相异步电动机，其额定转差率 $s_N = 2.5\%$，额定频率 $f_1 = 50$ Hz，试求电动机的额定转速 n_N。

解　由式(7.1) 得（或由表 7.1 查得）

$$n_0 = \frac{60 f_1}{p} = \frac{60 \times 50}{3} \text{ r/min} = 1\,000 \text{ r/min}$$

由式(7.2) 得

$$n_N = (1 - s_N) n_0 = (1 - 0.025) \times 1\,000 \text{ r/min} = 975 \text{ r/min}$$

思考题

1. 三相异步电动机中的旋转磁场是怎样产生的？若在三相异步电动机的定子绕组中通入直流电流，它还能产生旋转磁场吗？

2. 一台星形连接的鼠笼式三相异步电动机，若定子绕组有一相断线，它还能产生旋转磁场吗？为什么？如果电动机是三角形连接的，又将如何？

3. 若将一台 60 Hz 的三相异步电动机通入 50 Hz 的三相对称交流电流，电动机的磁极对数、转速和转向将会如何变化？

4. 若将三相异步电动机接到电源的三根引线中的任意两根，和三根电源线中的任意两根同时对调，能否改变电动机的转向？为什么？

5. 某三相异步电动机转差率的数值如下：(1)$s<0$；(2)$s=0$；(3) $0<s<1$；(4)$s=1$；(5)$s>1$。电动机分别工作在什么状态？

7.3 三相异步电动机的电磁转矩、机械特性和运行特性

电动机驱动生产机械运行时，负载的改变会使电动机的电磁转矩改变，从而使电动机的转速发生变化。另外，负载的改变还会使电动机的电流、功率因数和效率发生变化。为了了解它们的变化规律，就必须对电动机的电磁转矩、机械特性和运行特性进行分析。

7.3.1 电磁转矩

电动机的电磁转矩简称转矩，是指电动机的转子受到电磁力的作用所产生的转矩。电磁转矩是三相异步电动机的一个很重要的物理量，它决定了电动机驱动生产机械能力的大小。

通过上节分析可知，三相异步电动机的电磁转矩是由旋转磁场与转子电流相互作用而产生的。因此，电磁转矩 T 的大小与旋转磁场的每极磁通 Φ 和转子电流 I_2 的大小有关。由于转子电路不仅存在电阻，而且存在电感，从而使得转子电流在相位上比转子感应电动势 $\dot{E}_2$ 滞后 φ_2 角，即转子电路的功率因数 $\lambda_2<1$。因为电磁转矩对转子做机械功，对外输出有功功率，所以只有转子电流的有功分量 $I_2\lambda_2$ 与磁通 Φ 作用才会产生电磁转矩 T。也就是说，电磁转矩 T 除了与 Φ 和 I_2 有关，还与转子的功率因数 λ_2 有关。综上所述，可得三相异步电动机的电磁转矩公式为

$$T=K_T\Phi I_2\lambda_2=K_T\Phi I_2\cos\varphi_2 \tag{7.3}$$

式中，K_T 是一个与电动机结构有关的常数。

式(7.3)说明了电磁转矩与电动机的 Φ、I_2 和 λ_2 等物理量之间的关系，而这几个物理量又与电动机的定子和转子电路的参数及电动机的运行情况有关。

从电磁关系来看，异步电动机与变压器相似，定子绕组相当于变压器的一次绕组，转子绕组相当于变压器的二次绕组，旋转磁场的每极磁通相当于变压器的主磁通。但不同的是，异步电动机的转子是旋转的，旋转磁场切割定、转子绕组的速度不同，所以两者感应电动势的频率也不同。

1. 定子电路分析

因为定子是静止的，旋转磁场切割定子绕组的速度为 n_0，所以定子绕组中

感应电动势的频率为

$$f_1 = \frac{pn_0}{60} \tag{7.4}$$

与电源频率相同[见式(7.1)]。

仿照变压器的分析方法，可得定子每相绕组上的感应电动势为

$$E_1 = 4.44 f_1 N_1 \Phi \tag{7.5}$$

式中，N_1 是定子每相绕组的等效匝数(因为定子每相绕组分布在不同槽中，与变压器的集中绕组不同，其感应电动势小于同样匝数集中绕组的感应电动势，故应乘以一个小于 1 的系数)；Φ 是通过定子每相绕组的磁通最大值，其数值等于旋转磁场的每极磁通。

由于电动机定子绕组的电阻和漏磁感抗都很小，其上电压与 E_1 比较可以忽略不计，故 E_1 近似等于电源电压 U_1，即

$$U_1 \approx E_1 = 4.44 f_1 N_1 \Phi$$

于是得

$$\Phi = \frac{E_1}{4.44 f_1 N_1} \approx \frac{U_1}{4.44 f_1 N_1} \tag{7.6}$$

式(7.6) 表明，旋转磁场的每极磁通 Φ 与外加电源电压 U_1 成正比(f_1、N_1 一定)，当 U_1 不变时，Φ 也基本上保持不变。

2. 转子电路分析

因为转子是旋转的，旋转磁场切割转子绕组的速度为($n_0 - n$)，所以转子绕组中感应电动势的频率为

$$f_2 = \frac{p(n_0 - n)}{60} = \frac{n_0 - n}{n_0} \times \frac{pn_0}{60} = sf_1 \tag{7.7}$$

可见，f_2 与转差率 s(或转速 n) 有关。在电动机起动瞬间($n = 0$)，$s = 1$，$f_2 (= f_1)$ 最高；而当电动机在额定负载下运行时，因为 $s_N (0.01 \sim 0.09) \ll 1$，所以 $f_{2N} \ll f_1$。

同理可得转子每相绕组上的感应电动势为

$$E_2 = 4.44 f_2 N_2 \Phi = 4.44 s f_1 N_2 \Phi = sE_{20} \tag{7.8}$$

式中，$E_{20} = 4.44 f_1 N_2 \Phi$ 是起动瞬间(转子不动时) 转子绕组上的感应电动势；N_2 是转子每相绕组的等效匝数。

由式(7.8) 可见，转子绕组中的感应电动势 E_2 与转差率 s 有关。在电动机起动瞬间，$s = 1$，$E_2 (= E_{20})$，最大；而当电动机在额定负载下运行时，因为 s_N 很小，故当$E_2 = s_N E_{20} \ll E_{20}$，即电动机在额定负载下运行时，转子的感应电动势比起动瞬间的感应电动势小得多。

转子每相绕组的感抗为

$$X_2 = 2\pi f_2 L_2 = 2\pi s f_1 L_2 = sX_{20} \tag{7.9}$$

式中，$X_{20} = 2\pi f_1 L_2$ 是起动瞬间转子绕组的感抗。

由式(7.9) 可见，转子绕组中的感抗 X_2 也与转差率 s 有关。起动瞬间，$s = 1$，$X_2 (= X_{20})$ 最大；额定负载下运行时，s_N 很小，$X_2 = s_N X_{20} \ll X_{20}$。

转子每相电路的电流为

$$I_2 = \frac{E_2}{\sqrt{R_2^2 + X_2^2}} = \frac{sE_{20}}{\sqrt{R_2^2 + (sX_{20})^2}} \tag{7.10}$$

转子电路的功率因数为

$$\lambda_2 = \frac{R_2}{\sqrt{R_2^2 + X_2^2}} = \frac{R_2}{\sqrt{R_2^2 + (sX_{20})^2}} \tag{7.11}$$

可见,转子电流 I_2 和转子功率因数 λ_2 也与转差率 s 有关。s 增大,I_2 也增大,但 λ_2 减小。I_2、λ_2 随 s 变化的关系如图7.12所示。

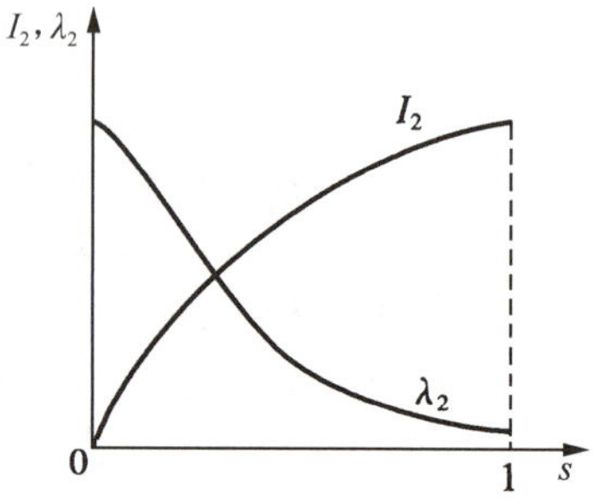

图7.12 I_2、λ_2 随 s 变化的关系

将上述有关式子代入式(7.3),经化简整理,可得电磁转矩的另一种表示式为

$$T = K\frac{sR_2U_1^2}{R_2^2 + (sX_{20})^2} \tag{7.12}$$

式中,K 是电动机的结构常数。

由式(7.12)可见,电动机的电磁转矩不仅与转差率 s 和转子电路的参数 R_2、X_{20} 有关,而且与定子每相电压 U_1 的平方成正比。因此,当电源电压波动时,对电动机的电磁转矩影响很大。

7.3.2 机械特性

在电源电压 U_1、频率 f_1 一定和电动机参数不变的情况下,转矩与转差率的关系曲线 $T=f(s)$,或转速与转矩的关系曲线 $n=f(T)$ 称为电动机的机械特性曲线。它们可根据式(7.12)得出,如图7.13所示。

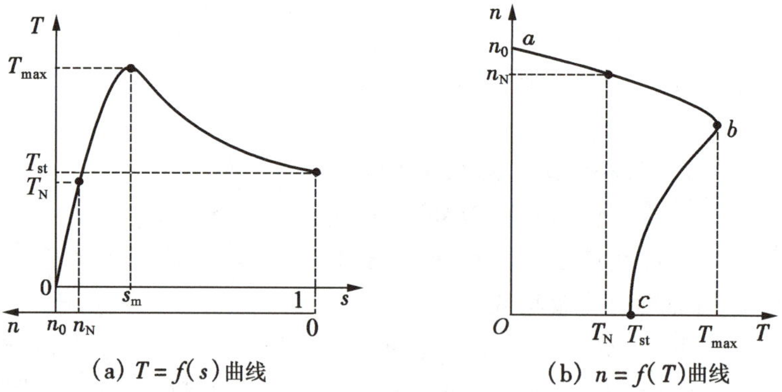

图7.13 三相异步电动机的机械特性曲线

机械特性是三相异步电动机的主要特性。为了分析电动机的运行性能,在机械特性曲线上要注意下面3个转矩。

1. 额定转矩 T_N

额定转矩是三相异步电动机工作在额定状态下的电磁转矩。

当电动机在机械特性曲线上某点匀速运转时,它的转矩 T 必须与阻转矩 T_C 相平衡。阻转矩包括电动机轴上输出的机械负载转矩 T_2($T_2=T_L$)和空载损耗转矩 T_0(主要是机械损耗转矩和空气阻转矩)。所以,电动机的转矩平衡方程为

$$T = T_C = T_2 + T_0 \tag{7.13}$$

由于 T_0 一般很小，常可忽略，故可近似认为电动机的转矩 T 等于其轴上输出的机械负载转矩 T_2，即

$$T \approx T_2 = \frac{P_2}{\omega} = \frac{P_2}{\frac{2\pi n}{60}}$$

式中，P_2 是电动机轴上输出的机械功率，单位为 W；ω 是转子的机械角速度，单位为 rad/s；n 是转子的转速，单位为 r/min；T 为转矩，单位为 N・m。

由于实际应用中，三相异步电动机轴上输出的机械功率 P_2 常用千瓦(kW)为单位，故此上式可表示为

$$T = \frac{P_2 \times 10^3}{\frac{2\pi n}{60}} = 9\ 550\ \frac{P_2}{n} \tag{7.14}$$

三相异步电动机的额定转矩，可根据其铭牌数据上所标出的额定功率 P_N(单位为 kW) 和额定转速 n_N(单位为 r/min)，应用式(7.14) 求得，即

$$T_N = 9\ 550\ \frac{P_N}{n_N} \tag{7.15}$$

2. 最大转矩 T_{max}

机械特性曲线上的 T_{max} 是电动机输出转矩的最大值，称为最大转矩或临界转矩。对应于最大转矩的转差率称为临界转差率，用 s_m 表示。将式(7.12) 对 s 求导，并令 $\frac{dT}{ds} = 0$，可求得临界转差率为

$$s_m = \frac{R_2}{X_{20}} \tag{7.16}$$

将 s_m 代入式(7.12) 得

$$T_{max} = K\frac{U_1^2}{2X_{20}} \tag{7.17}$$

由式(7.16) 和式(7.17) 可见，最大转矩 T_{max} 与 U_1^2 成正比，而与转子电阻 R_2 无关，但对应于最大转矩的转差率 s_m 却与 R_2 成正比。因此，当增大 R_2 时，T_{max} 不变，s_m 增大，出现最大转矩的转速降低，如图 7.14 所示。绕线式电动机通常利用这一特点，在转子电路串入电阻来实现调速和带重载起动的目的。另外，如果电源电压 U_1 降低，T_{max} 则下降。当负载转矩超过 T_{max} 时，电动机便带不动负载了，就会停转(称为闷车)。这时电流很大，电动机将严重发热，以致烧毁，使用时务必注意。电源电压 U_1 对机械特性曲线的影响如图 7.15 所示。

U_1、R_2 对 T 的影响

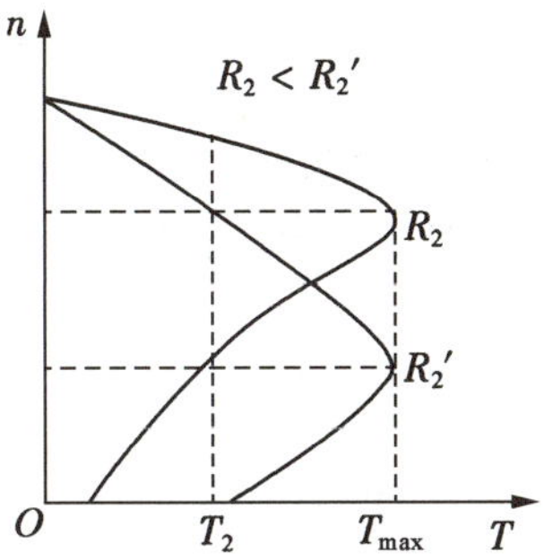

图 7.14　改变 R_2 的 $n = f(T)$ 曲线

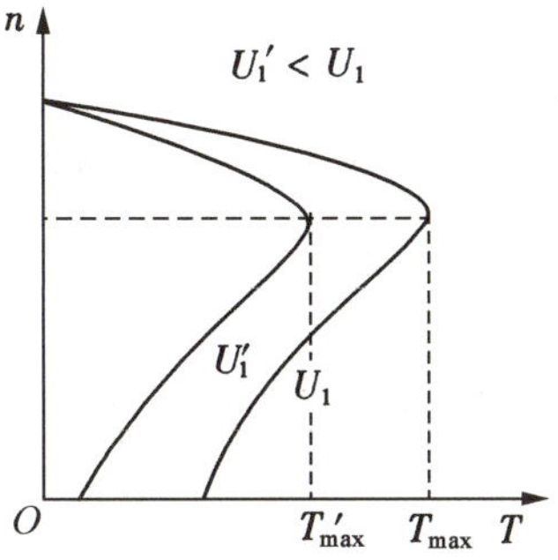

图 7.15　U_1 对机械特性曲线的影响

为了避免电动机过热,通常不允许电动机在超过额定转矩的情况下长时间运行。但是如果过载时间短,电动机不至于立即过热,则在额定转矩的情况下运行是允许的。不过这时的负载转矩不得超过最大转矩 T_{max},否则电动机就会发生闷车停转现象。三相异步电动机容许的短时过载能力,用电动机的最大转矩 T_{max} 与额定转矩 T_N 的比值来衡量,称为过载系数。过载系数用 λ_m 表示,即

$$\lambda_m = \frac{T_{max}}{T_N} \tag{7.18}$$

一般三相异步电动机的 λ_m 在 1.8 ~ 2.2 范围内。

在选择电动机时,应根据所选电动机的过载系数,计算出电动机的最大转矩,并使电动机的最大转矩大于可能出现的最大负载转矩。

3. 起动转矩 T_{st}

电动机起动瞬间($n = 0, s = 1$)所产生的转矩,称为起动转矩。将 $s = 1$ 代入式(7.12)可求得起动转矩为

$$T_{st} = K\frac{R_2U_1^2}{R_2^2 + X_{20}^2} \tag{7.19}$$

可见,起动转矩 T_{st} 也与 U_1^2 和 R_2 有关。如果降低电源电压 U_1,T_{st} 则会随之减小;如果适当增大转子电阻 R_2,T_{st} 则会随之增大。

为了保证电动机能够起动,电动机的起动转矩 T_{st} 必须大于电动机静止时的负载转矩 T_L。通常用起动转矩 T_{st} 与额定转矩 T_N 的比值来衡量电动机的起动转矩大小,称为起动能力(用 λ_{st} 表示),即

$$\lambda_{st} = \frac{T_{st}}{T_N} \tag{7.20}$$

一般三相异步电动机的 λ_{st} 在 1.0 ~ 2.2 范围内。

当电动机的起动转矩 T_{st} 大于负载转矩(一般等于额定转矩)时,电动机将从 $n = 0$[见图 7.13(b)]的 c 点起动,并沿着机械特性曲线的 cb 段上升,最后绕过 b 点进入机械特性曲线的 ab 段工作。ab 段称为电动机的稳定工作区。因为在这段曲线上,电动机的转矩能自动适应负载转矩的变化,即当负载转矩增加时,电动机的转矩能自动增大,而当负载转矩减小时,电动机的转矩又能自动降低。此外,在这段曲线上,当负载有较大变化时,电动机的转速变化不大,这种特性称为硬机械特性。三相异步电动机的硬机械特性非常适合一般金属切削机床等大多数负载的驱动。

例 7.2 有一台三相鼠笼式异步电动机,其额定功率 $P_N = 30$ kW,额定转速 $n_N = 1\,470$ r/min,$T_{st}/T_N = 1.2$,$T_{max}/T_N = 2$,求这台电动机的额定转矩 T_N、起动转矩 T_{st} 和最大转矩 T_{max}。

解 由式(7.15),得电动机的额定转矩为

$$T_N = 9\,550\frac{P_N}{n_N} = 9\,550 \times \frac{30}{1\,470}\ \text{N}\cdot\text{m} = 194.9\ \text{N}\cdot\text{m}$$

起动转矩为

$$T_{st} = 1.2T_N = 1.2 \times 194.9\ \text{N}\cdot\text{m} = 233.9\ \text{N}\cdot\text{m}$$

最大转矩为

$$T_{max} = 2T_N = 2 \times 194.9\ \text{N}\cdot\text{m} = 389.8\ \text{N}\cdot\text{m}$$

7.3.3　运行特性

当电源电压 U_1 及频率 f_1 为额定值时，电动机的转速 n、转矩 T、定子电流 I_1、定子功率因数 λ_1、效率 η 等与输出功率 P_2 的关系曲线，称为运行特性曲线。三相异步电动机的运行特性曲线，如图 7.16 所示。这些特性曲线可以通过实验的方法得到。对电动机的运行特性加以分析，可以了解其运行性能，以便经济合理地使用它们。

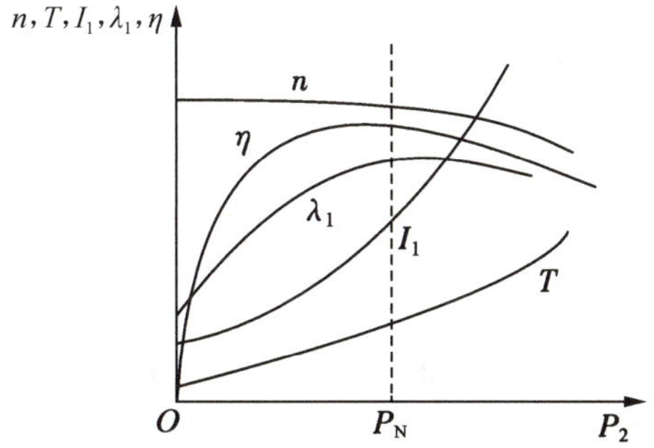

图 7.16　三相异步电动机的运行特性曲线

1. 转速特性 $n = f(P_2)$

三相异步电动机空载时，$P_2 = 0$，转速 n 接近同步转速 n_0。随着负载的增加，n 只略有下降。这体现了三相异步电动机具有硬转速特性。n 降低，则转子感应电动势 E_2 增大，转子电流 I_2 增大，于是电磁转矩 T 增大，并与负载转矩相平衡。

2. 转矩特性 $T = f(P_2)$

因为电动机的转矩 $T = T_2 + T_0$，空载时 $P_2 = 0$，$T_2 = 0$，$T = T_0$。随着负载的增加，P_2 增大。由于转速 n 只略有下降，由式(7.14)可知，T 将随着 P_2 的增大近似成正比地增大。

3. 定子电流特性 $I_1 = f(P_2)$

当三相异步电动机输出的机械功率增大时，其从电源输入的电功率也会增大，故定子电流 I_1 也增大。电动机空载时，$P_2 = 0$，$I_1 = I_0$。I_0 称为空载电流，主要用于建立旋转磁场和供给电动机空载损耗功率。

4. 定子功率因数特性 $\lambda_1 = \cos\varphi_1 = f(P_2)$

三相异步电动机空载时，从电源吸取的功率主要是建立旋转磁场所需的感性无功功率，其消耗的有功功率很少，仅为空载损耗功率，故功率因数 λ_1 很低(只有 0.2 左右)。随着 P_2 的增大，由于有功功率快速增加，而无功功率基本保持不变，因此功率因数 λ_1 也随之增大。在接近额定负载时，λ_1 达到最高。随后，P_2 进一步增大时，由于无功功率的增加超过了有功功率的增加，λ_1 又开始减小。

5. 效率特性 $\eta = f(P_2)$

电动机的效率为

$$\eta=\frac{P_2}{P_1}=\frac{P_2}{P_2+\Delta P} \tag{7.21}$$

式中，P_1 为电动机的输入功率，它等于输出功率 P_2 与电动机所有损耗功率 ΔP 之和。损耗功率包括定子、转子电路的铜损耗、铁损耗、机械摩擦损耗和空气阻力损耗等。电动机空载时，$P_2=0$，故 $\eta=0$。随着 P_2 的增大，η 也增大。由于铜损耗与电流的平方成正比，故 η 增大到一定值之后，便又随着 P_2 的增加而减小。一般当 P_2 等于额定功率的 75% 左右时，η 最高。

由上分析可知，只有在三相异步电动机满载或接近满载运行时，η 和 λ_1 才能达到较高的数值。因此，在选用电动机时，应尽可能达到或接近满载运行状态，即电动机的额定功率必须与负载的机械功率一致。

思考题

1. 三相异步电动机在一定负载转矩下运行时：(1) 如果电源电压降低；(2) 如果转子电阻增大，电动机的转矩、电流和转速将怎样变化？

2. 三相异步电动机在运行过程中，转子因故被卡住，电动机的电流将怎样变化？遇到这种情况时，应如何处置？

3. 三相鼠笼式异步电动机在电源电压有效值和频率不变时，若电动机的转速升高，其电流将怎样变化？

4. 电动机定子与转子之间的气隙为什么留得很小？与同容量的变压器比较，三相异步电动机的空载电流是大还是小？为什么？

5. 三相异步电动机定子绕组和转子绕组之间没有电路上的联系，为什么电动机的输出机械功率增加时，其输入的电功率和定子电流也会随之增加？

6. 三相异步电动机空载起动和满载起动时，起动电流和起动转矩是否相同？为什么？

7.4 三相异步电动机的起动、调速和制动

前几节对三相异步电动机工作原理的讨论和对电动机机械特性、运行特性的分析，都是为了更好地使用电动机。三相异步电动机的使用，除定子绕组的正确连接之外，主要包括起动、调速和制动等方面。

7.4.1 起动

三相异步电动机的起动方式

将三相异步电动机的定子绕组接上三相电源，电动机从静止状态加速到稳定运行状态的过程，称为起动。电动机起动时的转矩应大于负载转矩。

在电动机起动瞬间，转子转速 $n=0$，旋转磁场以同步转速切割转子绕组。这时磁场与转子间的相对速度很大，因此转子中的感应电动势和电流很大。与之对应，定子中的电流也很大。一般中小型鼠笼式异步电动机的起动电流(定子线电流)I_{st} 为额定电流的 $5\sim7$ 倍。由于起动时间短，而且在起动过程中，电流

随着转速的上升迅速下降，因此，只要不是频繁起动，一般不会因起动而使电动机过热。但过大的起动电流会在输电线上产生较大的电压降，引起电网电压显著下降。这不仅会影响电动机本身的起动，使其起动时间延长，不能带动负载起动，而且会影响接在同一线路上的其他负载的正常工作，如电灯变暗、电动机停转等。所以，必须采用适当的起动方法来减小起动电流。

虽然三相异步电动机的起动电流大，但由于起动瞬间转子电路的功率因数 λ_2 很低，因此，起动转矩并不太大。如果要求起动转矩大，也必须采用适当的方法来提高起动转矩。

通常对电动机的起动要求是，起动电流小，起动转矩大，起动时间短，起动设备简单、经济、操作方便，起动过程中功率损耗小。

三相异步电动机常用的起动方法有直接起动、降压起动和绕线式转子串电阻起动。

1. 直接起动

直接起动也称全压起动，就是利用闸刀开关、转换开关、交流接触器等开关设备，直接将额定电压加到定子绕组上来起动电动机。这种起动方法的主要优点是简单、经济且起动快。它的主要缺点是起动电流大，对电网电压的影响大。功率较小的鼠笼式电动机通常采用这种起动方法。一台电动机能否直接起动，需要遵从各地电业部门的规定。对没有独立变压器供电的电动机，一般规定电动机起动时引起的电网电压降不超过 5%；对有独立变压器供电的电动机，则规定电动机的功率不大于变压器容量的 20%（经常起动的）和 30%（不经常起动的）。

一般来说，7.5 kW 以下的异步电动机都能直接起动，大于 7.5 kW 的则需按照上述规定，并视电动机的工作情况来决定起动方法。

2. 降压起动

为了减小起动电流，功率较大的三相鼠笼式异步电动机通常采用降压起动。降压起动的方法很多，下面仅介绍常用的两种。

(1) 星形-三角形（Y－△）换接起动。这种方法适用于正常运行为三角形连接的三相异步电动机。起动时先将电动机连接成星形，待电动机起动完毕后，再连接成三角形，如图 7.17 所示。由于星形连接相电压只有三角形连接的 $\frac{1}{\sqrt{3}}$，这样起动时便将电动机定子每相绕组上的电压降到了正常运行电压的 $\frac{1}{\sqrt{3}}$。

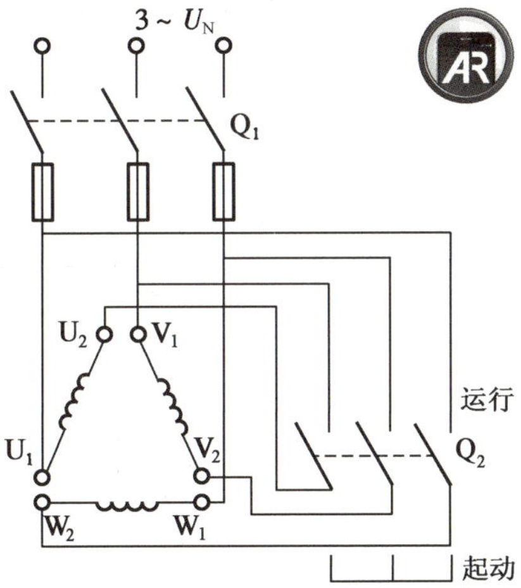

图 7.17　星形-三角形换接起动

设电动机起动时定子每相绕组上阻抗为 Z_{st}，电源线电压为 U_N。当电动机连接成星形，即降压起动时，起动电流为

$$I_{stY}=\frac{U_N/\sqrt{3}}{|Z_{st}|}$$

当电动机连接成三角形，即直接起动时，起动电流为

$$I_{st\triangle}=\sqrt{3}\frac{U_N}{|Z_{st}|}$$

两种连接方式下，起动电流的比值为

$$\frac{I_{stY}}{I_{st\triangle}}=\frac{1}{3} \quad 或 \quad I_{stY}=\frac{1}{3}I_{st\triangle}$$

即降压起动时，起动电流仅为直接起动的$\frac{1}{3}$，这就大大减小了电动机的起动电流。

由于电动机的起动转矩与电压的平方成正比，所以两种连接方式下起动转矩的比值为

$$\frac{T_{stY}}{T_{st\triangle}}=\left(\frac{U_N/\sqrt{3}}{U_N}\right)^2=\frac{1}{3} \quad 或 \quad T_{stY}=\frac{1}{3}T_{st\triangle}$$

即降压起动时，起动转矩也只有直接起动的$\frac{1}{3}$。因此，这种方法只适用于空载或轻载起动。

星形-三角形换接起动所需设备简单，成本低，实现起来容易，故得到了广泛应用。

(2) 自耦降压起动。这种方法是利用三相自耦变压器来降低电动机的起动电压，如图7.18所示。起动时先将开关Q_2合到“起动”位置，电动机接于自耦变压器的二次绕组，在较低的电压下起动。起动完毕后，再将Q_2合到“运行”位置，电动机便在额定电压下运行。

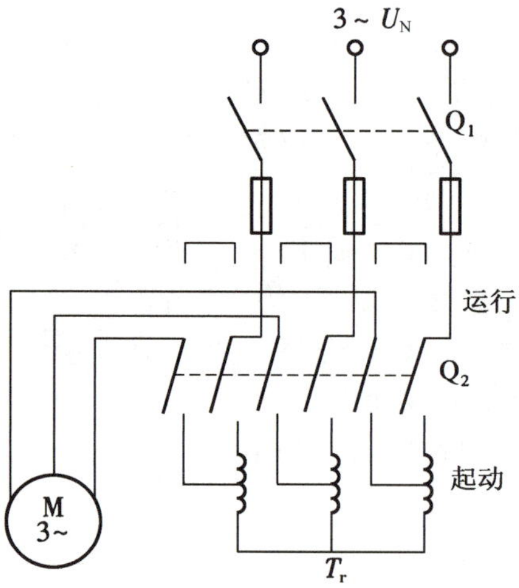

图7.18 自耦降压起动

为了获得不同的起动转矩，在自耦变压器的二次绕组通常备有两个或三个分接头(如为电源电压的80%、60%、40%)，以便根据需要选择不同的电压。

自耦降压起动的起动电流和起动转矩可通过图7.18求得。设U_1为变压器一次绕组相电压，U_2为二次绕组相电压，K为变比($K=U_1/U_2$)，电动机为星形

连接(也可以三角形连接),起动时定子每相阻抗为 Z_{st},则降压起动时电动机(即变压器二次绕组)的起动电流为

$$I'_{st}=\frac{U_2}{|Z_{st}|}=\frac{U_1}{K\ |Z_{st}|}$$

线路(即变压器一次绕组)的起动电流为

$$I''_{st}=\frac{I'_{st}}{K}=\frac{U_1}{K^2\ |Z_{st}|}$$

直接起动时,线路的起动电流为

$$I_{st}=\frac{U_1}{|Z_{st}|}$$

比较以上两式得

$$\frac{I''_{st}}{I_{st}}=\frac{1}{K^2}\quad 或\quad I''_{st}=\frac{1}{K^2}I_{st}$$

即采用自耦降压起动时,起动电流仅为直接起动时的$\frac{1}{K^2}$。

由于起动转矩与电压的平方成正比,所以,采用自耦降压起动和直接起动,起动转矩的比值为

$$\frac{T'_{st}}{T_{st}}=\left(\frac{U_1/K}{U_1}\right)^2=\frac{1}{K^2}\quad 或\quad T'_{st}=\frac{1}{K^2}T_{st}$$

即自耦降压起动时,起动转矩也为直接起动时的$\frac{1}{K^2}$。

自耦降压起动所需设备较笨重,且费用高,故一般只用于功率较大,但正常运行为星形连接,不能采用星形-三角形换接起动的鼠笼式三相异步电动机。

3. 绕线式转子串电阻起动

绕线式异步电动机的转子绕组由星形连接的三相绕组而构成,通过滑环和外电路连接。这一结构特点使得绕线式异步电动机可以在转子电路中串入起动电阻。因为增大转子电阻 R_2,一方面,可以使转子电流 I_2 减小,从而使定子电流 I_1 减小,即减小了电动机的起动电流;另一方面,它还可以使电动机的起动转矩增大(见图 7.14)。所以,绕线式异步电动机通常采用在转子电路中串入电阻的方法起动,其起动原理如图 7.19 所示。起动前,先将起动电阻 R_{st} 调到最大。起动后,随着转速的上升,逐级减小起动电阻,直至起动完毕,最后将起动电阻全部切除。

这种起动方法特别适合重载起动的场合,如起重机、卷扬机等。

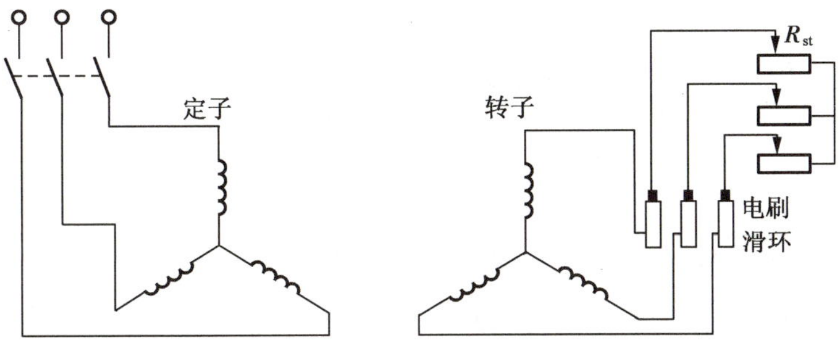

图 7.19　绕线式转子串电阻起动

例 7.3 有一台三相鼠笼式异步电动机,其额定数据如下:$P_N = 13\ \mathrm{kW}$,$U_N = 380\ \mathrm{V}$,△连接,$n_N = 1\ 460\ \mathrm{r/min}$,$\lambda_N = \cos\varphi_N = 0.88$,$\eta_N = 0.88$,$I_{st}/I_N = 7$,$T_{st}/T_N = 1.3$。试求:(1) 额定电流 I_N 和额定转矩 T_N;(2) 采用 Y-△ 降压起动时的起动电流 I_{stY} 和起动转矩 T_{stY}。

解 (1) 额定电流和额定转矩分别为

$$I_N = \frac{P_N \times 10^3}{\sqrt{3}U_N\lambda_N\eta_N} = \frac{13\times 10^3}{\sqrt{3}\times 380\times 0.88\times 0.88}\ \mathrm{A} = 25.51\ \mathrm{A}$$

$$T_N = 9\ 550\frac{P_N}{n_N} = 9\ 550\times\frac{13}{1\ 460}\ \mathrm{N\cdot m} = 85.03\ \mathrm{N\cdot m}$$

(2) Y-△ 降压起动时的起动电流和起动转矩分别为

$$I_{st} = 7\times I_N = 7\times 25.51\ \mathrm{A} = 178.57\ \mathrm{A}$$

$$I_{stY} = \frac{1}{3}I_{st} = \frac{1}{3}\times 178.57\ \mathrm{A} = 59.52\ \mathrm{A}$$

$$T_{st} = 1.3\times T_N = 1.3\times 85.03\ \mathrm{N\cdot m} = 110.54\ \mathrm{N\cdot m}$$

$$T_{stY} = \frac{1}{3}T_{st} = \frac{1}{3}\times 110.54\ \mathrm{N\cdot m} = 36.85\ \mathrm{N\cdot m}$$

例 7.4 在例 7.3 中,如果采用自耦降压起动,并使电动机的起动转矩为额定转矩的 80%,试求:(1) 自耦变压器的变比 K;(2) 电动机的起动电流 I'_{st} 和线路上的起动电流 I''_{st}。

解 (1) 因为起动转矩与 U^2 成正比,所以

$$\frac{T'_{st}}{T_{st}} = \frac{0.8T_N}{1.3T_N} = \frac{(U_N/K)^2}{U_N^2} = \frac{1}{K^2}$$

于是

$$K = \sqrt{\frac{T_{st}}{T'_{st}}} = \sqrt{\frac{1.3}{0.8}} = 1.27$$

(2) 电动机的起动电流为

$$I'_{st} = \frac{I_{st}}{K} = \frac{178.57}{1.27}\ \mathrm{A} = 140.6\ \mathrm{A}$$

线路上的起动电流为

$$I''_{st} = \frac{I'_{st}}{K} = \frac{140.6}{1.27}\ \mathrm{A} = 110.7\ \mathrm{A}$$

7.4.2 调速

电动机的调速是指在负载转矩不变的情况下,用人为的方法来改变电动机的转速,以满足生产过程的需要。由式(7.2)可得转速公式为

$$n = (1-s)n_0 = (1-s)\frac{60f_1}{p} \tag{7.22}$$

式(7.22)表明,三相异步电动机可以采用改变电源频率 f_1、改变磁极对数 p 和改变转差率 s 三种方法来实现调速。其中,前两种是通过改变同步转速 n_0 来改变转速 n 的,这是鼠笼式电动机的调速方法;后一种是通过改变机械特性来

改变转速 n 的，是绕线式电动机的调速方法。

1. 变频调速

由式(7.22)可知，三相异步电动机的转速 n 与 f_1 成正比，改变电源频率 f_1，就可以改变电动机的转速 n。这样的调速方法称为变频调速。变频调速的机械特性曲线，如图7.20所示。如果电源频率 f_1 连续可调，便可得到连续变化的转速(称为无级调速)n。

变频调速机械特性硬度好，调速范围大，而且可以实现无级调速，是三相异步电动机一种比较好的调速方法。

由于我国电网提供的交流电源频率为50 Hz，是固定不变的，要让三相异步电动机采用变频调速，就必须配备一套专门的变频装置，将50 Hz的工频交流电变换为频率可调的交流电，如图7.21所示。近年来，随着变频技术的快速发展，以及多种系列的通用变频器产品推向市场，变频调速得到了越来越广泛的应用，并已成为生产过程中最主要的调速方法。

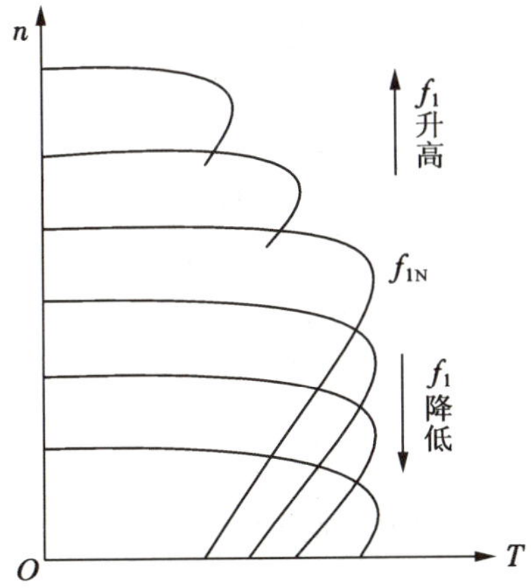

图7.20 变频调速时的机械特性曲线

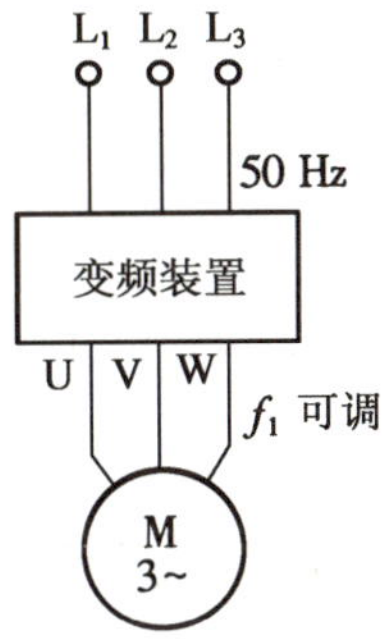

图7.21 变频调速

在实际应用中，变频调速有两种调速方式。

(1) 在额定频率 f_{1N} 以下调速时，根据 $U_1 \approx E_1 = 4.44 f_1 N_1 \Phi$ 可知，如果 f_1 减小，而保持 U_1 不变，则主磁通 Φ 势必增大。这将会造成电动机磁路饱和(电动机在额定状态下磁路已接近饱和)，使励磁电流和铁心损耗大大增加，并导致电动机过热，使电动机无法正常运行。为使磁路不饱和，就必须保持主磁通 Φ 不变。这也就是说，在降低 f_1 的同时，必须使 U_1 相应地降低，即保持 $\dfrac{U_1}{f_1}=$ 常数。电动机的磁通 Φ 不变，则转子电路的参数和转矩也不变。因此，这种调速属于恒转矩调速方式。

这里需要指出的是，采用恒转矩变频调速，当按 $\dfrac{U_1}{f_1}=$ 常数的关系调速且 f_1 较高时，主磁通 Φ 基本上不变(此方式也称为恒磁通调速)，电动机机械特性曲线的斜率及最大转矩 T_{max} 也基本上不变。但当 f_1 较低时，则由于定子绕组上的阻抗压降与 U_1 比较不可忽略，故随着 f_1、U_1 的下降，励磁电流 I_1、主磁通 Φ 也将随之减小。这会使电动机的机械特性变软，最大转矩减小。为了保持机械特性的硬度和最大转矩不变,就必须在低速时适当提高 U_1,以补偿定子绕组压降的影响,使磁通 Φ 基本保持不变。

(2) 在额定频率 f_{1N} 以上调速时,由于 U_1 受额定电压的限制,不能升高,只能保持 $U_1 = U_{1N}$ 不变。因此,随着电源频率 f_1 的升高,主磁通 Φ 及转矩随之下降。因为转速升高了,故功率基本上不变。所以,这种调速属于恒功率调速。

2. 变极调速

由 7.2 节的讨论可知,旋转磁场的极对数和定子绕组的连接方式有关,改变定子绕组的连接方式,就可以改变旋转磁场的极对数,从而也就改变了电动机的转速。这样的调速方法称为变极调速。

在图 7.22 中,每相定子绕组(图中只画了一相)由两个线圈 U_1U_2 和 $U_1'U_2'$ 组成。当两个线圈串联时,如图 7.22(a) 所示,$p = 2$;当两个线圈反并联时,如图 7.22(b) 所示,$p = 1$。按照这种方法制成的电动机称为多速电动机。常用的多速电动机有双速、三速和四速等。显然,这种调速方法是有级的。

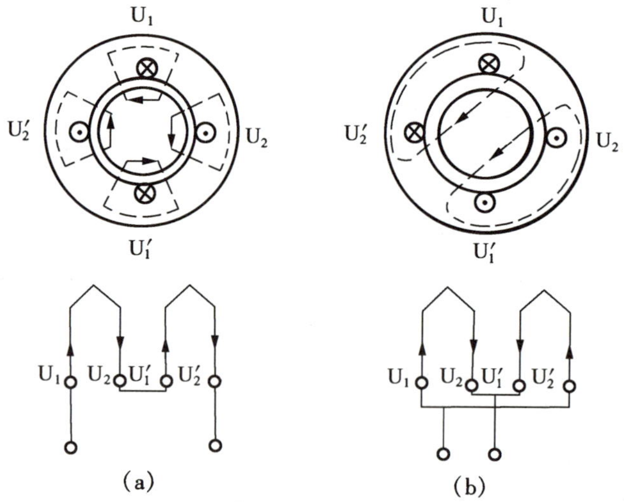

图 7.22　改变磁极对数 p 的调速

变极调速的优点是,设备简单,运行可靠,机械特性硬度好,而且根据需要也可以获得恒转矩或恒功率的调速方式,以适应生产机械的要求;缺点是只能进行有级调速,而且级数很有限。

3. 变转差率调速

如 7.3 节所述,在转子电路中串入电阻后,其机械特性 $n = f(T)$ 曲线下移(见图 7.14),在同一负载转矩下,转速降低。因为这种调速使转差率发生了变化,故可认为是改变转差率的调速方法。这种调速方法常用于小功率的起重设备中,其优点是设备简单、投资少;缺点是功率损耗大,效率低,且机械特性变软。

7.4.3　制动

电动机的制动是指电动机受到与转子运动方向相反的转矩,使之减速或快速停止转动的过程。

因为电动机的转动部分有惯性，将它的电源切断之后，还要继续运行一定时间才会停转。但有的生产过程常常要求电动机迅速停转，以保证安全，或缩短辅助工时，提高生产率。这就需要对电动机进行制动。电动机运行在制动状态时，其转矩是阻止电动机转动的，称为制动转矩。

三相异步电动机常用的制动方法有以下几种。

1. 能耗制动

这种制动方法，是在电动机切断三相电源之后，立即将定子绕组接通直流电源，如图 7.23(a) 所示。这时，电动机的磁场是固定不动的，而转子由于惯性作用，继续在原方向转动。转子绕组切割固定磁场产生的感应电动势和电流，转子电流与固定磁场相互作用产生的转矩，如图 7.23(b) 所示。显然，这个转矩与电动机的转动方向相反，是阻止电动机转动的制动转矩。制动转矩的大小与通入定子绕组中的直流电流的大小有关，而直流电流的大小又与直流电源的电压和定子绕组的直流电阻的大小有关。一般应使直流电流为电动机额定电流的 0.5 ～ 1。因为这种方法是将转子的动能转换成电能消耗在转子绕组的电阻上来制动的，所以称为能耗制动。

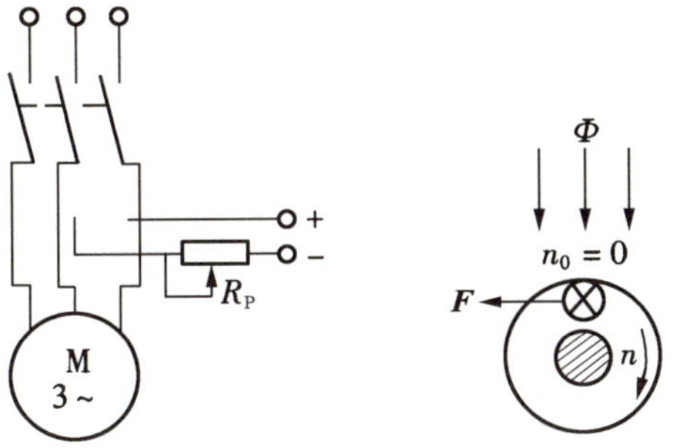

(a) 原理电路图　　(b) 制动原理示意图

图 7.23　能耗制动

能耗制动的特点是制动准确、平稳，且能量消耗小，但它需要额外的直流电源。

2. 反接制动

这种制动方法是在电动机停车时，将电动机接到三相电源的三根导线中的任意两根对调位置，如图 7.24(a) 所示。这时旋转磁场反方向旋转，而转子由于惯性仍以原方向转动，因此电动机产生的转矩与转子转向相反，变成了制动转矩，如图7.24(b) 所示。采用反接制动，在电动机的转速接近零时，应及时切断电源，以防电动机反转。

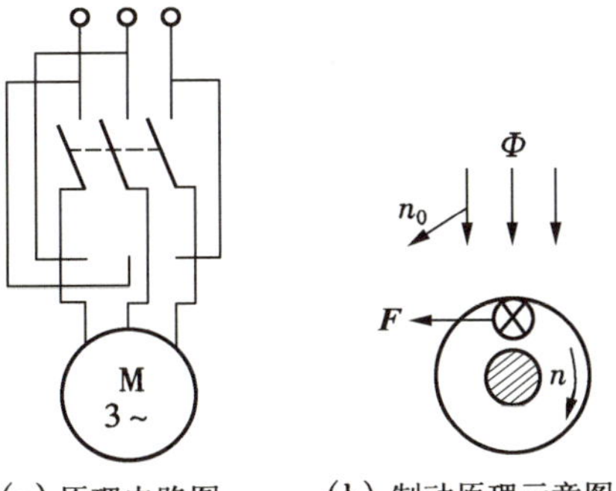

(a) 原理电路图　　(b) 制动原理示意图

图 7.24　反接制动

反接制动时，旋转磁场以 (n_0+n) 的速度切割转子，这时转子绕组中的感应电动势和电流都很大，定子绕组中的电流也很大。因此，对于功率较大的电动机，在反接制动时应在定子或转子电路

(绕线式)串入限流电阻。

反接制动比较简单,制动效果较好,但能量消耗大。

3. 发电反馈制动

当电动机的转子受外力作用,使转子的转速 n 超过了旋转磁场的转速 n_0,如起重机快速下放重物时,电动机的转矩与转子运动方向相反,对转子起制动作用,从而限制了转子转速的升高,如图7.25所示。因为当转子的转速 $n > n_0$ 时,实际上电动机已转入发电机运行状态,所以这种制动称为发电反馈制动。

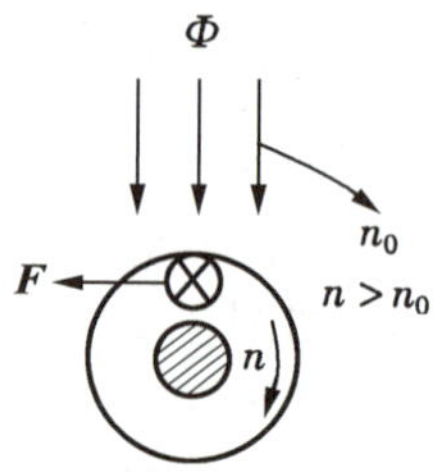

图7.25 发电反馈制动原理图

另外,多速电动机从高速变到低速时,也会发生发电反馈制动。因为这时旋转磁场的转速降低一半,而转子的转速由于惯性只能逐渐下降,使得转子的转速 $n > n_0$,所以电动机便运行在发电反馈制动状态。

思考题

1. 星形-三角形降压起动是降低了电动机定子电路的线电压还是相电压?自耦降压起动呢?
2. 为什么绕线式异步电动机在转子电路串入起动电阻后,起动电流减小,而起动转矩却反而增大?
3. 三相异步电动机带恒转矩负载,若保持电源电压为额定值不变,是否可以将频率升高为额定值的1.5倍来实现高速运行?如果是恒功率负载呢?
4. 绕线式异步电动机能否采用改变电源频率和极对数的方法调速?

7.5 三相异步电动机的铭牌数据与选择

电动机的铭牌及其技术数据,是使用和选择电动机的依据。为了正确使用、合理选择电动机,必须准确理解铭牌数据的意义。

7.5.1 铭牌数据

为了便于使用,在每台电动机的机座上都附有一块铭牌,上面标有该电动机的型号、主要额定数据和使用条件,下面以Y132S-4型电动机为例,来说明铭牌(见图7.26)上各个数据的意义。

三相异步电动机					
型　号	Y132S-4	功　率	5.5 kW	频　率	50 Hz
电　压	380 V	电　流	11.6 A	接　法	△
转　速	1 440 r/min	绝缘等级	B	工作方式	连续
	年　月	编号			××电机厂

图7.26 Y132S-4型电动机铭牌

1. 型号

型号是不同类型、不同规格电动机的代号。例如，上述电动机型号的意义如下：

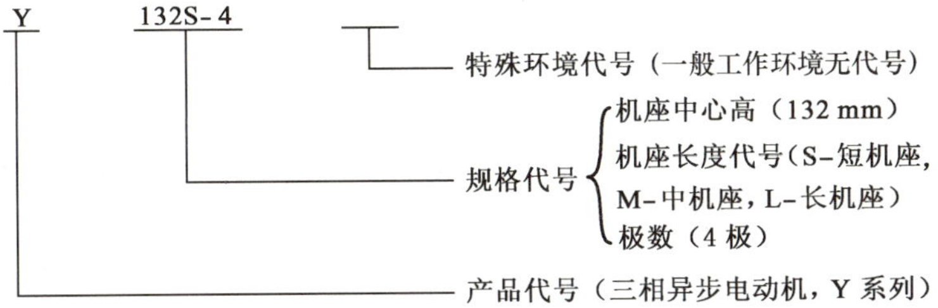

国产电动机的型号由产品代号、规格代号和特殊环境代号三部分组成。其中，产品代号表示电动机的类型和结构特点，它又由类型代号、结构特点代号和设计序号三部分组成。例如，Y 表示异步电动机（异），T 表示同步电动机（同），Z 表示直流电动机（直），YR 表示绕线式异步电动机（异绕），YB 表示隔爆式异步电动机（异爆），YD 表示多速异步电动机（异多），Z_2 表示第二次设计的直流电动机。规格代号表示电动机的大小、长短等规格，它又由机座中心高度（或铁心外径，或机座号）、机座长度代号（或铁心长度号）和极数等部分组成。特殊环境代号表示电动机适合的特殊工作环境，如 W 表示户外（外），F 表示防腐（腐）等，无此项者则为一般工作环境。

Y 系列电动机是全封闭自冷型鼠笼式三相异步电动机，是我国统一设计的新的基本系列，其功率等级和安装尺寸均符合国际电工委员会（IEC）标准。

2. 额定功率 P_N

额定功率也称为额定容量，它是电动机在额定状态下运行时，轴上输出的机械功率，单位为千瓦（kW）。

3. 额定电压 U_N

它是电动机在规定接法下，定子绕组应加的线电压，单位为伏（V）。

4. 额定电流 I_N

它是电动机在额定状态下运行时，定子绕组的线电流，单位为安（A）。

5. 额定频率 f_N

它是电动机定子绕组所接交流电源的频率。因为我国交流电网的频率为 50 Hz，所以国内交流电动机的额定频率一般为 50 Hz。

6. 额定转速 n_N

它是电动机在额定状态下运行时，转子的转速，单位为转每分（r/min）。

7. 接法

它是指电动机三相定子绕组的连接方式，即接成星形（Y）或接成三角形（△）。有的电动机额定电压为 380/220 V，接法为 Y/△，表示当电源线电压为 380 V 时，电动机定子绕组应接成星形；而当电源线电压为 220 V 时，应接成三角形。当电动机定子绕组有两种连接方式时，亦有两个相对应的额定电流。

8. 额定功率因数 λ_N

它是电动机在额定状态下运行时，定子电路的功率因数。三相异步电动机的额定功率因数为0.7～0.9，而空载和轻载时较低，只有0.2～0.3。实际使用时应根据负载大小，合理选择电动机的容量，防止“大马拉小车”，同时应尽量缩短空载运行时间。

9. 额定效率 η_N

它是电动机在额定状态下运行时的效率。三相鼠笼式异步电动机的额定效率为75%～92%，也可通过下式计算：

$$\eta_N = \frac{P_{2N}}{P_{1N}} = \frac{P_N}{\sqrt{3}U_N I_N \lambda_N} \times 100\% \tag{7.23}$$

三相异步电动机的功率因数和效率一般不标在铭牌上，而是标明在产品说明书和产品目录中。

10. 绝缘等级

它指按电动机绕组所用绝缘材料的容许温升(容许极限温度与环境温度40 ℃之差)或容许极限温度划分的等级。常用绝缘材料的绝缘等级及容许极限温度如表7.2所示。

表7.2 常用绝缘材料的绝缘等级及容许极限温度

绝缘等级	A	E	B	F	H
容许极限温度/℃	105	120	130	155	180

11. 工作方式

工作方式也称为定额，它根据发热条件规定的电动机的运行方式，一般分为连续、短时和断续三种。

连续工作方式允许电动机在额定功率下长期连续运行。

短时工作方式只允许电动机在规定的时间内按额定功率运行。短时工作方式的标准时间分为10 min、30 min、60 min、90 min四种。

断续工作方式允许电动机按额定功率周期性长期运行。其周期由一个额定负载时间和一个停止时间组成。额定负载时间与整个周期之比称为负载持续率。国家标准规定这类电动机的负载持续率为15%、25%、40%和60%四种，每个周期为10 min。

除上述铭牌数据外，对绕线式电动机，其铭牌上通常还标有转子开路电压、转子额定电流等数据。

例7.5 Y225M-4型三相异步电动机的技术数据如下：$P_N = 45$ kW，$U_N = 380$ V，△连接，$n_N = 1\,480$ r/min，$\lambda_N = \cos\varphi_N = 0.88$，$\eta_N = 92.3\%$，$I_{st}/I_N = 7$，$T_{st}/T_N = 1.9$，$T_{max}/T_N = 2.2$。试求：(1) 额定转差率 s_N；(2) 额定电流 I_N；(3) 起动电流 I_{st}；(4) 额定转矩 T_N；(5) 起动转矩 T_{st}；(6) 最大转矩 T_{max}；(7) 额定输入功率 P_{1N}。

解　(1) 因为异步电动机的额定转速低于和接近同步转速，而略高于额定转速 1 480 r/min 的同步转速为 1 500 r/min，所以额定转差率为

$$s_N = \frac{n_0 - n_N}{n_0} \times 100\% = \frac{1\,500 - 1\,480}{1\,500} \times 100\% = 1.3\%$$

(2) 额定电流为

$$I_N = \frac{P_N \times 10^3}{\sqrt{3} U_N \lambda_N \eta_N} = \frac{45 \times 10^3}{\sqrt{3} \times 380 \times 0.88 \times 0.923}\ \text{A} = 84.2\ \text{A}$$

(3) 起动电流为

$$I_{st} = 7 \times I_N = 7 \times 84.2\ \text{A} = 589.4\ \text{A}$$

(4) 额定转矩为

$$T_N = 9\,550\frac{P_N}{n_N} = 9\,550 \times \frac{45}{1\,480}\ \text{N}\cdot\text{m} = 290.4\ \text{N}\cdot\text{m}$$

(5) 起动转矩为

$$T_{st} = 1.9 \times T_N = 1.9 \times 290.4\ \text{N}\cdot\text{m} = 551.8\ \text{N}\cdot\text{m}$$

(6) 最大转矩为

$$T_{max} = 2.2 \times T_N = 2.2 \times 290.4\ \text{N}\cdot\text{m} = 638.9\ \text{N}\cdot\text{m}$$

(7) 额定输入功率为

$$P_{1N} = \frac{P_N}{\eta_N} = \frac{45}{0.923}\ \text{kW} = 48.75\ \text{kW}$$

7.5.2　异步电动机的选择

为生产机械选择电动机是一件非常重要的工作，选择得是否合理，对于运行安全和经济指标有着很大的影响。一般来说，选择电动机时既要考虑负载的需要，又要考虑工作环境和供电电源情况等其他因素的影响，所选电动机应该既能满足生产机械的要求，安全可靠运行，又能节约投资，降低运行成本。电动机的选择通常包括功率选择、种类选择、结构形式选择、电压选择、转速选择等。

1. 功率(容量)选择

电动机的功率大小是由生产机械所需功率决定的。如果功率选得过小，则不能保证电动机可靠运行，甚至可能导致电动机因过载而损坏；如果功率选得过大，不但使电动机的投资成本增加，而且由于电动机处于轻载下运行，其功率因数和效率都较低，也使经常性的运行费用增加，故不经济。

选择电动机的功率时，必须符合下面 3 条原则：

(1) 电动机工作时，其发热应接近它的容许温升，但不得超过；

(2) 电动机应具备一定的过载能力，以保证短时过载时能正常运行；

(3) 电动机应具备生产机械所需起动转矩。

一般情况下，电动机的功率选择是以它的发热条件为基础的，而电动机的发热情况又与它的工作方式有关，工作方式不同，功率选择的方法也有所不同。

(1) 连续运行电动机功率的选择。对于连续运行的电动机，因为其工作时

间很长，起动电流对温升的影响不大。如果负载是恒定的，或基本上是恒定的，如水泵、通风机、大型机床的主轴等，电动机的温升能够达到稳定值。为使温升不超过额定值，只需使电动机的功率等于或稍大于负载功率即可。选择电动机功率的一般步骤如下。

① 计算负载所需功率 P_L(可画出负载图)。

② 选择电动机的额定功率 P_N，使

$$P_N \geqslant \frac{P_L}{\eta_1 \eta_2} \tag{7.24}$$

式中，η_1、η_2 分别为生产机械的效率和传动机构的效率。

③ 校验电动机的过载能力和起动能力。如果不能满足，则应选择功率更大的电动机。

④ 如果环境温度偏离标准值 40 ℃ 较大，则需修正电动机的额定功率。在电压和转速不变时，可按下式计算：

$$P''_N = P'_N\sqrt{1+\frac{40-Q_0}{Q_N}(\alpha+1)} \tag{7.25}$$

式中，P''_N为修正后电动机的额定功率；P'_N为修正前所选电动机的额定功率；Q_0为电动机的环境温度；Q_N 为电动机的额定温升；α 为修正系数，鼠笼式电动机的 $\alpha=0.5\sim0.7$，小型绕线式电动机的 $\alpha=0.45\sim0.6$，大型专用绕线式电动机的 $\alpha=0.9\sim1.0$。

例如，取 $\alpha=0.6$，环境温度为 35 ℃，若电动机为 B 级绝缘，其极限温度为 130 ℃，额定温升 $Q_N=(130-40)$ ℃ $=90$ ℃，则

$$P''_N = P'_N\sqrt{1+\frac{40-35}{90}(0.6+1)} = 1.043P'_N$$

上式表明，当环境温度降到 35 ℃ 时，电动机的额定功率可提高 4.3%。与此相反，在高温环境下，如南方热带地区和亚热带地区，电动机的额定功率必须降低。此外，在海拔高于 1 000 m 的高原地区，由于空气稀薄，散热条件差，额定功率也要降低。

对于变化负载，选择电动机功率的一般步骤是，首先根据负载的变化情况，计算出负载的平均功率，并由负载的平均功率预选电动机的额定功率，然后计算、校验电动机的温升、过载能力和起动能力。若不满足，则重选电动机，直至完全满足要求为止。

但在实际应用中，有些负载的变化往往比较复杂，这使得计算十分复杂和困难，因此对于这类负载，工程中常常采用统计分析法(也称类比法)。就是将同类型生产机械所选电动机的功率进行统计分析和类比，来作为选择的依据。

例 7.6 有一台与电动机直接联轴的低压离心式水泵，转速 $n=1\,460$ r/min，效率 $\eta=0.6$，通过计算求得负载功率 $P_L=6.9$ kW。已知水泵需长期工作，且其周围环境温度不超过 30 ℃，试选择电动机的额定功率。

解 因为电动机与水泵联轴，故传动机构的效率 $\eta_2=1$，由式(7.24)可求得电动机额定功率为

$$P_N \geqslant \frac{P_L}{\eta_1 \eta_2} = \frac{6.9}{0.6 \times 1}\ \text{kW} = 11.5\ \text{kW}$$

由于环境温度 $Q_0 = 30\ ℃$，电动机的额定功率应予以修正。对于 Y 系列电动机来说，其绝缘等级都是 B 级，$Q_N = 90℃$。取 $\alpha = 0.6$，由式(7.25)可得

$$P''_N = P'_N\sqrt{1 + \frac{40 - Q_0}{Q_N}(\alpha + 1)} = P'_N\sqrt{1 + \frac{40 - 30}{90}(0.6 + 1)} = 1.085P'_N$$

因为功率修正后，应使 $P''_N = P_N$，于是得电动机的额定功率为

$$P'_N = \frac{P''_N}{1.085} \geqslant \frac{11.5}{1.085}\ \text{kW} = 10.6\ \text{kW}$$

可选用160M-4型电动机，其额定功率 $P_N = 11$ kW，额定转速 $n_N = 1\ 460$ r/min，$T_{st}/T_N = 2.2$，$T_{max}/T_N = 2.2$。

(2) 短时运行电动机功率的选择。对于短时运行的电动机，如闸门的开启电动机、机床中的夹紧电动机、横梁的移动电动机等，由于运行的时间较短，而停歇的时间较长，在工作中，电动机的温升还没有达到稳定值便又降为零值。

短时工作的负载，可根据负载的功率和工作时间选择与之对应的短时运行电动机。如果没有合适的短时运行电动机，也可选用连续运行电动机。选择的一般方法如下。

① 根据短时工作生产机械的功率 P_L 和工作时间 t_w，按下式计算电动机的额定功率：

$$P_N = P_L\sqrt{\frac{1 - e^{t_w/\tau}}{1 + \alpha e^{-t_w/\tau}}} \tag{7.26}$$

式中，α 为修正系数，意义与式(7.25)中相同；τ 为发热时间常数，单位为 s。对于普通小功率封闭式异步电动机，$\tau = 10 \sim 20$ min。电动机的热容量越大，τ 也越大。

② 如果 $P_L/P_N < \lambda_m$(过载系数)，便可按式(7.26)求出的 P_N 选择电动机的功率。

③ 如果 $P_L/P_N > \lambda_m$，则应按 $P'_N = \dfrac{P_N}{\lambda_m}$ 来选择电动机的功率。

④ 必要时还应校验电动机的起动能力。

(3) 断续运行电动机功率的选择。对于断续运行电动机，运行和停歇是交替进行的，工作时间短，温升达不到额定值就停车，停车时间也不长，温升未降到零值又运转。

由于有停车时间，电动机的输出功率可适当提高，提高的多少与电动机的负载持续率有关。根据定义，设电动机的负载持续率为 ε，则

$$\varepsilon = \frac{t_w}{t_w + t_0} \times 100\% \tag{7.27}$$

式中，t_w 为电动机的工作时间；t_0 为电动机的停歇时间。

专门用于断续运行的交流异步电动机有 YZ 和 YZR 系列,它们的标准负载持续率都为 15%、25%、40% 和 60%。

如果实际的负载持续率 ε_L 恰好是某种标准值,便可按实际负载功率,在电动机的产品目录中,选用在该负载持续率下额定功率与之相近的电动机;否则,就要将实际负载功率 P_L 转换成与标准负载持续率 ε_S 相对应的等效负载功率 P_S,再根据 P_S 和 ε_S 选择合适的电动机。换算公式为

$$P_S = P_L\sqrt{\frac{\varepsilon_L}{\varepsilon_S}} \tag{7.28}$$

与前述相同,除考虑电动机的功率外,还要校验它的过载能力和起动能力。

例 7.7 有一桥式起重机,其负载图如图 7.27 所示。要求采用绕线式异步电动机,转速为 700 r/min 左右,试选择合适的电动机。

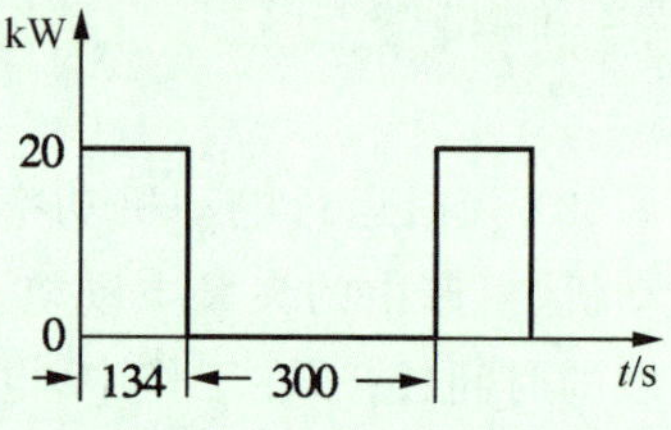

图 7.27 例 7.7 的图

解 由图 7.27 可知,该起重机的负载持续率为

$$\varepsilon_L = \frac{134}{134+300} = 0.3$$

负载功率为

$$P_L = 20\ \text{kW}$$

换算成与标准负载持续率 $\varepsilon_S = 0.25$ 相对应的等效负载功率为

$$P_S = P_L\sqrt{\frac{\varepsilon_L}{\varepsilon_S}} = 20\sqrt{\frac{0.3}{0.25}}\ \text{kW} = 21.9\ \text{kW}$$

查起重机设计手册,可选 YZR51-8 型绕线式异步电动机。其额定数据为 $\varepsilon_S = 25\%$,$P_N = 22$ kW,$n_N = 730$ r/min。P_N 稍大于 P_S,$n_N \approx 700$ r/min,满足要求。

如果没有现成的断续运行电动机,也可选择连续运行电动机。此时可看成 $\varepsilon_S = 1$,与之对应的等效负载功率为

$$P_S = 20\sqrt{\frac{0.3}{1}}\ \text{kW} = 11\ \text{kW}$$

查产品目录,可知 YR180L-8 型异步电动机的额定数据为 $P_N = 11$ kW,$n_N = 700$ r/min,满足要求,可选用。

2. 种类选择

电动机种类的选择,主要考虑的是生产机械对电动机性能的要求。一般情况下应优先选择异步电动机。只有在异步电动机不能满足性能要求时,才考虑选择其他电动机。

三相异步电动机有鼠笼式和绕线式两种类型。鼠笼式电动机在结构、价格、使用维护等方面均优于绕线式电动机。因此,对于那些功率不大(100 kW 以下),且不要求调速的一般生产机械,如水泵、通风机、运输机、压缩机、破碎机等,应尽可能采用鼠笼式电动机。

绕线式电动机起动转矩大，起动电流小，调速性能较好，但结构复杂，使用和维护较麻烦，价格也较高。所以，只有对需要大起动转矩或需要在一定范围内调速的生产机械，如起重机、卷扬机、电梯等，才考虑采用绕线式电动机。

3. 结构形式的选择

电动机的结构形式应根据电动机工作场所的环境情况来选择。一方面要保证电动机能够安全可靠地运行，另一方面还要考虑其经济性和实用性。电动机常用的结构形式主要有以下几种。

（1）开启式。电动机的带电部分和旋转部分没有遮盖，其内部的空气能与外界保持流通。这种电动机散热条件好，适用于干燥无尘的场所。

（2）防护式。电动机的机壳上有通风孔，通风孔上有遮盖装置，以防一定方向的水滴、水溅或固体物质进入电动机内部。根据遮盖物的不同，又有防滴式、防溅式和网罩式等几种。这种形式的电动机散热条件不及开启式好，但对外界的液体和固体物质有一定的防护作用，适用于干燥无尘或少尘的场所。

（3）封闭式。整个电动机完全封闭，内部和外界隔离，能防止灰尘及各种液体、固体杂物进入电动机内部。电动机外壳上装有散热片，依靠自身风扇或外部风扇冷却。其散热条件不如前两种好，适用于潮湿、灰尘多或含有酸性气体的场所。

（4）防爆式。电动机的外壳和接线盒全部密封，且具有较高的机械强度。能承受内部爆炸的压力，爆炸时产生的火花不会窜到机壳外面，还能防止外面的易燃、易爆气体进入内部。这种电动机适用于有爆炸性气体的场所，如化工车间和矿井中。

此外，还要根据安装条件，选择合适的安装结构形式。电动机的安装结构形式有卧式和立式两种，卧式电动机的转轴是水平方向安装的，立式电动机的转轴是垂直方向安装的。

4. 电压的选择

电动机的额定电压应根据电动机功率的大小和使用场所的电源电压来选择。一般应选择额定电压和电网电压一致的电动机，否则就要另行配置专用的变压器。我国生产的 Y 系列鼠笼式异步电动机额定电压都是 380 V。对于 100 kW 以上的大中功率异步电动机，可考虑选用 3 000 V 和 6 000 V 的高压电动机，以减小电动机的体积和运行费用。

5. 转速的选择

电动机的额定转速应根据生产机械的要求来选择，但通常不宜选得太低（不低于 500 r/min）。这是因为功率相同的情况下，转速较高的电动机体积小，价格便宜，而且效率和功率因数也比较高，即转速高的电动机具有较高的经济指标。但是高速电动机转矩小，起动电流大。此外，如果生产机械需要低速，采用高速电动机可能会使传动减速机构比较庞大。若采用低速电动机直接传动，便可省去减速装置，简化传动机构，这也是适宜的。因此，选择电动机的转速时，应该根据生产机械的具体情况，以电动机和传动机构总价最低、运行费用最省为原则。实际工程应用中，一般选4极，即同步转速为1 500 r/min的电动机。

思考题

1. 在电源电压不变和负载为额定值的情况下，如果将三角形连接的电动机误接成星形，或将星形连接的电动机误接成三角形，其后果如何？

2. 三角形连接的三相异步电动机，在负载很轻的情况下，能否将其改接成星形运行？为什么？与三角形运行相比，星形运行电动机的损耗和效率是增大了还是减小了？

3. 负载持续率 ε 的意义是什么？当 $\varepsilon = 15\%$ 时，能否让电动机在额定功率下周期地工作15 min、休息85 min？为什么？

4. 一台 $\varepsilon = 15\%$、30 kW和一台 $\varepsilon = 40\%$、20 kW的电动机，哪一台功率大一些？

7.6 单相异步电动机

由单相交流电源供电的异步电动机称为单相异步电动机。与同功率的三相异步电动机相比，单相异步电动机的体积较大，运行性能较差，故一般只做成小功率(750 W以下)的。由于它只需要单相电源供电，使用方便，因此被广泛应用于驱动小型机械负载，如电动工具、医疗器械、家用电器等。

7.6.1 单相异步电动机的工作原理与机械特性

单相异步电动机的结构和三相异步电动机类似，也由定子和转子两部分组成，但其定子绕组为单相绕组，转子都为鼠笼式。

1. *脉动磁场*

图7.28所示为单相异步电动机的结构原理图。如果在单相异步电动的定子绕组通入单相正弦交流电流，这时电动机产生的磁场不是旋转磁场，而是一个位置固定不变(磁场的轴线与定子绕组的轴线一致)，大小和方向随时间按正

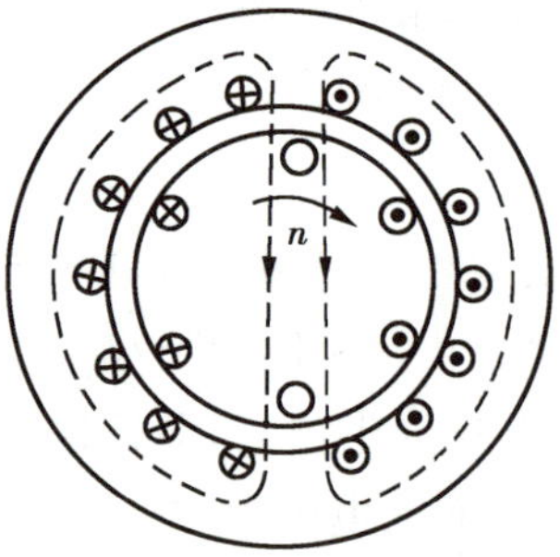

图7.28 单相异步电动机的结构原理图

弦规律变化的脉动磁场(见图 7.28)。当电流的方向如图中所示时,磁场的磁通方向垂直向下;而当电流的方向与图中相反时,磁场的磁通方向垂直向上。

设脉动磁场的磁感应强度 **B** 如图 7.29 所示,这种按正弦规律变化的脉动磁场可以分解为两个大小相等$\left(\text{磁感应强度大小幅值 } B_{1m}=B_{2m}=\dfrac{B_m}{2}\right)$、转速相同$\left(n_0=\dfrac{60f_1}{p}\right)$、转向相反的旋转磁场,磁感应强度分别为 $\boldsymbol{B}_1$ 和 $\boldsymbol{B}_2$(见图 7.29)。

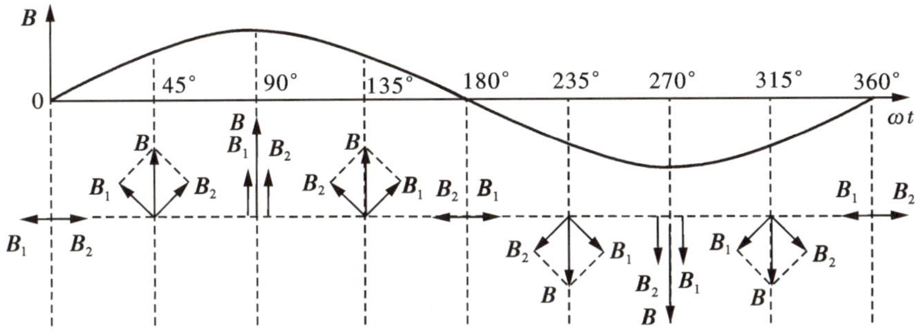

图 7.29　脉动磁场及其分解

2. 工作原理与机械特性

与三相异步电动机一样,单相异步电动机的两个旋转磁场都要使转子产生电磁转矩。顺时针方向转动、磁感应强度为 $\boldsymbol{B}_1$ 的旋转磁场产生顺时针方向的电磁转矩 T_1;逆时针方向转动、磁感应强度为 $\boldsymbol{B}_2$ 的旋转磁场产生逆时针方向的电磁转矩 T_2。T_1、T_2 及其合成转矩 T 与对应的转差率的关系如图 7.30 所示。

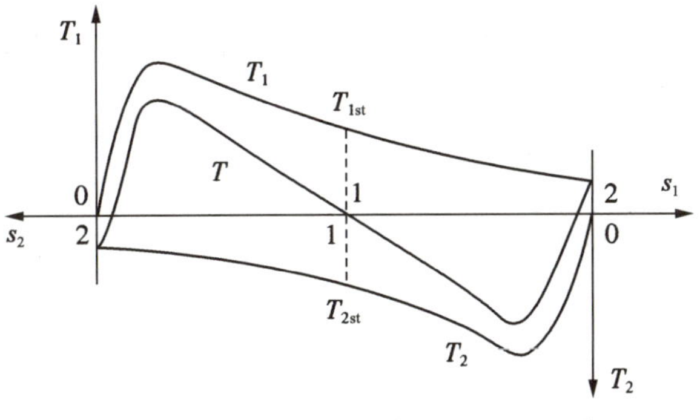

图 7.30　单相异步电动机的 $T=f(S)$ 曲线

由于两个旋转磁场的磁感应强度相等,因此当转子静止时,两个磁场切割转子的速度大小相等、方向相反,使得作用于转子的顺时针方向的电磁转矩 T_1 和逆时针方向的电磁转矩 T_2 也是大小相等、方向相反。所以,电动机的转子不会转动。也就是说,单相异步电动机的起动转矩为零。

但是,若用外力推动电动机的转子,如使转子顺时针方向转动,则转子与顺时针方向旋转磁场的转差率为

$$s_1=\frac{n_0-n}{n_0}<1$$

而与逆时针方向旋转磁场的转差率为

$$s_2 = \frac{-n_0 - n}{-n_0} = \frac{n_0 + n}{n_0} > 1$$

由图7.30可知，这时 $T_1 > T_2$，合成转矩 T 与顺时针方向的电磁转矩 T_1 方向相同，于是电动机便沿顺时针方向继续转动。

同理，如果用外力推动转子，使其逆时针方向转动，这时 $T_2 > T_1$，合成转矩 T 与逆时针方向电磁转矩 T_2 方向相同，于是电动机又会沿逆时针方向继续转动。

由上述分析可见，单相异步电动机没有起动转矩，但有运行转矩。只要解决其起动问题，就可以带负载工作。此外，由于单相异步电动机总有一个反向制动转矩存在，所以其效率和负载能力都不及三相异步电动机。

目前用于解决单相异步电动机起动问题的常用方法有两种，即电容分相法和罩极法。与之对应，单相异步电动机也分为电容分相式和罩极式两种结构形式。

7.6.2 电容分相式单相异步电动机

1. 基本结构

电容分相式单相异步电动机的结构和接线原理如图7.31所示。它有两个绕组，工作绕组 W_1W_2 和起动绕组 S_1S_2，二者在空间互差90°。起动绕组与电容串联，用于分相。两个绕组并联后接在同一交流电源上。

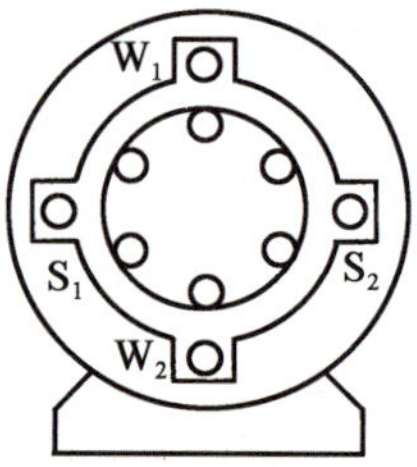

(a) 结构示意图

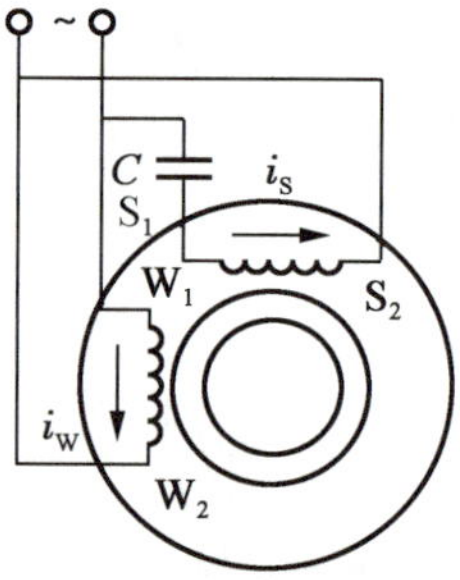

(b) 接线原理图

图7.31 电容分相式电动机

2. 工作原理

由于电动机的工作绕组电路为感性电路，起动绕组串联电容后成了容性电路，若电容器的容量选择适当，可使两个电流的相位差恰好为90°，这就是所谓的分相。设两相电流分别为

$$i_W = I_{Wm}\sin\omega t$$

$$i_S = I_{Sm}\sin(\omega t + 90°)$$

电流的波形如图7.32所示。

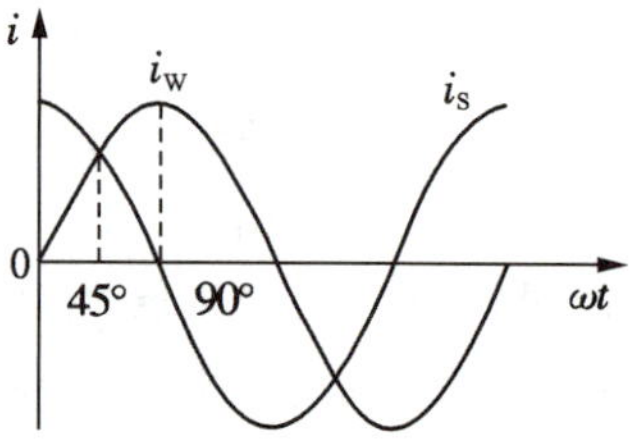

图7.32 两相电流波形

这样两个在空间互差90°的绕组，通入相位差为90°的两相电流后，所产生的磁场也是一个旋转磁场，如图7.33所示。在此旋转磁场作用下，转子上便有了起动转矩，电动机就能转动起来。

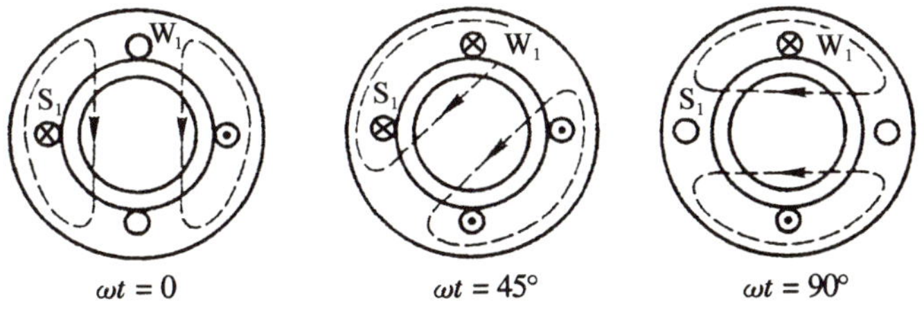

图 7.33　两相旋转磁场的产生

电动机起动后可以有两种运行方式。如果在起动绕组中串联一个开关（如用离心开关），当电动机起动完毕后，将开关断开，电动机只在工作绕组通电的情况下继续运行。这种运行方式的电动机，称为电容起动单相异步电动机。

如果电动机起动后不断开起动绕组（这时起动绕组应和工作绕组一样，按长期运行方式设计），让其继续通电工作，这种运行方式的电动机，称为电容运行单相异步电动机。电容运行单相异步电动机实质上是一种两相异步电动机。电容运行单相异步电动机的起动性能、负载能力和功率因数等均优于电容起动单相异步电动机。

若要电容分相式单相异步电动机反转，只需将起动绕组或工作绕组接到电源的两个端子对调即可。

7.6.3　罩极式单相异步电动机

1. 基本结构

罩极式单相异步电动机的结构如图 7.34 所示。其特点：定子上有凸出的磁极，定子绕组绕在磁极上，在磁极约 1/3 处开有一个小槽，将磁极分成大、小两部分，小的部分套有一个短路铜环（称为罩极）。

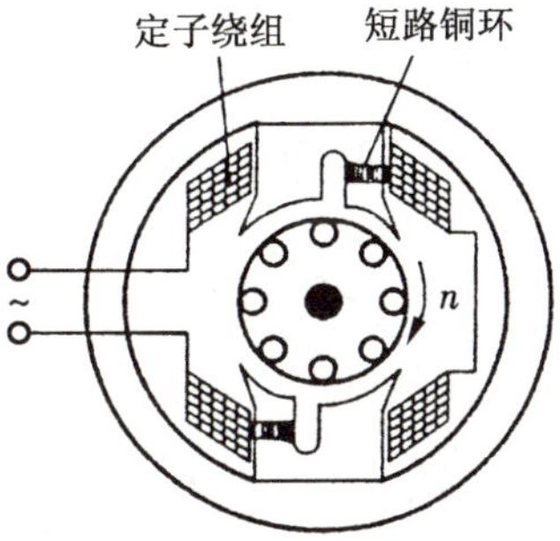

图 7.34　罩极式电动机结构示意图

2. 工作原理

当电动机定子绕组通入单相交流电流时，就要产生磁场。由于短路铜环中感应电流的作用（感应电流所产生的磁场，阻止磁通的变化），使被短路铜环罩着的部分磁极面上的磁通，数量上与未罩部分不相等，相位上滞后未罩部分的磁通，从而在磁极面上产生一个由未罩部分移向被罩部分的移动磁场，并使转子得到起动转矩而转动。

罩极式单相异步电动机结构简单，但起动转矩小，常用于对起动转矩要求不高的场合，如风扇、吹风机、电子仪器的通风设备等。

思考题

1. 如果改变图7.30中电容器C的串联位置，即将C与工作绕组W_1W_2串联，是否可以改变单相异步电动机的转动方向？为什么？

2. 罩极式单向异步电动机的转向是由什么决定的？工作中能否改变罩极式电动机的转向？

3. 三相异步电动机断了一根电源线，能否自行起动？若在运行中断了一根电源线，能否继续转动？为什么？

7.7 三相同步电动机

同步电动机是交流电动机的一种，也有三相和单相之分，但大多为三相的。由于起动性能和调速性能不如异步电动机，故应用不及异步电动机广泛。但它的功率因数可调，而且可调节在电容状态下运行，以改善电网的功率因数。

7.7.1 基本结构

三相同步电动机也由定子和转子两大部分组成。定子和三相异步电动机完全一样，也由机座、定子铁心和三相绕组组成。转子是磁极，由磁极铁心、励磁绕组、转轴和滑环等组成。为了通入直流电流励磁，励磁绕组的两个出线端，分别接在转轴上的两个相互绝缘的滑环上。滑环通过电刷与外电路连接。按照转子结构的不同，同步电动机又分为凸极式和隐极式两种，如图7.35所示。

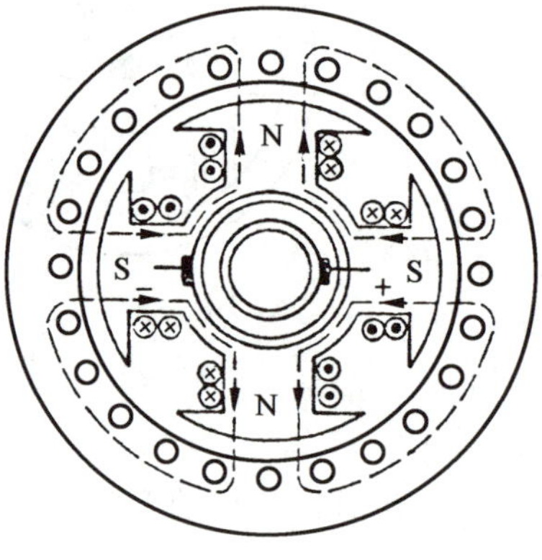

(a) 凸极式

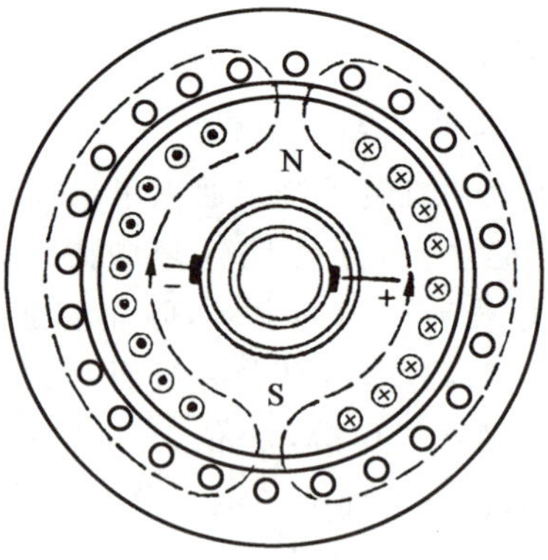

(b) 隐极式

图7.35 同步电动机的结构示意图

凸极式转子具有明显突出的磁极。它的结构比较简单，成本低，过载能力强，运行稳定性好，但机械强度较差。一般来说，中小型、低速同步电动机多做成凸极式，而大型、高速同步电动机多做成隐极式。

7.7.2 工作原理

当将三相同步电动机的定子绕组接到电源上，通入三相对称交流电流时，便会产生旋转磁场。由于制造时定子旋转磁场的极对数与转子磁场的极对数相等，若转子也通入直流电流励磁，并产生转子磁场，则转子磁极就会被旋转磁场的异性磁极吸引，并以相同的转速一起转动，如图 7.36 所示。显然，转子的转速就是同步转速 n_0，即

$$n = n_0 = \frac{60f_1}{p} \tag{7.29}$$

所以，这种电动机称为同步电动机。

同步电动机具有恒转速特性。只要负载转矩不超过电动机的电磁转矩，则转速不随负载的大小而变化。三相同步电动机的机械特性曲线如图 7.37 所示。这样的机械特性称为绝对硬特性。

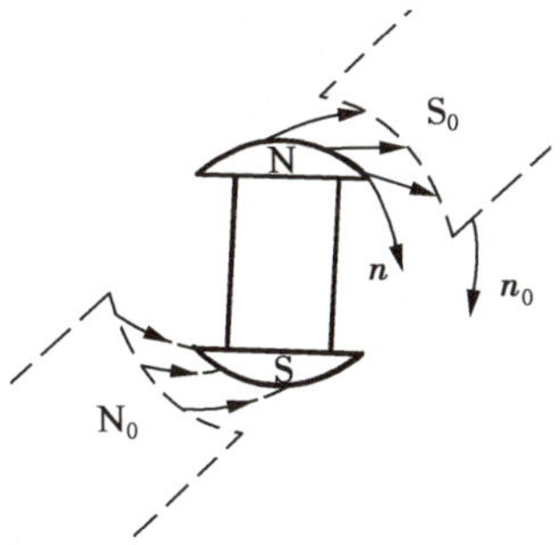

图 7.36 同步电动机的工作原理

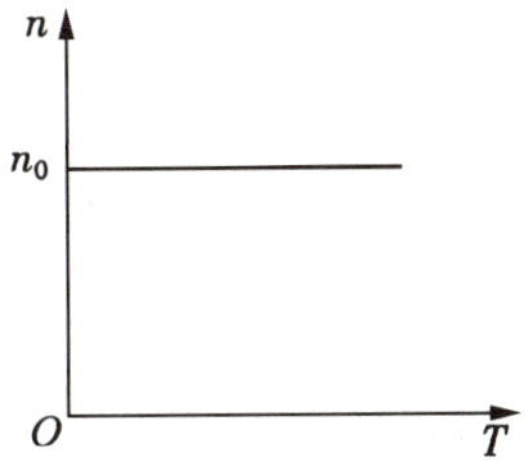

图 7.37 同步电动机的机械特性曲线

同步电动机的另一个重要特性是，改变励磁电流的大小，可以改变电动机的功率因数。在电动机定子电压和负载转矩不变的条件下，以对应于功率因数 $\lambda = 1$ 的励磁电流为额定励磁电流 I_{fN}，并称为正常励磁。正常励磁时，定子的相电流和相电压同相位，电动机呈电阻性；当 $I_f < I_{fN}$ 时，称为欠励磁，这时定子的相电流滞后于相电压，电动机呈电感性；当 $I_f > I_{fN}$ 时，称为过励磁，这时定子的相电流超前于相电压，电动机呈电容性。电动机的这种特性，不仅可以提高自身的功率因数，而且可以让它在过励状态下运行来提高供电系统的功率因数。

7.7.3 起动

同步电动机的主要缺点是起动性能差，若不采取特殊措施，它就不能自行起动。这是因为当电动机接通三相电源之后，定子旋转磁场即以同步转速旋转。但由于转子具有惯性，不能立即旋转。这样，旋转磁场的 N、S 极便依次交替掠过转子磁极表面，交替产生吸力和斥力。使转子上的电磁转矩平均值为零，故电动机不能自行起动。

同步电动机常用的起动方法是异步起动法。这种方法是在转子磁极表面上，装上与异步电动机鼠笼式转子绕组相似的起动绕组。起动时，先不给转子励磁绕组通电，让同步电动机像异步电动机一样起动起来。待转子转速接近同步

转速时,再将励磁绕组接通直流电源,使转子产生固定磁极。这时旋转磁场就能吸引转子一起转动,使转子加速而被拖入同步运行状态。

为了减小起动电流,同步电动机也可以采用和异步电动机起动时一样的各种降压起动方法。

同步电动机一般用来驱动长期连续运转的恒速、大功率生产机械,如压缩机、通风机、粉碎机、水泵等。

习　题

7.1　一台三相异步电动机的额定转速为 720 r/min,电源频率为 50 Hz。试求:(1) 电动机的同步转速和极对数;(2) 额定状态下转子与旋转磁场的转速差及额定转差率。

7.2　习题 7.1 中的电动机,在起动瞬间和以额定转速运行时,试求:(1) 定子旋转磁场对定子的转速;(2) 定子旋转磁场对转子的转速;(3) 转子旋转磁场对转子的转速;(4) 转子旋转磁场对定子旋转磁场的转速。

7.3　电动机定子绕组的示意图如图 7.5 所示。如果将三相定子绕组接到电源的两根引线的一端 V_1、W_1 对调(见图 7.6),试画出电动机在 $\omega t = 0°$ 和 $\omega t = 90°$ 时旋转磁场的图形,并与图 7.8 比较,说明旋转磁场的转向与电流相序的关系。

7.4　有一台四极三相异步电动机,额定转速为 1 425 r/min,电源频率为 50 Hz,转子电阻 $R_2 = 0.02\ \Omega$,感抗 $X_{20} = 0.08\ \Omega$,转子不动时的感应电动势 $E_{20} = 20$ V。试求:(1) 转子不动时的电流 I_{20} 和功率因数 λ_{20};(2) 额定转速时的感应电动势 E_2、电流 I_2 和功率因数 λ_2。

7.5　Y180L-6 型三相异步电动机的某些技术数据如下:$P_N = 15$ kW,$n_N = 970$ r/min,$f_N = 50$ Hz,$T_{st}/T_N = 1.8$,$T_{max}/T_N = 2.0$。试求:(1) 电动机的额定转差率 s_N 和转子电流的额定频率 f_{2N};(2) 电动机的额定转矩 T_N、起动转矩 T_{st} 和最大转矩 T_{max}。

7.6　Y280S-4 型三相异步电动机的额定功率为 75 kW,额定电压为 380 V,额定功率因数为 0.88,额定效率为 92.7%,额定转差率为 0.013 3,起动电流与额定电流的比值为 7。试求:(1) 电动机的同步转速和转子的额定转速;(2) 电动机的额定电流、起动电流和额定输入功率。

7.7　有 Y280M-6 型和 Y250M-2 型三相异步电动机各一台,额定功率均为 55 kW,前者的额定转速为 980 r/min,后者的额定转速为 2 970 r/min。求这两台电动机的转矩,并说明转矩、转速和极对数之间的大小关系。

7.8　Y200L$_1$-2 型三相异步电动机的技术数据如下:$P_N = 30$ kW,$U_N = 380$ V,$f_N = 50$ Hz,$n_N = 2\,950$ r/min,$\eta_N = 90\%$,$\lambda_N = 0.89$,$I_{st}/I_N = 7$,$T_{st}/T_N = 2.0$,$T_{max}/T_N = 2.2$。试求:(1) 极对数 p;(2) 额定转差率 s_N;(3) 额定电流 I_N 和额定转矩 T_N;(4) 起动电流 I_{st} 和起动转矩 T_{st};(5) 最大转矩 T_{max}。

7.9　一台三角形接法的三相异步电动机,$T_{st}/T_N = 1.4$。试问:在下述情况下能否采用 Y-△ 换接起动?(1) 负载转矩为电动机额定转矩的 50%;(2) 负载转矩为电动机额定转矩的 25%。

7.10　某三相异步电动机,$I_N = 72$ A,$I_{st}/I_N = 6.5$,$T_{st}/T_N = 1.6$,采用自耦变压器降压起动,要求电动机的起动转矩为额定转矩的 60%,求自耦变压器的变比和线路上的起动电流。

7.11　某鼠笼式三相异步电动机的技术数据如下:$P_N = 30$ kW,$U_N = 380$ V,$n_N = 970$ r/min,$I_N = 56.8$ A,三角形接法,$f = 50$ Hz,$\eta_N = 88\%$,$T_{st}/T_N = 1.2$,$T_{max}/T_N = 2.2$,$I_{st}/I_N = 7$。试求:(1) 额定转差率 s_N、额定功率因数 λ_N;(2) 额定转矩 T_N、起动转矩 T_{st}、最大转矩 T_{max};(3) 采用 Y-△ 换接起动时的起动转矩 T_{st} 和起动电流 I_{st}。

7.12　一台三相异步电动机的额定数据如下:功率为 2.2 kW,电压为 380/220 V,接法为“Y/△”,转速为 2 840 r/min,效率为 82%,功率因数为 0.86。试问:(1) 在电源电压分别为 380 V 和 220 V 时,电动机应如何连接？(2) 两种接法下电动机相电压、线电压、相电流、线电流的额定值及额定转矩各为多少？

7.13　有一短时工作负载，负载所需功率 $P_L = 22$ kW，转速 $n = 1\,460$ r/min。现有两台三相鼠笼式电动机可供选用，它们是：(1) Y160M-4 型，其额定数据为 $P_N = 11$ kW，$n_N = 1\,460$ r/min，$T_{max}/T_N = 2.2$，$T_{st}/T_N = 2.2$；(2) Y160L-4 型，其额定数据为 $P_N = 15$ kW，$n_N = 1\,460$ r/min，$T_{max}/T_N = 2.2$，$T_{st}/T_N = 2.2$。如果两台电动机的温升都没有问题，试校验其过载能力和起动能力，并选择合适的电动机(考虑电网电压可能降低 10%)。

7.14　某工厂负载为 850 kW，功率因数为 0.6(电感性)，由 1 600 kV·A 变压器供电。现添加 400 kW 功率的负载，由同步电动机拖动，其功率因数为 0.8(电容性)，则是否需要加大变压器容量？这时将工厂的功率因数提高到多少？

本章习题参考答案

第 8 章 直流电动机

内容提要

本章首先简要地介绍直流电动机的结构和分类，然后讨论直流电动机的工作原理，在此基础上导出直流电动机的电枢反电动势和电磁转矩两个基本公式，并分析直流电动机的机械特性。最后从使用的角度出发，以并励电动机为重点，介绍直流电动机的起动、调速和制动。

直流电动机是一种将直流电能转换为机械能的旋转机械。与交流异步电动机比较，直流电动机的结构复杂，价格昂贵，使用和维护也不及交流异步电动机简单方便。但由于直流电动机具有良好的起动性能和调速性能，因此，对于那些需要较大起动转矩和对调速性能有较高要求的机械，如电车、电力机车、龙门刨床、起重机、轧钢机、矿井提升机等都普遍采用直流电动机来驱动。此外，对于那些没有交流电源而以蓄电池作为电源的机械，如汽车和拖拉机也使用直流电动机。

8.1 直流电动机的结构和分类

8.1.1 直流电动机的结构

直流电动机

直流电动机的结构如图 8.1 所示，它由静止的定子和转动的转子两部分组成。

1. 定子

直流电动机的定子主要由主磁极、换向磁极、机座、端盖以及电刷装置等组成。

(1) 主磁极。主磁极的作用是产生磁场，一般由主磁极铁心和励磁绕组两部分组成[①]。主磁极铁心由做成一定形状的薄钢片叠压而成(较窄的部分叫极身，较宽的部分叫极掌或极靴)，励磁绕组套装在极身上。极掌的作用是使电动

①在小型直流电动机中也有用永久磁铁作主磁极的。

机气隙中的磁感应强度按照电动机的工作要求合理分布，并用来挡住励磁绕组。整个主磁极固定在机座的内壁上。

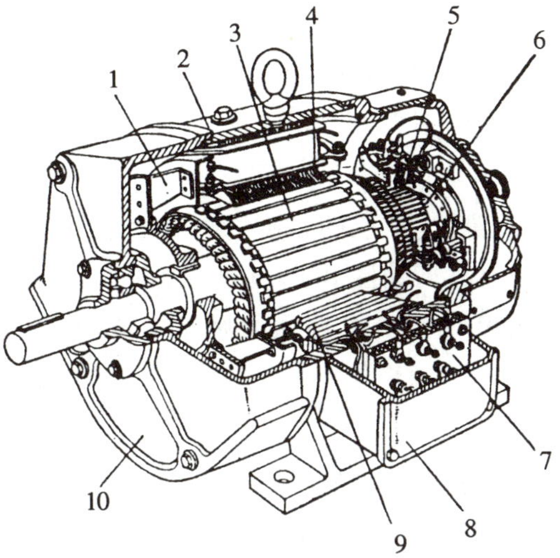

1— 风扇；2— 机座；3— 电枢；4— 主磁极；5— 电刷；6— 换向器；
7— 接线板；8— 出线盒；9— 换向磁极；10— 端盖。

图 8.1　直流电动机的结构

（2）换向磁极。换向磁极又叫附加磁极，也由铁心和励磁绕组构成，但体积较小。换向磁极安装在两个相邻的主磁极之间，用来减小换向时产生的火花，以改善换向性能。

（3）机座。机座一方面用来固定主磁极和换向磁极等部件，另一方面，它也是电动机磁路的一部分(也称为磁轭)。机座通常由铸铁、铸钢或钢板制成。

（4）电刷装置。电刷装置由插在刷握中的电刷、压紧弹簧、软导线(也称铜辫）等构成，并固定在端盖上。电刷装置是电动机直流电流的引入装置，其作用是通过固定不动的电刷与旋转的换向器之间滑动接触，使转子与外电路连接。

2. 转子

直流电动机的转子主要由电枢、换向器、转轴等组成。

（1）电枢。电枢由电枢铁心和电枢绕组构成。电枢铁心是直流电动机主磁路的一部分，由硅钢片叠压而成。在铁心的外圆表面有很多均匀分布的槽，用于嵌放电枢绕组。

电枢绕组是直流电动机非常重要的部件。在直流电动机里，电枢绕组用于流过电流，产生电磁转矩。电枢绕组由多个线圈按一定规律连接而成。

（2）换向器。换向器又称整流子，它是直流电动机中的关键部件，也是直流电动机的结构特征。其作用是将外部电路加在电刷间的直流电转换为电枢绕组中的交流电，以便形成固定方向的电磁转矩。换向器是由很多铜质换向片组成的一个整体，外表呈圆柱形，与电枢一起装在转轴上。换向器各换向片之间相互绝缘，电枢绕组每个线圈的两端都按一定规律接在对应的两个换向片上，通过换向片把这些独立的线圈互相连接在一起。

8.1.2 直流电动机的分类

直流电动机通常按励磁方式进行分类。根据励磁方式的不同,直流电动机可分为他励电动机、并励电动机、串励电动机和复励电动机。

1. 他励电动机

他励电动机的特点是,电动机的励磁绕组和电枢绕组互不相连,两者分别由不同的直流电源进行供电,如图 8.2(a) 所示。图中的圆圈代表电枢,线圈代表励磁绕组。由于需要其他直流电源供给励磁电流,所以这种电动机结构比较复杂。

2. 并励电动机

并励电动机的特点是,电动机的励磁绕组与电枢绕组并联,接在同一个直流电源上,如图 8.2(b) 所示。为了用较小的励磁电流产生足够大的磁通,以减小励磁绕组内的功率损耗,并励电动机的励磁绕组通常采用匝数很多的细导线绕制而成,故此电动机的励磁绕组电阻很大。在直流电动机中,并励电动机的应用最为广泛。

3. 串励电动机

串励电动机的特点是,电动机的励磁绕组与电枢绕组串联,如图 8.2(c) 所示。为了减小励磁绕组的电压降和功率损耗,串励电动机的励磁绕组通常采用较粗的导线绕成,而匝数却很少。由于励磁电流就是电枢电流,因此,这种电动机的磁通将随电枢电流的变化而变化。

4. 复励电动机

复励电动机的特点是,电动机有两个励磁绕组,一个与电枢绕组串联,另一个与电枢绕组并联,如图 8.2(d) 所示。复励电动机的磁通由两个绕组中的励磁电流共同产生。当两个绕组产生的磁通方向相同时,称为积复励(也称和复励);两个绕组产生的磁通方向相反时,称为差复励。在生产实际中,差复励电动机很少使用。

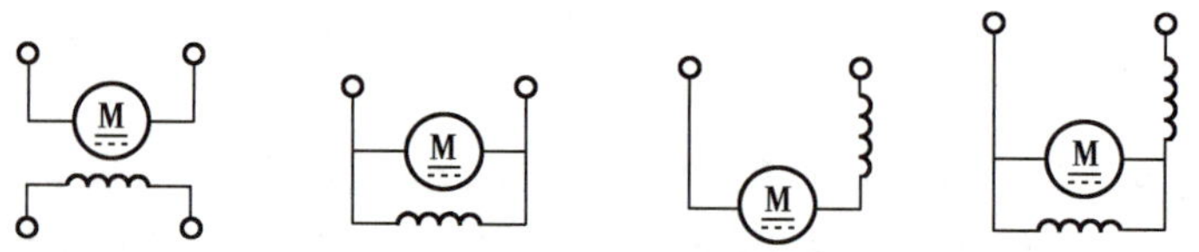

(a) 他励电动机　(b) 并励电动机　(c) 串励电动机　(d) 复励电动机

图 8.2　直流电动机的励磁方式

8.1.3 直流电动机的铭牌数据

在每台直流电动机的机座上也附有一块铭牌,下面以 Z_2-72 型直流电动机的铭牌(见图 8.3)为例,简要说明其铭牌数据的意义。

直流电动机					
型　　号	Z_2-72	功　　率	22 kW	电　　压	220 V
电　　流	116 A	转　　速	1 500 r/min	励磁方式	并励
励磁电压	220 V	工作方式	连续	温　　升	80°
年	月	编号		××电机厂	

图 8.3　Z_2-72 型直流电动机的铭牌

1. 型号

上述直流电动机型号的意义:Z_2 表示第二次改型设计的直流电动机,7 表示机座号(即 7 号机座,它是机座中心高度的代号),2 表示铁心长度号(1 为短铁心,2 为长铁心)。Z_2 系列为国产一般用途的中小型直流电动机。除 Z_2 系列外,国产直流电动机还有大中型的 ZD 系列和牵引用的 ZQ 系列。

2. 额定数据

直流电动机的额定数据与交流电动机的额定数据,除电压和电流一个是直流、一个是交流不同之外,其他的意义基本上相同。例如,额定功率是指电动机在额定状态下运行时,轴上输出的机械功率;额定电压是指电动机在正常情况下工作时,应加的电源电压;额定电流是指电动机在额定状态下运行时,从电源输入的电流等。因此,有关直流电动机其他额定数据的意义,在此不再赘述。

思考题

1. 有一台没有铭牌的电动机,如何判别它是交流电动机还是直流电动机?

2. 直流电动机磁路中的磁通 Φ 一般保持不变,但是它的电枢铁心却还是用片间相互绝缘的硅钢片叠成,这是为什么?

8.2 直流电动机的工作原理

由上节讨论可知,实际直流电动机的结构比较复杂,为了分析方便,现将实际的直流电动机简化,如图 8.4 所示。图中 N、S 代表定子励磁绕组产生的一对固定磁极,线圈 abcd 代表电枢绕组,其端部接在两个换向片上,换向片与固定不动的电刷 A 和 B 相接触,U 为电枢绕组外加的直流电源电压。

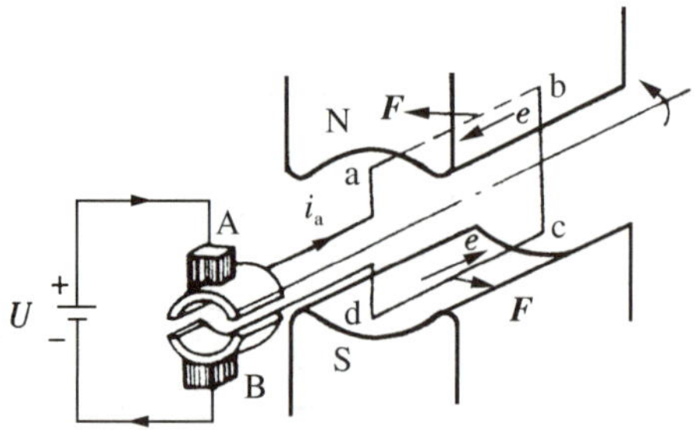

(a) 线圈在起始位置

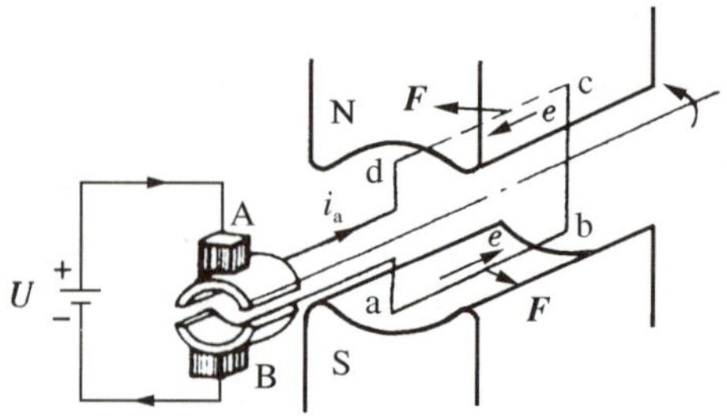

(b) 线圈转过半周后

图 8.4　直流电动机的原理图

8.2.1　转动原理

设直流电源电压如图 8.4(a) 所示,电刷 A 接电源正极,B 接电源负极,这时电流从 A 流入,从 B 流出。当电枢的线圈处于图 8.4(a) 所示位置时,线圈在 N 极下的 ab 边的电流方向为 a→b,S 极下的 cd 边的电流方向为 c→d。由于载流细圈的 ab 和 cd 边在磁场中要受到电磁力的作用,其方向由左手定则确定,如图 8.4(a) 所示,从而形成一个逆时针方向的电磁转矩,该电磁转矩将使电枢绕组绕轴线逆时针方向旋转。

当电枢转过半周后,电枢线圈的 ab 边正好处于 S 极下,cd 边正好处于 N 极下,如图8.4(b) 所示。由于采用了电刷和换向器装置,当电枢处于上述位置时,电刷 A、B 所接触的换向片正好对调。因此,这时电枢线圈中的电流方向也跟着改变,即 ab 边的电流方向为 b→a,cd 边的电流方向为 d→c。这样使得电枢线圈仍受到一个逆时针方向的电磁转矩作用,故电枢继续沿逆时针方向旋转。这就是直流电动机的转动原理。

显然,在直流电动机中,正是换向器的换向作用,将外部的直流电流变换成了电枢绕组中的交流电流,才使得每个磁极下线圈导体中的电流方向保持不变,从而使线圈所受电磁力的方向及电磁转矩的方向保持不变,以保证电动机能够继续沿着原来的方向运转。

直流电动机的旋转方向与电枢绕组中的电流方向及磁极的磁通方向有关。不难看出,若保持磁极的磁通方向不变,而改变电枢绕组的电流方向;或保持电枢绕组的电流方向不变,而改变磁极的磁通方向,即改变定子绕组中励磁电流的方向,都可以改变直流电动机的旋转方向。实际应用中,由于励磁绕组的电感很大,改变励磁电流的方法操作上比较复杂且时间较长,故一般较少采用,通常采用改变电枢电流的方法来实现直流电动机的反转。

8.2.2　电磁转矩和电枢反电动势

和交流电动机一样,直流电动机的电磁转矩也是载流转子导体在磁场中受电磁力作用而产生的。电磁转矩 T 与定子每极磁通 Φ 和电枢电流 I_a 成正比,即

$$T = K_T \Phi I_a \tag{8.1}$$

式中,K_T 是与电动机结构有关的常数;Φ 的单位为 Wb;I_a 的单位为 A;T 的单位

为 N·m。

在电磁转矩作用下，一方面，直流电动机的转子要带动轴上的机械负载旋转，向负载输出机械功率；另一方面，电动机旋转时，电枢绕组也要切割磁力线，产生感应电动势。电枢绕组的电动势称为电枢电动势。根据右手定则，电枢电动势的方向与电枢电流的方向相反，如图 8.4 所示，故也称为反电动势。直流电动机的电枢总电动势 E 也与定子每极磁通 Φ 成正比，并且与转子转速 n 成正比，即

$$E = K_E \Phi n \tag{8.2}$$

式中，K_E 也是一个与电动机结构有关的常数；Φ 的单位为 Wb；n 的单位为 r/min；E 的单位为 V。

式(8.1) 和式(8.2) 是分析直流电动机机械特性的两个重要公式。

思考题

1. 直流电动机为什么要将外部的直流电流变换为电枢绕组中的交流电流？

2. 如果将直流电动机的励磁绕组接入直流电源，去掉电枢绕组的外加电压，并用原动机拖动转子旋转，这时电动机的工作会发生什么变化？它还工作于电动机状态吗？

8.3 直流电动机的机械特性

直流电动机的转速和转矩之间的关系 $n = f(T)$ 称为机械特性。直流电动机的励磁方式不同，其机械特性也有所不同。

8.3.1 并励（他励）电动机

并励电动机和他励电动机除励磁绕组的供电方式不同之外，其他部分基本相同①（见图 8.2），两者的特性也是一致的。下面仅以并励电动机为例来分析它们的机械特性。

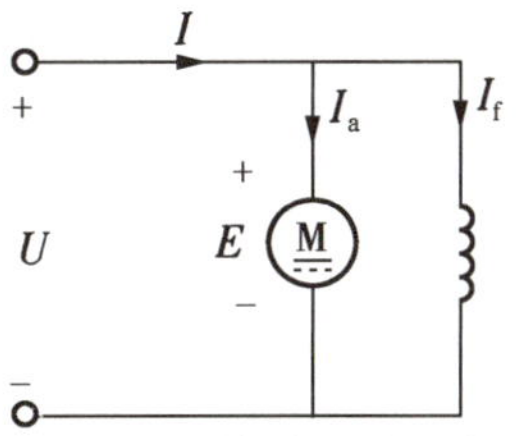

图 8.5　并励电动机的电路图

图 8.5 为并励电动机的电路图，根据基尔霍夫电压定律可列出并励电动机电枢回路的电压平衡方程式为

$$U = E + R_a I_a \tag{8.3}$$

式中，U 为外加电源电压；E 为电枢反电动势；R_a 为电枢回路的电阻。

式(8.3) 表明，在并励直流电动机的电枢回路中，外加电源电压是与电枢

①若他励电动机的励磁绕组和电枢绕组由同一直流电源供电，他励电动机也就成了并励电动机。

反电动势和电枢的电阻压降相平衡的。

由式(8.2)和式(8.3)可得直流电动机的转速为

$$n=\frac{E}{K_E\Phi}=\frac{U-R_aI_a}{K_E\Phi}=\frac{U}{K_E\Phi}-\frac{R_a}{K_E\Phi}I_a \tag{8.4}$$

再将式(8.1)中 I_a 代入上式,可得转速与转矩的关系,即

$$n=\frac{U}{K_E\Phi}-\frac{R_a}{K_EK_T\Phi^2}T=n_0-\Delta n \tag{8.5}$$

式(8.5)称为并励直流电动机的机械特性方程。

式(8.5)中的第一项

$$n_0=\frac{U}{K_E\Phi}$$

是 $T=0$ 时的转速,称为理想空载转速。电动机的实际空载转速比 n_0 稍低。因为实际空载运行时,虽然电动机轴上未加机械负载,但由于电动机本身还有摩擦阻转矩等空载损耗转矩,电动机转动时必须克服空载损耗转矩,故其转矩 T 不可能为零。

式(8.5)中的第二项

$$\Delta n=\frac{R_a}{K_EK_T\Phi^2}T$$

是电动机的转速降,它表示负载增加后,电动机的转速比理想空载转速 n_0 降低的数值。转速降 Δn 是由电枢电阻 R_a 引起的,因为负载增加时,I_a 随着增大,使 R_a 上的电压增加。由于电源电压 U 一定,因而反电动势 E 减小,致使 n 降低。

由式(8.5)对应画出的机械特性曲线如图8.6所示。一方面,当并励电动机的电源电压 U 一定和励磁电路的电阻 R_f 不变时,励磁电流 I_f 及磁通 Φ 也不变,即 $\Phi=$ 常数,因此,并励电动机的机械特性曲线是一条直线;另一方面,由于电枢电阻 R_a 很小,负载增加时转速下降不多,因此并励电动机具有硬的机械特性。

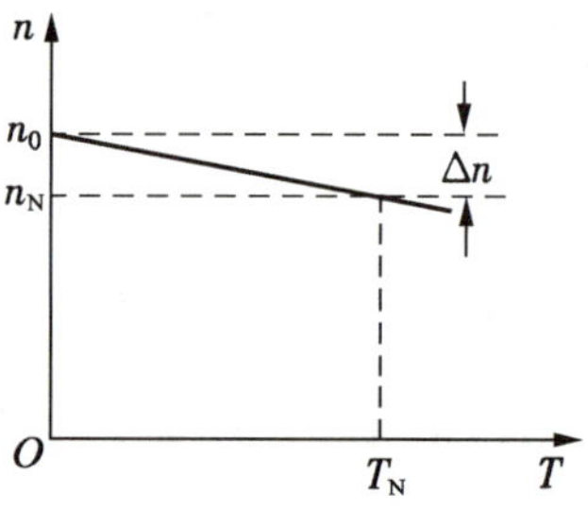

图8.6 并励电动机的机械特性曲线

并励电动机和他励电动机的机械特性较硬,适用于负载变化时转速变化不大的机械,如轧钢机、矿井提升机、大型精密机床等生产机械。

8.3.2 串励电动机

图8.7为串励电动机的电路图。因为励磁绕组与电枢绕组串联,故串励电动机电枢回路的电压平衡方程式为

$$\begin{aligned}U&=E+R_aI_a+R_fI_a\\&=E+(R_a+R_f)I_a\end{aligned} \tag{8.6}$$

由式(8.1)、式(8.2)和式(8.6)可得串励电动机的机械特性方程式为

$$n=\frac{E}{K_E\Phi}=\frac{U-(R_a+R_f)I_a}{K_E\Phi}=\frac{U}{K_E\Phi}-\frac{R_a+R_f}{K_EK_T\Phi^2}T \tag{8.7}$$

虽然式(8.7)与式(8.5)形式上相似，但串励电动机的机械特性曲线与并励电动机的机械特性曲线差别却很大。这是因为串励电动机的磁通 Φ 与并励电动机的 Φ 不同，不是常数，而是随电枢电流的变化而变化的。由于电枢电流就是励磁电流，即 $I_a = I_f$，当负载增加时，电磁转矩 T 增加，产生电磁转矩的电枢电流 I_a 增加，I_a 增加则磁通 Φ 也增加。由式(8.7)不难看出，串励电动机的转速将随负载的增加而显著下降。串励电动机的机械特性曲线如图 8.8 所示，显然它具有软的机械特性。

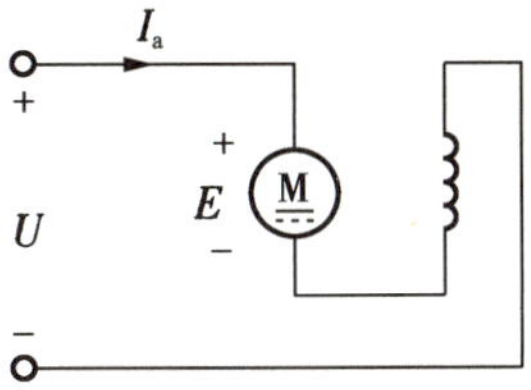

图 8.7　串励电动机的电路图

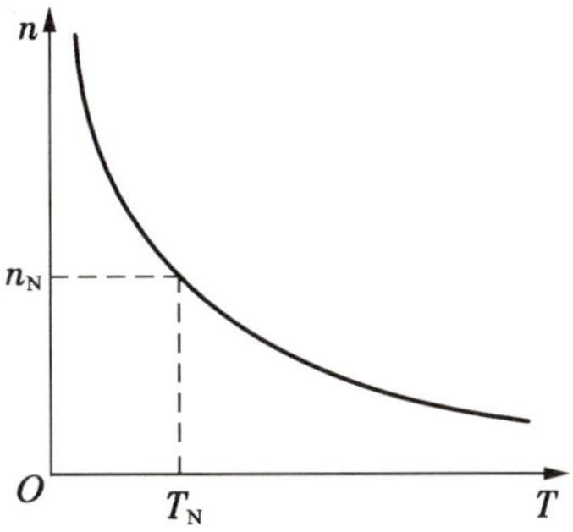

图 8.8　串励电动机的机械特性曲线

此外，由于串励电动机的电枢电流 I_a 就是励磁电流 I_f，当磁路未饱和时，可以认为 Φ 近似与电枢电流 I_a 成正比，而由式(8.1)可知，串励电动机的电磁转矩 T 是与电枢电流 I_a 的平方成正比的。因此，串励电动机的起动转矩大，过载能力强。

串励电动机的上述特性，使它特别适用于负载转矩变化范围很大，且要求有较大起动转矩的机械，如起重机、挖掘机、电力机车、电车等起重运输设备。因为这种电动机的转速能随负载的变化而变化。当负载减小时，电动机的转速会自动升高，以提高生产率；而当负载增大时，电动机的转速又会自动降低，以保证运行安全。

但是必须指出，串励电动机不允许在空载或轻载下运行。因为串励电动机在空载和轻载时电枢电流 I_a 很小，磁通 Φ 也很小，这时电动机的转速会很高，以至超过转子机械强度所容许的限度，使电动机遭到毁坏。一般来说，串励电动机的负载不应小于额定值的 25% ～ 30%。所以，串励电动机与生产机械之间必须直接连接，不能采用皮带等传动方式，以免皮带断裂和滑脱时造成电动机空载运行。

8.3.3　复励电动机

复励电动机中使用较多的是积复励电动机。图 8.9 为复励电动机的电路图。由于复励电动机的磁通由其并励绕组和串励绕组共同产生，因此它的机械特性介于并励电动机和串励电动机的机械特性之间，如图 8.10 所示。

在空载和轻载时，复励电动机的电枢电流 I_a 很小，串励绕组产生的磁通很小，电动机的磁通主要由并励绕组产生，所以其机械特性与并励电动机的机械特性相近。当负载比较大时，电枢电流 I_a 增大，串励绕组产生的磁通增大，电动机的磁通主要由串励绕组产生,电动机的机械特性又与串励电动机的机械特性接近。

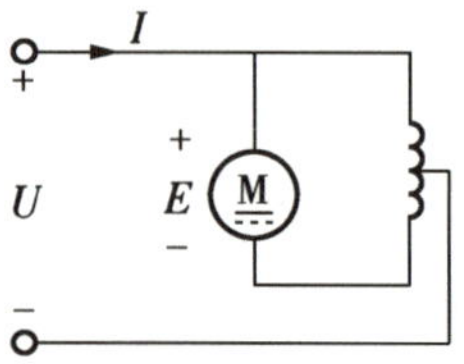

图 8.9　复励电动机的电路图

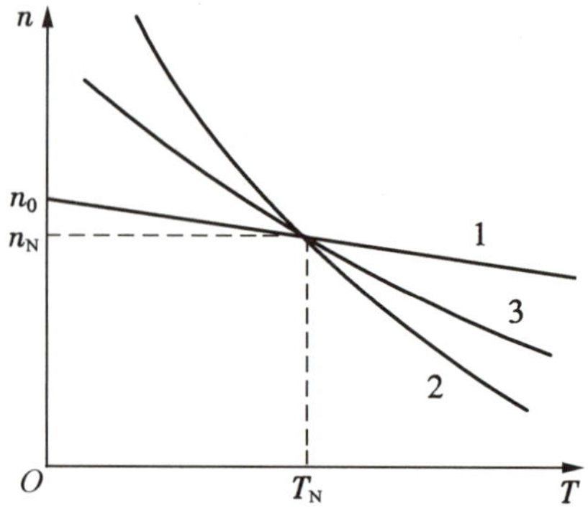

1— 并励(他励)电动机;2— 串励电动机;
3— 积复励电动机。

图 8.10　直流电动机械机特性

复励电动机既具有串励电动机的某些优点,可适用于负载转矩变化较大,需要软特性的场合,又可像并励电动机那样在空载和轻载下运行,所以用途较广。例如,电车、吊车、机床及船舶、采矿等设备中都有应用。

例 8.1　有一台并励电动机,已知其额定电压 $U_N = 220$ V,额定功率 $P_N = 13$ kW,额定转速 $n_N = 1\,500$ r/min,额定效率 $\eta_N = 84\%$,电枢电阻 $R_a = 0.2\ \Omega$,励磁绕组电阻 $R_f = 100\ \Omega$。试求:(1) 额定励磁电流 I_{fN}、额定电枢电流 I_{aN}、额定转矩 T_N 及额定运行状态下的电枢反电动势 E_N;(2) 理想空载转速 n_0 及负载转矩为 80% 额定转矩时的转速。

解　(1) 额定励磁电流为

$$I_{fN} = \frac{U_N}{R_f} = \frac{220}{100}\ \text{A} = 2.2\ \text{A}$$

因为额定输入功率为

$$P_{1N} = \frac{P_N}{\eta_N} = \frac{13}{0.84}\ \text{kW} = 15.48\ \text{kW}$$

所以额定电流为

$$I_N = \frac{P_{1N}}{U_N} = \frac{15.48 \times 10^3}{220}\ \text{A} = 70.36\ \text{A}$$

额定电枢电流为

$$I_{aN} = I_N - I_{fN} = (70.36 - 2.2)\ \text{A} = 68.16\ \text{A}$$

额定转矩为

$$T_N = 9\,550\,\frac{P_N}{n_N} = 9\,550 \times \frac{13}{1\,500}\ \text{N·m} = 82.77\ \text{N·m}$$

额定运行状态下的电枢反电动势为

$$E_N = U_N - R_a I_{aN} = (220 - 0.2 \times 68.16)\ \text{V} = 206.4\ \text{V}$$

（2）由式(8.2)得

$$K_E\Phi = \frac{E_N}{n_N} = \frac{206.4}{1\,500}\ \text{V/(r/min)} = 0.137\,6\ \text{V/(r/min)}$$

理想空载转速为

$$n_0 = \frac{U_N}{K_E\Phi} = \frac{220}{0.137\,6}\ \text{r/min} = 1\,599\ \text{r/min}$$

负载转矩为 80% 额定转矩时的转矩为

$$T = 0.8T_N = 0.8K_T\Phi I_{aN} = K_T\Phi I_a$$

此时的电枢电流为

$$I_a = 0.8I_{aN} = 0.8 \times 68.16\ \text{A} = 54.5\ \text{A}$$

电枢的反电动势为

$$E = U_N - R_a I_a = (220 - 0.2 \times 54.5)\ \text{V} = 209.1\ \text{V}$$

故转速为

$$n = \frac{E}{K_E\Phi} = \frac{209.1}{0.137\,6}\ \text{r/min} = 1\,520\ \text{r/min}$$

思考题

1. 并励电动机在外加电压与负载转矩不变时，改变励磁电流的大小，电枢电流是否改变？为什么？如果外加电压、励磁电流和负载转矩不变，在电枢电路中串入适当的电阻，电枢电流是否改变？为什么？

2. 改变并励电动机的电源电压极性，能否改变电动机的旋转方向？为什么？改变串励电动机的电枢电流方向，能否改变电动机的旋转方向？为什么？

3. 如果保持并励电动机的电源电压和负载不变，改变电枢回路的电阻，电枢电流是否改变？为什么？

8.4 直流电动机的起动、调速和制动

直流电动机在使用时，通常会遇到起动、调速、制动等问题，本节将以并励（他励）电动机为重点，对这些问题进行讨论。

8.4.1 直流电动机的起动

当并励电动机直接接通直流电源起动时，由于起动瞬间转速 $n=0$，电枢反电动势 $E = K_E\Phi n = 0$，这时电枢的电流，即起动电流为

$$I_{ast} = \frac{U - E}{R_a} = \frac{U}{R_a} \tag{8.8}$$

由于 R_a 很小，所以 I_{ast} 将很大，一般可达额定电流的 10～20 倍。这样大的起动电流，一方面会在换向器上产生强烈的火花，烧坏换向器；另一方面，由于电动

机的转矩与电枢电流成正比，电动机同时会产生很大的起动转矩，使电动机和电动机所驱动的生产机械受到巨大的冲击，导致其传动机构遭受损坏。因此，必须限制起动电流。一般规定直流电动机的起动电流不应超过额定电流的1.5～2.5倍。

并励电动机限制起动电流的常用方法是，起动时在电枢回路中串入一个适当的限流电阻R_{st}，如图8.11所示，R_{st}称为起动电阻。

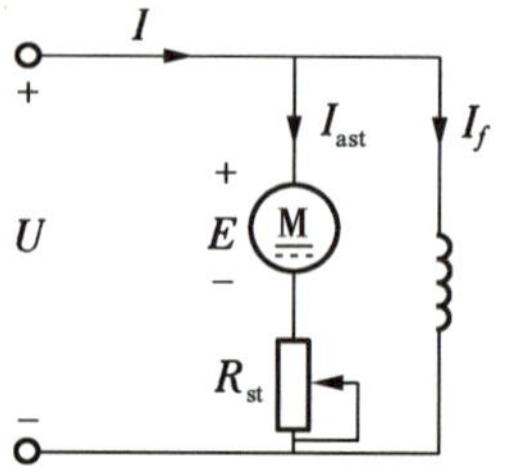

图8.11 并励电动机的起动电路

在起动过程中，先将R_{st}调到最大值位置，待接通电源起动后，随着电动机的转速不断上升，再将R_{st}逐渐减小，直至全部切除。

起动电阻R_{st}的阻值可由下式确定：

$$I_{ast}=\frac{U}{R_a+R_{st}}=(1.5\sim2.5)I_N$$

由此可得

$$R_{st}=\frac{U}{I_{ast}}-R_a \tag{8.9}$$

对于他励电动机来说，除了可以采用在电枢回路串入电阻的方法来限制起动电流，还可以采用降低电枢电压的方法来限制起动电流，但它要有可调的直流电源。

需注意，直流电动机起动时，必须确保励磁电路处于接通状态。否则，由于磁路中只有很小的剩磁，因此电磁转矩$T(T=K_T\Phi I_a)$很小，它将使电动机不能起动。这时电枢反电动势E为零，电枢电流I_a很大，可能烧坏电枢绕组。此外，起动电阻R_{st}一般是按短时运行条件设计的，只能用于起动，不能长期接在电路中运行，这一点务必也要注意。

例8.2 在例8.1中，试求：(1)直接起动时的起动电流I_{ast}及其与额定电枢电流I_{aN}的比值；(2)将起动电流限制在额定电枢电流的1.5倍时的起动电阻R_{st}。

解 (1)直接起动时的起动电流为

$$I_{ast}=\frac{U}{R_a}=\frac{220}{0.2}\text{ A}=1\,100\text{ A}$$

根据例8.1所求的I_{aN}，可得

$$\frac{I_{ast}}{I_{aN}}=\frac{1\,100}{68.16}=16.14$$

(2)串联起动电阻后允许的起动电流为

$$I_{ast}=1.5I_{aN}=1.5\times68.16\text{ A}=102.2\text{ A}$$

对应的起动电阻为

$$R_{st}=\frac{U}{I_{ast}}-R_a=\left(\frac{220}{102.2}-0.2\right)\Omega=1.95\ \Omega$$

8.4.2　直流电动机的调速

与交流电动机相比，直流电动机最突出的优点就是调速性能好。它可以在大范围内实现无级调速。根据并励(他励)电动机的转速公式(8.5)，即

$$n=\frac{U}{K_E\Phi}-\frac{R_a}{K_EK_T\Phi^2}T=n_0-\Delta n$$

可知，并励(他励)电动机的调速方法有 3 种，即改变磁通 Φ 调速，改变电枢电压 U 调速，改变电枢回路电阻 R_a 调速。

1. 改变磁通 Φ 调速

这种调速方法是保持电源电压 U 为额定值不变，在励磁电路中串入一个调速电阻 R_f'，如图 8.12 所示。通过调节 R_f' 改变励磁电流 I_f，从而改变磁通 Φ，对电动机的转速进行调节。

由式(8.5)可见，当磁通 Φ 减小时，理想空载转速 n_0 会升高，但同时转速降 Δn 也会增大。由于 Δn 与 Φ^2 成反比，故随着磁通 Φ 的减小，电动机的机械特性曲线将上移且变软，如图 8.13 所示。因此，在一定负载下，Φ 减小，n 升高，实现了调速的目的。

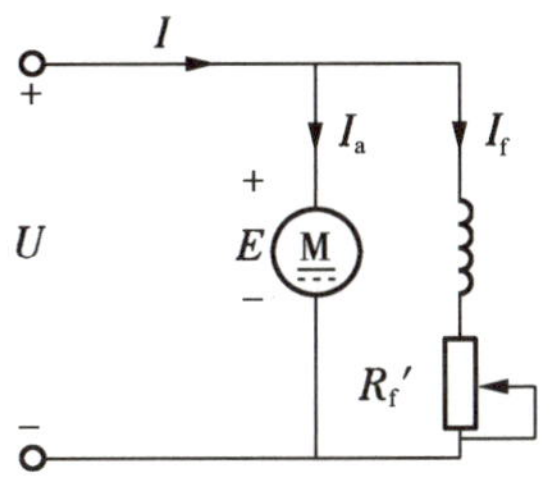

图 8.12　改变磁通 Φ 调速

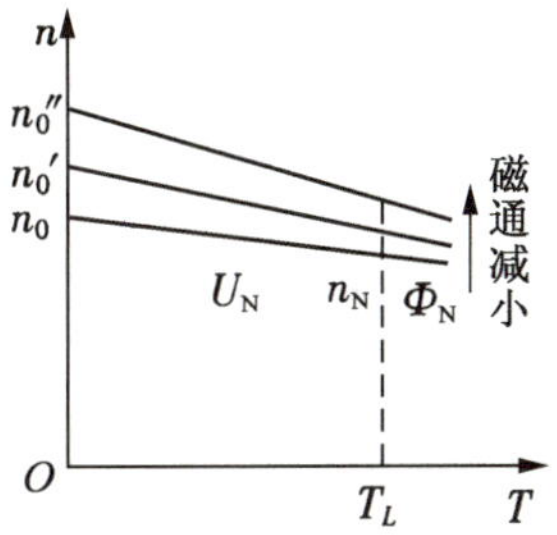

图 8.13　改变 Φ 时的机械特性曲线

这种调速的物理过程：调节调速电阻，在 R_f' 增大瞬间，励磁电流 I_f 减小，主磁通 Φ 减小。由于机械惯性，电动机的转速 n 来不及变化，因此电枢反电动势 $E=K_T\Phi n$ 减小，而电枢电流 $I_a=(U-E)/R_a$ 随之增大。由于 I_a 的增大要比 Φ 的减小多一些，所以电磁转矩 $T=K_T\Phi I_a$ 增大。如果负载的阻转矩 T_C 保持不变，则将使 $T>T_C$，于是转速 n 升高。n 升高又使电枢反电动势 E 增大，而电枢电流 I_a 和电磁转矩 T 随之减小，直至 $T=T_C$ 为止。这时，电动机将在高于原来的转速下运行。

因为电动机在额定状态下运行时，磁路已接近饱和，所以采用这种方法调速，只能减小磁通，将转速往上调(称为弱磁调速)。但由于转速的升高受到换向条件和机械强度的限制，所以其调速范围(指电动机在额定负载下所能达到的最高转速与最低转速之比)不大，一般只有 1.5 ～ 2。

由于这种调速是在电流较小的励磁电路里进行的，所以控制比较容易，而且能量损失小，比较经济。此外，其调速的平滑性好，可以实现无级调速，调速后的机械特性仍比较硬，运行的稳定性仍较好。

最后需要说明的是，采用上述方法调速时，如果保持负载转矩不变(如为额

定转矩),则当减小磁通使转速升高后,电枢电流 I_a 将会随之增大(因为 $T=K_T\Phi I_a$),而高于额定值,显然这是不允许的。为使调速后的电枢电流仍为额定值,就必须在转速升高的同时,将负载转矩减小。因此,这种调速方法只适用于负载转矩与转速成反比,而输出功率基本保持不变的场合,即恒功率调速的场合。例如,重型车床、大型镗床、刨床等的调速。

例 8.3 有一并励电动机,已知 $U_N=110\ \text{V}$,$I_N=44.8\ \text{A}$,额定励磁功率 $P_{fN}=170\ \text{W}$,$n_N=1\ 500\ \text{r/min}$,$R_a=0.4\ \Omega$,现采用弱磁调速,将磁通 Φ 减小 20%,若调速前后电枢电流保持不变。试求:(1) 电动机的转速;(2) 调速后负载转矩与额定转矩的比值。

解 (1) 额定励磁电流为

$$I_{fN}=\frac{P_{fN}}{U_N}=\frac{170}{110}\ \text{A}=1.55\ \text{A}$$

额定电枢电流为

$$I_{aN}=I_N-I_{fN}=(44.8-1.55)\ \text{A}=43.25\ \text{A}$$

额定状态时

$$K_E\Phi_N=\frac{U_N-R_aI_{aN}}{n_N}=\frac{110-0.4\times43.25}{1\ 500}\ \text{V/(r/min)}=0.061\ 8\ \text{V/(r/min)}$$

磁通减小 20% 时

$$K_E\Phi=0.8K_E\Phi_N=0.8\times0.061\ 8\ \text{V/(r/min)}=0.049\ 44\ \text{V/(r/min)}$$

减小磁通后的转速为

$$n=\frac{U_N-R_aI_{aN}}{K_E\Phi}=\frac{110-0.4\times43.25}{0.049\ 44}\ \text{r/min}=1\ 875\ \text{r/min}$$

(2) 负载转矩与额定转矩的比值为

$$\frac{T}{T_N}=\frac{K_T\Phi I_{aN}}{K_T\Phi_N I_{aN}}=\frac{0.8K_T\Phi_N I_{aN}}{K_T\Phi_N I_{aN}}=0.8$$

2. 改变电枢电压 V 调速

这种调速方法是,保持磁通 Φ 为额定值不变,通过改变电枢电压 V 来对电动机的转速进行调节。由于在实际使用时,电动机的电枢电压不能高于其额定值,因此用这种方法调速时,电压只能从额定值向下调节。显然,此法只适用于他励电动机。

由式(8.5)可见,当电枢电压 U 减小时,电动机的理想空载转速 n_0 将随着 U 的减小而降低,但转速降 Δn 保持不变。所以改变 U 调速时,可以得到一族平行的机械特性曲线,如图 8.14 所示。在一定的负载转矩下,电枢电压 U 越低,特性曲线下降得越多,转速 n 也就越低,实现了调速的目的。

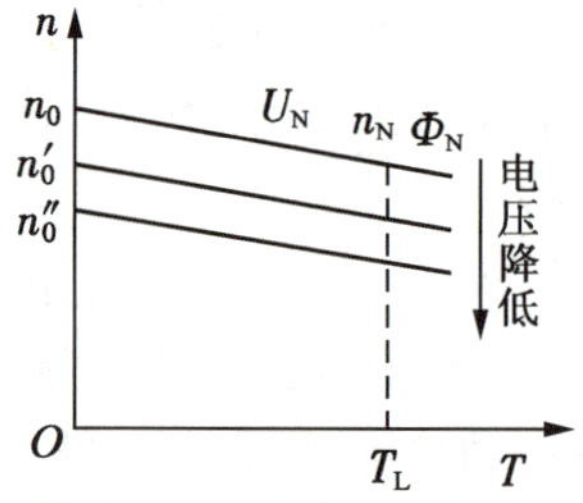

图 8.14 改变 U 时的机械特性曲线

由于调速时磁通 Φ 保持不变,如果负载转矩不变,则电枢电流 I_a 也不变,因此这种调速方法适用于恒转矩调速。

这种调速方法的主要优点:(1) 电动机的机械特性硬度不变,调速的稳定性好；(2) 调速的范围大，一般可达 6 ～ 8；(3) 容易得到平滑的无级调速。但它需要专门的可调直流电源，目前普遍采用的是晶闸管整流电源。

例 8.4　有一他励电动机，已知电枢额定电压 $U_{aN} = 220$ V，额定电流 $I_{aN} = 53.4$ A，额定转速 $n_N = 3\ 000$ r/min，电枢电阻 $R_a = 0.5\ \Omega$，若主磁通和负载转矩均为额定值并保持不变，试求电枢电压减小 50% 时电动机的转速。

解　电动机在额定状态时

$$K_E\Phi = \frac{U_N - R_a I_{aN}}{n_N} = \frac{220 - 0.5 \times 53.4}{3\ 000}\ \text{V/(r/min)} = 0.064\ 4\ \text{V/(r/min)}$$

因主磁通和负载转矩不变，故电枢电流不变。于是，电枢电压减小后的转速为

$$n = \frac{U - R_a I_{aN}}{K_E\Phi} = \frac{110 - 0.5 \times 53.4}{0.064\ 4}\ \text{r/min} = 1\ 293\ \text{r/min}$$

3. 改变电枢回路电阻 R_a 的调速

这种调速方法是，保持电源电压 U 及主磁通 Φ 为额定值不变，在电枢回路中串联一个调速电阻 R'_a，通过调节 R'_a 来对电动机的转速进行调节。

由转速公式(8.5)可见，在电枢电路中串联电阻后，电动机的理想空载转速 n_0 不变，但由于电枢回路的电阻由 R_a 增大为 $R_a + R'_a$，使转速降 Δn 增大，因此机械特性变软，如图 8.15 所示。在一定的负载转矩下，R'_a 增大，n 下降，实现了调速的目的。

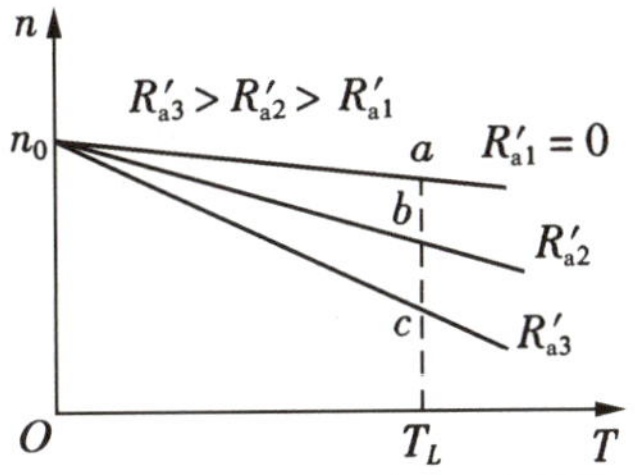

图 8.15　改变电枢回路电阻时的机械特性

这种调速方法只能从额定转速向下调节。由于机械特性变软，使调速的稳定性变差，因此调速范围不大，只有 1.5 左右；因为调速电阻串联在电枢回路，流过的电流大，能量的损耗大，不经济。但这种调速方法由于比较简单，所以在小容量的电动机中仍被采用。

综上分析可见，上述 3 种调速方法各有其优缺点和适用范围。但在实际应用中，如果负载对调速要求比较高，而采用单一调速方法无法满足其要求时，也可以将几种调速方法组合起来使用。例如，将改变磁通调速和改变电枢电压调速组合在一起，当需要在额定转速以上调速时便可采用改变磁通的方法，而当需要在额定转速以下调速时则可采用改变电枢电压的方法。这时，总的调速范围可达 12 ～ 16。

串励电动机通常采用改变磁通（与串励绕组并联分流电阻，通过电阻的分流作用，使励磁电流减小）和在电枢回路中串联电阻的方法调速。

8.4.3　直流电动机的制动

直流电动机的制动也有能耗制动、反接制动和发电反馈制动等多种方法。

1. 能耗制动

能耗制动是在停车时保持励磁电路不变，将电动机的电枢绕组从电源上断开后，立即与一个制动电阻串联，连接成闭合电路，如图8.16所示。由于机械惯性，在电枢绕组断开电源瞬间，电动机不会马上停转，而是继续保持原方向旋转，因此，电枢中的感应电动势($E = K_E\Phi n$)仍然存在并保持原方向不变。因为外加电压$U = 0$，所以电枢电流

$$I_a = -\frac{E}{R_a + R_b}$$

为负值，其方向与电枢电动势方向一致，而与原来的电枢电流方向(即图8.16所标的方向)相反。由于磁场方向未变，从而使电磁转矩的方向发生了改变，即电磁转矩与电枢旋转方向相反，起制动作用。

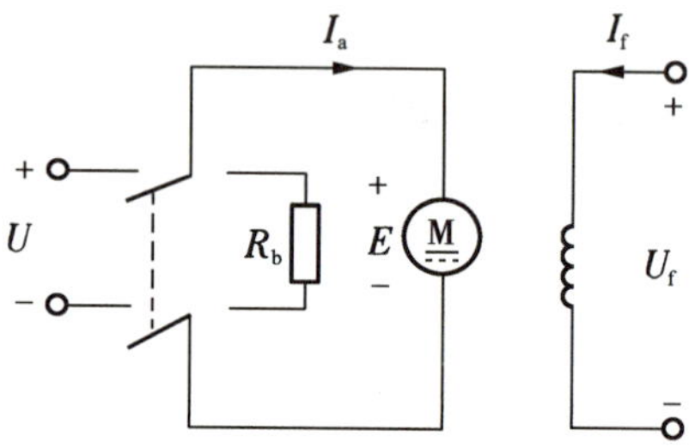

图8.16 直流电动机的能耗制动

2. 反接制动

反接制动是在停车时保持励磁电路不变，将电动机的电枢绕组从原来的电源上断开后，立即与一个极性相反的电源相接。这时电源电压与电枢电动势极性相同，二者共同产生反方向的电枢电流，并由此形成反方向的电磁转矩对电动机进行制动。由于这种制动方法电枢的反向电流很大，因此制动转矩也很大，可使电动机快速停车。但过大的反向电流可能会使电动机遭受损坏，故在进行反接制动时，应在反接后的电枢回路中串入比较大的限流电阻。

3. 发电反馈制动

发电反馈制动是在电动机的转速超过理想空载转速时(如起吊重物下降时，重力作用可能使电动机的转速超过它的理想空载转速)，电枢绕组中的感应电动势$E = K_E\Phi n$将高于外加电压，这时电动机变为发电机状态运行，于是电枢电流改变方向，电磁转矩也改变方向成了制动转矩，以限制电动机的转速过分升高。

思考题

1. 并励电动机是否可以像他励电动机那样，采用降低电枢电压的方法来限制起动电流？为什么？

2. 并励电动机和他励电动机带上额定负载，在运行过程中励磁绕组因故断开，这时电动机的工作情况会发生什么样的变化？后果如何？如果是在空载运行时断开励磁绕组，电动机的工作情况又会发生什么样的变化？后果又将怎样？

3. 并励电动机可否采用改变电枢电压的方法调速？为什么？

习　题

8.1　有一台并励直流电动机，其额定数据为 $P_N = 15$ kW，$U_N = 220$ V，$n_N = 1\ 500$ r/min，$\eta_N = 0.8$，试求电动机的额定电流 I_N、额定转矩 T_N 和额定输入功率 P_{1N}。

8.2　一台并励电动机 $U_N = 220$ V，$I_{aN} = 75$ A，$n_N = 1\ 000$ r/min，电枢回路总电阻 $R_a = 0.24\ \Omega$，励磁回路总电阻 $R_f = 88\ \Omega$，铁损耗 $P_{Fe} = 600$ W，机械损耗 $P_0 = 200$ W。试求：(1) 电动机在额定负载下运行时的输出转矩 T_N；(2) 电动机在额定负载下运行时的效率 η_N。

8.3　有一台并励电动机，其额定数据为 $U_N = 220$ V，$I_N = 122$ A，$n_N = 960$ r/min，并已知 $R_a = 0.15\ \Omega$，$R_f = 110\ \Omega$。试求：(1) 当负载减小，转速上升到 1 000 r/min 时的输入电流；(2) 当负载转矩降低到 $75\%T_N$ 时的转速(假定磁通 Φ 不变)。

8.4　一台他励电动机在某负载下的转速 $n_0 = 1\ 000$ r/min，电枢电流 $I_a = 40$ A，并已知电源电压 $U = U_f = 110$ V，电枢回路的总电阻 $R_a = 0.045\ \Omega$。试问：当负载转矩增大到原来的 4 倍时，电枢电流及转速各为多少？

8.5　一台并励电动机的额定数据为 $P_N = 4$ kW，$U_N = 220$ V，$n_N = 1\ 500$ r/min，$\eta_N = 0.82$，并已知 $R_a = 0.4\ \Omega$，$R_f = 285\ \Omega$。试求：(1) 额定电枢电流；(2) 额定励磁电流；(3) 额定励磁功率；(4) 额定转矩；(5) 额定反电动势。

8.6　对习题 8.5 的电动机，试求：(1) 起动瞬间的起动电流 I_{ast}；(2) 将起动电流限制在额定电枢电流的 2.5 倍时的起动电阻 R_{st} 和起动转矩 T_{st}。

8.7　有一台并励电动机，其额定数据为 $P_N = 2.2$ kW，$U_N = 110$ V，$I_N = 25$ A，$n_N = 1\ 500$ r/min，并已知 $R_a = 0.42\ \Omega$，$R_f = 92.4\ \Omega$，采用弱磁调速。如果保持电枢电流不变，而将转速调到 3 000 r/min，试求：(1) 串入励磁回路中的调节电阻 R_f' 的阻值；(2) 转速调到 3 000 r/min 后的电磁转矩 T'(设磁路不饱和)。

8.8　如果将习题 8.7 的并励电动机改为他励电动机($U_{fN} = U_N = 110$ V)，保持励磁电流和负载转矩为额定值不变，改变电枢电压 U_a 进行调速。试求当电压 U_a 分别调节为 100 V、80 V 和 55 V 时的转速。

8.9　对习题 8.7 的电动机，如果保持励磁电流、电枢电压和负载转矩为额定值不变，而在电枢回路中串入一个 $R_a' = 0.68\ \Omega$ 的调节电阻，试求电动机的转速。

8.10　有一台他励电动机，其额定数据为 $U_N = 220$ V，$I_{aN} = 53$ A，$n_N = 1\ 000$ r/min，并已知 $R_a = 0.3\ \Omega$，电枢最大允许电流 $I_{amax} = 2I_{aN}$。试求用下列两种方法制动时应串入的制动电阻 R_b 的值：(1) 能耗制动；(2) 反接制动。

本章习题参考答案

第9章 控制电机

内容提要

本章是在普通交、直流电动机的基础上来讨论控制电机的。控制电机的种类很多，本章只讨论常用的3种：伺服电动机、测速发电机和步进电动机。主要讨论它们的结构特点、工作原理和应用。

在自动控制、自动检测和计算装置中，广泛应用着各种控制电机。控制电机与前面讨论过的普通电动机不同，不是用于能量的转换，而是用于传递和转换控制信号。因此它们的功率小、体积小、质量轻。此外，它们都具有某些特殊性能，所以也称为微特电机。在自动控制系统中，控制电机往往是作为一种元件来使用的。根据用途不同，控制电机可分为执行元件和信号元件两大类。作执行元件的控制电机主要有伺服电动机、步进电动机、力矩电动机等；作信号元件的控制电机主要有旋转变压器、自整角机、测速发电机、感应同步器等。

对控制电机的性能要求主要是高精度和快速响应。

9.1 伺服电动机

伺服电动机又称为执行电动机，在自动控制系统中作为执行元件。它能将输入的电压信号变换为电动机轴上的角位移或角速度，用来驱动控制对象。改变输入信号电压的大小和极性，电动机的转速和转向将会非常灵敏和准确地跟着而改变。

伺服电动机

伺服电动机按使用电源的种类不同可分为交流和直流两类。

9.1.1 交流伺服电动机

1. 基本结构

交流伺服电动机实际上就是两相异步电动机。从结构上看，交流伺服电动机的定子与电容分相式单相异步电动机相似。它的定子上装有两个绕组，一个是励磁绕组，另一个是控制绕组，两者在空间上互差90°。

交流伺服电动机的转子有两种结构形式：鼠笼式和空心杯式。

鼠笼式转子的结构和普通鼠笼式异步电动机的转子相似，但是为了减小转动惯量而将转子做得细长一些。此外，为了增大转子电阻，转子绕组导体和端环采用高电阻率的导电材料（如黄铜、青铜等）制成。鼠笼式转子伺服电动机体积小，机械强度高。当前主要应用的是这种结构的伺服电动机。

空心杯式转子伺服电动机的结构如图 9.1 所示。它主要由外定子、内定子和杯形转子三部分组成。它的外定子和鼠笼式转子交流伺服电动机的定子相同。定子铁心由硅钢片叠成，定子槽中嵌有两相绕组。内定子也由硅钢片叠成，但它没有绕组，仅作磁路用。内定子安装在一个端盖上。转子由非磁性导电材料铝合金或铜合金制成空心杯形状，杯子底部固定在转轴上。杯形转子的壁很薄，通常在 0.5 mm 以下。电动机在转动时，内、外定子固定不动，只有杯形转子在内、外定子之间的气隙中转动。空心杯转子的转动惯量很小，因而反应迅速，而且运行平稳，故也得到了较为广泛的应用。

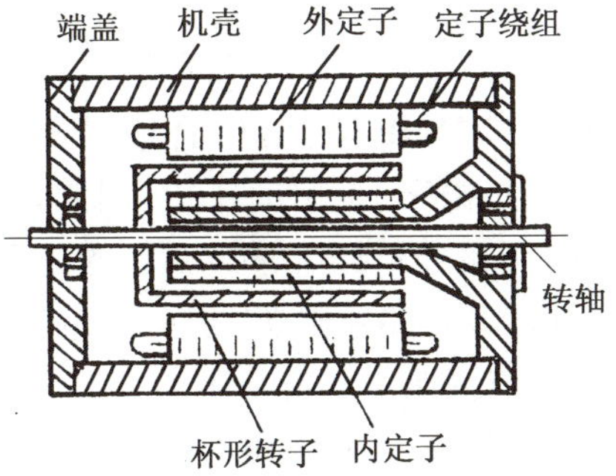

图 9.1 空心杯式转子伺服电动机的结构

2. 工作原理

图 9.2 是交流伺服电动机的原理图。和电容分相式单相异步电动机相同，交流伺服电动机的励磁绕组与电容 C 串联后接到交流电源上是为了分相。适当选择电容量 C，可使励磁电压 $\dot{U}_f$ 与电源电压 $\dot{U}$ 有 90° 或接近 90° 的相位差。控制电压 $\dot{U}_c$ 与电源电压 $\dot{U}$ 有关，两者频率相同，相位相同或相反。因此，$\dot{U}_c$ 与 $\dot{U}_f$ 也是频率相同，相位差为 90° 或近似为 90°。

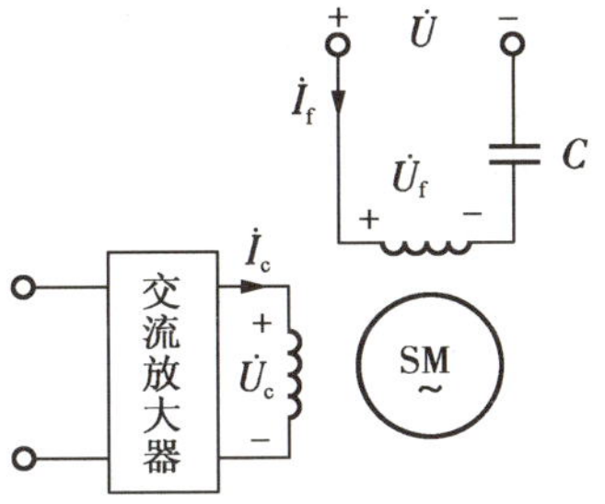

图 9.2 交流伺服电动机的原理图

交流伺服电动机的工作原理，也与电容分相式单相异步电动机相似。当在励磁绕组上加上额定电压，而控制绕组不加电压时，这时仅由励磁绕组产生一个脉动磁场，电动机无起动转矩，转子将静止不动（杯形转子可视为由无数并联的导体组成，工作原理和鼠笼式转子一样）。当控制绕组也加上电压时，这时两个绕组电流 $\dot{I}_f$ 和 $\dot{I}_c$ 的相位差也近似为 90°。这样两个相位差为 90° 的电流，通入空间互差 90° 的两个绕组，便会产生两相旋转磁场，从而使转子沿着旋转磁场的方向转动起来。在一定的负载下，电动机的转速将随控制电压 U_c 的大小而变化。U_c 增大，转速加快；U_c 减小，转速减慢。当控制电压反相时，旋转磁场和转子都将反转。由此可控制电动机的转速和转向。

与电容分相式单相异步电动机不同的是，交流伺服电动机的转子电阻很大。由三相异步电动机的机械特性 $T = f(s)$ 曲线分析可知，最大转矩对应的转差率 s_m 与转子电阻 R_2 成正比。由于交流伺服电动机的转子电阻大，可使 $s_m \geqslant 1$，故其 $T = f(s)$ 曲线与异步电动有很大的差别，如图 9.3 所示。因此，交流伺服电动机具有较大的起动转矩，使其起动迅速、灵敏，同时也扩大了调速范围，有利于速度调节。

运行中的伺服电动机，当去掉控制信号电压后，处于单相运行状态。由于转子电阻大，$s_m \geqslant 1$，因此交流伺服电动机在单相运行时的 $T = f(s)$ 曲线与单相异步电动机大不相同，如图 9.4 所示。从图中可以看出，交流伺服电动机单相运行时的合成转矩与旋转方向相反，是制动转矩。因此，正常运行中的伺服电动机，只要失去控制电压，将立即被制动，迅速停止运转，即交流伺服电动机无“自转”现象。

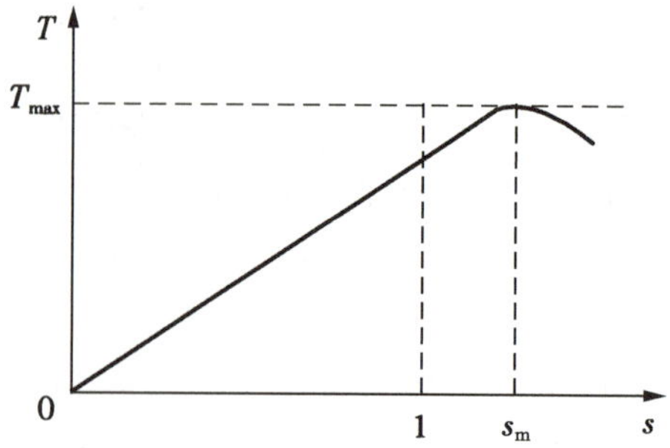

图 9.3　交流伺服电动机的 $T = f(s)$ 曲线

交流伺服电动机在不同控制电压下的机械特性 $n = f(T)$ 曲线如图 9.5 所示。图中 U_c 为控制电压的额定值。由图 9.5 可见，交流伺服电动机的机械特性曲线随控制电压 U_c 的减小而下移。因此，在一定负载下，控制电压 U_c 越高，转速 n 也越高；在控制电压 U_c 一定时，负载增大，则转速 n 下降。

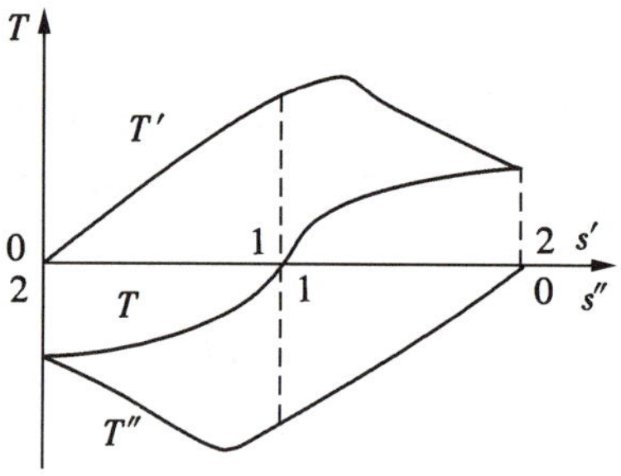

图 9.4　交流伺服电动机单相运行时的 $T = f(s)$ 曲线

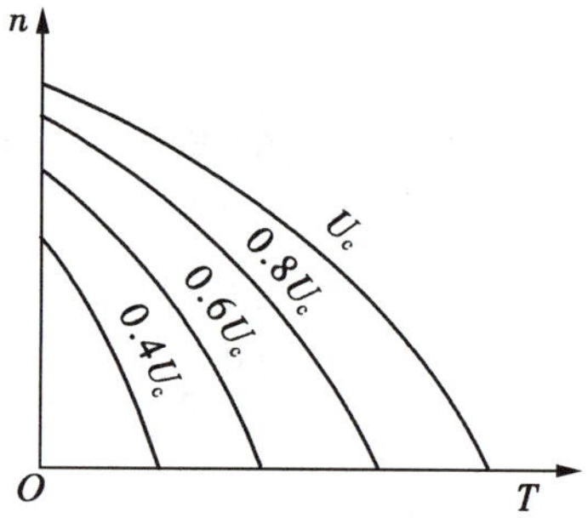

图 9.5　交流伺服电动机的 $n = f(T)$ 曲线(U_f = 常数)

交流伺服电动机具有良好的可控性，但其控制特性是非线性的，特性曲线很软，这不利于系统稳定。此外，它的转子电阻大，损耗大，效率低。所以，只适用于小功率的控制系统。

交流伺服电动机的输出功率一般为 0.1～100 W，电源频率有 50 Hz、400 Hz 等多种。

9.1.2　直流伺服电动机

1. 基本结构

直流伺服电动机实际上就是微型他励直流电动机。按电枢的转动惯量不同，可分为传统型和低惯量型两种。

传统型直流伺服电动机的结构和普通直流电动机的结构基本相同，只是为了减小转动惯量，电枢做得细长一些。低惯量型直流伺服电动机，是为了适应自动控制系统对电动机快速响应的要求，在传统型直流伺服电动机的基础上发展起来的新型直流伺服电动机。它有一个低惯量的电枢，按结构不同，可分为无槽电枢、空心杯非磁性电枢、印刷绕组电枢等形式。

此外，按励磁方式不同，直流伺服电动机还可分为永磁式和电磁式两种结构。永磁式的磁极由永磁铁（目前有采用稀土钴和稀土钕铁硼等稀土永磁材料的）构成；电磁式的磁极由硅钢片铁心外套他励磁绕组构成。目前主要应用电磁式。

2. 工作原理

直流伺服电动机的工作原理和普通他励直流电动机基本相同，但它用电压信号来控制电动机的转速和转向。它有两种控制方式。第一种方式是保持励磁绕组电压为额定值不变，将控制电压加在电枢上，称为电枢控制。第二种方式是保持电枢电压为额定值不变，而将控制电压加在励磁绕组上，称为磁极控制。由于电枢控制的机械特性线性度好，而且控制电压消失后，只有励磁绕组通电，损耗较小；此外，电枢回路电感小，响应迅速。所以，工程应用中多采用电枢控制。

直流伺服电动机的接线图如图 9.6 所示。励磁绕组接固定的直流电压 U_f，使磁通保持恒定。当将控制电压 U_a 加到电枢上时，便有 I_a 流过电枢绕组，I_a 与磁通 Φ 作用便会产生电磁转矩 T，并驱使电枢旋转。当控制电压 U_a 为零时，I_a 为零，T 也为零，电动机立即停转。改变控制电压的极性，则电动机反转。

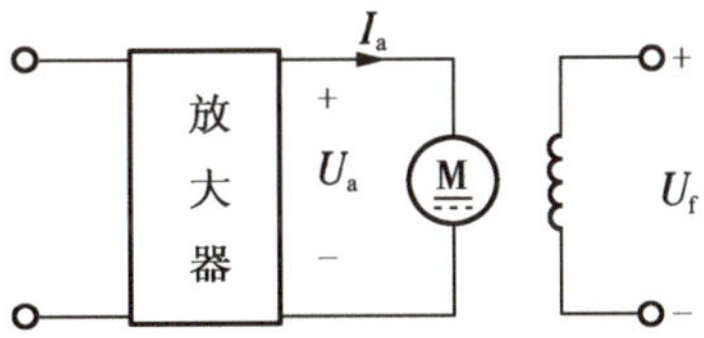

图 9.6 直流伺服电动机的接线图

直流伺服电动机的机械特性方程与一般他励直流电动机相同，即

$$n = \frac{U_a}{K_E\Phi} - \frac{R_a}{K_T K_E \Phi^2} T$$

可见，当保持磁通 Φ 不变时，在一定的负载转矩下，直流伺服电动机的转速 n 与电枢上所加控制电压 U_a 成正比。图 9.7 是直流伺服电动机采用电枢控制方式时，在不同控制电压下的机械特性 $n = f(T)$ 曲线。图中 U_a 为控制电压的额定值。

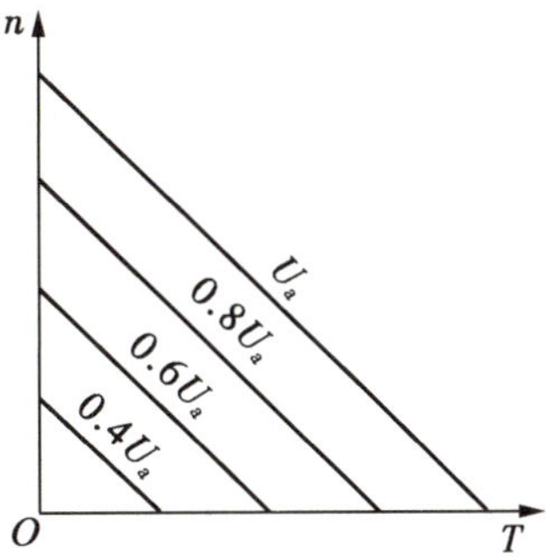

图 9.7 直流伺服电动机的 $n = f(T)$ 曲线（U_f = 常数）

直流伺服电动机与交流伺服电动机比较，具有体积小、质量轻、起动转矩大、调速范围宽、机械特性硬度和线性度好等优点，但由于电刷和换向器是滑动接触，因此工作可靠性差。此外，换向器产生的火花会对无线电产生干扰。

直流伺服电动机通常用于功率稍大的系统，其输出功率一般为 1 ～ 600 W。

9.1.3 伺服电动机的应用

伺服电动机主要用作执行元件，通常在随动系统、遥测和遥控系统以及其他自动控制系统中作为主传动元件，其应用非常广泛。下面介绍两个应用实例。

1. 位置随动系统

图 9.8 是由交流伺服电动机构成的位置随动系统的原理图。该位置随动系统可以实现远距离角度传递,即将主令轴的转角 θ 传递到远距离的执行轴,使之复现主令轴的转角位置。这类应用实例在民用工业和国防建设中有很多,如轧钢机中轧辊间隙的自动控制,火炮和雷达天线的定位,船舰方向舵和驾驶盘的自动控制等。

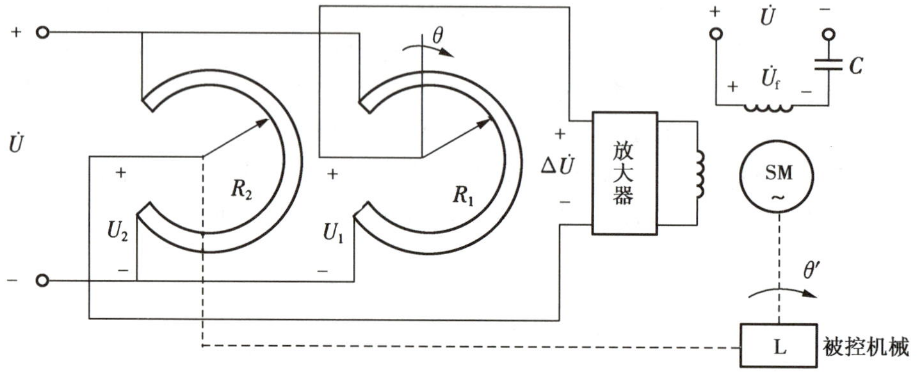

图 9.8 位置随动系统的原理图

在图 9.8 中,主令轴的转角 θ 可以为任意值。为了完成上述控制功能,随动系统采用电位器 R_1(称为主令电位器),将转角 θ 变成与之成比例的电压 U_1,U_1 就是该系统的输入信号电压。执行轴采用同样的电位器 R_2(称为反馈电位器),将转角 θ' 变成与之成比例的电压 U_2,U_2 是该系统的反馈信号电压。

当反馈信号电压与输入信号电压不相等,即执行轴的转角 θ' 与主令轴的转角 θ 不相等时,差值电压 $\Delta U = U_1 - U_2 \neq 0$。该电压经放大器放大后,加到交流伺服电动机的控制绕组上,使伺服电动机转动。伺服电动机的转轴通过传动机构带动执行轴及被控机械转动(向消除偏差的方向转动),使 θ' 跟随 θ 而变化,直至 $\theta' = \theta$。这时电位器 R_1、R_2 上的输出电压 $U_1 = U_2$,差值电压 $\Delta U = 0$,于是伺服电动机控制绕组上的电压为零,电动机便停止转动,从而实现了位置随动功能。

2. 温度控制系统

图 9.9 是由直流伺服电动机构成的烘烤炉温度控制系统的原理图,该控制系统的任务是保持炉温恒定。图 9.9 中,烘烤炉的炉温由热电偶(一种温度传感器,能将温度变换为与之对应的电压)检测,经放大器放大后输出电压 U_T。U_T 与给定电压 U_1 比较后的差值电压,经另一放大器放大后,加到直流伺服电动机的电枢绕组上,以实现对电动机和调节阀门的控制。

当炉温恰好等于设定值时,热电偶的输出电压(经事先整定)U_T 等于给定电压 U_1,差值电压 $\Delta U = U_1 - U_T = 0$,直流伺服电动机不转,调节阀门不动,煤气流量保持不变,烘烤炉处于规定的恒温状态。

如果烘烤炉的负载加大(如炉内工件数量增加)而使炉温下降,则热电偶的输出电压 U_T 减小,差值电压 $\Delta U > 0$。这时伺服电动机将阀门开大,使煤气供给量增加,于是炉温回升,直至炉温等于设定值。

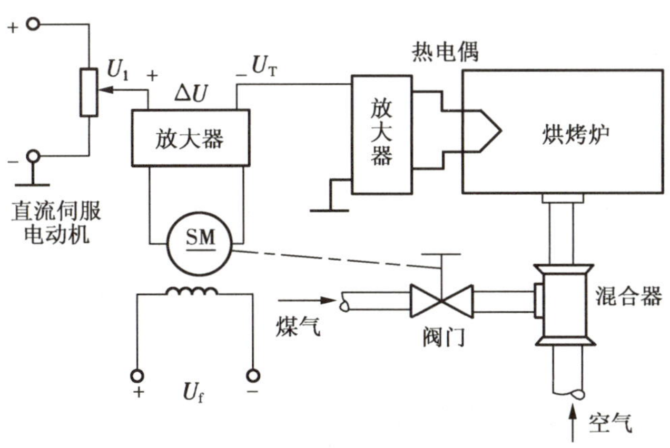

图 9.9 烘烤炉温度控制系统的原理图

反之，如果烘烤炉的负载减小而使炉温上升，则 U_T 增大，$\Delta U < 0$。这时伺服电动机反转，将阀门关小，于是炉温降低，直至等于设定值为止。

思考题

1. 如果将电容分相式单相异步电动机的两个定子绕组，像交流伺服电动机那样，分别加上励磁电压 $\dot{U}_f$ 和控制电压 $\dot{U}_c$，这时单相异步电动机可否作为交流伺服电动机使用？为什么？
2. 什么是电动机的自转现象？交流伺服电动机是如何消除自转现象的？

9.2 测速发电机

测速发电机是一种测量转速的微型发电机。它能将输入的机械转速变换为电压信号输出。测速发电机在自动控制系统中作为信号元件，用来测量和调节转速。它也可以将它的输出电压反馈到系统的输入端，以稳定转速。

测速发电机

测速发电机分为交流和直流两类。

9.2.1 交流测速发电机

交流测速发电机又分为同步式和异步式两种，本节只讨论异步式测速发电机。

1. 基本结构

异步式测速发电机的结构与交流伺服电动机相似。它的定子上有两个轴线互相垂直的绕组，其中一个作励磁用，称为励磁绕组；另一个作输出电压用，称为输出绕组。它的转子也有鼠笼式和空心杯式两种结构形式，但由于鼠笼式转子测速发电机的转动惯量大，反应速度慢，而且输出特性的非线性误差较大，故很少采用。目前广泛使用的是空心杯式转子。为了提高输出特性的线性度，改善输出性能，空心杯式测速发电机的杯形转子，是用比伺服电动机杯形转子电阻率更大的非磁性导电材料磷青铜制成的。

2. 工作原理

图9.10为交流异步测速发电机的原理图。当在励磁绕组上加上交流励磁电压 $\dot{U}_f$ 时，便有电流 $\dot{I}_f$ 流过励磁绕组，并在励磁绕组的轴线方向产生一个交变的脉动磁通 Φ_f。由于磁路设计得不饱和，故 Φ_f 与 $\dot{U}_f$ 成正比。

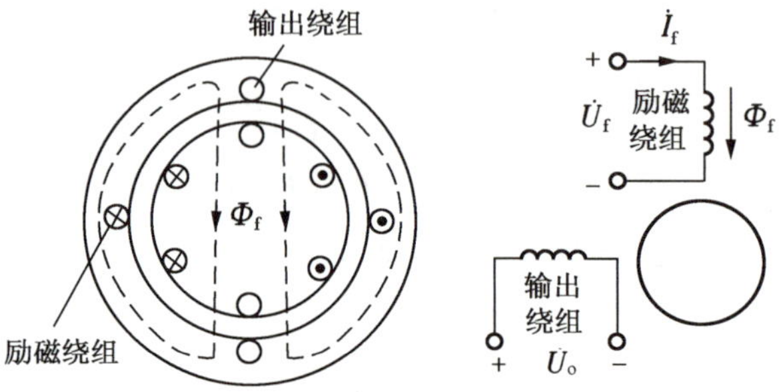

图9.10 交流异步测速发电机的原理图(转子静止时)

当测速发电机的转子静止时，由于杯形转子可视作无数个导体的并联，脉动磁通 Φ_f 穿过转子，便会在转子导体中产生感应电动势和电流。因为这时电动机的定子励磁绕组和转子导体之间的关系类似于变压器一次、二次绕组的关系，所以将该电动势称为变压器电动势。虽然脉动磁通也能在转子导体中产生感应电动势，但它不会使静止的转子起动旋转。对于输出绕组来说，由于磁通 Φ_f 的方向与输出绕组的轴线垂直，即输出绕组与磁通 Φ_f 并无交链，故不产生感应电动势，输出电压 $\dot{U}_o$ 为零。

当测速发电机的转子被拖动旋转时，一方面，脉动磁通 Φ_f 仍会在转子导体中产生所谓的变压器电动势；另一方面，转子旋转时切割磁通 Φ_f，也会在转子导体中产生感应电动势。因为该电动势由转子导体切割磁通而产生，所以称为切割电动势。切割电动势和电流用 $\dot{E}_r$ 和 $\dot{I}_r$ 表示，如图9.11所示。由图9.11可见，$\dot{I}_r$ 产生的磁通 Φ_r，其方向与输出绕组的轴线是一致的，即输出绕组与 Φ_r 相交链，因而产生感应电动势，并从绕组两端输出电压 $\dot{U}_o$，其有效值为

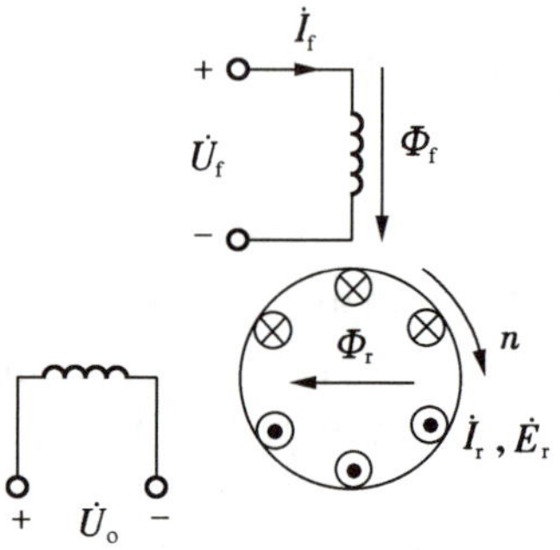

图9.11 交流异步测速发电机的原理图(转子转动时)

$$U_o = 4.44fN\Phi_r$$

式中，f 为励磁电源的频率；N 为输出绕组的有效匝数。

由于 Φ_r 由 I_r 产生，且二者成正比关系，即

$$\Phi_r \propto I_r$$

又因为 I_r 与切割电动势 E_r 成正比，而 E_r 与磁通 Φ_f 及转速 n 成正比，即

$$I_r \propto E_r \propto \Phi_f n$$

再考虑 Φ_f 与励磁电压 $\dot{U}_f$ 成正比，可得

$$U_o \propto U_f n$$

或写成

$$U_o = K_u n \tag{9.1}$$

式中，K_u 是一个与测速发电机的结构及励磁电压有效值和频率有关的系数。

式(9.1)表明，当在测速发电机的励磁绕组加上一定的电压 $\dot{U}_f$，且其转子被拖动旋转时，它的输出绕组上将产生输出电压 $\dot{U}_o$，$\dot{U}_o$ 的大小与转速 n 成正比。

如果改变转子的转向，则转子绕组产生的感应电动势 E_r、电流 I_r 以及磁通 Φ_r 的相位均改变 180°，与原来反相，因此输出电压 $\dot{U}_o$ 的相位也与原来反相。这样，测速发电机就把输入的转速信号 n 转换为与之成正比的电压信号 $\dot{U}_o$。$\dot{U}_o$ 的频率等于励磁电源的频率，与转速 n 无关。

空心杯式转子交流异步测速发电机具有结构简单、工作可靠、输出特性线性度好等优点，是自动控制系统中应用最广泛的测速发电机。

9.2.2 直流测速发电机

直流测速发电机分为永磁式和电磁式两种，本节只讨论电磁式测速发电机。

电磁式测速发电机为他励直流发电机，它的结构和直流伺服电动机相同。图9.12为电磁式直流测速发电机的原理图。当在励磁绕组上加上直流励磁电压 U_f 时，便有电流 I_f 流过励磁绕组，并产生磁通 Φ。如果转子被拖动旋转，则电枢绕组切割磁通，在电枢绕组里便产生感应电动势 E，E 的大小为

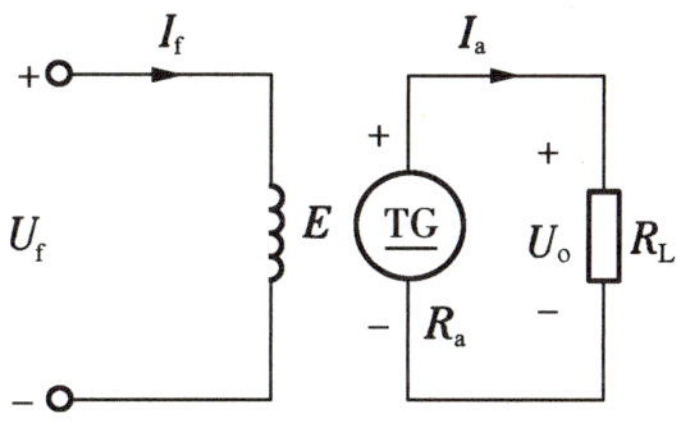

图9.12 电磁式直流测速发电机的原理图

$$E = K_E \Phi n \tag{9.2}$$

上式表明，直流测速发电机的电枢电动势 E 与磁通 Φ 和转速 n 的乘积成正比。若使励磁电压 U_f 保持为恒定值，则磁通 Φ 为常数，因此，E 与 n 成正比。

根据基尔霍夫电压定律可得直流测速发电机的输出电压

$$U_o = E - R_a I_a \tag{9.3}$$

式中，R_a 为测速发电机的电枢电阻；I_a 为测速发电机的输出电流，其值为

$$I_a = \frac{U_o}{R_L}$$

将上式和式(9.2)代入式(9.3)可得

$$U_o = \frac{K_E \Phi}{1 + \frac{R_a}{R_L}} n = Kn \tag{9.4}$$

式(9.4)为直流测速发电机接有负载时的输出电压 U_o 与转速 n 之间的关系。如果 Φ、R_a 及负载电阻 R_L 都为常数，则 K 为常数，U_o 与 n 成正比。

图 9.13 所示是直流测速发电机的输出特性 $U_o = f(n)$ 曲线。从图中可以看出，输出电压 U_o 的大小，除与转速 n 有关外，还与负载电阻 R_L 有关。

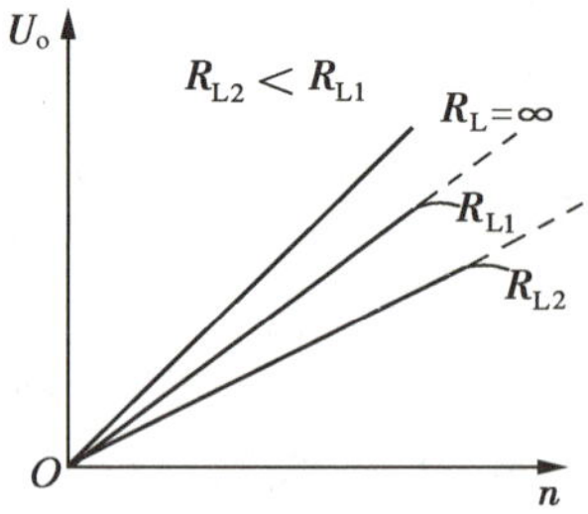

图 9.13 直流测速发电机的输出特性曲线

空载时，$R_L = \infty$，输出电流 $I_a = 0$，则

$$U_o = E = K_E \Phi n$$

输出电压 U_o 即为电枢电动势 E。

当接有负载时，$I_a \neq 0$，电枢的电阻压降 $R_a I_a \neq 0$，在一定转速 n 下，输出电压 U 下降。R_L 越小，I_a 就越大，U_o 下降就越多。此外，当 R_L 减小，而转速较高时，输出电压与转速不再呈线性关系。引起误差的主要原因是电枢反应和电机温度的变化，电枢反应就是电枢电流 I_a 的去磁作用。因为电枢电流 I_a 流过电枢绕组时也要产生磁通，其磁通与励磁绕组产生的主磁通方向相反，是削弱主磁通的。I_a 越大，对主磁通的削弱就越强，主磁通也就越小。而 R_L 越小，转速 n 越高，I_a 就越大，所以误差也就越大。为此，在直流测速发电机的技术数据中，列有"最小负载电阻和最高转速"一项，使用时应该加以注意。显然，为了提高测量精度，测速发电机输出端所接的测量仪表必须具有较大的输入电阻。

9.2.3 测速发电机的应用

测速发电机作为测速元件，被广泛地应用于各种速度和位置控制系统。

图 9.14 是由测速发电机构成的恒速自动控制系统的原理图。该控制系统的任务是，当负载转矩变动时，保持系统的转速恒定不变。在图 9.14 所示电路中，直流伺服电动机通过传动机构带动一个旋转的机械负载工作。为了保持转速恒定，在旋转机械负载的轴上连接了一台测速发电机，其控制过程如下。

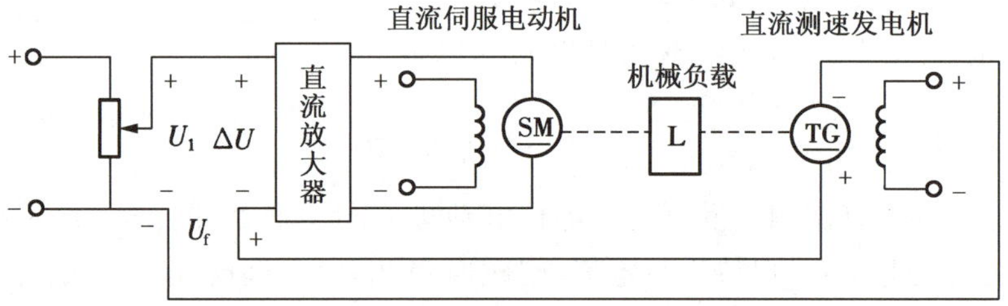

图 9.14 恒速自动控制系统的原理图

先调节速度给定电压 U_1，使直流伺服电动机的转速恰好是旋转机械负载所要求的转速。当负载转矩由于某种原因增大时，伺服电动机的转速便下降，测速发电机的转速也随之下降，其输出电压 U_f 因此而减小。由于给定电压 U_1 未变，因此给定电压 U_1 与测速发电机输出电压 U_f 的差值电压 $\Delta U = U_1 - U_f$ 增大，经放大器放大后，加到伺服电动机电枢上的电压也增大。于是电动机的转速上升，直至达到原来的设定值。反之，当负载转矩减小时，电动机及测速发电机的转速上升，其输出电压 U_f 增大，差值电压 ΔU 则减小，放大后加到伺服电动机电枢上的电压也减小，于是电动机减速，直至恢复到原来的转速。改变给定电压 U_1，电动机的转速也跟着改变，系统便能得到其他所需转速。

思 考 题

1. 什么是变压器电动势?什么是切割电动势?它们是怎样产生的?

2. 交流异步测速发电机的转子转动时,转子绕组中的变压器电动势对输出绕组的电压会产生什么影响?

3. 何谓电枢反应?电枢反应对测速发电机的输出特性有何影响?

4. 直流测速发电机的电枢电动势与直流电动机的电枢电动势有何异同?测速发电机的电枢电动势是否为反电动势?

9.3 步进电动机

步进电动机

步进电动机,又称为脉冲电动机。它是一种能将电脉冲信号转换成角位移或线位移的电动机。它的工作受电脉冲信号的控制,每输入一个电脉冲,电动机便以步进方式转动一定角度或前进一步。如果连续输入脉冲信号,它就连续转动或前进。步进电动机转子的位移量与脉冲数成正比,或线速度与脉冲频率成正比。因此,它不受电源电压和负载大小以及环境条件变化的影响。通过改变脉冲频率便可实现对步进电动机的调速。步进电动机在自动控制系统中用作执行元件。

步进电动机的种类很多,旋转型的步进电动机可分为反应式、永磁式和感应式 3 种。反应式步进电动机具有反应快、惯性小、转速高等优点,是使用最多的一种。

反应式步进电动机按照定子相数的不同,又分为二相、三相、四相、五相和六相等多种。现以常用的三相反应式步进电动机为例,来说明其结构特点和工作原理。

9.3.1　反应式步进电动机的结构

反应式步进电动机是根据铁磁物质在磁场中被磁化后,其位置总是力图使磁路的磁阻最小的原理制成的。图 9.15 所示是三相反应式步进电动机的结构。它的定子具有均匀分布的 6 个磁极,极面上有小齿。磁极上绕有励磁绕组,相对的两个磁极上的绕组串联,构成一相。三相绕组的连接如图 9.15 所示,步进电动机的三对定子磁极,由三相绕组通入脉冲电流励磁。这里所谓的三相,是指定子上绕组的组数。步进电动机转子上没有绕组,而有很多个小齿,其齿宽、齿距和定子齿相等。步进电动机的定子和转子铁心都由硅钢片叠成。

9.3.2　反应式步进电动机的工作原理

为了分析方便,将图 9.15 中的三相反应式步进电动机,简化为图 9.16 所示的结构。图中假定转子上只有4个齿,定子的6个磁极上没有小齿。

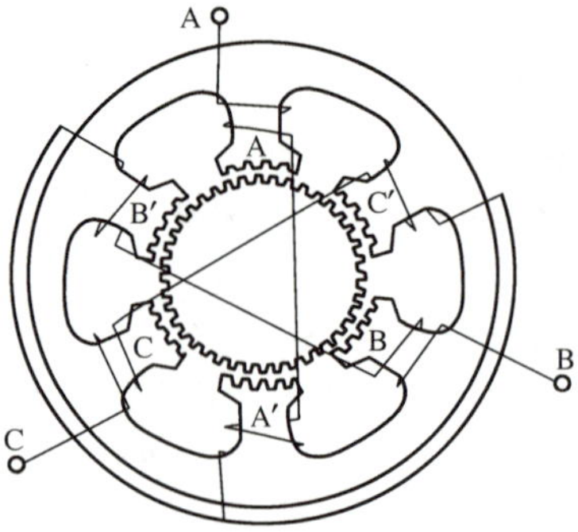

图9.15　三相反应式步进电动机的结构图

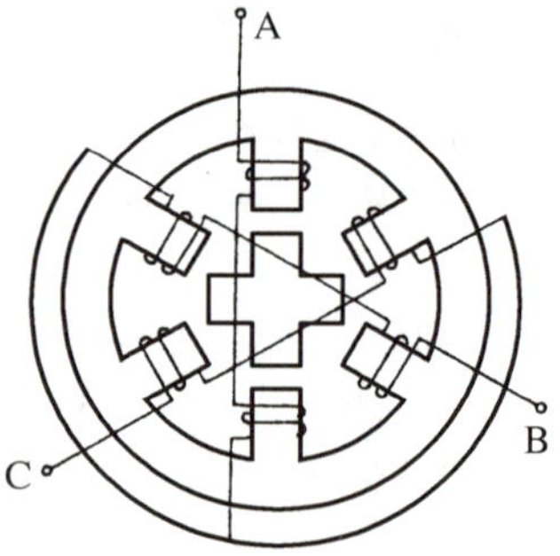

图9.16　三相反应式步进电动机的简化结构图

步进电动机工作时,定子各相绕组轮流通电。从一次通电到另一次通电称为一拍,每一拍转子转过的角度称为步距角。对于给定的步进电动机,步距角的大小与通电方式有关。根据通电方式的不同,三相反应式步进电动机有单三拍、双三拍和六拍3种工作方式。

1. 单三拍工作方式

单三拍工作方式是每次只有一相绕组通电。图9.17所示是三相反应式步进电动机单三拍工作方式的原理图。

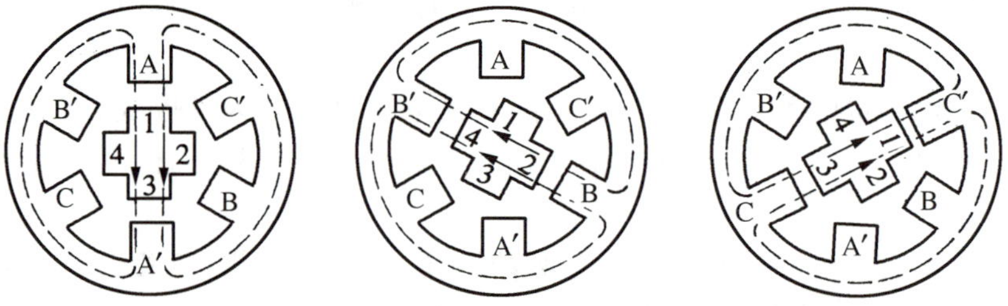

(a) A相通电　(b) B相通电　(c) C相通电

图9.17　三相反应式步进电动机单三拍工作方式的原理图

设首先A相绕组通电(B、C相绕组不通电),这时绕有A相绕组的一对磁极A、A′被磁化,产生A-A′轴线方向的磁通,并通过转子构成闭合回路,使转子产生一个反应转矩。由于转子在磁场作用下,总是力图转到磁阻最小的位置,即转到图9.17(a)所示,转子的1、3两个齿与定子的A-A′磁极对齐的位置。A相通电结束后,接着B相绕组通电(A、C相绕组不通电),这时磁极B、B′被磁化,产生B-B′轴线方向的磁通。由于同样的原因,转子的2、4两个齿与定子的B-B′磁极对齐,如图9.17(b)所示。相对于A相通电时的位置,转子顺时针方向转过了30°。B相通电结束后,然后C相绕组通电,这时产生了C-C′轴线方向的磁通,转子的1、3两个齿又与定子的C-C′磁极对齐,如图9.17(c)所示。相对于B相通电,转子又顺时针方向转过了30°。显然,这种电动机在单三拍方式工作时,步距角为30°。

如果电脉冲信号一个接一个送来,使三相定子绕组按A→B→C→A→⋯

的顺序轮流通电，则步进电动机的转子便会按顺时针方向，以 30° 步距角，一步一步地转动。当绕组的电流换接 3 次时，定子磁场便旋转一周，转子则前进一个齿距角(4 个齿时为 90°)。因为这种工作方式是每次一相绕组通电，经过三次换接完成一个循环，故称为单三拍。

如果三相定子绕组按 A → C → B → A → … 的顺序轮流通电，转子则将会按逆时针方向转动。

单三拍工作方式每次只有一相绕组通电吸引转子，容易使转子在平衡位置附近来回摆动，产生振荡，故其运行稳定性差。此外，从一相绕组断电，到另一相绕组通电的过程中，容易发生失步现象，即转子不按输入信号一步一步转动。因此，这种工作方式很少采用。

2. 双三拍工作方式

双三拍工作方式是每次都有两相绕组同时通电，即按 A、B → B、C → C、A → A、B → … 的顺序通电。图 9.18 所示是三相反应式步进电动机双三拍工作方式的原理图。

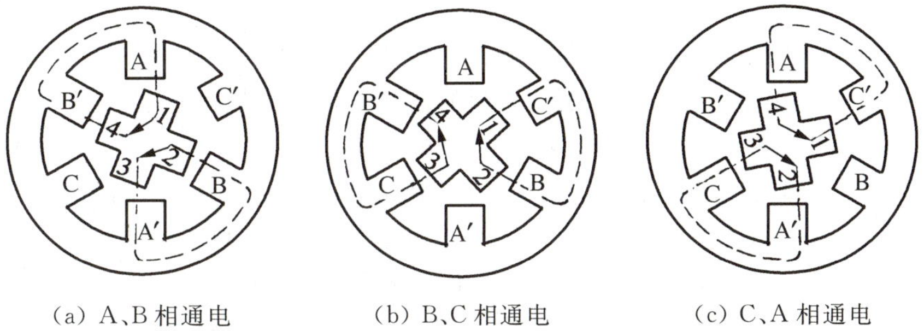

图 9.18 三相反应式步进电动机双三拍工作方式的原理图

当 A、B 两相绕组同时通电时，定子磁极 A、A′ 和 B、B′ 同时对转子齿 1、3 和 2、4 产生反应转矩，因此转子转到两个反应转矩作用的平衡位置，如图 9.18(a) 所示。接着 B、C 两相绕组同时通电，定子磁极 B、B′ 和 C、C′ 同时对转子齿 2、4 和 1、3 产生反应转矩。这时转子的位置如图 9.18(b) 所示。相对于 A、B 两相绕组同时通电时的位置，转子顺时针方向转过了 30°。然后，C、A 两相绕组同时通电，这时转子的位置如图 9.18(c) 所示。相对于 B、C 两相绕组同时通电时的位置，转子又转过了 30°。可见，在双三拍工作方式时，步距步角仍为 30°。这种工作方式因电流换接时始终有一相绕组保持通电，故工作比较稳定。

如果按 A、C → C、B → B、A → A、C → … 的顺序通电，步进电动机则逆时针方向一步一步转动。

3. 六拍工作方式

六拍工作方式是单三拍和双三拍的混合方式，即按 A → A、B → B → B、C → C → C、A → A → … 的顺序通电。由图 9.17 和图 9.18 可见，当步进电动机按六拍方式工作时，绕组中的电流换接 6 次，磁场便顺时针方向旋转一周，转子则顺时针方向前进一个齿距角，故其步距角为 15°。因为它需经 6 次换接才完成一个循环，故称为六拍。

这种工作方式在电源换接时，也有一相绕组始终保持通电，故工作也较稳定。

如果按 A→A、C→C→C、B→B→B、A→A→… 的顺序通电，步进电动机将逆时针方向转动。

根据上面的分析可见，上述步进电动机，转子为4个齿，齿距角为 $360°/4 = 90°$，当采用单三拍和双三拍工作方式时，每一拍转子转过30°，即1/3齿距角。当采用六拍工作方式时，每一拍转子转过15°，即转过1/6齿距角。因此，步距角可按下式计算：

$$\theta = \frac{360°}{ZN} \tag{9.5}$$

式中，Z 是转子齿数；N 是步进电动机一个通电循环或转子转过一个齿距的运行拍数。

如果脉冲频率为 f(单位为 Hz)，即定子绕组中的电流每秒换接 f 次，则步进电动机每秒钟转过的角度为 θf，所以每分钟的转速(单位为 r/min) 为

$$n = \frac{\theta f}{360°} \times 60 = \frac{60f}{ZN} \tag{9.6}$$

可见，步进电动机的转速与脉冲频率成正比。

在实际应用中，为了满足自动控制的需要，通常要求步进电动机的步距角很小，如目前国内常用的反应式步进电动机的步距角有1.2°/0.6°、1.5°/0.75°、1.8°/0.9°、2°/1°、3°/1.5°、4.5°/2.25°等。由式(9.5)可以看出，若要减小步距角，就要增加转子的齿数。因此，实际的步进电动机转子上不是4个齿，而是很多齿，如图9.15所示(图中为40个齿)。因为转子齿要和定子齿对齐，所以，在图中每个定子磁极的极面上也有几个和转子齿一样的小齿(图中为5个)。如图9.15所示，转子为40个齿的步进电动机，若采用单三拍和双三拍工作方式，其步距角为

$$\theta = \frac{360°}{ZN} = \frac{360°}{40 \times 3} = 3°$$

若采用六拍工作方式，则步距角为

$$\theta = \frac{360°}{40 \times 6} = 1.5°$$

实现了小步距角运行。

步进电动机的输入脉冲信号是由驱动电源提供的。它由脉冲分配器和脉冲放大器两部分组成，如图9.19所示。脉冲分配器用于将输入的电脉冲信号，按步进电动机的通电方式和定子各相绕组的通电顺序进行分配。脉冲放大器用于将分配器输出的脉冲信号进行功率放大，使之具有足够的功率驱动步进电动机工作。

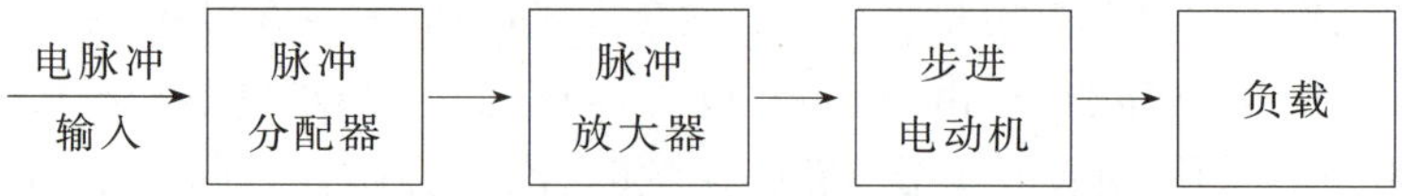

图9.19 步进电动机及其驱动电源框图

步进电动机具有结构简单，维护方便，精度高，调速范围大，起动、制动、反

转灵敏等特点。此外,在一相绕组保持通电的状态下,它还具有自锁能力。因此,近年来随着数字控制技术的发展,步进电动机在数字控制系统中得到了越来越广泛的应用,如数控机床、绘图机、自动记录仪表、数模变换器等。

9.3.3 步进电动机的应用

图 9.20 所示是步进电动机在数控机床中应用的一个例子。数控机床是利用数字电子控制装置(简称数控装置),如数字电子计算机,采用控制程序来控制机床工作的。在图 9.20 中,数控机床使用了 3 台步进电动机,对机床工作台 3 个方向(X、Y、Z)的运动进行控制。

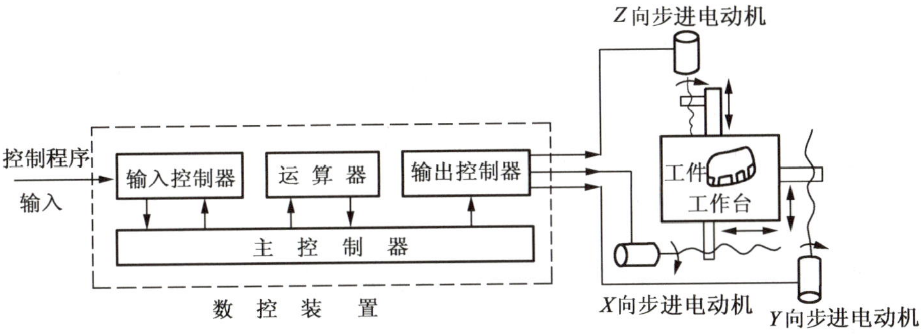

图 9.20 数控机床的工作原理示意图

加工零件时,先根据零件图纸的几何形状尺寸和加工工序要求,编制好控制程序,并记录在易于更换的卡片、纸带、磁带、磁盘或光盘上。然后通过输入设备,将这些程序信息输入到数控装置中,由数控装置的运算控制电路对程序信息进行运算处理,将其转换成步进电动机励磁绕组上的控制脉冲,使 3 台步进电动机按照加工要求动作,并通过传动机构带动机床工作台移动,加工出符合要求的零件。

上述控制系统没有位置检测反馈装置,因此实际上是一个开环控制系统。这种控制系统的优点是简单可靠、成本低、易于调整和维护,但精度不高。

思考题

1. 什么是步距角?什么是齿距角?步进电动机的步距角与它的运行方式之间有什么关系?

2. 什么是步进电动机的自锁能力?三相反应式步进电动机采用单三拍工作方式时是否具有自锁能力?采用双三拍和六拍工作方式时又将如何?

习　题

9.1　试比较交流伺服电动机和电容分相式单相异步电动机，说明两者在原理、结构和用途方面的异同。

9.2　如果保持交流伺服电动机的励磁电压 U_f 和负载转矩 T_L 不变，而将控制电压 U_c 增大，则电动机的转速 n 和电磁转矩 T 将怎样变化(要求分析 n 和 T 的变化过程)?

9.3　一台两极交流伺服电动机，电源频率为 400 Hz。(1) 求电动机旋转磁场的转速 n_0；(2) 求当转子转速分别为 18 000 r/min 和 12 000 r/min 时，旋转磁场对转子的转速 Δn、转差率 s 和转子电流频率 f_2。

9.4　当直流伺服电动机的励磁电压 U_f 和电枢控制电压 U_a 不变时，若将负载转矩增大，则这时电动机的转速 n 和电枢电流 I_a 将怎样变化?

9.5　有一台直流伺服电动机，保持其励磁电压为额定值不变，当在电枢绕组上加上 $U_a = 30$ V 的控制电压时，测得空载转速 $n_0 = 2\ 000$ r/min，接上某一恒转矩负载后的转速为 $n = 1\ 000$ r/min。当在电枢绕组上加上 $U_a = 60$ V 的控制电压时，n_0 和 n 各为多少?

9.6　交流异步测速发电机的励磁绕组与输出绕组在空间互相垂直，没有磁路的耦合作用。试问：(1) 为什么励磁绕组接上交流电源，电机旋转时输出绕组上会有电压?(2) 若把输出绕组移到励磁绕组同一位置上，电机旋转时输出绕组上还有电压吗?它与转速有关吗?

9.7　为什么直流测速发电机所接负载电阻的阻值不能低于其给定值?为什么它的转速不得超过规定的最高转速?

9.8　一台三相反应式步进电动机，转子有 80 个齿。(1) 求各种通电方式下的步距角 θ；(2) 如果要使电动机分别以 500 r/min 和 250 r/min 的速度运行，求电动机的脉冲频率 f。

9.9　一台六相(十二极) 反应式步进电动机，步距角为 1.2/0.6。试问：(1) 电动机的转子有多少个齿?(2) 如果脉冲频率为 500 Hz，且电动机采用十二拍工作方式，那么电动机的转速是多少?

本章习题参考答案

第10章 电动机的继电接触器控制

内容提要

本章主要介绍常用控制电器，电动机的直接起动控制、正反转控制、多机顺序控制和一机多点控制等基本控制环节与行程控制、时间控制和速度控制等基本控制原则，以及阅读控制电路原理图的方法。

10.1 常用控制电器

在工农业生产中，大多数生产机械是由电动机带动的。要使电动机按照生产实际的需要运转，必须配置一定的控制设备，并将它们组合成控制线路才能实现。任何复杂的控制线路都是由一些基本单元电路组成的，而基本的单元电路又离不开控制电器。

控制电器的种类繁多，可分为手动和自动两类。手动电器是由工作人员手动操作的，如闸刀开关、组合开关、按钮等。而自动电器是按照指令、信号或某个物理量的变化而自动动作的，如各种继电器、接触器、行程开关等。

10.1.1 闸刀开关

闸刀开关也叫刀闸开关[外形如图 10.1(a) 所示]，是最简单的手动电器，用于不经常开闭的低压电路中，作为电源的引入开关，也可用于小容量电动机作不频繁的直接起动。闸刀开关的内部结构如图 10.1(b) 所示，主要由刀片（动触点）、刀夹（静触点）、瓷质底座和胶木盖组成。胶木盖可以熄灭切断电源时产生的电弧，保证工作人员的安全。闸刀开关的图形符号如图 10.1(c) 所示。

安装闸刀开关时要注意：电源线应接在开关的静触点上，负载应接在动触点的出线端上。这样，在拉开开关时，电源被切断，刀片以下的电路就与电源隔离，既便于更换熔体，也有利于设备的安全检修。

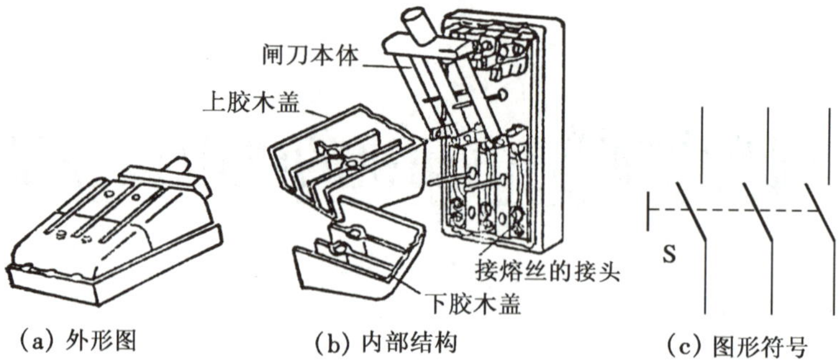

图 10.1 闸刀开关

10.1.2 组合开关

组合开关又叫转换开关，常用来作为电源引入开关，也可用来起动和停止小容量鼠笼式电动机或使电动机正反转。组合开关的种类很多，图 10.2 所示组合开关有 3 对静触片和 3 个动触片。3 对静触片与盒外的 6 个接线柱相连；3 个动触片套在装有手柄的绝缘转轴上，转动手柄就可以将 3 对静触片同时接通或断开。组合开关有单级、双级、三级和四级等类型，额定电流有 10 A、20 A、60 A 和 100 A 等规格，其结构简单，体积小，操作可靠，能组成多种接法以适应不同电路的要求。

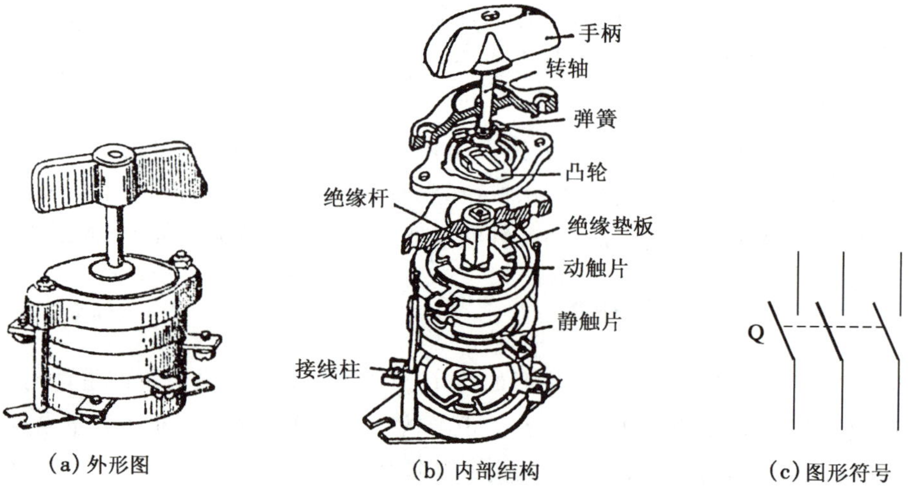

图 10.2 组合开关

10.1.3 按钮

按钮是一种发出指令的手动电器，通常用来接通或断开控制电路(指小电流电路)，从而控制电动机或其他电气设备的运行。其结构原理图如图 10.3(a)所示，1－1 和 2－2 是静触点，3－3 是动触点，图中各触点位置是自然状态。静触点 1－1 由动触点 3－3 接通而闭合，2－2 断开。工作时，将按钮往下按，动触点 3－3 下移，首先使静触点 1－1(称动断触点或常闭触点) 断开，然后接通静触点

2－2(称动合触点或常开触点)，使之闭合；松手后在弹簧 4 的作用下，动触点 3－3 返回，各触点的接通状态又回到图示位置。按钮的动合触点和动断触点的图形符号如图 10.3(b) 所示。

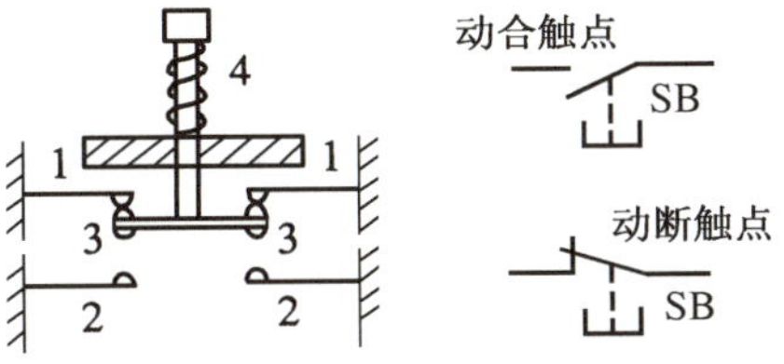

(a) 结构原理　　(b) 图形符号

图 10.3　按钮

按钮的种类很多，有的按钮只有一个动合触点或一个动断触点。两者兼有的按钮称为复式按钮，供使用时选择。

10.1.4　交流接触器

交流接触器常用来接通或断开电动机或其他电气设备的主电路(指大电流电路)，每小时可开闭几百次，是继电接触器控制电路的主要元件之一。

接触器是利用电磁力来工作的，主要由电磁铁和触点两部分组成，其结构原理如图 10.4(a) 所示，图中 M 为三相异步电动机。线圈 2 未通电时，衔铁 3 在反力弹簧 4 的作用下处于最左边位置即处于释放状态，它通过绝缘支架 5 使动触点和静触点 7 不相接触，静触点 7 断开，同时静触点 8 闭合。线圈 2 通电时，铁心 1 被磁化产生吸力。克服反力弹簧张力，衔铁 3 被吸合而右移，牵动支架 5 使动触点 6 右移，从而使触点 8 断开，触点 7 闭合，起动电动机。当线圈断电，铁心吸力消失，在反力弹簧 4 张力的作用下，衔铁 3 复位，所有触点恢复至图中常态位置，电动机脱离电源停车。

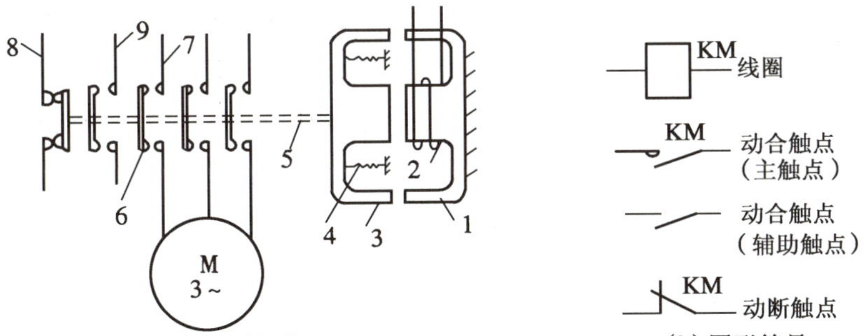

(a) 结构原理　　(b) 图形符号

图 10.4　交流接触器

由上分析可知，线圈通电，触点 7 闭合，故称为动合触点或常开触点；而触点 8 断开，故称为动断触点或常闭触点。

其图形符号如图 10.4(b) 所示。根据用途不同，接触器的触点分主触点[图 10.4(a) 中 7]和辅助触点[图 10.4(a) 中 8、9]两种。辅助触点有动合和动断两种类型，通过的电流较小，常接在电动机的控制电路中。主触点通过较大的电流，接在电动机主电路中。每一种接触器都有一定数量的主触点和辅助触点。例如，CJ10-5 型交流接触器有 3 对主触点（常开）和 1 对辅助触点（常开），而 CJ10-10 型交流接触器却有 3 对主触点（常开）和 4 对辅助触点（2 对常开，2 对常闭）。当交流接触器的主触点断开时，其间产生电弧，会烧坏触点，并使切断时间延长，因此电流较大的接触器通常设有灭弧装置。在选用接触器时，应注意它的额定电流、线圈电压及触点数量等。使用时可查产品目录。

10.1.5 中间继电器

中间继电器是将一个信号变成几个输出信号的电磁电器。其结构和交流接触器基本相同，只是电磁系统小些。通常用它来传递信号和同时控制多个电路，也可用它来控制小容量电动机和其他电气设备。

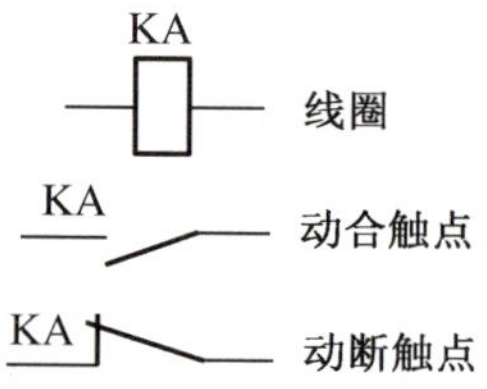

图 10.5 中间继电器的图形符号

中间继电器的图形符号如图 10.5 所示。

常用的中间继电器有 JZ7 系列和 JZ8 系列两种。后者是交直流两用，在选用时主要考虑电压等级和触点（动合和动断）的数量。

10.1.6 热继电器

热继电器是用于使电动机免受长期过载的一种保护电器。它是利用电流的热效应而动作的，其结构原理及图形符号如图 10.6 所示。发热元件串接在电动机的主电路中，当电动机长期过载时，发热元件通过的电流大于容许值，其热量使双金属片（上面金属片热膨胀系数小，下面金属片热膨胀系数大）受热向上弯曲，因而脱扣，扣板在弹簧的拉力作用下向左转动，带动绝缘牵引板将动断触点断开。因为触点接在电动机的控制电路中，所以电动机过载时自动切断控制电路，接触器线圈断电，从而断开了电动机的主电路。热继电器动作后，要使其动断触点复位，待其冷却后，按复位按钮即可。

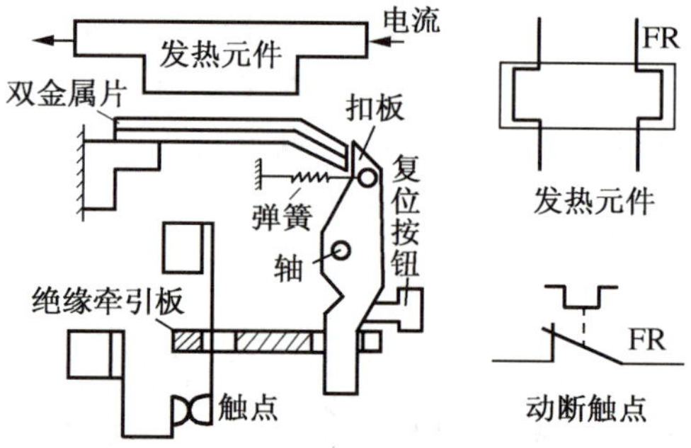

(a) 结构原理　(b) 图形符号

图 10.6 热继电器

由于热惯性，热继电器不能立即动作，因此不能用作短路保护。但正因为如此，在电动机起动或短路过载时，热继电器不动作，避免了电动机不必要的停车。

常用热继电器有 JR0 及 JR10 系列，其主要技术数据是整定电流。所谓整定电流，就是发热元件通过的电流为此值的 120% 时，热继电器应在 20 min 内动作。整定电流与电动机的额定电流一致，应根据整定电流选定热继电器。

10.1.7　熔断器

熔断器是最常用的简便而有效的短路保护电器，熔断器中的熔体（熔片或熔丝）用电阻率较高的易熔合金制成，如铅锡合金等。不同截面的熔体有不同的额定电流，电流在规定范围内，它不会熔断；当电路发生短路或严重过载时，电流大大超过额定值，熔体迅速熔断切断电源，从而达到保护电气设备的目的。为了有效地熄灭电路切断时产生的电弧，通常将熔体装在壳体内，并采取适当措施，使其快速导热而将电弧熄灭。安装时，将熔断器装在开关的负载侧，这样更换熔体时将开关断开，使之在不带电的情况下操作。图 10.7 是常用的 3 种熔断器的结构图。

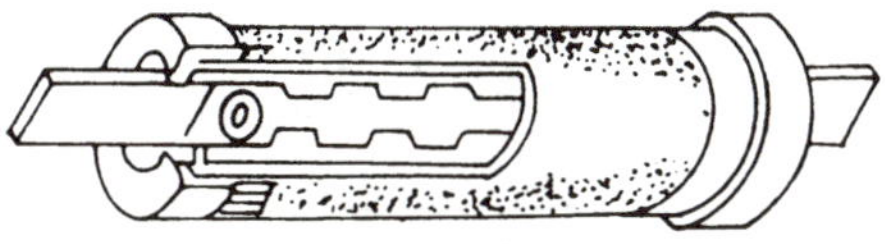

(a) 管式熔断器

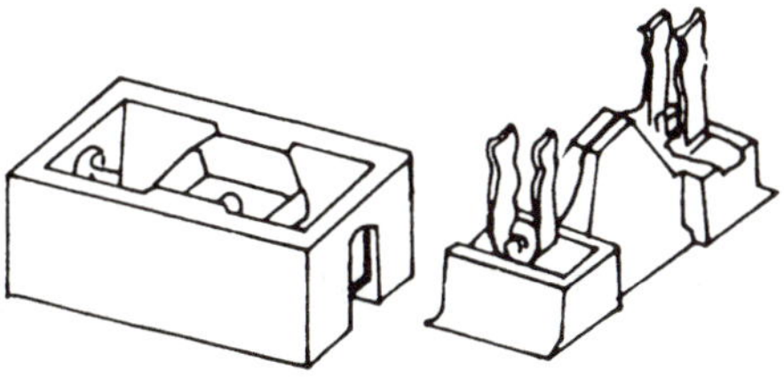

(b) 插式熔断器

(c) 螺旋式熔断器

图 10.7　熔断器

选择熔断器的方法如下。

(1) 对于恒定电流的负载，如照明负载、电热设备等，可按下式计算。

$$\text{熔体额定电流} \geqslant \text{被保护设备的额定电流}$$

(2) 对于冲击电流的负载，如电动机等，为防止电动机起动时电流较大而将熔体烧断，熔体不能按电动机的额定电流来选择，应按下式计算额定电流。

一台电动机的熔体：

$$\text{熔体额定电流} \geqslant \text{电动机的起动电流}/(1.6 \sim 2.5)$$

多台电动机合用的熔体：

$$\text{熔体额定电流} \geqslant (\text{容量最大的电动机的起动电流} + \text{其余电动机额定电流之和})/2.5$$

10.1.8　断路器

断路器又名自动空气开关或空气开关，是常用的一种低压保护电器，可实现短路、过载和失压保护。它的结构形式很多，图 10.8 所示的是一般原理图。主触点通常由手动的操作机构来闭合。开关的脱扣机构是一套连杆装置。主触点闭合后就被锁钩锁住。如果电路中发生故障,脱扣机构就在有关脱扣器的作用下将锁钩脱开,于是主触点在释放弹簧的作用下迅速分断。脱扣器有过流脱扣器和欠压脱扣器等,它们都是电磁铁。在正常情况下,过流脱扣器的衔铁是释放着的;一旦发生严重过载或短路故障,与主电路串联的线圈(图中只画出一相)就将产生较强的电磁吸力把衔铁往下吸而顶开锁钩,使主触点断开。欠压脱扣器的工作恰恰相反,在电压正常时,吸住衔铁,主触点才得以闭合;一旦电压严重下降或断电,衔铁就被释放而使主触点断开。当电源电压恢复正常时,必须重新合闸后才能工作,实现了失压保护。

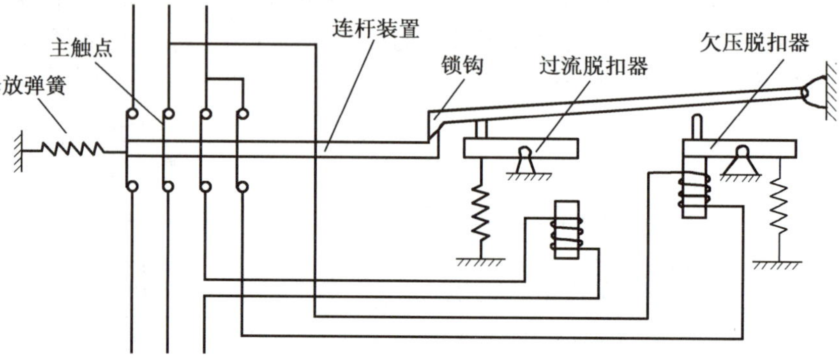

图 10.8 自动空气断路器的原理图

常用的断路器有 DZ、DW 等系列。

10.2 三相异步电动机的基本控制电路

任何复杂的控制电路都是由一些简单的基本控制电路构成的。三相异步电动机的基本控制电路主要包括直接起动控制电路、正反转控制电路、顺序控制电路和多点控制电路。

10.2.1 直接起动控制电路

图 10.9 是鼠笼式电动机直接起动的控制电路线图,其中用了组合开关 Q、熔断器 FU、交流接触器 KM、热继电器 FR 和按钮 1SB、2SB 等几种电器。

其起动过程如下:先将组合开关 Q 闭合,为电动机起动做好准备,按下起动按钮 1SB,电流经 1－2SB－1SB－5－线圈－4－2 形成回路,交流接触器 KM 线圈通电,衔铁被吸合,带动绝缘支架使 3 个主触点闭合,电动机三相定子绕组接通电源而起动;同时,并联于起动按钮 1SB 的辅助动合触点也闭合,此时松开 1SB,其触点在弹簧的作用下恢复至常态(断开),但由于 KM 辅助动合触点已闭合,线圈电路仍接通,其主触点保持闭合,电动机连续运行。此工作情况称为自锁或自保持,与起动按钮相并联的辅助触点称为自锁触点。电动机起动后,起动按钮 1SB 就完全没有作用了,如果要使电动机停车,按下停车按钮 2SB,切断线圈电路,线圈断电,衔铁释放,所有动合触点恢复常态(断开),电动机脱离电源停车,松开 2SB,它在弹簧作用下恢复至常态(闭合)。由于此时自锁触点已断开，电动机不可以重新起动。

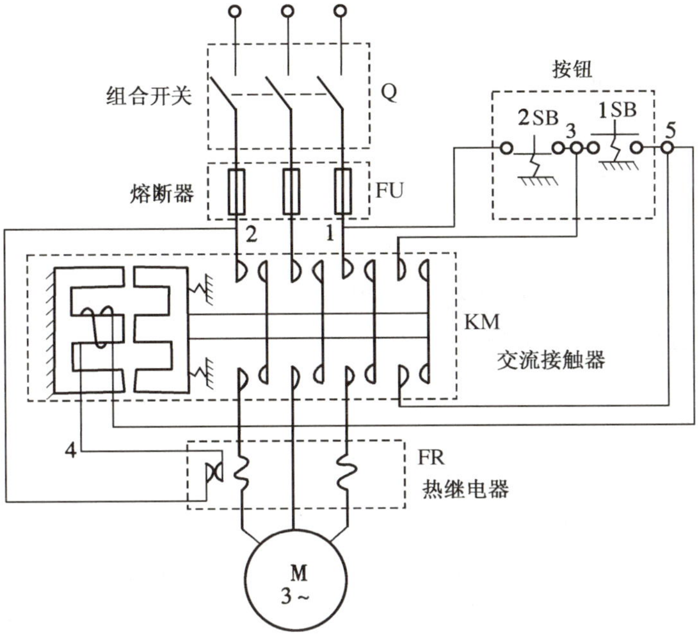

图 10.9　鼠笼式电动机直接起动的控制电路接线图

在上述控制电路中，可实现短路保护、过载保护和零压保护。

熔断器 FU 起短路保护作用。一旦发生短路事故，熔丝立即熔断，电动机立即停车。

热继电器 FR 起过载保护作用。电动机过载时，热继电器的发热元件发热，使其动断触点断开，切断了接触器线圈电路，主触点断开，电动机停车。为了可靠地保护电动机，常用两个发热元件分别串联在电动机的任意两相中，这样当任意一相中的熔丝熔断而电动机作单相运行时，仍有一个或两个发热元件通有电流，从而保护了电动机。

交流接触器 KM 不但有自动控制电动机运转的作用，还有零压保护的作用。所谓零压保护，是当电源突然暂时停电时，电动机自动停车；当电源电压恢复时，电动机不会自行起动。因为停电时，接触器线圈也断电，所有动合触点恢复常态（断开）；当电源电压恢复时，若不按起动按钮 1SB，电动机是不会起动的。但若无接触器控制而用组合开关或刀开关，当电源电压恢复时，电动机会自行起动，很可能造成事故。

图 10.9 中，各个电器都是按照实际位置画出的，属于同一电器的各个部件都集中在一起，这样的图称为控制电路接线图。这种接线图比较直观，初学者容易接受；但如果线路较复杂，所用控制电器较多，电路就不容易清晰，因为同一电器的各部件在机械上虽然在一起，但在电路上并不一定互相联系。因此，为了读图和设计电路方便，控制电路通常用规定符号画成原理图。图 10.9 所示电路的原理图如图 10.10 所示。

在阅读原理图时必须注意以下几点。

(1) 要弄清各种电器符号的意义,图中各电器的触点均处于常态,即接触器线圈没有通电,按钮没有受到压力等。

(2) 同一电器各部件(如接触器的线圈和触点)在原理图上往往分得很散,为了方便识别,它们用同一文字符号来表示。

如果将图10.10中交流接触器KM的自锁触点除去,则可以对电动机实现点动,即按下起动按钮1SB,电动机转动;松开1SB,电动机停止。

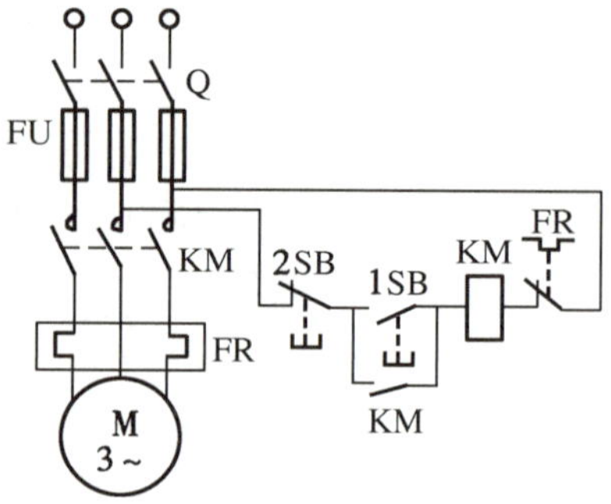

图10.10 图10.9所示电路的原理图

10.2.2 正反转控制电路

在生产上,经常要求运动部件向正反两个方向运动,如升降机的上下、电动门的开闭等,这些都是由电动机正反转来控制的。为了实现电动机的正反转,只需将接在电动机上的三根电源线任意两根对调。为此,只要用两个交流接触器就可以实现这一要求。

图10.11所示电路为异步电动机正反转控制电路。在主电路中,当RKM闭合时,如果电动机是正转,那么当FKM闭合时电动机必然是反转,因为调换了两根电源线。

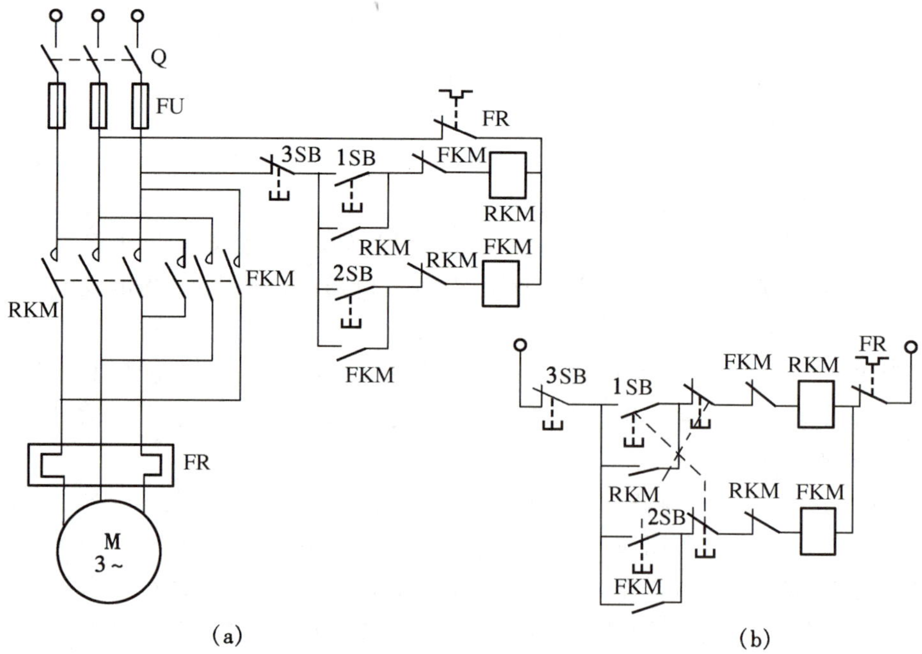

图10.11 异步电动机正反转控制电路

图10.11(a)所示电路的控制过程大致如下:按正转起动按钮1SB,正转接触器线圈RKM通电,其主触点闭合,电动机正转,同时,其辅助动合触点

RKM(自锁触点)闭合自保持,按停车按钮 3SB,线圈 RKM 断电,其所有触点恢复常态,自锁触点断开,拆除自保持,主触点断开,电动机脱离电源停车。按反转起动按钮 2SB,反转接触器线圈 FKM 通电,其主触点闭合,电动机反转,同时辅助动合触点 FKM 闭合自保持,按停车按钮 3SB,电动机停车。

控制电路中的动断触点 RKM、FKM 是为防止电源相线短路,实现电气联锁而设置的。如果反转控制电路中接触器线圈 FKM 未串联正转接触器动断触点 RKM,按下 1SB,电动机正转而由于误操作又按下 2SB,则线圈 FKM 也通电,此时主电路中动合触点 RKM 和 FKM 同时闭合,电源发生短路事故。但在反转线圈 FKM 中串联了动断触点 RKM 后,按下 1SB,线圈 RKM 通电,电动机正转,同时串联在线圈 FKM 电路中的动断触点 RKM 断开,从而保证线圈 FKM 不会通电,防止了两个接触器主触点同时闭合,实现了电气联锁。同理,正转接触器线圈 RKM 电路中,串联反转接触器动断触点 FKM 也能起保护作用,实现电气联锁。

图 10.11(a) 中仍有不完善处,即电动机由正转转换为反转,或反之时,必须先按一下停车按钮,使操作不方便。为此,在生产上常采用复式按钮和触点联锁的控制。其电路如图10.11(b) 所示,当电动机需由正转转换为反转时,按下反转起动按钮 2SB,其动断触点先断开,使线圈 RKM 断电,RKM 所有触点恢复常态,主触点断开,电动机脱离电源,辅助动合触点 RKM 断开,自保持消失,辅助动断触点 RKM 闭合,同时 2SB 的动合触点闭合,电动机反转。同理,当电动机由反转切换成正转时,只需按一下正转按钮 1SB 即可。

10.2.3　顺序控制电路

有些生产机械装有多台电动机,其中有些电动机之间存在一定的联锁关系,如车床主轴电动机必须在润滑油泵电动机工作后才能起动。为此,就要采用多机顺序联锁控制电路。

图 10.12 是两台电动机顺序联锁起动的控制电路。图中,1M 为先起动的电动机,2M 为后起动的电动机,可以看出因线圈 2KM 电路中串联有动合触点 1KM,所以当 1M 未起动,即线圈 1KM 未通电时,线圈 2KM 不可能通电,2M 不可能起动;只有当按下 1SB,即线圈 1KM 通电,电动机 1M 起动后,再按 2SB,线圈 2KM 通电,电动机 2M 才起动。

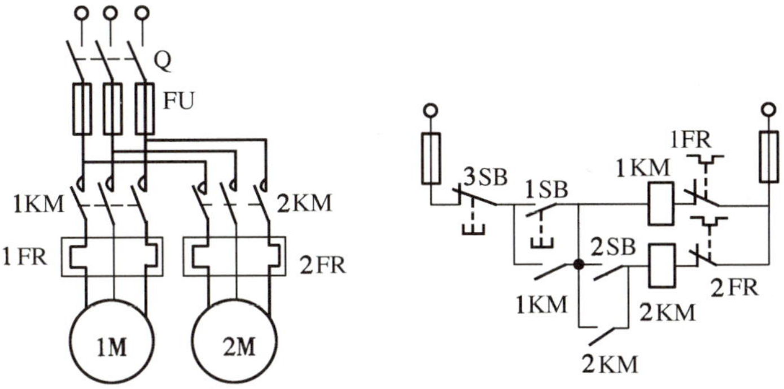

图 10.12　两台电动机顺序联锁起动的控制电路

如果过载使热继电器 1FR 动作,线圈 1KM 断电,电动机 1M 停车,由于自锁触点 1KM 断开使得线圈 2KM 断电,因此电动机 2M 自动停车;但若仅是电动机 2M 过载,热继电器 2FR 动作,使线圈 2KM 断电,电动机 2M 停车,电动机 1M 仍可照常工作。

10.2.4 多点控制电路

有时一台电动机要求能在多处进行控制,如某化工大楼屋顶的通风机要求能在每层楼都能控制其起动,就要采用多点控制电路。

多点控制时,需要有多套起动按钮与停止按钮,而且按任意一处的起动按钮或停止按钮都能控制电动机的起停。实际上,其控制电路只要在前述一台电动机直接起动控制电路的基础上稍加改进即可。根据前面的控制电路可知,起动按钮由常开触点的按钮充当,停止按钮由常闭触点的按钮充当。所以,将所有的起动按钮并联,所有的停止按钮串联即可实现多点控制。

思考题

1. 热继电器能不能用作短路保护?为什么在三相主电路中只用两个(当然3个也行)热元件就可以保护电动机?
2. 点动控制和连续运转在线路上的主要区别是什么?

10.3 三相异步电动机的基本控制原则

在生产过程中,往往还要对某些物理量(如电压、电流、位移、速度、时间等)进行检测、比较,从而实现生产过程的自动控制。将依据某一物理量的变化来控制生产过程的原则称为某物理量控制原则。本节将介绍行程控制原则、时间控制原则和速度控制原则。

10.3.1 行程控制

在生产中,常常需要控制某些机械的行程,如龙门刨床的工作台要求在一定范围内自动往返,升降机的上升与下降等。这些控制是采用装有行程开关的控制电路来实现的。

行程开关(限位开关)是利用生产机械的某些运动部件碰撞而使其动作,从而接通或断开控制电路的一种电器。

行程开关的种类有很多,但结构大致相同,主要差别是传动装置不一样。图 10.13(a)、(b) 是一般结构图,它含有一个动合触点和一个动断触点,其图形符号如图 10.13(c) 所示。行程开关与按钮工作原理类似,不同的是,前者是用装在机械运动部件上的挡块使其动作，后者是手动的。

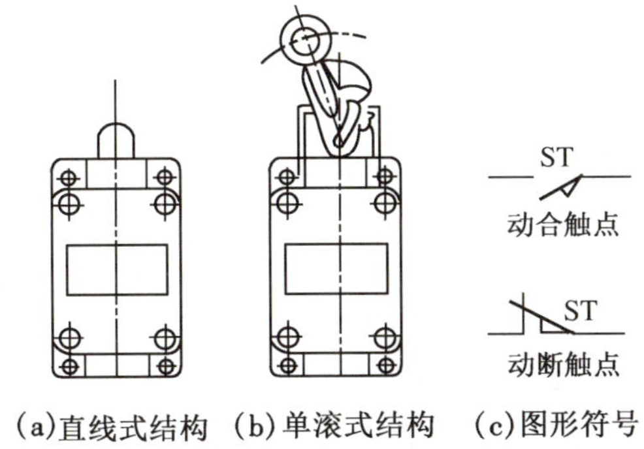

图 10.13　行程开关结构及图形符号

图 10.14 是用行程开关控制工作台往返的示意图和控制电路。

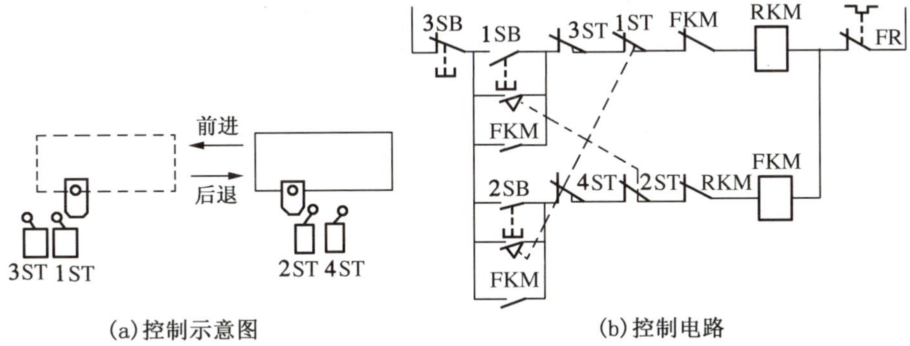

图 10.14　用行程开关控制工作台往返的示意图和控制电路

行程开关 2ST 和 1ST 分别装在工作台行程的原位和终点，由装在工作台上的挡块来撞动，工作台由电动机 M 带动。电动机的主电路和图 10.11 所示电路是一样的，控制电路也只是多了两对行程开关的触点。

工作时，按下 1SB，接触器线圈 RKM 通电，电动机正转，工作台前进，当工作台前进到终点时，其上挡块将终点行程开关 1ST 压下，动断触点 1ST 断开，线圈 RKM 断电，电动机停止正转；同时动合触点 1ST 闭合，FKM 线圈通电，电动机反转，工作台后退，挡块离开后，1ST 触点自动恢复原状。工作台后退至原位时，挡块将原位行程开关 2ST 压下，2ST 触点改变状态，线圈 FKM 断电，线圈 RKM 通电，电动机正转，如此周而复始，工作台就在预定行程内自动往返运动，直至按停车按钮 3SB 为止。从以上分析可知，两个行程开关起了图 10.11 中两个按钮 1SB 和 2SB 的作用。图中 3ST、4ST 安装在工作台往返运动的极限位置上，以防止 1ST 和 2ST 失灵，运动部件移动不止而造成事故。

10.3.2　时间控制

时间控制，也就是采用时间继电器进行延时控制。在控制电路中，时间继电器广泛用来按照所需要的时间间隔，接通或断开被控制的电路，以协调和控制生产机械的各种动作。例如，电动机的 Y－△ 换接起动，先是 Y 连接，经过一定时间后，待转速上升到接近额定值时，换成 △ 连接，就是利用时间继电器来控制的。时间继电器的种类有很多,有电磁式、电动式及电子式。它们的结构原理也不一样,但有共同的特点,即当足够大的给定信号加上去后,它的某些触点不是立刻动作,而是要经过预先整定好的时间后才能动作。下面以交流电路中常采用的空气式时间继电器(见图10.15)为例,介绍它的工作原理。

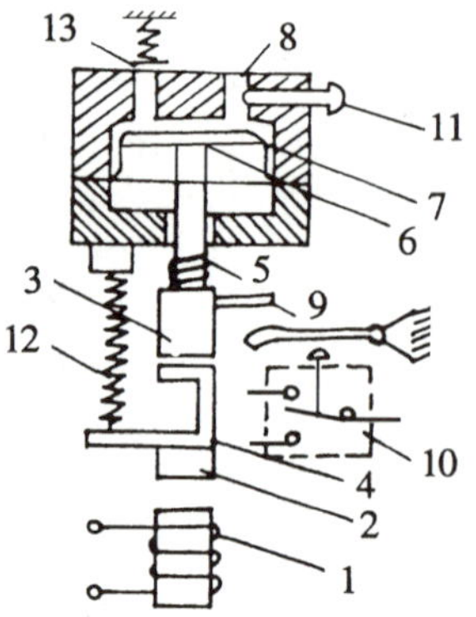

图10.15 空气式时间继电器

当线圈1通电后,衔铁2和固定在2上的支撑杆4克服弹簧12的拉力而下移,使其与胶木块3离开,胶木块3通过自重及弹簧5的作用,使活塞6向下降落。在降落过程中,空气室7的气压下降,活塞下降是缓慢的。经过一定的时间后,胶木块的压块9压着微动开关10触点上的顶杆,使动触点动作,从而使动断触点断开,动合触点闭合,即线圈通电后要经过一定的时间,触点才改变状态,这达到了延时的目的。当线圈断电后,电磁铁吸力消失,衔铁2在弹簧12的拉力作用下向上回位,空气从排气孔13排出,调节进气螺钉11,则可以调节进气孔8的截面积,改变进气量的大小,从而可以调节延时的时间。

空气式时间继电器延时范围大(有0.4～60 s和0.4～180 s两种),结构简单,但准确性较低,目前生产的有JS7-A型和JJSK2型等多种。

下面以鼠笼式电动机Y－△换接起动的控制电路(见图10.16)为例,说明时间控制原理。

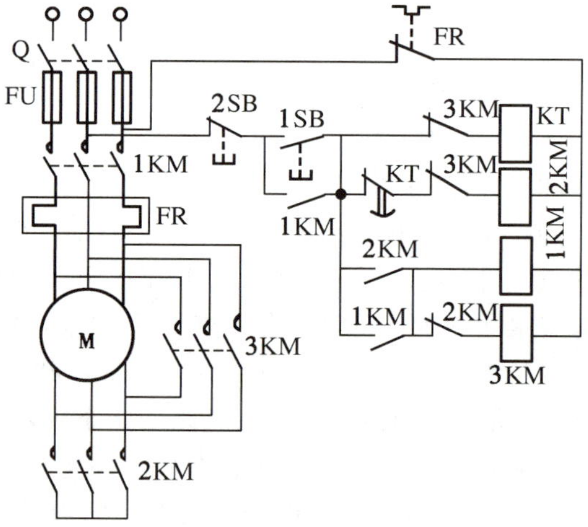

图10.16 鼠笼式电动机Y－△换接起动的控制电路

主电路中,主触点1KM、2KM闭合,电动机作Y连接起动;主触点1KM、3KM闭合,电动机作△连接运转;当主触点1KM闭合时,2KM和3KM不能同时闭合,以免电源短路。控制电路中,用了时间继电器KT的一个延时断开的动断触点。按起动按钮1SB,时间继电器线圈KT和接触器线圈2KM通电,一方面电动机作Y连接运转,另一方面辅助动合触点2KM闭合,线圈1KM通电,其辅助自锁触点1KM闭合,自保持,电动机作Y连接起动。延时一段时间后,串联于线圈2KM电路中的延时断开的动断触点KT断开,线圈2KM断电,主触点

2KM 断开，辅助动断触点 2KM 闭合，线圈 3KM 通电，电动机作△连接运转，同时辅助动断触点 3KM 断开，防止 2KM 通电，避免电源相线短路，并使时间继电器在电动机运行时不工作，以延长使用寿命。

10.3.3　速度控制

速度控制就是用速度继电器来反映电动机的转速以进行自动控制。速度继电器示意图如图 10.17 所示。它的转子 3 是与电动机同轴的永久磁铁。它的外围有一个可以转动一定角度的外环 1，外环 1 的内圆表面有鼠笼式绕组 2，当电动机旋转时，带动继电器的永久磁铁旋转，外环 1 中的绕组由于切割磁力线而产生感应电流，与鼠笼式电动机工作原理一样，外环 1 因而转动一个角度，于是外环 1 上的顶块 4 拨动动触点 5，使其改变状态，6 是外环 1 的静触点。根据电动机的转向，外环 1 可以左转，也可以右转，两边各有一个动合触点和动断触点，当轴上速度低于 100 r/min 时，恢复原位。

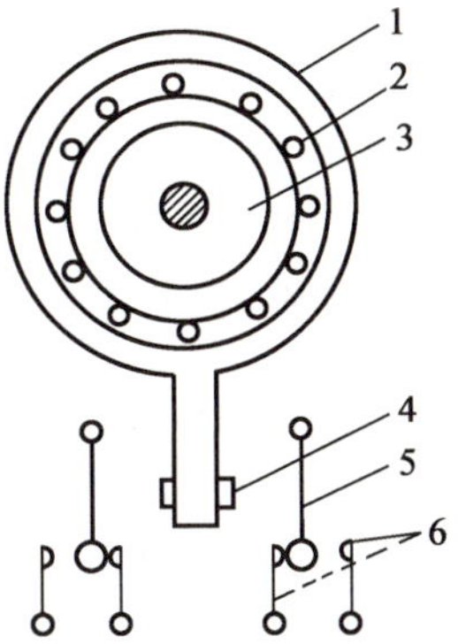

图 10.17　速度继电器示意图

图 10.18 是鼠笼式电动机反接制动控制电路，其中主电路和图 10.11 中的主电路类似，不同的是在反转触点 2KM 中串联了限流电阻 R。在控制电路中，速度继电器 KV 的一个动合触点串联在反转继电器 2KM 线圈电路中，当按下 1SB 时，电动机起动，电动机转速升高后，速度继电器 KV 的动合触点闭合，为反接制动做好准备；停车时，按下按钮 2SB，线圈 1KM 断电，线圈 2KM 通电，电动

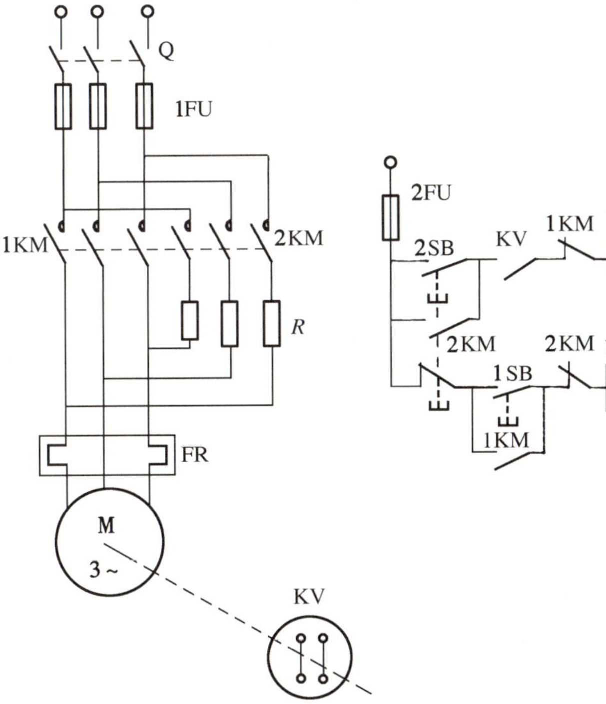

图 10.18　鼠笼式电动机反接制动控制电路

机反接制动，转速迅速下降，当转速下降至低于100 r/min时，速度继电器的动合触点KV复位(断开)，线圈2KM断电，电动机脱离电源，避免了反向起动。

习　题

10.1　一台电动机的$U_N = 220$ V，$I_N = 19.55$ A，$I_{st}/I_N = 7$，选用熔断器进行短路保护，热继电器进行过载保护，求熔丝的额定电流和热继电器的整定电流。

10.2　试画出使三相异步电动机既能连续工作，又能点动工作的继电接触器控制电路。

10.3　图10.19中，异步电动机的起动、停止控制电路错在何处？为什么？试画出正确电路。

10.4　试指出图10.20(a)、(b)所示的电动机正反转控制线路中的错误之处，并更正。

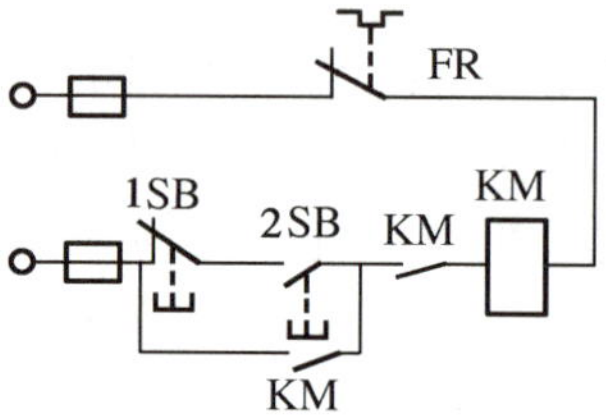

图10.19　习题10.3的图

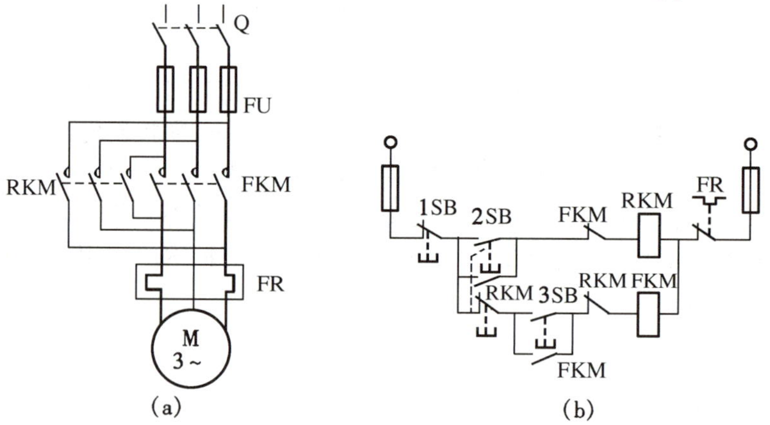

图10.20　习题10.4的图

10.5　图10.21表示在两处控制一台电动机的控制电路，试说明其工作原理，并在此基础上画出一个在三处独立控制一台电动机的电路图。

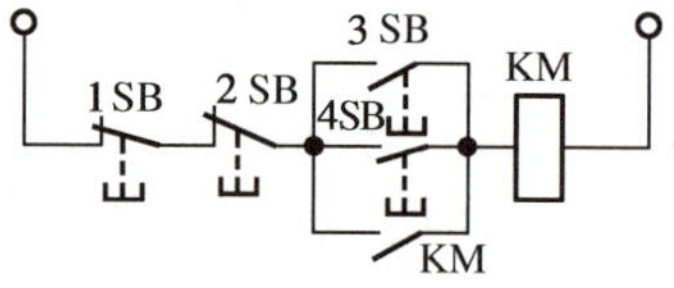

图10.21　习题10.5的图

本章习题参考答案

10.6　试设计鼠笼式电动机定子串电阻降压起动的控制电路。

10.7　某机械用一台三相异步电动机带动，电动机为3 kW、380 V、950 r/min，不需正反转；工作照明灯是36 V、40 W，要求有短路、零压、过载的保护，试绘出控制电路，并选择电器元件。

10.8　设由三相异步电动机拖动的攻丝机的工艺要求：攻丝机前进攻丝，攻丝完毕自动后退至原位停车。试设计能完成上述要求的控制电路，要求用行程开关来控制。

10.9　用接触器和按钮等电器控制两台电动机1M、2M的顺序运行，起动按1M先、2M后的顺序，停车按2M先、1M后的顺序，试绘出其控制电路。

10.10　试绘出某机床主轴电动机能耗制动的控制电路。

第11章 可编程序控制器

内容提要

本章首先介绍可编程序控制器的基本结构和功能特性，并以某一特定机型为例介绍它的结构原理与程序编制，然后通过实例重点介绍简单的程序编制和应用。

11.1 可编程序控制器的基本结构和功能特性

11.1.1 概述

继电接触器控制具有结构简单、容易掌握、价格便宜的优点，在一定的应用范围内能满足控制要求；但设备体积大，控制电路复杂，当生产工艺对象改变时，原有的接线和控制盘(柜)就要改接或更换，通用性和灵活性较差。

可编程序控制器

可编程序控制器(programmable controller，PC 或 PLC，为与个人计算机 personal computer 的缩写相区别，常用 PLC 作为可编程序控制器的缩写)是在继电接触器控制的基础上，综合了微型电子计算机技术而发展起来的一种新型工业控制装置。用户使用它将逻辑运算、顺序控制、计时、计数和算术运算等操作指令，存储在存储器中，通过数字或模拟量的输入和输出，控制各种类型的机械或生产过程。PLC 具有微型计算机的体积小、功能强、灵活性大、程序易修改等优点，在编程上采用了与继电接触器控制原理图相类似的梯形图，且编程简单，易于掌握，工作可靠，使用方便，安装调试维修量小。随着技术的发展，这种装置的功能也已大大超过了逻辑控制的功能，加之价格日趋下降，因此，在国内外得到了广泛的应用。

目前国内外 PLC 的产品种类很多，按其结构形式来分，有整体式结构和模块式结构两种；按其容量和功能来分，有小型、中型、大型 3 种。其具体参数和性能如表 11.1 所示。

表 11.1 PLC 按容量及功能分类表

性能		类型		
		小型	中型	大型
I/O 点数		512 点以下	512 ~ 2 048 点	2 048 点以上
存储器容量		8 KB 以下	8 ~ 48 KB	48 KB 以上
CPU		8 位微处理器	双 CPU,字处理器和位处理器	多 CPU,字处理器、位处理器和浮点处理器
扫描速度		10 ms/ 千字以上	2 ~ 20 ms/ 千字	5 ms/ 千字以下
内部元件	辅助继电器	8 ~ 256 个	256 ~ 2 048 个	2 048 ~ 8 192 个
	计时器	8 ~ 64 个	64 ~ 256 个	256 ~ 1 024 个
	计数器	8 ~ 64 个	64 ~ 256 个	256 ~ 1 024 个
智能 I/O		很少	有	有
指令及功能		逻辑运算 算术运算 定时,计数 寄存器,触发器功能有联网能力	逻辑运算 算术运算 定时,计数 寄存器,触发器功能数制变换,开方、微分、积分,实时中断,有联网能力	逻辑运算 算术运算 定时,计数 寄存器,触发器功能数制变换,开方、微分、积分,实时中断,过程监控,文件处理,有联网能力
编程语言		梯形图	梯形图,流程图,语句表	梯形图,流程图,语句表,图形语言,实时 BASIC

11.1.2 PLC 的结构及各部分的作用

PLC 的类型繁多,功能和指令系统也不尽相同,但其结构和工作原理则大同小异,一般由主机、输入输出接口、电源、编程器、输入输出扩展接口和外部设备接口等构成,如图 11.1 所示。如果把 PLC 看作一个系统,外部的各种开关信号或模拟信号均为输入变量,它们经输入接口寄存到 PLC 内部的数据存储器中,而后经逻辑运算或数据处理以输出变量形式送到输出接口,从而控制输出设备。

1. 主机

主机部分包括中央处理单元(CPU)、系统程序存储器和用户程序及数据存储器。

CPU 是 PLC 的核心,起着总指挥的作用,它主要用来运行用户程序、监控输入输出接口状态,作出逻辑判断和进行数据处理,即取进输入变量,完成用户指令规定的各种操作,将结果送到输出端,并响应外部设备(如编程器、打印机、条码扫描仪等)的请求以及进行各种内部诊断等。

PLC 的内部存储器有两类:一类是系统程序存储器,主要存放系统管理和监控程序及对用户程序进行编译处理的程序,系统程序已由厂家固化,用户不能更改；另一类是用户程序及数据存储器，主要存放用户编制的应用程序及各种暂存数据、中间结果。

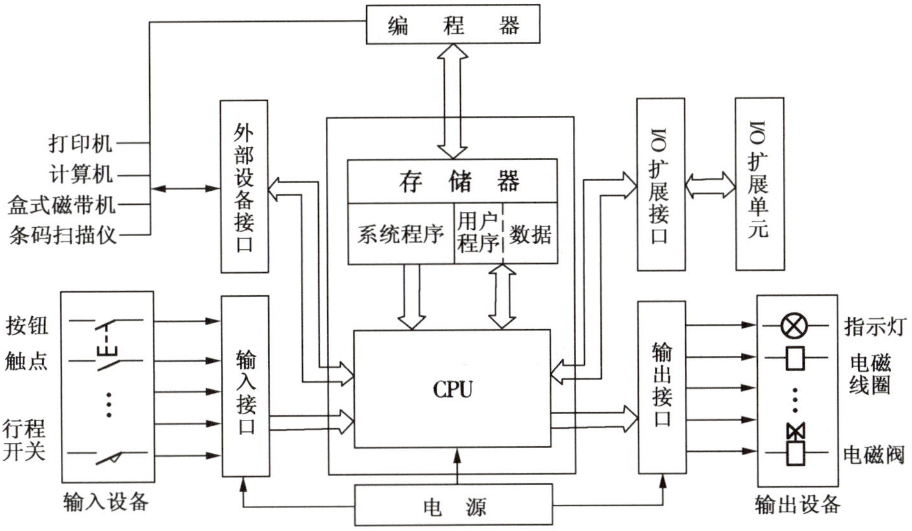

图 11.1　PLC 的硬件系统结构图

2. 输入输出(I/O) 接口

I/O 接口是 PLC 与 I/O 设备连接的部件。输入接口接受输入设备(如按钮、行程开关、传感器等) 的控制信号。输出接口将经主机处理过的结果通过输出电路去驱动输出设备(如接触器、电磁阀、指示灯等)。

I/O 接口电路一般采用光电耦合电路，以减少电磁干扰。这是提高 PLC 可靠性的重要措施之一。

3. 电源

PLC 的电源是指为 CPU、存储器、I/O 接口等内部电子电路工作所配备的直流开关稳压电源。I/O 接口电路的电源相互独立，以避免或减小电源间的干扰。通常也为输入设备提供直流电源。

4. 编程器

编程器是 PLC 的一种重要的外部设备，用于手持编程。用户可以用它输入、检查、修改、调试程序或用它监视 PLC 的工作情况。除用手持编程器进行手动编程外，还可将 PLC 和计算机连接，并利用专用的工具软件进行编程或监控。

5. 输入输出扩展接口

I/O 扩展接口用于将扩充外部 I/O 端子数的扩展单元与基本单元(主机)连接在一起。

6. 外部设备接口

此接口可将编程器、打印机、条码扫描仪等外部设备与主机相连，以完成相应操作。

11.1.3　PLC 的主要技术性能

PLC 的主要技术性能通常可用以下各种指标进行描述。

1. I/O 点数

此指 PLC 的外部输入和输出端子数。这是一项重要技术性能指标。通常小型机有几十个点，中型机有几百个点，大型机超过千点。

2. 用户程序存储容量

此项衡量 PLC 所能存储用户程序的多少。在 PLC 中，程序指令是按“步”存储的，一“步”占用一个地址单元，一条指令有的往往不止一“步”。一个地址单元一般占两个字节(B)。约定 16 位二进制数为一个字，即两个 8 位的字节。例如，一个内存容量为 1 000 步的 PLC，其内存为 2 KB。

3. 扫描速度

此指 PLC 执行用户程序的速度，通常以执行 1 千字用户程序所需的时间来衡量，单位为 ms/千字。扫描速度越高，PLC 处理数据就越快，响应时间就越短。

4. 指令系统条数

PLC 具有基本指令和高级指令，指令的种类和数量越多，其软件功能越强。

5. 编程元件的种类和数量

编程元件是指输入继电器、输出继电器、辅助继电器、定时器、计数器、通用“字”寄存器、数据寄存器及特殊功能继电器等，其种类和数量的多少关系到编程是否方便灵活，也是衡量 PLC 硬件功能强弱的一个指标。

PLC 内部这些继电器的作用和继电接触器控制系统中的继电器十分相似，也有“线圈”和“触点”。但它们不是“硬”继电器，而是 PLC 存储器的存储单元。当写入该单元的逻辑状态为“1”时，则表示相应继电器的线圈接通，其常开触点闭合，常闭触点断开。所以，PLC 内部的继电器称为“软”继电器。

当然，各种编程元件的代表字母、数字编号及点数因机型不同是有差异的。

除了上述几种技术性能指标，不同 PLC 还有其他一些指标，如输入输出方式、特殊功能模块种类、自诊断、监控、主要硬件型号、工作环境及电源等级等。

11.1.4 PLC 的主要功能和特点

1. 主要功能

随着技术的不断发展，目前 PLC 已能完成以下功能。

(1) 开关逻辑控制。PLC 取代传统的继电接触器进行逻辑控制，这是它的最基本应用。

(2) 定时 / 计数控制。用 PLC 的定时 / 计数指令来实现定时和计数控制。

(3) 步进控制。用步进指令实现一道工序完成后，再进行下一道工序操作的控制。

(4) 数据处理。能进行数据传送、比较、移位、数制转换、算术运算和逻辑运算等操作。

(5) 过程控制。可实现对温度、压力、速度、流量等非电量参数进行自动调节。

（6）运动控制。通过高速计数模块和位置控制模块进行单轴和多轴控制，如用于数控机床、机器人等控制。

（7）通信联网。通过 PLC 之间的联网及与计算机的连接，实现远程控制或数据交换。

（8）监控。能监视系统各部分的运行情况，并能在线修改控制程序和设定值。

（9）数字量和模拟量的转换。能进行 A/D 和 D/A 转换，以适应对模拟量的控制。

2. 主要特点

（1）可靠性高，抗干扰能力强。PLC 采用大规模集成电路和计算机技术；对电源采取屏蔽，对 I/O 接口采取光电隔离；在软件方面，定期进行系统状态及故障检测。而这些都是继电接触器控制系统所不具备的。

（2）功能完善，编程简单，组合灵活，扩展方便。PLC 采用软件编制程序来实现控制要求。编程时使用的各种编程元件，它们可提供无数个常开触点和常闭触点。这使得整个控制系统大为简单，只需在外部端子上接上相应的 I/O 信号线即可。这就能方便地编制程序，灵活组合要求不同的控制系统，并能在生产工艺流程改变或生产设备更新时，不必改变 PLC 的硬设备，只要改变程序即可。PLC 能在线修改程序，也能方便地扩展 I/O 点数。

而继电接触器控制系统是通过各种电器和复杂的接线来实现某一控制要求的，功能专一，灵活性差。如要改变控制要求，必须重新设计，重新接线。

（3）体积小，质量轻，功耗低。PLC 结构紧凑，体积小巧，易于装入机械设备内部，是实现机电一体化的理想控制设备。

11.2 PLC 的结构原理与程序编制

下面以日本三菱公司的小型机 PLC-40M 为例，说明 PLC 的结构原理与程序编制。

11.2.1 PLC 的等效电路

PLC 究竟是如何工作的？下面对照继电接触器控制电路作一简单的介绍。

如图 10.9 所示的电路，如果采用 PLC 来控制，PLC 的外部接线图及内部等效电路图如图 11.2 所示。PLC 等效电路图可分为三部分。

输入部分：这部分由输入接线端与等效输入继电器（X）组成，输入继电器由接入输入端点的外部信号来驱动，外部所连的触点闭合，它通电；外部所连触点断开，它断电。输入继电器有许多对动合或动断“软”触点供 PLC 内部使用。

输出部分：每一条输出电路相当有一个输出继电器。此输出继电器有一个对外动合触点与输出端点相连。其余均为 PLC 内部使用的“软”触点。当输出继电器激励时，对外触点闭合，外部执行元件可以通电闭合。

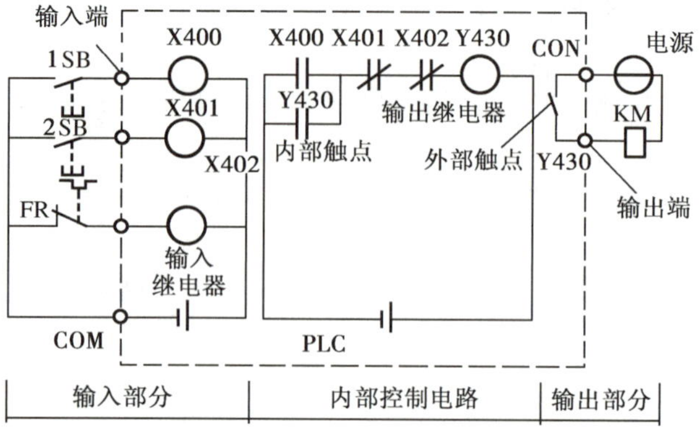

图 11.2 PLC 外部接线及内部等效电路示意图

内部控制电路:包括输出继电器(Y)、大量的各种类型的"软"继电器。这些"软"继电器包括辅助继电器、计时器和计数器及数据寄存器。这些"软"继电器也有许多对动合或动断触点供 PLC 内部使用。

从以上分析可知,将 PLC 的输入部分与输出部分对外连接好以后,PLC 外部接线工作即已完成,但只是这样并不能完成图 10.9 所示电路的起动控制功能,PLC 内部还必须有相当于图 10.9 所示电路的等效电路。在图 11.2 中,用所谓梯形图表示等效电路。用编程器将梯形图程序送入 PLC 内,PLC 就可以按照预先制订的方案工作。梯形图实际上就是用户所编写的应用程序,等效于内部接线图,其分析方法与分析继电接触器控制电路类似:1SB 闭合,输入继电器 X400 通电,其动合触点 X400 闭合,输出继电器 Y430 通电,其"软"动合触点 Y430 闭合自保持,同时外部动合触点闭合,使接触器线圈 KM 通电,电动机连续运行。停车时按停车按钮 2SB,X401 通电,其动断触点断开,线圈 Y430 断电,电动机停车。这里要注意,因与停车按钮相连的输入继电器 X401 采用的是动断触点,所以停车按钮必须采用动合触点,这与继电接触器控制电路不同。

11.2.2 器件编号

厂家对 PLC 中的各类继电器都规定了编号,在使用 PLC 时,必须了解这些器件的功能和编号,不能混淆。

输入继电器(X):编号为 X400 ~ X407、X410 ~ X413、X500 ~ X507、X510 ~ X513,共计 24 个。输入继电器的线圈只有 PLC 输入端所连接的外部信号才能驱动。

输出继电器(Y):编号为 Y430 ~ Y437、Y530 ~ Y537,共计 16 个。输出继电器依靠程序来驱动,每个输出继电器驱动的外部执行元件的动合触点只有一个,另外它还有无数个"软"触点供 PLC 内部使用。

辅助继电器(M):编号为 M100 ~ M157,采用八进制,逢八进一,共计 48 个。辅助继电器不能直接驱动外部负载,要通过输出继电器才能驱动外部负载。

定时器(T):编号为 T50 ~ T57,共计 8 个。每个定时器的定时时间范围均为 0.1 ~ 99 s,在编程中设定。

计数器(C):编号为 C60 ~ C67,共计 8 个。每个计数器的计数值范围均为

1～99，在编程中设定。计数器是减 1 计数器，计数器的输入端接通一次，计数器就将当前值减 1，直到计数器减到 0 为止，此时计数器的动合触点接通，动断触点断开。

11.2.3　PLC 的程序编制

PLC 的程序编制，在中小型 PLC 中常采用梯形图和指令两种形式，两者互相对应。首先画出梯形图，根据梯形图按指令语句编出指令代码程序，列出程序清单。

1. 绘制梯形图

PLC 梯形图与继电接触器控制电路的图形表示相似，都由一些动合、动断触点及线圈组成。梯形图必须满足控制要求，这是设计梯形图的前提。绘制梯形图时应注意以下几点。

(1) 梯形图按从上至下、从左至右顺序绘制，与每个线圈相连的全部支路形成一个逻辑行，每一个逻辑行始于左母线、终于右母线，线圈与右母线相连，不能在线圈与右母线之间接其他元件，如图11.3 所示。

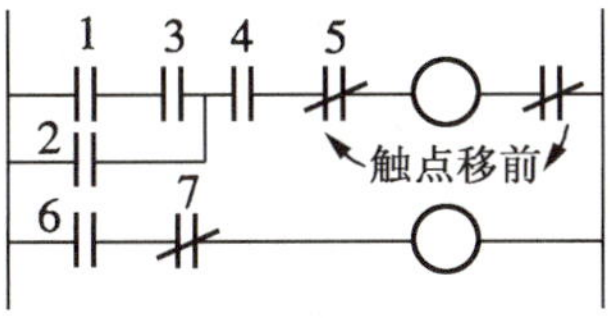

图 11.3　绘梯形图规则

(2) 梯形图中的触点应画在水平支路上，不应画在垂直支路上，如图 11.4 所示。

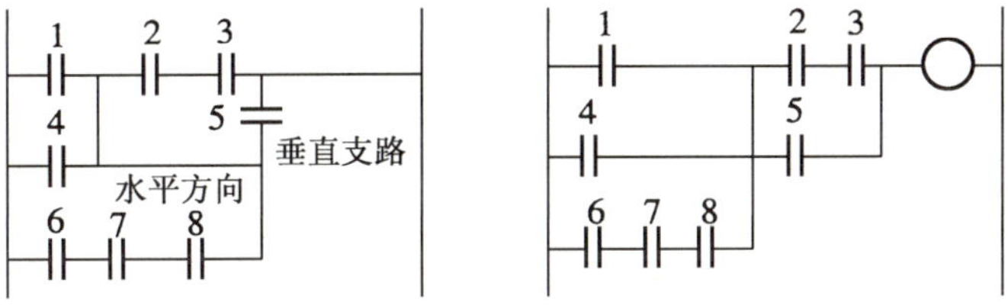

图 11.4　绘梯形图规则

(3) 触点安排上应注意：几条支路(也称串联支路块)并联时，串联触点多的，安排在上面，如图11.5(a) 所示；几个支路块(也称并联支路块)串联时，并联触点多的，安排在左边，如图 11.5(b) 所示。

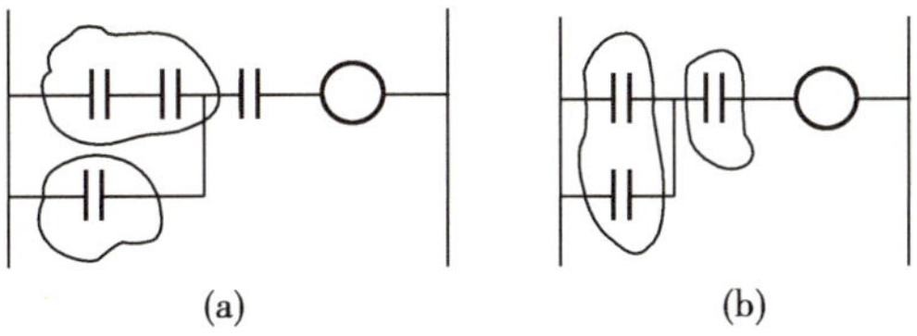

图 11.5　梯形图绘制规则

2. 指令系统

指令由指令语、器件编号、步序三部分组成。指令语表示要做的功能，器件号表示哪一个器件起作用，步序是编程中指令的顺序。以下介绍一些常用的指令。

(1) 触点连接指令。

① LD 取指令、LDI 取反指令。

功能:将动合触点(用 LD)、动断触点(用 LDI) 与母线相连。

梯形图:如图 11.6 所示。

编程格式:

步序	指令语	器件编号
0	LD	X400(动合触点与母线相连)
1	OUT	Y430(驱动指令)
2	LDI	X401(动断触点与母线相连)
3	OUT	Y431(驱动指令)
4	END	

说明:本指令对象器件 X、Y、M、T、C。

② AND 与指令、ANI 与反指令。

功能:将动合触点(用 AND)、动断触点(用 ANI) 与其他串联。

梯形图:如图 11.7 所示。

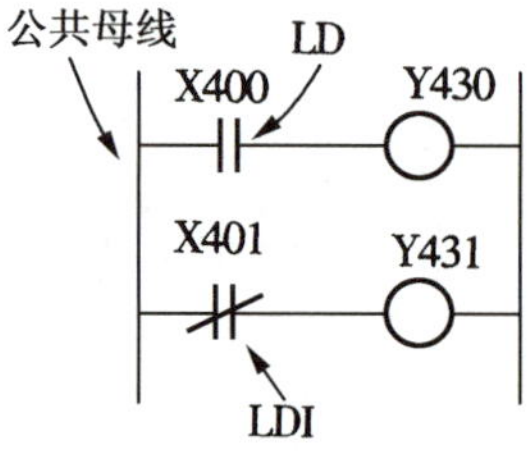

图 11.6 触点与母线相连

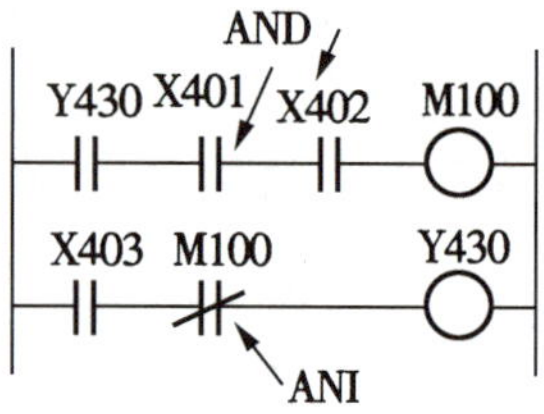

图 11.7 触点串联

编程格式:

步序	指令语	器件编号
0	LD	Y430
1	AND	X401(将动合触点 X401 与前面触点 Y430 串联)
2	AND	X402(将动合触点 X402 与前面触点 X401 串联)
3	OUT	M100
4	LD	X403
5	ANI	M100(将动断触点 M100 与前面触点串联)
6	OUT	Y430
7	END	

说明:本指令对象器件 X、Y、M、T、C。

③ OR 或指令、ORI 或反指令。

功能:将动合触点(用 OR)、动断触点(用 ORI) 与其他并联。

梯形图:如图 11.8 所示。

编程格式:

步序	指令语	器件编号
0	LD	X400
1	ORI	X401
2	OR	M100
3	OUT	Y430
4	LDI	Y430
5	AND	X402
6	OR	M104
7	ANI	X403
8	OR	M101
9	OUT	M104

说明：本指令对象器件 X、Y、N、T、C。

④ ORB 或块指令。

功能：将“串联电路块”(含两个以上触点串联的电路)与其他回路并联。

梯形图：如图 11.9 所示。

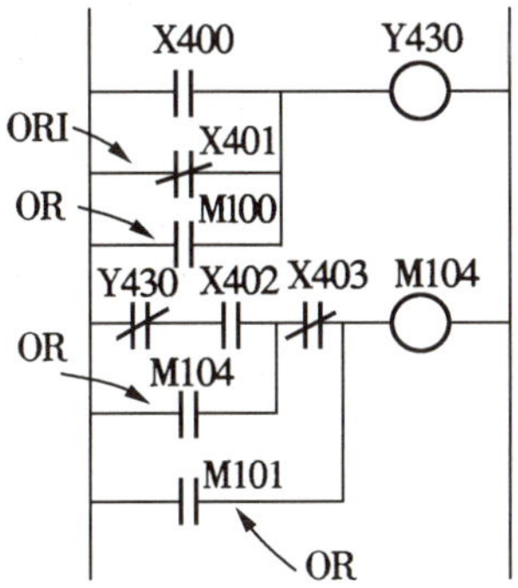

图 11.8　触点并联

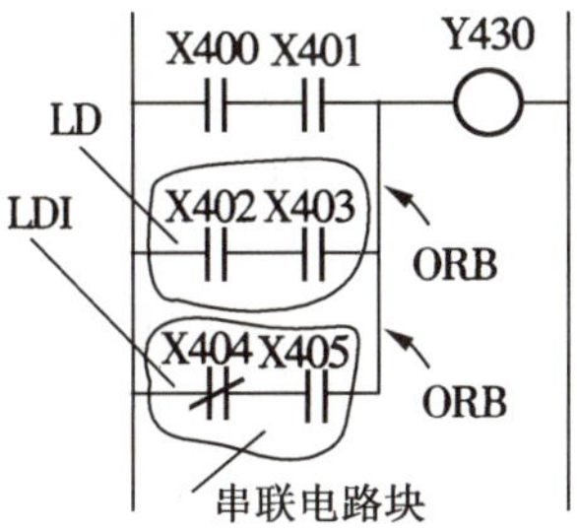

图 11.9　“串联电路块”并联

编程格式：

步序	指令语	器件编号
0	LD	X400
1	AND	X401
2	LD	X402(“串联电路块”开始处用 LD)
3	AND	X403
4	ORB	(或块指令)
5	LDI	X404(“串联电路块”开始处用 LDI)
6	AND	X405
7	ORB	(或块指令)
8	OUT	Y430

说明：本指令是独立指令，不带任何器件编号。

⑤ ANB 与块指令。

功能：将“并联电路块”(含两个以上触点并联连接的电路)与其前面的触点或其他“并联电路块”串联。

梯形图：如图 11.10 所示。

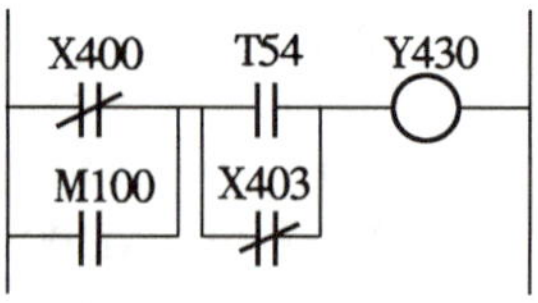

图 11.10 “并联电路块”串联

编程格式：

步序	指令语	器件编号
0	LDI	X400
1	OR	M100
2	LD	T54(“串联电路块”开始处用 LD)
3	ORI	X403
4	ANB	
5	OUT	Y430

说明：本指令是独立指令，不带任何器件编号。

(2) 输出指令。

① OUT 输出指令。

功能：输出逻辑运算结果用于驱动线圈。

梯形图：如图 11.11 所示。

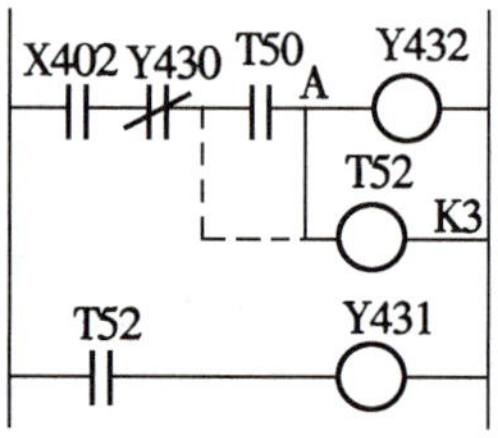

图 11.11 OUT 输出指令

编程格式：

步序	指令语	器件编号
0	LD	X402
1	ANI	Y430
2	AND	T50
3	OUT	Y432
4	OUT	T52
5	K	3
6	LD	T52
7	OUT	Y431

说明：本指令对象器件 Y、M、T、C。并联的 OUT 指令可以连续使用任意次，如图 11.11 所示。但应注意连续用 OUT 指令实行并行输出时，并联点总是在前一个线圈起始端，如图 11.11 中的 A 点；但若如图中虚线所示，连续使用 OUT 指令则无法编程。

② PLS 脉冲输出指令。

功能：用本指令驱动辅助继电器 M(用 PLS 代替 OUT)，该辅助继电器的接通只是短时接通，即产生的输出是脉冲输出，见图 11.12(a)。

梯形图：如图 11.12(b) 所示。

编程格式：

步序	指令语	器件编号
0	LD	X400
1	PLS	M101

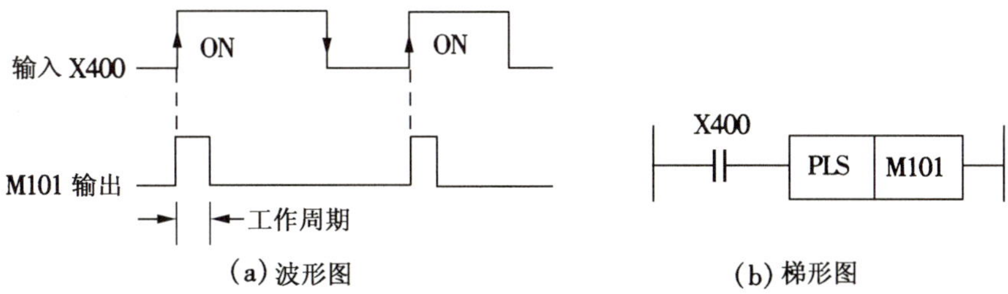

图 11.12　PLS 脉冲输出指令

说明：

a. 当 X400 接通时，用 PLS 指令输出给辅助继电器 M101，动合触点 M101 接通，但接通是短时的，接通时间只是一个工作周期，随后又恢复常态断开。

b. PLS 指令可用作计数器、移位寄存器的复位输入。

c. 本指令对象器件为 M100 ～ M157。

③ RST 复位指令。

功能：将计数器的当前值回复至设定值，或消除移位寄存器的内容。

梯形图：如图 11.13 所示。

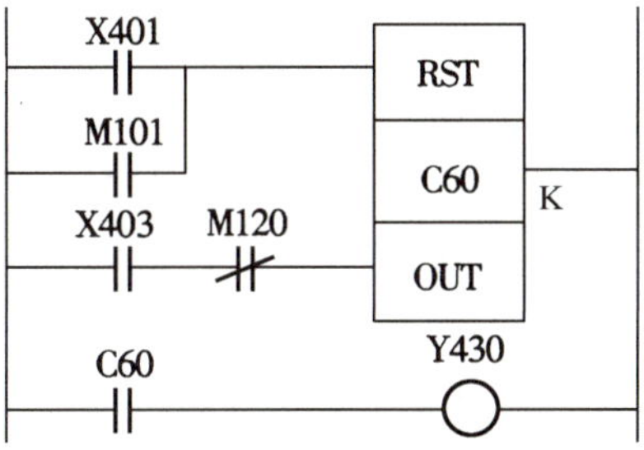

图 11.13　RST 指令用于计数器

编程格式：

步序	指令语	器件编号
0	LD	X401
1	OR	M101
2	RST	C60
3	LD	X403
4	ANI	M120
5	OUT	C60
6	K	8
7	LD	C60
8	OUT	Y430

说明：当计数器的计数输入触点 M120 每次由接通到断开时，计数器的当前值(假设计数器的值设定为 8) 减 1；M120 通断 8 次后，计数器的当前值为 0，此时计数器线圈 C60 通电，C60 的输出动合触点闭合，输出继电器 Y430 通电，并保持该状态。当复位输入端触点 X401 或 M101 闭合时，计数器当前值恢复到设定值 8，C60 输出动合触点断开，输出继电器 Y430 断电。

(3) SFT 移位指令。

功能:使移位寄存器中内容依次进行移位。

梯形图:由两个 8 位移位寄存器组成的 16 位串级移位寄存器的梯形图如图 11.14 所示。

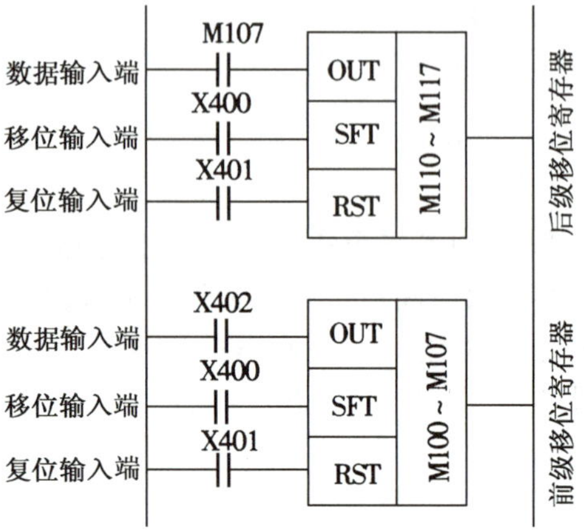

图 11.14　串级移位寄存器

编程格式:

步序	指令语	器件编号
0	LD	M107
1	OUT	M110
2	LD	X400
3	SFT	M110
4	LD	X401
5	RST	M110
6	LD	X402
7	OUT	M100
8	LD	X400
9	SFT	M100
10	LD	X401
11	RST	M100

说明:

① 由 8 个辅助寄存器组成的移位寄存器,第一个辅助寄存器的编号是该移位寄存器的编号,如 M100 和 M110 等,辅助寄存器一旦被用作移位寄存器后,就不能再用于其他地方。

② 一个移位寄存器有 3 个输入端(数据输入端、移位输入端、复位输入端)。它的工作过程是这样的:移位输入端每来一个脉冲信号(X400 接通一次),移位寄存器即将数据输入端的数据移入设定的第一个辅助寄存器 M100。M100 原来的数据移入第二个辅助寄存器 M101,依次后移,无论何时,只要复位输入端的触点 X401 接通,M100 ~ M107 全部处于断开状态。

③ 两个以上移位寄存器串级移位时(见图 11.14),要对后级先进行编程,用前级移位寄存器的末位输出作为后级移位寄存器的数据输入。

SFT 指令用于顺序控制时,移位输入端往往是用户工序转换的条件输入。例如,某工序结束时,碰合一下行程开关,将行程开关接通的信号通过输入继电器的触点送入移位输入端,即转入下一步工序,当所有工序结束时,复位输入端送入信号,各继电器输出全断开,为下个工作循环做好准备。

(4) 辅助指令。

① NOP 不处理指令。

功能:执行 NOP 指令,该步为空操作。

说明:在编程时,使用 NOP 指令可使步序号变更较少,但要注意,将程序中的 LD、LDI、ANB、ORB 等改成 NOP 指令后,会引起梯形图结构的重大变化。如图11.15 所示,用 NOP 指令修改后,梯形图改接如虚线所示,读者只要写出相应程序,并用 NOP 指令代替就不难明白。

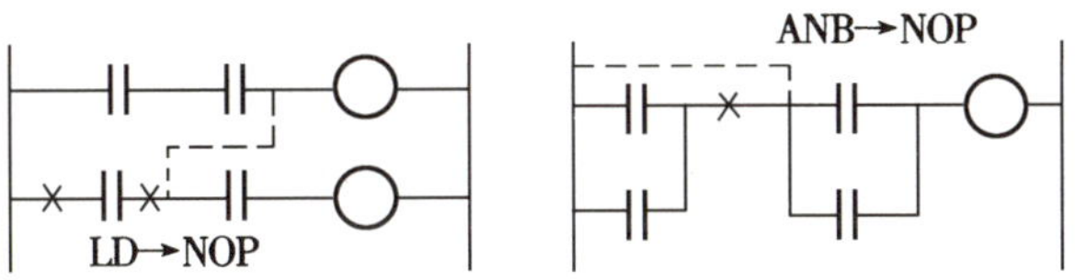

图 11.15　用 NOP 指令取代 LD、ANB 指令后的梯形图

② END 指令。

在试运行时,若在每个程序块的末尾写入 END 指令,检查每一块的运行情况时就可以减少调试时间,检查完毕后,再依次删去各 END 指令。

NOP、END 指令都是独立指令,不带任何器件编号。

11.3 PLC 应用实例

用 PLC 可以实现较为复杂的控制,控制电路越复杂,越能显示 PLC 控制的优越性。掌握一些常用与典型控制电路的 PLC 梯形图程序,对于熟悉 PLC 指令系统、掌握 PLC 程序设计方法、设计复杂的 PLC 控制系统,有一定的帮助。

PLC 的应用

11.3.1　三相异步电动机 Y-△ 换接起动控制电路

用 PLC 实现三相异步电动机的 Y-△ 换接起动,其主电路如图 10.16(a) 所示。PLC 的输入输出外部接线图及梯形图如图 11.16(b) 所示。对应的 Y-△ 起动程序如下。

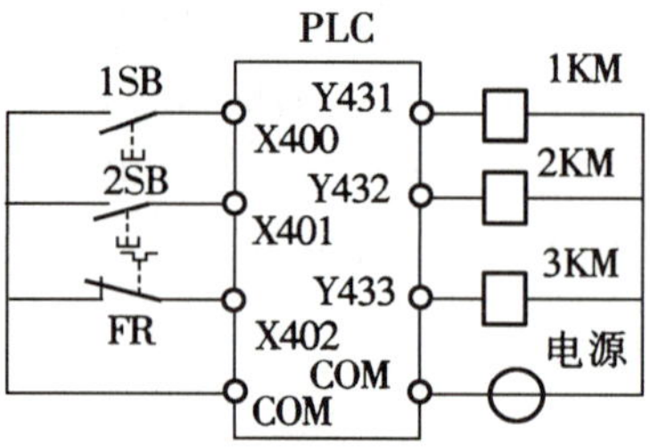

(a)输入输出接线图

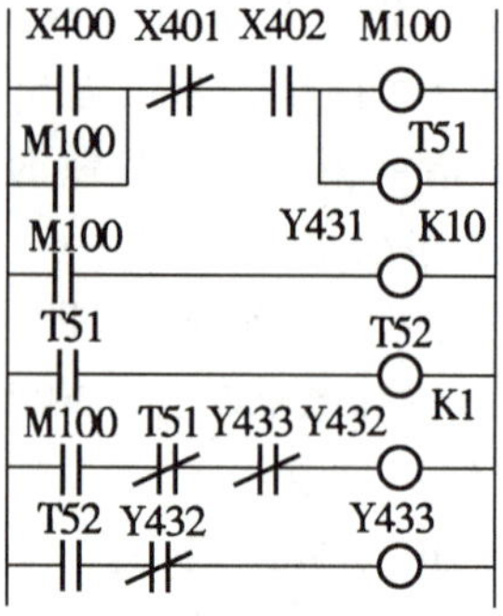

(b)梯形图

图 11.16 Y－△起动输入输出接线图及梯形图

步序	指令语	器件编号
0	LD	X400
1	OR	M100
2	ANI	X401
3	AND	X402
4	OUT	M100
5	OUT	T51
6	K	10
7	LD	M100
8	OUT	Y431
9	LD	T51
10	OUT	T52
11	K	1
12	LD	M100
13	ANI	T51
14	ANI	Y433
15	OUT	Y432
16	LD	T52
17	ANI	Y432
18	OUT	Y433
19	END	

从图11.16(b)中,可以看出控制过程如下:按下起动按钮1SB,X400接通,辅助继电器M100接通,其中一个辅助动合触点自保持,另两个辅助动合触点使输出继电器Y431和Y432通电,即接触器线圈1KM、2KM通电,电动机M起动,同时定时器T51开始计时,10 s后计时时间到,其动断触点T51断开,Y432断电,切断线圈2KM电源,同时动合触点T51闭合,计时器T52开始计时,1 s后计时时间到,其动合触点T52闭合,输出继电器Y433通电,即线圈3KM通

电，电动机换接成 △ 运行。按停车按钮 2SB，输入继电器 X401 通电（图中未画出），其动断触点 X401 断开，M100 断电，从而 Y431 断电，电动机停车。同理，若电动机过载，FR 断开，输入继电器 X402 断电，其动合触点断开，M100 断电，电动机停车，起到过载保护作用。

11.3.2　计数器工作电路控制

在对某装配线上的产品进行检测和计数时，要求计数到第 10 只时，起动下一道工序工作 5 s。为满足上述工艺要求设计的梯形图，如图 11.17 所示，用于检测产品的光电开关（或行程开关）触点与输入点 X400 相连，产品通过一次，触点开闭一次。输出 Y430 用于起动下一道工序工作。

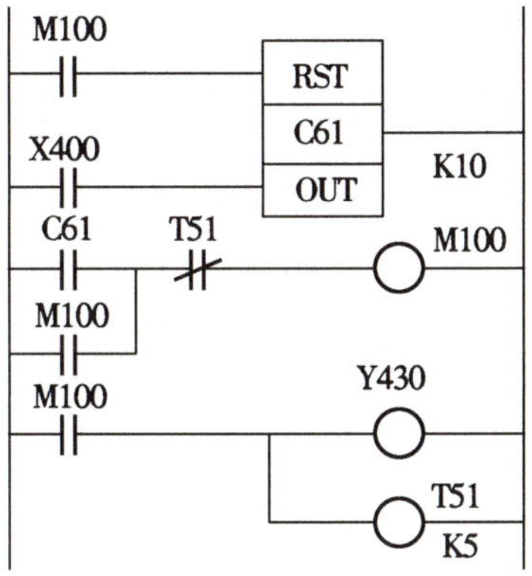

图 11.17　对外部计数梯形图

编程格式：

步序	指令语	器件编号
0	LD	M100
1	RST	C61
2	LD	X400
3	OUT	C61
4	K	10
5	LD	C61
6	OR	M100
7	ANI	T51
8	OUT	M100
9	LD	M100
10	OUT	Y430
11	OUT	T51
12	K	5
13	END	

X400接于计数器的计数输入端,每通过一个产品,X400动合触点开闭一次,即计数一次,计数器从当前值减1。当通过10个产品计数10次时,计数器的当前值为零,其动合触点C61闭合,使辅助继电器M100通电,3个M100动合触点闭合,一个用于自保持,一个使计数器C61复位,一个使输出继电器Y430、定时器T51通电。Y430输出起动下一道工序工作,当T51计时时间(5 s)到,其动断触点T51断开,线圈M100断电,其动合触点M100断开,恢复初始状态。

11.3.3 加热炉自动上料控制

加热炉自动上料控制由炉门开闭电动机和推料机进退电动机两个生产机械共同控制完成。现分别画出其继电接触器控制电路和PLC控制电路,以便比较。

1. 继电接触器控制(见图11.18和图11.19)

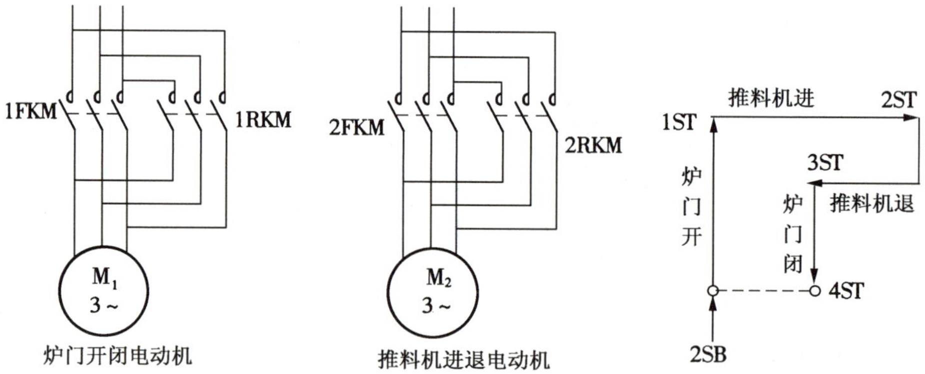

(a)电动机接线图 (b)控制流程

图11.18 电动机接线图及控制流程

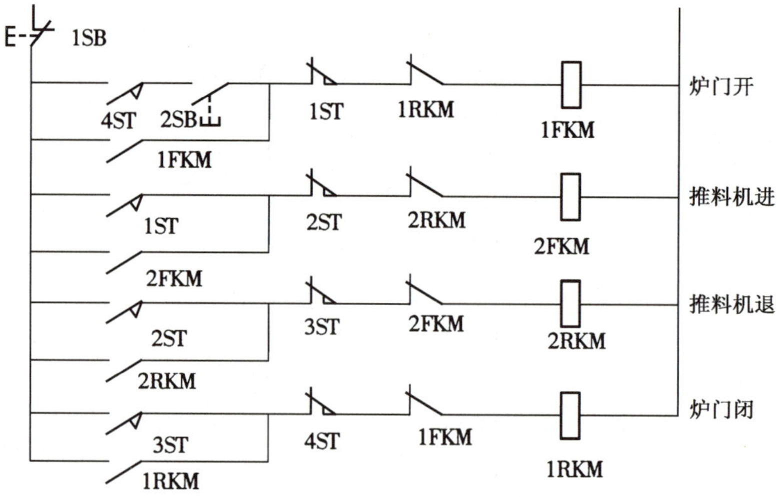

图11.19 加热炉自动上料控制电路

2. PLC 控制（见图 11.20）

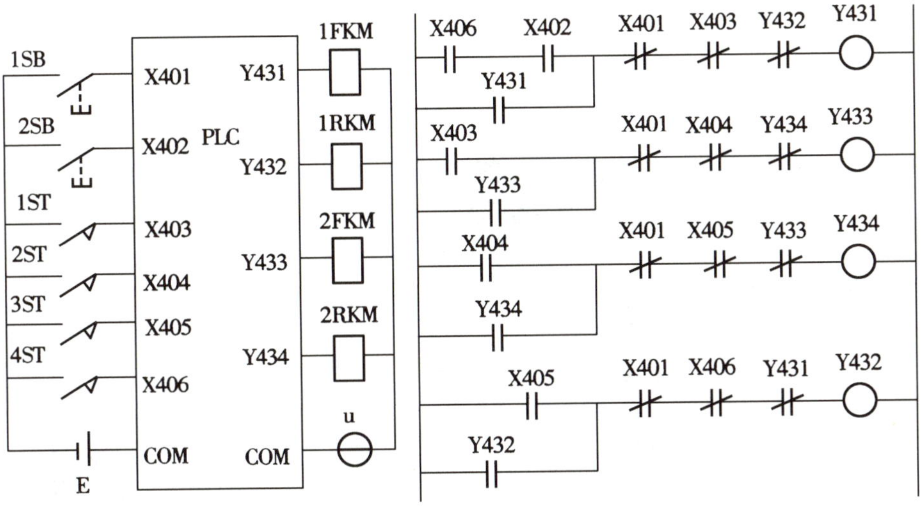

(a) 外部接线图　(b) 梯形图

图 11.20　加热炉自动上料控制外部接线图及梯形图

编程格式：

步序	指令语	器件编号
0	LD	X406
1	AND	X402
2	OR	Y431
3	ANI	X401
4	ANI	X403
5	ANI	Y432
6	OUT	Y431
7	LD	X403
8	OR	Y433
9	ANI	X401
10	ANI	X404
11	ANI	Y434
12	OUT	Y433
13	LD	X404
14	OR	Y434
15	ANI	X401
16	ANI	X405
17	ANI	Y433
18	OUT	Y434
19	LD	X405
20	OR	Y432
21	ANI	X401

22	ANI	X406
23	ANI	Y431
24	OUT	Y432
25	END	

习　题

11.1　绘出下列指令程序的梯形图。

编程格式：

步序	指令语	器件编号
0	LD	X400
1	OR	Y430
2	ANI	X401
3	OUT	Y430
4	LD	X401
5	OUT	T51
6	K	10
7	LDI	T51
8	ANI	Y430
9	OUT	Y431

本章习题参考答案

11.2　编出图 11.21 所示梯形图的指令程序。

11.3　图 11.22 所示梯形图为什么是错误的?试绘出正确的梯形图。

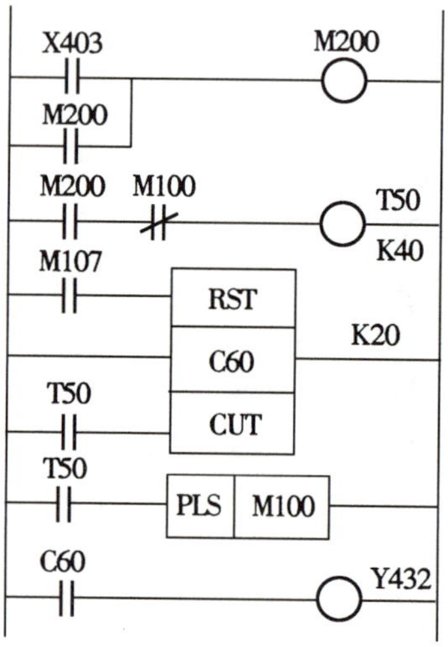

图 11.21　习题 11.2 的图

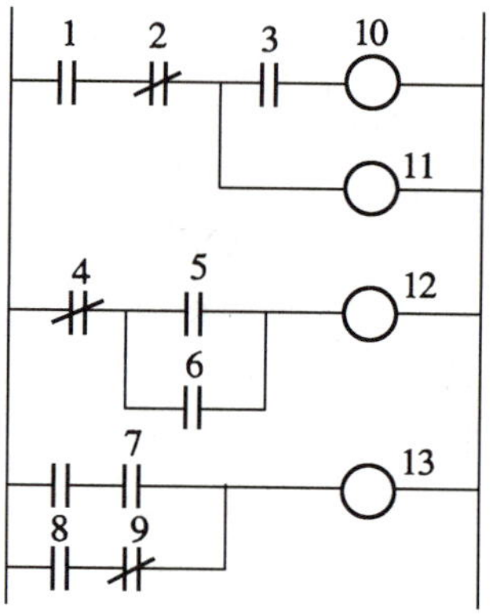

图 11.22　习题 11.3 的图

11.4　试绘出用 PLC 实现异步电动机正反转起动控制电路的输入输出接线图、梯形图并编出程序清单。

11.5　有一台电动机,要求按下起动按钮后,电动机运转 10 s,停 20 s,重复执行 2 次后,电动机自动停车,试绘出梯形图。

11.6　有 6 个彩灯排成一行,自左至右依次每秒只有一个灯点亮,循环 3 次后,全部灯点亮,5 s 后全部灯熄灭,如此不断重复进行。试用 PLC 实现上述控制要求。

第3篇 电工测量与安全用电

第12章 电工测量

内容提要

本章主要介绍一些基本电量和电路参数的测量方法及常用电工仪表的结构、工作原理和使用方法。此外，对非电量的电测法进行简单介绍。

电工测量是指使用电工仪表对电路和磁路中的各种物理量所进行的测量。利用电工测量的方法，经过转换，也可以对非电量（如温度、压力、位移、流量等）进行测量。因此，电工测量技术在现代测量技术中占有很重要的地位。

12.1 电工仪表的类型、误差和准确度

12.1.1 电工仪表的类型

测量各种电量、磁量的仪器仪表统称为电工仪表。按照测量方法的不同，电工仪表可分为指示仪表和比较式仪表两大类。

1. 指示仪表

指示仪表又称为直读式仪表。它的特征是能随时指示出或直接读出被测量的数值，如电压表、电流表、功率表、万用表等都属于这一类仪表。这类仪表结构简单、价格低廉，使用方便，在电工测量中用得最多。指示仪表通常有以下几种分类方法。

(1) 按被测量的种类分，有电压表（伏特表）、电流表（安培表）、功率表（瓦特表）、电能表（千瓦时表）、功率因数表、频率表、相位表、欧姆表等。

(2) 按工作原理分，有磁电式、电磁式、电动式、感应式、整流式、静电式、振动式等。

(3) 按工作电流分，有直流表、交流表和交直流两用表。

(4) 按准确度等级分,有 0.1、0.2、0.5、1.0、1.5、2.5、5.0 等 7 个等级。

此外,还可以按指示仪表的使用方式、使用环境、外壳防护性能、防御外界电场磁场性能等来分类。

2. 比较式仪表

把被测量和相应的标准量进行比较而得测量结果的装置称为比较式仪表,如电桥、电位差计等。这类仪表的灵敏度和准确度都很高,但价格昂贵,且操作复杂,故一般只用于精密测量中。

此外,按照测量结果表示方式的不同,电工仪表也可分为模拟式仪表和数字式仪表两大类。模拟式仪表多采用指针和刻度盘来指示被测量的数值,因此也称为指针式仪表。数字式仪表是采用数字来显示被测量的数值的,它是伴随着数字电子技术的发展而产生的一种新型仪表。相对于传统的指针式仪表,数字式仪表具有许多优点,因此,近年来发展非常迅速,并得到越来越广泛的应用。

12.1.2 电工仪表的误差和准确度

1. 仪表的误差

由于制造工艺的限制,任何仪表的指示值(简称示值)和被测量的真实值(简称真值)之间总会存在一定差异,这种差异称为仪表的误差。根据引起误差的原因不同,仪表误差又可分为基本误差和附加误差。

(1) 基本误差。

它指仪表在规定的温度、湿度、频率、波形、放置方式及无外界电场、磁场影响等正常工作条件下,仪表本身所固有的误差。它是由仪表本身结构的不精确所产生的,如轴承磨损,弹簧永久变形,标度尺刻度不准确等。

(2) 附加误差。

它指仪表离开了正常工作条件,如环境温度过高,波形非正弦,外磁场影响等外界因素所引起的误差。

2. 误差的表示方法

电工测量与其他测量一样,无论采用什么方法,在其测量结果中也总会有一定的测量误差。误差的一般表示方法有两种。

(1) 绝对误差:仪表的示值与真值之差。设 A_x 为被测量的示值,A_0 为该被测量的真值,则绝对误差表示为

$$\Delta A = A_x - A_0 \tag{12.1}$$

绝对误差是一个差值,没有表示出与被测量本身大小的关系,故不能用来判断测量结果的准确程度。例如,用两只伏特表测量两个电压,若 A 表测量 100 V 的电压,$\Delta A = 1$ V,B 表测量 10 V 的电压,$\Delta A = 0.5$ V。这从绝对误差来看,A 表大于 B 表;但从仪表误差对测量结果的影响来看,A 表误差仅占被测量的 1%,而 B 表误差却占被测量的 5%,则 B 表大于 A 表。为了便于比较测量结果的准确程度,工程上一般采用相对误差来表示测量结果的误差。

(2) 相对误差:绝对误差 ΔA 与真值 A_0 之比的百分数,即

$$\gamma = \frac{\Delta A}{A_0} \times 100\% \tag{12.2}$$

在实际计算时，当已知误差很小或准确度要求不高时，也可以用仪表的示值 A_x 代替真值 A_0 来近似求出相对误差(称为示值相对误差)，即

$$\gamma = \frac{\Delta A}{A_x} \times 100\% \tag{12.3}$$

3. 仪表的准确度

仪表的准确度是按仪表在正常工作条件下进行测量时，所允许产生的最大基本误差来分级的。要表示仪表的准确度，则应采用引用误差(也称满标度相对误差)。引用误差是绝对误差与仪表量程(即满标度值)A_m 之比的百分数，即

$$\gamma_n = \frac{\Delta A}{A_m} \times 100\% \tag{12.4}$$

考虑到仪表各示值的绝对误差有一些小的差别，故用最大绝对误差与仪表量程之比的百分数(称为最大引用误差)来表示仪表的准确度，即

$$K\% = \frac{\Delta A_m}{A_m} \times 100\% \tag{12.5}$$

式中，K 为仪表的准确度等级。

由式(12.5)可见，准确度等级 K 的数值越小，则最大引用误差越小，基本误差就越小，仪表的准确度也就越高。目前，我国指示仪表的准确度分为 7 级，它们的基本误差如表 12.1 所示。

表 12.1 仪表的准确度等级

准确度等级	0.1	0.2	0.5	1.0	1.5	2.5	5.0
基本误差 /%	±0.1	±0.2	±0.5	±1.0	±1.5	±2.5	±5.0

例 12.1 现有一块量程为 250 V 的伏特表，在正常条件下进行测量时的最大绝对误差是 3.5 V，求该伏特表的等级。

解

$$K\% = \frac{\Delta A_m}{A_m} \times 100\% = \frac{3.5}{250} \times 100\% = 1.4\%$$

其值介于 1.0 级与 1.5 级之间，所以该伏特表为 1.5 级。

4. 仪表准确度的合理选择

在实际测量中，仪表的准确度等级应当根据测量结果准确度或测量误差的要求来选择。这要从两个方面考虑。一方面，仪表的准确度越高，测量结果也就越准确，因此，对测量结果准确度要求较高的，则要选择准确度较高的仪表。例如，在精密测量中或作标准表用时，通常要选择准确度较高的 0.1 级和 0.2 级仪表，而实验室一般测量选择 0.5 级 ～ 1.5 级的仪表，工程中的一般测量则选择 1.0 级或 1.5 级以上的仪表。另一方面，要注意选择合适的仪表量程，否则即使使用了准确度高的仪表，也不能得到准确度高的测量结果。

例 12.2 用量程为 30 V、准确度为 1.5 级的电压表和量程为 150 V、准确度为 0.5 级的电压表，分别测量实际值为 20 V 的电压，求测量结果的最大相对误差。

解 (1) 用量程为 30 V 的电压表测量时，可能产生的最大绝对误差为

$$\Delta A_{m1} = K_1\% \cdot A_{m1} = \pm 1.5\% \times 30\ \text{V} = \pm 0.45\ \text{V}$$

最大相对误差为

$$\gamma_{m1} = \frac{\Delta A_{m1}}{A_0} \times 100\% = \frac{\pm 0.45}{20} \times 100\% = \pm 2.25\%$$

(2) 用量程为 150 V 的电压表测量时，可能产生的最大绝对误差为

$$\Delta A_{m2} = K_2\% \cdot A_{m2} = \pm 0.5\% \times 150 = \pm 0.75\ \text{V}$$

最大相对误差为

$$\gamma_{m2} = \frac{\Delta A_{m2}}{A_0} \times 100\% = \frac{\pm 0.75}{20} \times 100\% = \pm 3.75\%$$

由上例计算可知，(2) 中仪表的准确度提高了，但由于量程选择过大，测量结果的相对误差反而增大了。

因此，选用仪表时，不要盲目追求仪表的高准确度①，在能满足测量结果准确度要求的情况下，要尽量选用准确度较低的仪表。另外，选用仪表量程时，应当使仪表量程尽量接近被测量的数值，一般应使被测量的数值超过仪表量程的一半或三分之二。

12.1.3 电工仪表常用标记符号

在仪表的表面上，通常标有各种符号，用来表明仪表的类型、测量对象、准确度等级、绝缘耐压强度、放置方式等。表 12.2 所示为常用电工仪表的名称与符号。

表 12.2 常用电工仪表的名称与符号

分类	名称	被测量种类	符号
电流种类	直流表	直流电压、电流	—
	交流表	交流电压、电流、功率	∼
	交直流两用表	直流电量或交流电量	≂
	三相交流表	三相交流电压、电流、功率	≋ 或 3∼

①仪表的准确度高，造价也高。

续表

分类	名称	被测量种类	符号
测量对象	安培表、毫安表、微安表	电流	(A) (mA) (μA)
	伏特表、千伏表	电压	(V) (kV)
	瓦特表、千瓦表	电功率	(W) (kW)
	千瓦时表	电能量	kW·h
	相位计	相位差	(φ)
	频率计	频率	(f)
	欧姆表	电阻	(Ω)
	兆欧表	绝缘电阻	(MΩ)
工作原理	磁电式仪表	电流、电压、电阻等	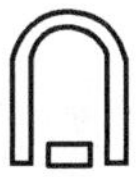
	电磁式仪表	电流、电压	
	电动式仪表	电流、电压、电功率、功率因数、电能量	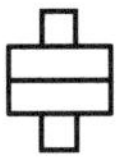
	感应式仪表	电功率、电能量	
	整流式仪表	电流、电压	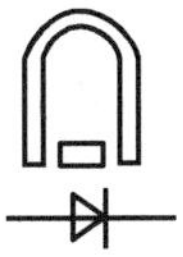
	振动式仪表	频率	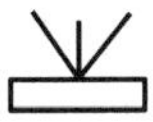
准确度等级	1.0 级电表	以标度尺量程的百分数表示	1.0
	1.5 级电表	以指示值的百分数表示	(1.5)

续表

分类	名称	被测量种类	符号
绝缘等级	绝缘强度试验电压	表示仪表绝缘经过 2 kV 耐压试验	↯2 kV
工作位置	标度尺平面垂直于地面	—	⊥　(↑)
	标度尺平面平行于地面		⊓　(→)
	倾斜 60° 放置		∠60°
端钮	正端钮	—	+
	负端钮		—
	公共端钮		⚹ 或 ±
	接地端钮		⏚ 或 ⊥

12.2 电工仪表的结构和工作原理

电工仪表的种类和形式多种多样，本节只讨论电工测量中常用的磁电式、电磁式、电动式3种模拟式指示仪表。这些仪表的结构虽然不同，但它们的根本原理却是相同的，都是利用电磁现象，使仪表的可动部分受到电磁转矩的作用而转动，并带动指针偏转来指示被测量的大小。

12.2.1 磁电式仪表

1. 基本结构

磁电式仪表是根据通有电流的线圈在永久磁铁的磁场中受力的原理而制成的。图 12.1 所示是磁电式仪表的结构示意图。它由固定部分和可动部分组成。固定部分由永久磁铁 1、极掌 2 和固定在支架上的圆柱形铁心 3 组成。圆柱形铁心放置在两个极掌的中间，使得极掌与铁心之间的气隙长度均匀，并产生均匀的辐射方向的磁场。可动部分由绕在铝框架上的可动线圈 4、线圈两端的两个半轴 5 以及固定在转轴上的指针 6、平衡锤 7 和游丝 8(即螺旋弹簧)等所组成。可动线圈处于极掌和铁心间的气隙之中，能在气隙中灵活转动。线圈的两端分别接在两个游丝上，被测电流通过游丝引入线圈。整个可动部分都支承在轴承上。

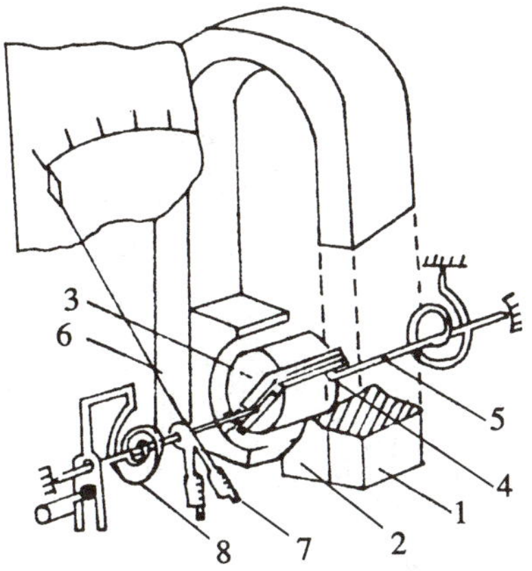

图 12.1　磁电式仪表的结构示意图

2. 工作原理

当电流 I 通过可动线圈时，线圈就会在永久磁铁的磁场中受到电磁力的作用，产生转动力矩，并带动指针偏转(其偏转方向由左手定则确定)。线圈和指针偏转后，又会扭紧游丝，使游丝产生反抗力矩。当反抗力矩和转动力矩相平衡时，线圈和指针便停止偏转。由于在线圈转动的范围中磁场均匀分布，因此，线圈的转动力矩和电流的大小成正比。又由于游丝所产生的反抗力矩与线圈的偏转角度成正比，所以，这种仪表指针的偏转角度 α 与流过线圈的电流的大小成正比，即

$$\alpha = KI \tag{12.6}$$

式中，K 为比例常数。

由式(12.6) 可知，磁电式仪表标尺上的刻度是均匀的。

磁电式仪表只能用来测量直流，若通入交流，则可动部分由于受惯性影响，将跟不上电流和转矩的迅速交变而静止不动。仪表中绕制线圈的铝框架实际上是一个磁感应阻尼器，其阻尼作用是这样产生的：当线圈通有电流发生偏转时，由于惯性关系，线圈和指针不能立即停止在平衡位置上，而要在平衡位置附近产生一定时间的振荡。线圈的这种振荡就会使铝框切割永久磁铁的磁通，在铝框中产生感应电流，此电流和磁场相互作用产生的电磁力总是和线圈运动方向相反，从而使仪表的可动部分受阻尼作用，迅速停止在平衡位置上。

磁电式仪表除刻度均匀外，还具有灵敏度和准确度高，消耗功率小，受外界磁场影响小(因为仪表本身磁场强) 等优点。其缺点是结构复杂，造价较高，过载能力小(因为电流经游丝引入，电流过大会使游丝发热变形，甚至烧毁)，而且只能用于测量直流，不能测量交流。

12.2.2　电磁式仪表

1. 基本结构

电磁式仪表是利用电流的磁效应制成的。图 12.2 所示是吸入型电磁式仪表的结构示意图。它包括固定线圈 1 和装在转轴上的偏心可动铁心 2、指针 3、阻

尼翼片4、游丝5、永久磁铁6及磁屏7等。

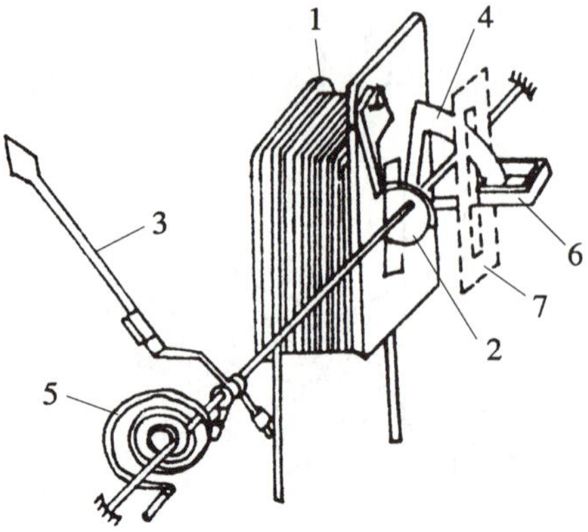

图 12.2 吸入型电磁式仪表的结构示意图

2. 工作原理

当线圈通入电流时,就会产生磁场,使铁心受到磁化而被吸入线圈的气隙之中,从而使与铁心相连的转轴和装在转轴上的指针受到转动力矩的作用而偏转。当转动力矩与游丝的反作用力矩相平衡时,指针便停止偏转,并指示出被测量的数值。如果通入线圈的电流改变方向,线圈所产生的磁场的方向以及被磁化后的铁心的极性也会同时跟着改变,故线圈与铁心间的吸力方向不变,于是指针的偏转方向也不变。因此,这种仪表可以用来测量交流量。由于作用在铁心上的电磁吸力与气隙中磁感应强度的平方成正比,而气隙中的磁感应强度又与线圈电流成正比,因此,仪表的转动力矩与电流的平方成正比。又由于游丝的反抗力矩与指针的偏转角成正比,所以,指针的偏转角 α 与线圈电流的平方成正比,即

$$\alpha = KI^2 \tag{12.7}$$

式中,K 为比例常数;I 为直流电流或为交流电流的有效值。

由式(12.7)可知,电磁式仪表的刻度是不均匀的。

仪表中阻尼翼片(铝片)和永久磁铁构成磁性阻尼器,用于产生阻尼力矩,使转轴和指针迅速停止在平衡位置。磁屏用于屏蔽永久磁铁,以避免其对线圈磁场产生影响。

电磁式仪表结构简单,造价低廉,既可以测量直流量,也可以测量交流量,而且过载能力大(线圈是固定的,电流不经过游丝,可用截面积较大的导线绕制)。但其刻度不均匀,灵敏度和准确度不高(铁心中有涡流和磁滞),易受外界磁场影响(仪表本身磁场弱)。因此,一般直流量的测量不采用电磁式仪表,而是采用磁电式仪表。电磁式仪表主要用于交流量的测量。

12.2.3 电动式仪表

1. 基本结构

电动式仪表是利用两个线圈同时通入电流后,相互之间产生电磁力的原理制成的。图12.3所示是电动式仪表的结构示意图。图中固定线圈1分成两段,目

的是使可动线圈 2 附近获得较均匀的磁场分布和改换电流量程。可动部分包括可动线圈 2、指针 3、阻尼翼片 4、游丝 5 等，它们均固定在转轴上。与磁电式仪表相同，可动线圈 2 中的电流也是通过游丝引入的。仪表的阻尼装置是空气阻尼器，其阻尼力矩由翼片在气室 6 中移动而产生。

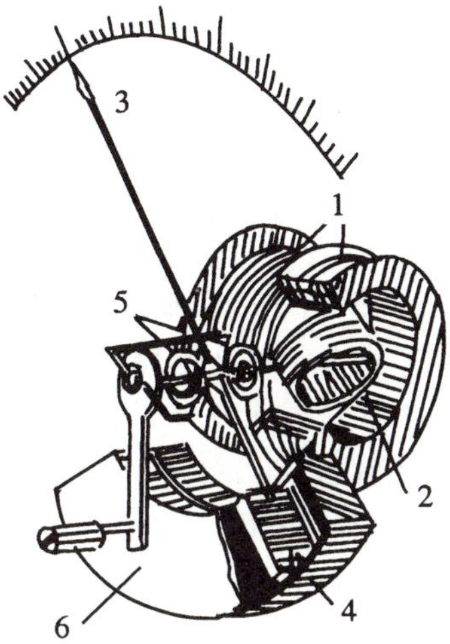

图 12.3　电动式仪表的结构示意图

2. 工作原理

当固定线圈通入电流 I_1 后，就会产生磁场。若可动线圈通入电流 I_2，则可动线圈在此磁场中就要受到电磁力的作用而带动指针偏转。直至转动力矩与游丝的反抗力矩相平衡时，才停止偏转。因为转动力矩与磁感应强度大小 B_1 和电流 I_2 的乘积成正比，而 B_1 又与 I_1 成正比，所以指针的偏转角 α 与两个线圈电流的乘积成正比，即

$$\alpha = KI_1I_2 \tag{12.8}$$

指针的偏转方向取决于两个线圈的电流方向。当任何一个线圈的电流改变方向时，指针的偏转方向也就跟着改变，但若两个线圈的电流同时改变方向，指针的偏转方向不变，因此这种仪表也可用来测量交流。

当在两个线圈中通入交流电流 i_1、i_2 时，产生偏转的转动力矩取决于它的平均值。由于其平均值不仅与 i_1、i_2 的有效值成正比，而且与 i_1、i_2 相位差的余弦成正比。因此，电动式仪表用于交流时，指针的偏转角是与两个电流的有效值以及它们之间相位差的余弦的乘积成正比的，即

$$\alpha = KI_1I_2\cos\varphi \tag{12.9}$$

式中，I_1、I_2 为交流电流 i_1、i_2 的有效值；φ 为 i_1 和 i_2 之间的相位差。

电动式仪表准确度高，适用于交、直流测量，但过载能力差，受外界磁场影响大。若将仪表的两个线圈与被测电路串联，则可以用来测量电流；若将仪表的两个线圈与被测电路并联，则可以用来测量电压；若将仪表的一个线圈与被测电路串联，另一个线圈与被测电路并联，则可以用来测量功率。

12.3 电流和电压的测量

电流和电压是电路的两个基本物理量，测量电流与电压不仅本身十分重要，而且其他电量和非电量也可以通过变换器变换成电流或电压，然后进行测量，所以电流和电压的测量是电工测量的基础。

12.3.1 电流的测量

测量电流时应将电流表与被测电路串联。为了保证电流表的通电线圈与外壳之间不致有太高的电压，电流表应接在电路的低电位端，如图 12.4 所示。

测量直流电流时，还要注意仪表的极性。另外，若被测电流超过了测量机构(表头)的容许值(一般在几十微安至几十毫安数量级范围内)，就必须扩大它的量程，即在表头上并联一个分流电阻(分流器)，使流经表头的电流只是被测电流的一部分，如图 12.5 所示。图 12.5 中 R_A 为表头内阻。

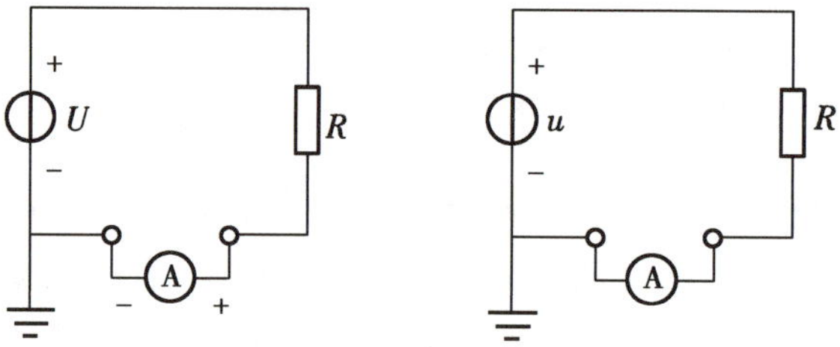

图 12.4 电流表的接法

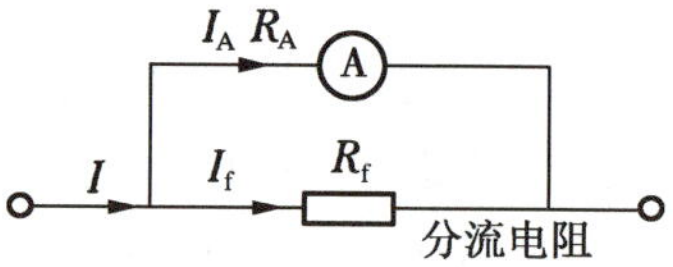

图 12.5 电流表分流

12.3.2 电压的测量

测量电压时应将电压表与被测电路并联。为了保证电压表的通电线圈与外壳之间不致有太高的电压，电压表的负端应接在电路的低电位端，如图 12.6 所示。

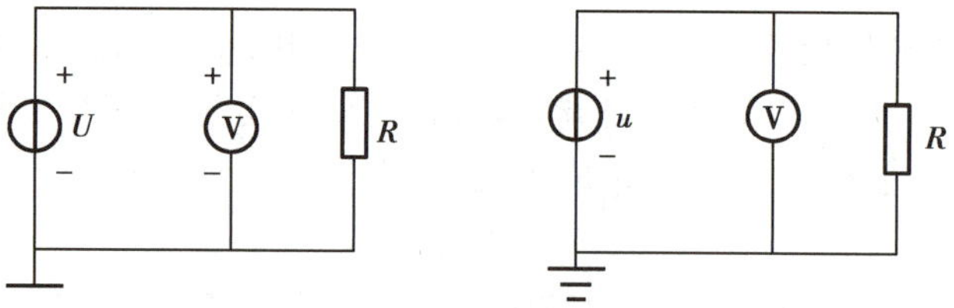

图 12.6 电压表的接法

由于仪表表头内阻很小，只能通过微小电流，所以能测量的电压很低。若要测量较高的电压，就必须在表头中串联一个称为倍压器的附加电阻 R'，以扩大量程。在仪表带有附加电阻测量时，如果电源有接地，应将仪表接在近地端，如图 12.7 所示。

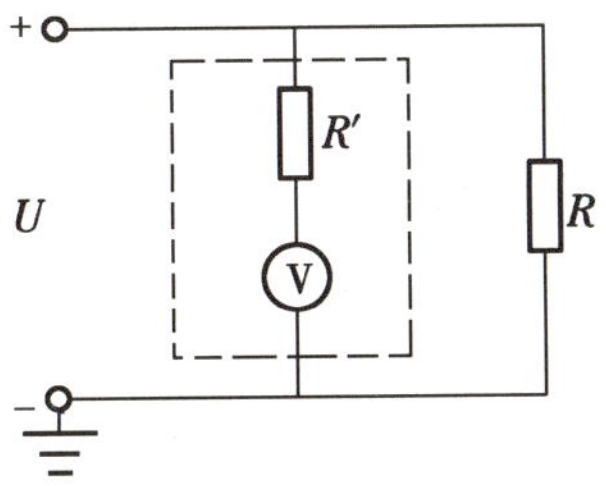

图 12.7　电压表的附加电阻及接法

12.3.3　电流表、电压表的选择

电流表、电压表的选择，要根据测量要求和被测电流、电压的性质，以及仪表的使用环境、工作条件等因素综合考虑。下面介绍一些选择原则。

1. 仪表类型的选择

测直流量时，一般宜选用磁电式仪表，也可以选用电动式仪表。测交流量时，则要选用电磁式仪表（准确度要求不高时）和电动式仪表（准确度要求高时）。

2. 仪表内阻的选择

必须根据被测电路阻抗的大小，适当选择仪表的内阻，否则会带来不可容许的误差。通常，电压表的内阻应尽量大些，量程越大，内阻应越大；电流表的内阻应尽量小些，量程越大，内阻应越小。

3. 仪表准确度的选择

如 12.1 节所述，选择仪表的准确度，必须从测量要求出发，根据实际需要选择合适的准确度。既不能选用准确度不够的仪表，也不能盲目选用高准确度的仪表。对于配套用的分流器、附加电阻、互感器等，它们的准确度选择，要求比测量仪表本身高 2 ～ 3 级。

4. 仪表量程的选择

仪表只有在合理的量程下，其准确度才有意义，否则，由于量程选择不当，测量误差会很大。仪表量程的选择原则参见 12.1 节中的说明。

此外，还应根据仪表的工作条件、使用环境等来选择仪表的类型，这里从略。

12.4　万用电表

万用电表简称万用表，也叫繁用表或多用表。它具有多种用途、多种量程、使用简单、携带方便等一系列优点。因此，在电气维修和测试中被广泛应用。一般万用电表可以测量直流电流、直流电压、交流电压、电阻、音频电平等电量，较高级的万用电表还可以测量交流电流、电容、电感、电功率及晶体管的 β 值等。

根据内部结构不同，万用电表可分为磁电式和数字式两种类型。

万用电表

12.4.1 磁电式万用电表

磁电式万用电表由磁电式测量机构(习惯上称表头)、半导体整流器、干电池组、转换开关和一些电阻元件等组成。虽然不同型号的万用电表,其电路结构和外形各式各样,但它们的基本原理都一样。图12.8所示是一般万用电表的原理图。现将其工作原理和使用方法分述如下。

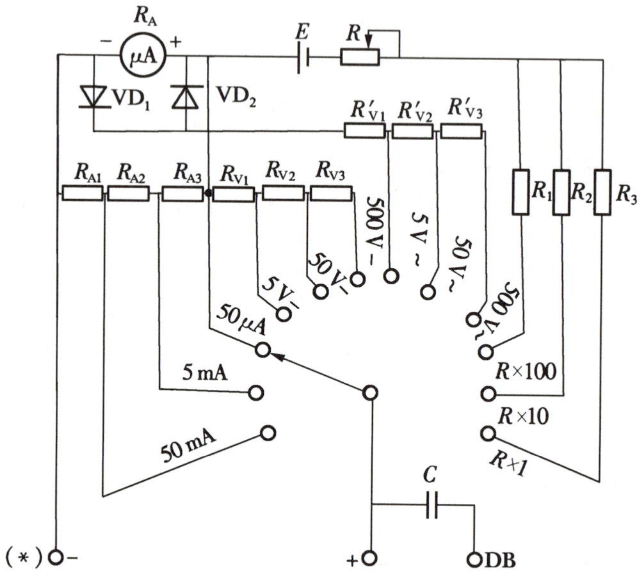

图12.8 一般万用电表的原理图

1. 直流电流的测量

转换开关置于电流挡,被测电流从"+""−"两端引出,便构成了直流电流的测量电路。图中 R_{A1}、R_{A2}、R_{A3} 是分流器电阻,它们与表头连成闭合电路。改变转换开关的挡位,就改变了分流器的电阻,从而也就改变了电流的量程。

2. 直流电压的测量

转换开关置于直流电压挡,被测电压加在"+""−"两端,便构成了直流电压的测量电路。图中 R_{V1}、R_{V2}、R_{V3} 是倍压器电阻,它们与表头串联。改变转换开关的挡位,就改变了倍压器的电阻值,从而也就改变了电压的量程。

3. 交流电压的测量

转换开关置于交流电压挡,被测交流电压也加在"+""−"两端,便构成了交流电压的测量电路。由于万用表的表头是磁电式结构,测量交流电压必须增加整流环节。图中用两只二极管 VD_1、VD_2 组成半波整流电路,它使通过表头的电流为单向脉动电流。因为单向脉动电流的平均值与交流电压的有效值成正比,所以,表头指针的偏转角与交流电压的有效值成正比。R'_{V1}、R'_{V2}、R'_{V3} 为倍压器的电阻。电压量程的改变与测量直流电压时相同。

4. 电阻的测量

转换开关置于电阻挡,被测电阻也接在"+""−"两端,便构成了电阻的测量电路。由于测量电阻是在被测元件不带电的状态下进行的，因此，在电路中接入了干电池 E。

从图中可知，在电阻的测量电路中，通过表头的电流是与被测电阻的大小有关的，被测电阻越小，电流就越大，于是指针的偏转角也就越大。因此，在万用电表的盘面上，电阻大小的刻度与电流大小的刻度刚好相反。显然，当外电路短接，即被测电阻为零时，电流最大，指针的偏转也最大(电路设计均使指针满偏)。这就是电阻的零值位置。当外电路断开，即被测电阻为无穷大时，电流为零，指针将停止在原点。这就是电阻的无穷大值位置。图中 R 为零点调节电阻。当外电路短接，但由于干电池电压下降等原因，指针不能指零时，可通过调节 R 使之指零。

电阻量程的改变，也是通过改变转换开关的挡位来实现的。

5. 音频电平的测量

测量音频电平实际上就是测量交流电压，所以，测电平时转换开关置于交流电压挡。为了防止被测电路有直流分量的电压，被测量应从“DB” 和“—”(*) 两端接入。图中与“DB” 端串联的电容器是用来隔直流的。

电平是用相对值表示电功率和电压大小的一个参量。计算信号在传输系统中的增益和衰减系数时，因人耳对声音响度的感觉不与声音强度成正比，而与声音强度的对数成正比，因此，电平值以对数形式表示，并称为分贝，其符号为“dB”，即

$$S = 10\lg\frac{P_2}{P_1} = 20\lg\frac{U_2}{U_1}\ \text{dB} \tag{12.10}$$

式中，P_2、U_2 为系统输出功率、电压；P_1、U_1 为系统输入功率、电压。

一般万用电表以 600 Ω 的负载电阻上输出 1 mW 功率作为零电平标准。因为

$$U_0 = \sqrt{PR} = \sqrt{0.001\times 600}\ \text{V} = 0.775\ \text{V}$$

所以，在万用电表上交流电压标尺的 0.775 V 位置处，就是 dB 标尺的零电平刻度。根据式(12.10) 可知，在交流电压的 7.75 V 位置就是 +20 dB 的刻度，而在交流电压的 0.245 V 位置对应为 −10 dB 的刻度。其余的以此类推。

如果被测电压较高，就要把转换开关放在高量程挡位，如放在 50 V，这时测量结果的电压读数应按 50 V 标尺，即比 10 V 标尺大 5 倍。分贝读数也应是相应分贝标尺上的读数加14 dB。这是因为

$$20\lg\frac{5U_2}{U_1} = \left(20\lg 5 + 20\lg\frac{U_2}{U_1}\right)\text{dB} = \left(14 + 20\lg\frac{U_2}{U_1}\right)\text{dB}$$

式中，$20\lg\dfrac{U_2}{U_1}$ 为分贝标尺上的读数。

如果负载电阻不是 600 Ω，则负载电阻较小时对应的功率较大，用万用电表 dB 标尺时，应加上一校正值。功率分贝校正值如表 12.3 所示。

表 12.3 功率分贝校正值

负载电阻 /Ω 测试频率 $f=1$ kHz	实际功率分贝应加的校正值	负载电阻 /Ω 测试频率 $f=1$ kHz	实际功率分贝应加的校正值
500	+0.79	50	+10.8
300	+3	15	+16
250	+3.8	8	+18.8
150	+6.0	3.2	+22.7

6. 万用电表的正确使用

(1) 转换开关的挡位必须与被测对象吻合,否则会损坏仪表或不能读数。

(2) 测量时,如果被测电压、电流大小不清楚,应先将量程置于最高挡,以免打坏指针。然后再逐渐将量程减小,直至量程合适,再进行测量,以减小误差。但须注意,不可带电转换量程。

(3) 测量直流电压、电流时,注意仪表的正负端与电路的正负极相对应。

(4) 测电阻时,指针越接近中心,误差越小。测量前应先选好合适的倍率,然后将两个表笔短接,旋转欧姆调零旋钮,使指针刚好在欧姆标尺的零值位置上(这一步骤称为调零),这时便可以测量电阻。注意,每转换一次量程都需要进行一次调零,否则读数不准确。若无法调整指针到零位,则说明电池电压不足,应予以更换。万用电表内附电池的正极是和表上的"—"插孔(即黑表笔)相连的,而电池的负极是和表上的"+"插孔(红表笔)相连的,在用欧姆挡测量半导体元件时应特别注意。此外,还须特别注意的是不能带电测量电阻,否则可能损坏仪表。

12.4.2 数字式万用电表

1. 数字式万用电表的组成及特点

数字式万用电表和普通磁电式万用电表一样,也是一种多功能、多量程的仪表,能够用于多种电量和参数的测量,如交、直流电压,交、直流电流,电阻等。它的测量方法是以直流电压的测量为基础。测量时,把其他电量和参数转换为等效的直流电压,然后测量该直流电压,来获得所测电量和参数的数值。图 12.9 是数字式万用电表的原理图。由图可知,它由电量与参数转换器、转换开关、直流数字式电压表三部分组成。直流数字式电压表是万用电表的核心部件。各种电量和参数的测量,都是通过转换开关将相应的转换器与直流数字式电压表接通来完成的。

数字式万用电表与磁电式万用电表相比,具有测量速度快、精度高、输入阻抗高,以及数字显示测量结果,使读数方便、准确、清晰、直观等特点。

此外,由数字式万用电表的测量原理知,只要配上某种参数的转换器,就可以对该参数进行测量,故数字式万用电表扩展功能较容易。这也使得有些数字式万用电表不仅可以用于电量和电路参数的测量,而且可以用于某些非电量的测量,如 DT9208 型数字式万用电表可以用来测量温度。这也是近年来数字式万用电表得到广泛应用和迅速发展的原因之一。

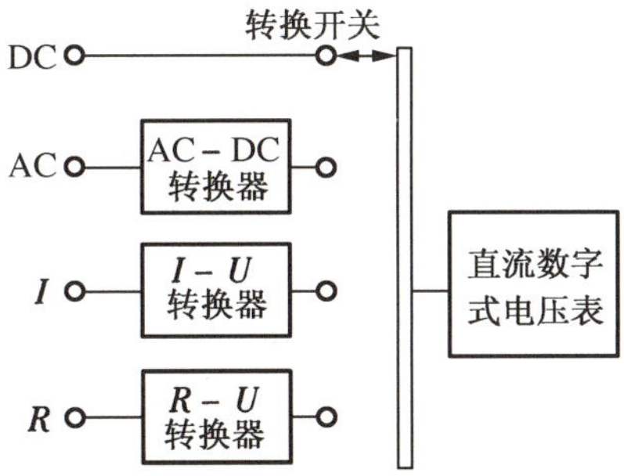

图 12.9 数字式万用电表的原理图

2. 数字式万用电表的使用

下面以常用的 DT9205A 型数字式万用电表为例，说明它的主要技术指标和使用方法。

DT9205A 是一种 $3\frac{1}{2}$ 数位袖珍式大屏幕液晶显示数字式万用电表。它具有全量程、全功能自动调零，自动极性指示，过量程指示，电池欠压指示，自动关机，以及通断测试具有蜂鸣音响和发光二极管双重指示等功能。可以用来测量交、直流电压和电流，电阻，电容，二极管的正向压降，三极管的电流放大系数等。

(1) 主要技术指标。

① 直流电压(DCV) 量程：200 mV，2 V，20 V，200 V，1 000 V。输入阻抗：10 MΩ。

② 交流电压(ACV) 量程：200 mV，2 V，20 V，200 V，750 V。输入阻抗：10 MΩ。频率范围：40 ～ 400 Hz(200 V 和 750 V 量程为 40 ～ 200 Hz)。

③ 直流电流(DCA) 量程：2 mA，20 mA，200 mA，20 A。测量电压降：满量程为 200 mV。

④ 交流电流(ACA) 量程：2 mA，20 mA，200 mA，20 A。测量电压降：满量程为 200 mV。频率范围：40 ～ 400 Hz。

⑤ 电阻(Ω) 量程：200 Ω，2 kΩ，20 kΩ，200 kΩ，2 MΩ，200 MΩ。

⑥ 电容(F) 量程：2 nF，20 nF，200 nF，2 μF，20 μF。

⑦ 二极管(—▷|—) 导电性能检查：显示近似二极管正向压降。

⑧ 晶体三极管放大系数(h_{FE}) 测量范围：0 ～ 1 000β。

(2) 使用方法。

数字式万用电表的使用方法与磁电式万用电表大体相同。使用前要弄清万用电表的面板功能。DT9205A 型数字式万用电表的面板上设置了电源开关、功能与量程转换开关、输入插口和显示屏等。使用时，根据被测量的性质和大小，将转换开关置于相应的挡位(如果被测量的大小范围未知，应先将转换开关置于高挡量程，然后逐步调低)，把表笔插入对应的输入插口(测量电压、电阻和二极管，将黑表笔插入"COM" 插口，红表笔插入"VΩ" 插口；测量电流，黑表笔插入"COM" 插口，红表笔按电流大小选择插口，当电流在200 mA 以下时，插入"A" 插口，当电流在 200 mA～20 A 范围内时，插入"20 A" 插口；测量电容和三极管,直接将元件插入专门的插孔),按下电源按键(ON-OFF键),接通表内的直流电源,便可以进行测量。

使用本表还须注意以下几点。

① 不要测量高于1 000 V的直流电压或有效值高于750 V的交流电压,否则会损坏内部电路。

② 20 A插口没有用熔断器,测量时间应小于15 s。

③ 不能带电测量电阻,不能测量已充好电的电容器(特别是大电容)。

④ 在测量电压、电流和电阻时,如果显示屏只显示"1",则说明输入已超量程,应调高量程挡级。但在测量电阻和二极管时,若元件未接入,也会显示"1"。

⑤ 使用中,若显示屏左上方出现""符号,则说明电池电压不足,应更换电池。

12.5 电功率和电能的测量

12.5.1 电功率的测量

1. 单相交流和直流电功率的测量

电功率的测量采用电动式功率表。电动式功率表有两个线圈。其中,固定线圈1导线较粗,匝数较少,与负载串联,以反映负载电流,故固定线圈1称为电流线圈。可动线圈2导线较细,匝数较多,串联一定的附加电阻R'后与负载并联,以反映负载电压,故可动线圈2称为电压线圈。其连接电路如图12.10所示。

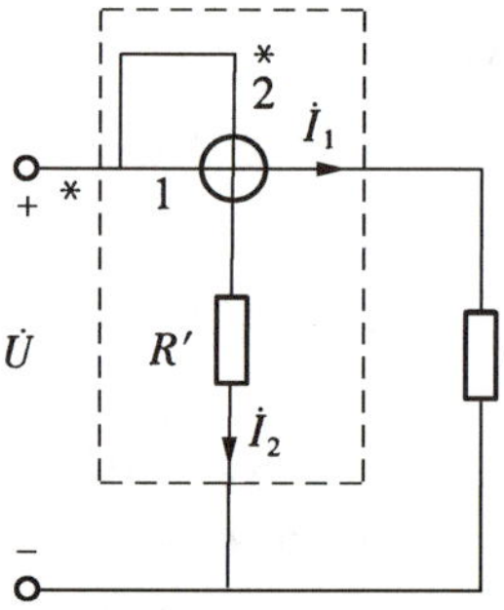

图12.10 电动式功率表的连接电路

由12.2节式(12.8)和式(12.9)可知,测量直流电路时,仪表指针的偏转角α为

$$\alpha = KI_1 I_2 = KI_1 \frac{U}{R'} = K'UI_1 = K'P \tag{12.11}$$

测量正弦交流电路时

$$\alpha = KI_1 I_2 \cos\varphi = KI_1 \frac{U}{R'} \cos\varphi = K'UI_1 \cos\varphi = K'P \tag{12.12}$$

由此可见,电动式功率表既可以用来测量直流功率,也可以用来测量交流功率,并且可以采用同一刻度。

2. 三相电功率的测量

(1) 一表法测三相对称负载的功率。在对称三相系统中,若负载也对称,则可用一个功率表测量其中任意一相负载的功率,然后乘以3,就得到三相负载的总功率,如图12.11所示。

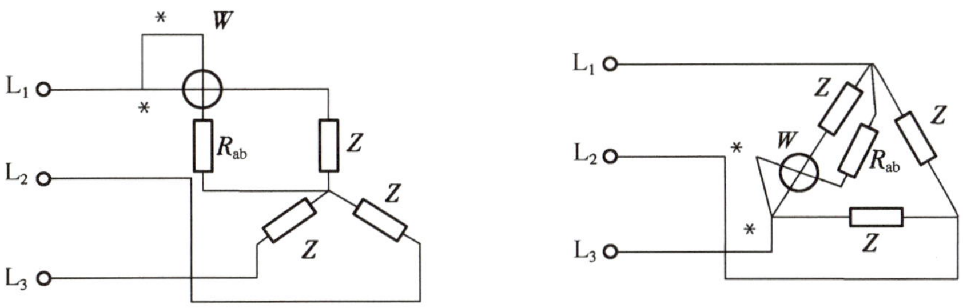

(a)　　　　(b)

图 12.11　一表法测三相功率

(2) 二表法测三相三线制电路的功率。二表法适用于三相三线制电路，不论负载接成星形或三角形，也不论负载对称与否，都可以使用，如图 12.12 所示。

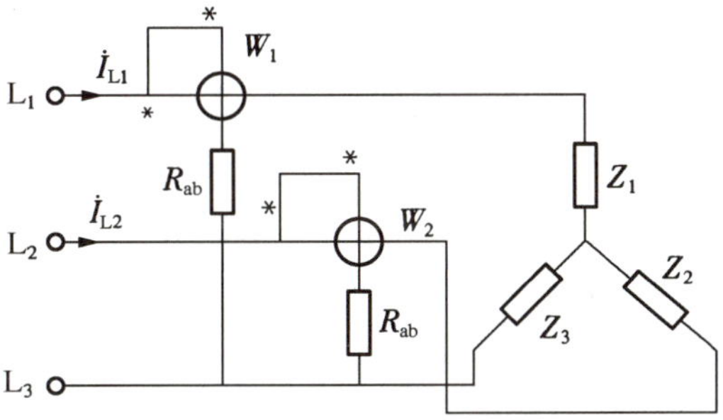

图 12.12　二表法测三相功率

用此法时，三相总功率等于两个功率表测得的读数之和，即 $P = P_1 + P_2$。若负载功率因数小于 0.5(即 $|\varphi| > 60°$)，则其中一个功率表的读数为负，这时应使用极性切换开关，将电压线圈或电流线圈的电流改变方向，使指针正向偏转。这时三相总功率应为两表读数之差。

实用中有专门用来测量三相三线制电路功率的二元瓦特表，其读数就是三相总功率。

3. 功率表的正确使用

(1) 功率表的正确连接。因电动式仪表转矩方向与两个线圈的电流方向有关，为使指针正向偏转，接线时应将两个线圈的“电源端”(用“ * ”号或“±”号表示) 接在电源的同一极性上，以保证两个线圈的电流都从该端子流入。

(2) 功率表的读数。功率表标尺上的刻度只标了分格数，未注明瓦特数，被测功率的数值大小，需要用功率表常数进行换算。功率表常数 C 表示每一分格的瓦数，即

$$C = \frac{U_N I_N}{\alpha_m}\left(\frac{\mathrm{W}}{\mathrm{div}}\right) \tag{12.13}$$

式中，U_N、I_N 为所接量程电压、电流的额定值；α_m 为功率表标尺的满刻度格数。

有了功率表常数，便可以根据所读出的格数，求出被测功率，即

$$P = C\alpha \tag{12.14}$$

式中，α 为功率表指针偏转的格数。

例 12.3 某功率表的电压与电流的额定值分别为 $U_N = 300\ V, I_N = 5\ A, \alpha_m = 150\ div$，若测得指针的偏转格数为 80，求被测功率。

解

$$C = \frac{U_N I_N}{\alpha_m} = \frac{300 \times 5}{150}\ W/div = 10\ W/div$$

$$P = C\alpha = 10 \times 80\ W = 800\ W$$

12.5.2 电能的测量

电能的测量采用电度表。电能等于负载消耗的功率与时间乘积的积分，用 W 表示，则

$$W = \int_{t_1}^{t_2} P dt \tag{12.15}$$

从式(12.15)可以看出，电度表不仅要反映负载消耗的功率，而且要反映随时间推移消耗能量的积累总和。所以，电度表和一般指示仪表的主要区别是使用了计算总和的积算机构。

1. 单相电度表的结构及工作原理

按相数不同，电度表有单相和三相之分。图 12.13 所示是目前常用的单相电度表的结构示意图。它包括以下几个主要部分。

(1) 驱动元件。它包括固定线圈和可动铝盘，用于产生转动力矩。固定线圈有电压线圈 1 和电流线圈 2。其中，电压线圈 1 与负载并联，电流线圈 2 与负载串联。两线圈产生的交变磁通都穿过铝盘。铝盘在磁通的作用下就会感应出涡流，并与磁通相互作用产生转动力矩。

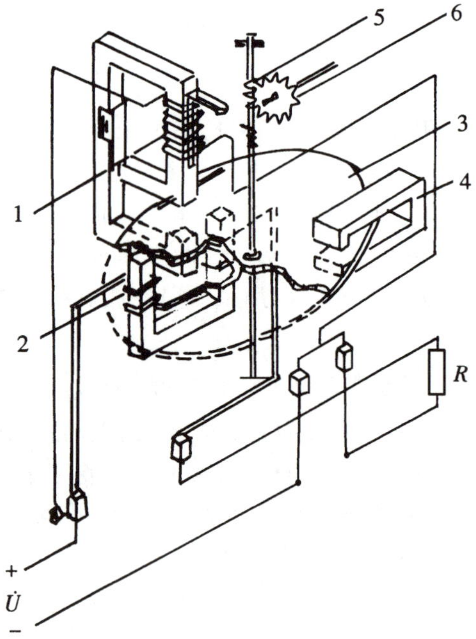

图 12.13 单相电度表的结构示意图

(2) 制动元件。它包括永磁铁 4 与铝盘 3。用于产生制动力矩。制动力矩的方向总是与转动力矩的方向相反，大小则与铝盘的转速成一定的比例，从而使铝盘能在不同的转动力矩作用下具有不同的均匀转速。

(3) 积算机构。它用于计算电度表铝盘的转数，以实现电能的测量和计算。它包括安装在转轴上的蜗杆 5、蜗轮 6 和计数器 —— 齿轮和字轮。

当电度表接入电路后，电压线圈和电流线圈就会产生两个不同相位的磁通，二者结合在一起便形成一个“移进磁场”。该磁场在铝盘中又会感应出涡流，

涡流与磁通作用后，就使铝盘产生一定方向的转动力矩，并驱使铝盘转动。因为永磁铁与铝盘相互作用产生的制动力矩与转速成正比，所以，当转动力矩与制动力矩相平衡时，铝盘就以均匀的速度旋转。铝盘转动时，通过蜗杆和齿轮等传动机构，最后使字轮转动，进行积算和计数。由于转动力矩与负载消耗的功率成正比，因此，积算器中的读数就是负载所消耗的电能。

除上面介绍的普通电度表之外，制造厂还生产了一些其他形式的电度表。目前应用较多的有预付电费电度表、双费率和多费率电度表等。

预付电费电度表也称 IC 卡电度表(早年生产的预付电费电度表多为投币式和磁卡式，现在普遍使用 IC 卡式)。使用这种电度表时，用户必须预先支付电费(买卡买电)，然后才能用电，即"先买后用"。双费率和多费率电度表是一种分时段计算用电量的电度表。使用这种电度表，电业管理部门可以对一天之中不同的用电时段，设置不同的费率，以鼓励用户在高峰负荷时少用电。

2. 电度表使用注意事项

(1) 电度表的额定电压应与负载的额定电压相符，额定电流应大于或等于负载的最大电流。

(2) 电度表不允许用于 10% 额定负载以下的电路中。

(3) 电度表在使用时，负载不能超过额定值的 125%。

(4) 电度表的接线与功率表一样，应遵守"电源端"规则。在电度表的接线盒中，电压线圈与电流线圈的电源端已经连在一起，接线盒中的 4 个端子为火线的一"进"一"出"和零线的一"进"一"出"，如图 12.14 所示。此外，接线时应为进线与电源端相接，出线与负载端相接，电流线圈接于火线，而不要接于零线。

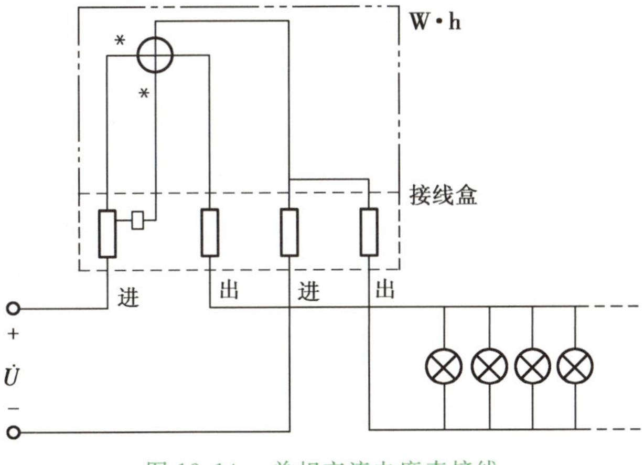

图 12.14 单相交流电度表接线

(5) 电度表的校验。单相电度表的校验常采用秒表法，其方法说明如下：用一个已知标准功率的白炽灯作负载，当电度表铝盘旋转时，测得电度表铝盘每分钟的转数 n，然后按以下公式进行校验：

$$P = \frac{6\ 000 \times n}{K} \tag{12.16}$$

式中，P 为白炽灯的功率计算值；K 为电度表常数，r/(kW·h)，在电度表的铭牌上可以查到。

12.6 兆欧表

兆欧表，又称摇表。它是专用于检查和测量电气设备或供电线路绝缘电阻的一种可携式仪表。

兆欧表

12.6.1 兆欧表的结构和工作原理

常用的兆欧表主要由一台手摇直流发电机和磁电式流比计组成。磁电式流比计是一种特殊形式的磁电式测量机构，其结构示意图如图 12.15 所示。

磁电式流比计有两个可动线圈 1、2，它们的绕向相反，互成一定角度，套装在一个有缺口的圆柱形铁心 3 外面。线圈与指针一起固定在同一转轴上。两个线圈一个用于产生转动力矩，另一个用于产生反作用力矩。

兆欧表电路图如图 12.16 所示。被测电阻接在“L”(线路)和“E”(接地)两个端子上，形成了两个回路，一个是电流回路，一个是电压回路。电流回路从电源正端经被测绝缘电阻 R_X、限流电阻 R_A、可动线圈 1 回到电源负端。电压回路从电源正端经限流电阻 R_V、可动线圈 2 回到电源负端。由于铁心有缺口，使气隙中的磁场分布不均匀，因此，两个线圈产生的转矩 T_1 和 T_2，不仅与流过线圈的电流 I_1、I_2 有关，而且与可动部分的偏转角 α 有关。当 $T_1 = T_2$ 时，可动部分处于平衡状态，其偏转角是两个线圈电流 I_1、I_2 比值的函数(故称为流比计)，即

$$\alpha = f\left(\frac{I_1}{I_2}\right) \tag{12.17}$$

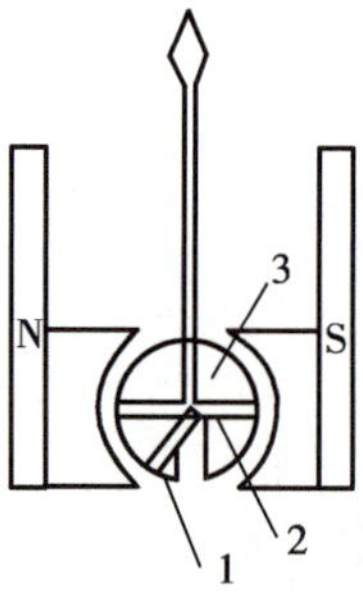

图 12.15 磁电式流比计的结构示意图

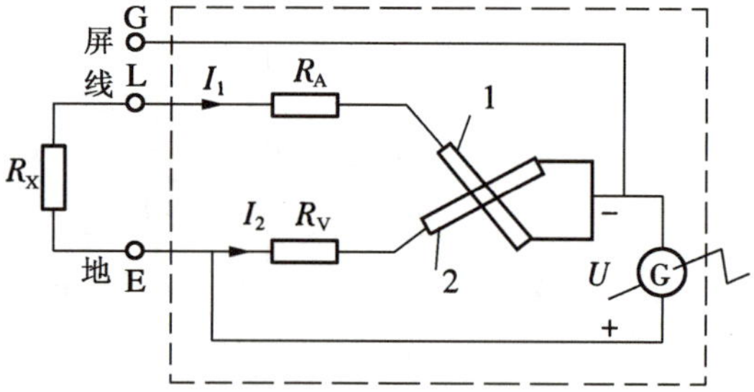

图 12.16 兆欧表电路图

因为限流电阻 R_A、R_V 为固定值，在发电机电压不变时，电压回路的电流 I_2 为常数，电流回路的电流 I_1 的大小与被测电阻 R_X 的大小成反比。所以，流比计指针的偏转角 α 能直接反映绝缘电阻 R_X 的大小。

例如，当 $R_X = 0$ 时，相当于“E”“L”两个端子短接，则 I_1 最大，指针偏转至最右端，即兆欧表标尺的“0”刻度位置。当 $R_X = \infty$ 时，相当于“E”“L”两个端子开路，则 I_1 为 0，可动部分在 I_2 的作用下，指针偏转至最左端，即兆欧表标尺的“∞”刻度位置。

这种仪表指针的偏转角度与手摇发电机的电压大小无关。因为电压变化时，通过两个线圈的电流同时按比例增大或减小，其比值不变，使指针的偏转角也不变。所以，手摇发电机的转速不影响测量结果。

12.6.2 兆欧表的使用

选用兆欧表时，其额定电压一定要与被测的电气设备或线路的工作电压相对应。如果用电压较低(如 500 V 以下）的兆欧表来测量高压设备的绝缘电阻，则测量结果不能正确地反映在其工作电压作用下的绝缘电阻。同样地，也不能用电压太高的兆欧表来测量低压电气设备的绝缘电阻，以防损坏电气设备的绝缘电阻。此外，兆欧表的测量范围也要与被测绝缘电阻的范围相吻合。

兆欧表的接线柱有 3 个："L"(线路)、"E"(接地)、"G"(屏蔽)。屏蔽接线柱 G 的作用是消除表壳表面"L""E" 接线柱的漏电和被测绝缘物表面漏电的影响。在进行一般测量时，把被测绝缘电阻接在"L""E" 之间即可。但测量表面不干净或潮湿的对象时，为了准确地测量出绝缘材料内部的绝缘电阻，就必须使用"G" 接线柱。其接线方法如图 12.17 所示。

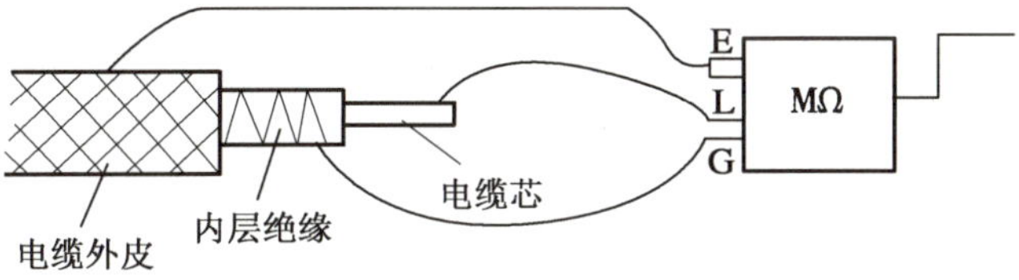

图 12.17 测量电缆绝缘电阻的接线方法

使用兆欧表还应注意以下两方面。

(1) 绝缘电阻的测量必须在断电状态下进行，对于含有大电容的设备，测量前后都必须及时放电。

(2) 虽然一般来说，兆欧表的测量结果与手摇发电机的转速无关，但如果发电机转得太慢，转矩 T_1、T_2 太小，则由于轴承摩擦、导流丝残余力矩等的影响，会引起较大误差。为了保证测量精度，必须使手摇发电机的转速保持在一定范围内。通常规定兆欧表的额定转速为 120 r/min。

12.7 电桥及其应用

电桥是用来测量电路参数的一种比较式仪表。它将被测参数与已知参数在电桥中相比较，然后求得被测量的值，因此具有较高的灵敏度和准确度。

电桥根据被测对象的不同分为直流电桥和交流电桥两大类。下面仅介绍交流电桥的应用。交流电桥的电路原理图如图 12.18 所示。

由图可以看出，调节各桥臂的参数，使检流计的读数为 0 时，电桥处于平衡状态，则

$$Z_X Z_3 = Z_2 Z_4$$

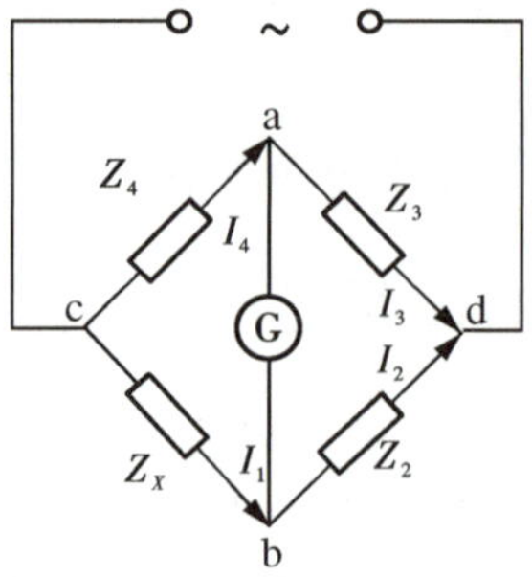

图 12.18　交流电桥的电路原理图

即

$$|Z_X||Z_3|\underline{/\varphi_X+\varphi_3} = |Z_2||Z_4|\underline{/\varphi_2+\varphi_4}$$

因此,交流电桥的平衡条件为

$$|Z_X||Z_3| = |Z_2||Z_4|$$

$$\varphi_X+\varphi_3=\varphi_2+\varphi_4$$

12.7.1　用交流电桥测电容

测量电容的电桥电路如图 12.19 所示。被测电容为 C_X(R_X 相当于它的损耗电阻),C_0 是无损耗的标准电容,R_0 为标准电阻。当电桥平衡时,有

$$\left(R_X+\frac{1}{\mathrm{j}\omega C_X}\right)R_3=\left(R_0+\frac{1}{\mathrm{j}\omega C_0}\right)R_4$$

由此得

$$R_X=\frac{R_4}{R_3}R_0$$

$$C_X=\frac{R_3}{R_4}C_0$$

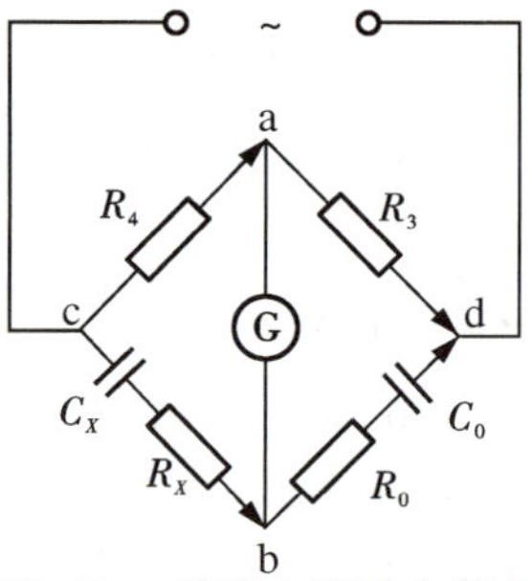

图 12.19　测量电容的电桥电路

12.7.2　用交流电桥测电感

测量电感的电桥电路如图 12.20 所示。由于已知电感在制造上比较困难,其精度不如电阻和电容的精度高,所以除被测桥臂外,其余桥臂都是电阻和电容。由图可知,当电桥平衡时,有

$$(R_X+\mathrm{j}\omega L_X)\frac{\dfrac{R_0}{\mathrm{j}\omega C_0}}{R_0+\dfrac{1}{\mathrm{j}\omega C_0}}=R_2R_4$$

由上式可得出

$$R_X=\frac{R_2R_4}{R_0}$$

$$L_X=R_2R_4C_0$$

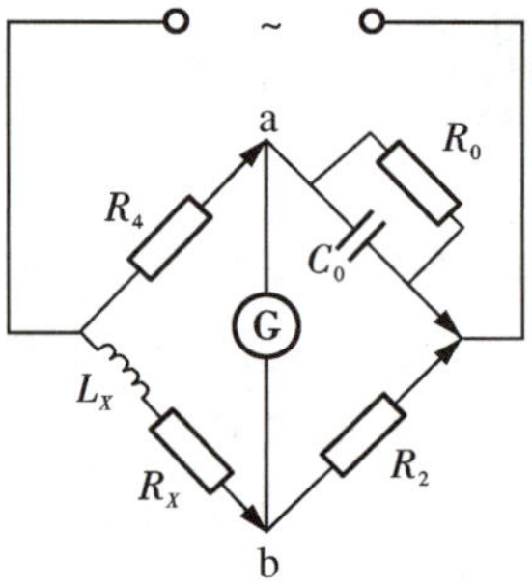

图 12.20　测量电感的电桥电路

12.8 非电量电测法简介

在科学研究和生产过程中，需要测量的物理量多数是非电量，对这些非电量的测量，既可采用传统的测量方法(如机械测量法)，也可以采用电测法。电测法是指利用各种测量电路和仪器仪表对非电量进行测量的方法。由于电测法普遍采用了先进的电子测量装置(特别是数字装置和微型计算机)，使之具有测量速度快，可以实现遥测和连续检测、可智能化等一系列优点，所以近年来被广泛地采用。

图 12.21 所示是非电量电测系统的结构示意图。它由传感器、测量电路和显示记录装置三部分组成。下面对各部分的作用和构成加以简要说明，以使读者对非电量的电测法有一个初步的了解。

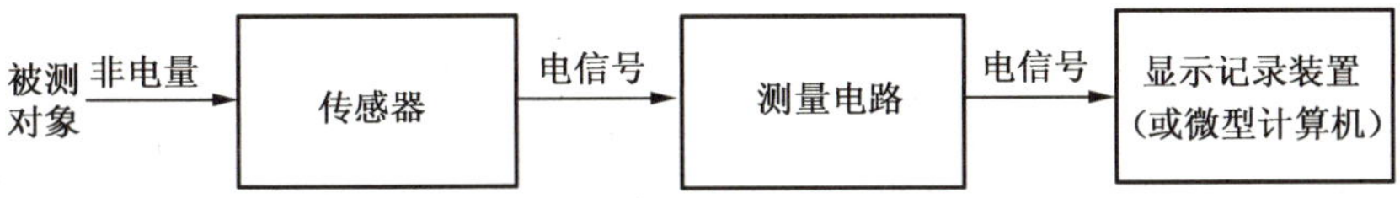

图 12.21 非电量电测系统的结构示意图

1. 传感器

传感器的作用是进行信号变换，即把被测非电量变换为与之呈线性关系或单值函数关系的电信号，以便使用电测仪器测量出非电量的数值。传感器是非电量电测系统的关键部件，其获得的信息准确与否，将直接影响整个测量系统的准确度。

传感器的种类很多，按其输出的物理量分，大致可分为电量传感器和电参数传感器两大类。电量传感器能够将非电量直接转换为电压、电流等电量，如热电偶、光电池、压电传感器、磁电传感器、霍尔传感器等属于此类。电参数传感器只是把被测非电量变换为电阻、电感、电容等电的参数(这类传感器需要装置辅助电源)，如电阻丝应变传感器、电阻温度传感器、热丝传感器、热敏电阻式传感器、光敏电阻式传感器、电容式传感器、电感式传感器、涡流传感器、压磁传感器、石英谐振传感器等均属于该类。

非电量的电测对象包括热工量、机械量、物性成分量以及状态量等，如温度、湿度、辐射、压力、位移、应变、流量、速度、液位、厚度、硬度、亮度、物质成分、酸碱度等。非电量的测量方式是按照传感器的工作原理来区分的，常用的有电磁检测、光学检测、超声波检测、同位素检测、微波检测、电化学检测等。

由于同一个被测非电量可以用多种方式进行检测，同一种传感器又常常能够检测若干不同的非电量，因此，使用时应从实际需要出发，根据被测非电量的性质和工作环境，以及电测系统的性能指标要求，选择合适的传感器和测量方式。

2. 测量电路

测量电路的作用是将传感器输出的电信号进行加工处理，使之变成显示记录装置可接收的信号,或转换成适合微型计算机处理的信号。非电量电测装置的测量电路形式很多,一般可根据传感器的特点和显示记录装置的技术要求选择配用。常用的测量电路有电桥电路、相敏电路、滤波电路、放大电路、模拟量和数字量的转换电路等。

图12.22所示是电阻式传感器桥式测量电路。传感器通过不平衡电桥将被测电阻参数转换为电压,经放大器、检波器后输出给检流计。

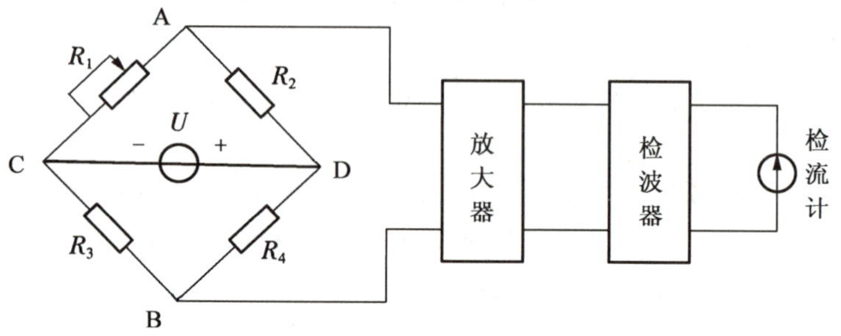

图12.22 电阻式传感器桥式测量电路

图中U为辅助电源电压,R_1为传感器的电阻。如果适当选择各桥臂电阻,使测量前的电桥平衡,则电桥的输出电压为零。测试时,由于传感器的电阻R_1发生变化,使电桥失去平衡,于是输出电压不为零。这样,可根据电桥输出电压值的变化,计算出R_1的变化,并得到被测非电量的变化。由于电阻式传感器工作时其电阻的变化很微小,电桥的输出电压也极小,因此实际应用时,需通过放大、检波后,才能进行测量。

测量电路的另一个作用是补偿传感器产生的误差。因为传感器有时会受到周围介质物理状态、化学属性的影响,使它的输出与被测非电量不呈线性关系。因此,使用时常常需要在测量电路中对它加以补偿,以消除其周围介质的影响。这种补偿也称为线性化处理。

3. 显示记录装置

显示记录装置的作用是将被测非电量用仪器、仪表显示出来,或用自动记录仪记录下来。

在一些自动生产线上,现在用得较多的方法是,先将传感器变换过来的电信号(通常是模拟信号),经模数转换电路转换成数字信号,再送入微型计算机进行处理,然后由微型计算机输出适当的控制信号来控制执行机构,以实现对生产过程的自动控制。

非电量电测技术的发展方向,一是研制新型传感器,以满足各种非电量的测量需要,二是与微电子技术和微型计算机技术相结合,构成新一代的智能化仪器仪表和自动检测系统。

习 题

12.1 用一个量程为 100 V 的电压表测量某电路时，指针读数为 41 V，但其电压实际值是 40.2 V。已知此时误差最大，试计算该电压表的最大相对误差和最大引用误差，并指出它的准确度等级。

12.2 某毫安表的量程为 250 mA，准确度为 1.5 级，现用它来分别测量 200 mA 和 20 mA 的电流，试求可能出现的最大相对误差，并根据该结果作出应如何选择仪表量程的结论。

12.3 磁电式测量机构为什么只适用于直流测量？有什么办法可以用它来测量交流量？

12.4 图 12.23 所示是用伏安法间接测量电阻的两种电路，由于电压表和电流表有内阻，因此两种测量电路都会产生误差，试分析其误差，并说明二者的适用条件(适用于测量阻值大一点的还是阻值小一点的电阻)。

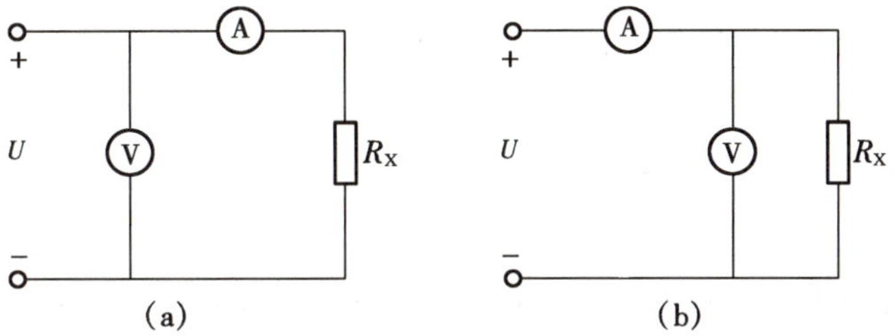

图 12.23 习题 12.4 的图

12.5 用万用表测量较大的电阻时，两只手分别捏住两个测量用的铜棒，能否得到正确的结果？为什么？

12.6 用万用表测量电平时，采用的是 100 V 交流电压挡，若指针指在 15 dB 位置上，此时实际电平值应是多少？

12.7 功率表的量程包括哪些？一只功率表的电压线圈为 300 V，电流线圈为 5 A，能否用它来测量电压为 220 V、消耗功率为 1 000 W、功率因数为 0.5 的负载的功率？

12.8 在测量某负载的功率时，若所选择的功率表的量程为 300 V、10 A，指针指在 70 刻度处，求负载的实际功率(设功率表的刻度为 150)。

12.9 两表法能否用来测量三相四线制电路的有功功率？为什么？

12.10 已知某电度表的常数 $K = 8\ 000\ \text{r/(kW·h)}$，当接入负载时，测得铝盘的转速为30 r/min，则该负载的功率约为多少？

本章习题参考答案

第13章 安全用电

内容提要

本章介绍安全用电方面的常识，将简要叙述电流对人体的危害和触电方式，防止人身触电、保障人身安全所采取的电气设备的接地与接零保护，以及静电防护和电气防火与防爆方面的一些知识。

13.1 电流对人体的危害和触电方式

13.1.1 电流对人体的危害

如果人体不慎直接触及或过分靠近带电体，则有电流通过人体，很可能引起局部受伤或死亡，这种现象称为触电。发生触电事故以后，根据人所受到的伤害程度不同又可分为电击和电伤两种：电流通过人体内部，对人体内脏及神经系统造成破坏直至死亡称为电击；电流经过人体外部表皮，造成的局部伤害称为电伤。

触电的伤害程度取决于通过人体电流的大小、途径、持续时间、频率，电压的高低，人体电阻的大小等诸多因素。而通过人体电流的大小，对触电者的伤害程度起决定作用。

一般认为，工频(50 Hz)电流对人体伤害比其他频率的电流更危险。若50 mA的工频电流通过人体则有生命危险；100 mA的工频电流通过人体就能致人死亡。另外，电流通过人的心脏或中枢神经危险性最大。

通过人体电流的大小取决于触电电压和人体电阻的大小。若人体电阻按最不利的情况(1 000 Ω)估计，当通过50 mA的电流时，则人体所承受的电压为

$$U = IR = 0.05 \times 1\,000\ \text{V} = 50\ \text{V}$$

因此，国际电工委员会规定50 V以下为安全电压，我国规定36 V以下的电压为安全电压。而危险的生产场地，如潮湿、有导电尘埃的场合则规定为24 V。特别危险的生产场地，如非常潮湿、有腐蚀性气体的场合则规定为12 V。

13.1.2 触电方式

人体触电的方式是多种多样的，一般可分为直接触电和间接触电。

1. 直接触电

人体直接接触正常带电的电气设备或导体称为直接触电，直接触电又可分为单相触电和两相触电。

(1) 单相触电。当人体触及电气设备的三相电源中的一根相线所造成的触电称为单相触电。对于高压电源，当人体与电源之间越过了安全距离，则电源会对人体放电，造成单相接地而引起的触电也属于单相触电方式。在触电事故中，大部分属于这种情况。

根据供电系统中中性点是否接地，单相触电又分为中性点接地系统的单相触电和中性点不接地系统的单相触电。

① 中性点接地系统的单相触电。在三相四线制供电系统中，中性点一般是接地的，当人体与任意一根相线接触时，即有电流通过人体流经大地至电源中性点构成回路，如图 13.1 所示。其电流为

$$I = \frac{U_p}{R_0 + R_m} \qquad (13.1)$$

式中，U_p 为相电压；R_0 为接地电阻，一般为 4 Ω；R_m 为人体电阻，一般取1 000 Ω。

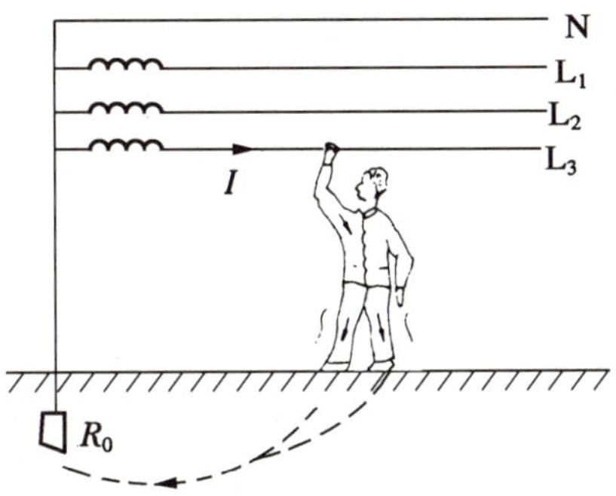

图 13.1 中性点接地系统的单相触电

若相电压 U_p 为 220 V，则流过人体的电流为

$$I = \frac{U_p}{R_0 + R_m} = \frac{220}{4 + 1\ 000}\ \text{A} = 0.219\ \text{A} = 219\ \text{mA}$$

显然，这是危险电流。所以，工程上所说的低压并不是安全电压。至于有时偶尔触及220 V 的电源而未造成伤亡事故，是因为穿着绝缘性能良好的鞋子或站在干燥的地板上而增加了人体与大地之间的电阻值。

② 中性点不接地系统的单相触电。在中性点不接地的三相三线制系统中(见图 13.2)，当人体触及某根相线时，由于每相输电线对地存在绝缘电阻和分布电容，此时电流经过人体和另外两根相线的对地电容同样构成回路。只是当线路对地绝缘水平较高时，通过人体的电流很小，可降低触电的危险程度。但是，当线路的绝缘不良，线路较长因而对地电容增大时，对人体的危害性仍然是较大的。

(2) 两相触电。当人体同时接触三相电源中任意两根相线所造成的触电称为两相触电，如图 13.3 所示。

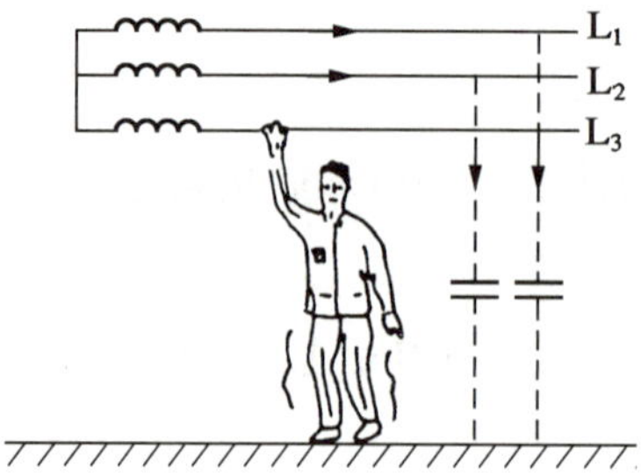

图 13.2　中性点不接地系统的单相触电

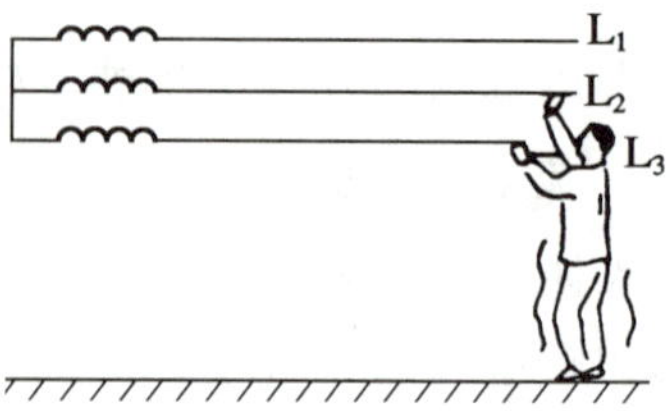

图 13.3　两相触电

一旦发生两相触电,不管供电系统的中性点是否接地,作用于人体的电压都为线电压,流过人体的电流只取决于人体的电阻,因此,电流很大。显然,两相触电的伤亡程度比单相触电更为严重。

2. 间接触电

人体接触正常不带电,但由于绝缘损坏而意外带电的电气设备或导体的触电,称为间接触电。大多数触电属于这一种。防护的方法是将电气设备正常不带电的外露可导电部分采用保护接地或保护接零。间接触电主要有接触电压触电和跨步电压触电。

(1) 接触电压触电。当电气设备发生短路事故时,正常不带电的外露可导电部分可能带电,当人体接触到设备外露可导电部分时,人体与大地之间承受接触电压,这种由接触电压引起的触电称为接触电压触电。

(2) 跨步电压触电。电气设备绝缘损坏或高压电网的一根导线断线落地等原因,会导致电流入地点附近存在一个产生危险的跨步电压的区域。当人行至此区域时便会导致触电。这种由跨步电压引起的触电称为跨步电压触电。

13.2 电气设备的接地和接零

13.2.1 接地和接零

为了人身安全和电力系统工作的需要,要求电气设备采取接地或接零措施。按接地或接零目的的不同,可分为工作接地、保护接地、保护接零和重复接地。

1. 工作接地

电力系统由于运行和安全的需要,常将系统的中性点接地,这种接地方式称为工作接地,如图 13.4 所示。

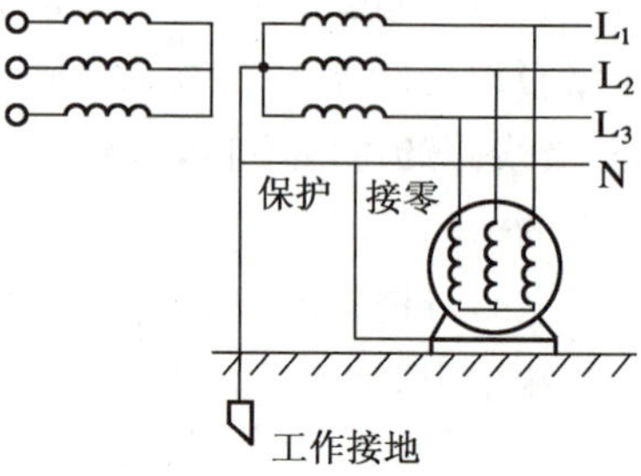

图 13.4　工作接地

工作接地的目的在于:如果三相电源系统中性点不接地,当一相接地而人体接触另外两相中的任意一相时,触电电压将为线电压。但在中性点接地的系统中,触电电压等于或接近相电压,从而降低了触电电压。同时,中性点接地可降低电气设备和输电线的绝缘水平需求,节省投资。在中性点不接地的系统中,当一相接地时,接地电流很小,不足以使保护装置动作而切断电源,接地故障不易被发现,不利于安全;而在中性点接地的系统中,当一相接地时,接地电流较大,从而使保护装置迅速动作达到断开故障的目的。但是,实际运行中一相接地往往是瞬时的,且能自动消除,而且对一相接地故障也可以允许短时存在,以便寻找故障修复而不停电。因此,并不是所有的系统都采取工作接地。

2. 保护接地

将电气设备在正常运行时不带电的金属外壳或构架与大地作良好的电气连接称为保护接地,如图 13.5 所示。保护接地宜用于中性点不接地的低压系统中。

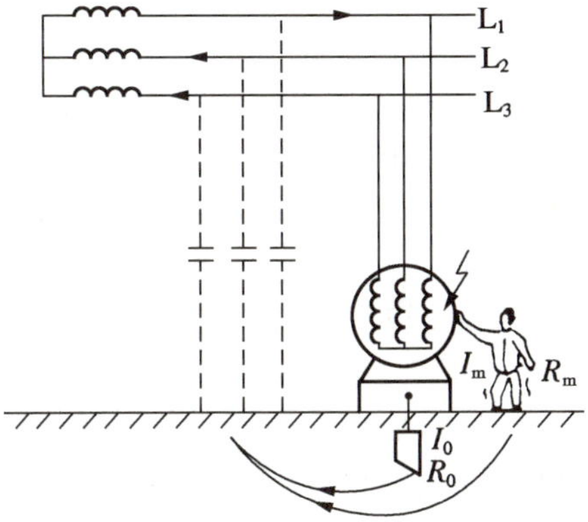

图 13.5　保护接地

在中性点不接地的系统中,当接到这个系统中的某台电动机由于其内部绝缘损坏而使机壳带电时,如果人体接触机壳,将有电流通过人体,并与分布电容构成回路从而使人触电。

如果电动机采取了保护接地,则当人体接触外壳时,人体与接地装置构成并联支路,且由于人体电阻比接地电阻大得多,以及中性点不接地系统的单相接地电流本来较小,因此,电流分流后,流过人体的电流变得很小,从而避免了触电的危险。

在中性点接地的三相四线制系统中,由于单相接地电流较大,保护接地不能完全避免人体触电的危险。因此,在中性点接地的三相四线制系统中不宜采用保护接地。

3. 保护接零

将电气设备的金属外壳或构架与供电系统的零线(或称中性线)进行可靠的电气连接称为保护接零,如图 13.6 所示。保护接零宜用于中性点接地的低压系统中。

采取了保护接零措施后,当电气设备的绝缘损坏时,相电压经过机壳到零线,形成通路而产生短路电流,由于短路电流很大,足以使保护装置迅速动作,将故障设备从电源切除,从而防止了人身触电。

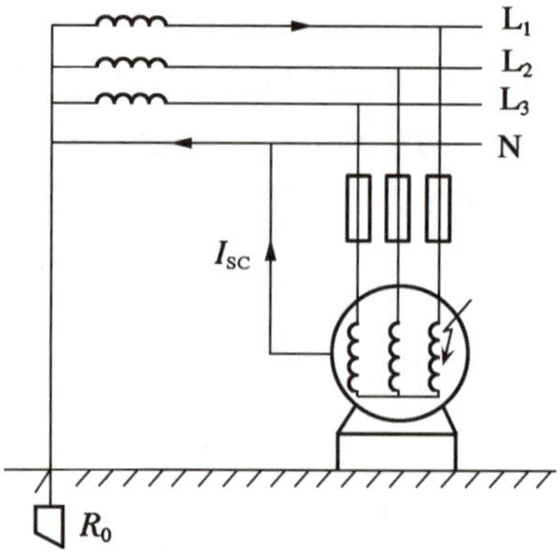

图 13.6　保护接零

4. 重复接地

在中性点接地的系统中，将零线相隔一定距离多处进行接地称为重复接地。重复接地的目的在于对采用保护接零的系统，零线一旦断开，若无重复接地，当人体接触金属外壳时，则相当于单相触电，是有危险的；若有重复接地，则利用大地形成回路，可使外壳对地电压大大降低，从而减小危险的程度。

保护接地和保护接零都是防止触电事故的有效措施，但必须强调以下几个方面。

(1) 不允许在同一电源上同时采用一部分用电设备保护接地，另一部分用电设备保护接零，如图 13.7 所示。这是因为一旦采用保护接地的设备发生碰壳电源短路而保护装置又不动作，零线与大地之间就会出现电压。这一电压等于接地短路电流与中性点接地电阻的乘积。例如，在 380/220 V 系统中，如果中性点接地电阻 R_0 与保护接地电阻 R_d 相等(取 4 Ω)，那么零线的对地电压为 110 V。于是，其他采用保护接零的设备金属外壳对地均有这么高的电压，显然是危险的。

(2) 在中性点接地的三相四线制供电系统中，只能采用保护接零，而不允许采用保护接地。

在这样的系统中，如果采用保护接地(见图 13.8)，当电动机因绝缘损坏而发生电源碰壳时，其短路电流为

$$I_{SC} = U_P/(R_0 + R_d) \tag{13.2}$$

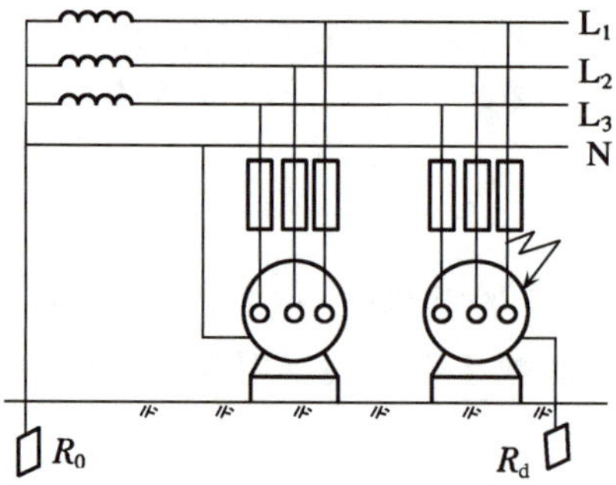

图 13.7　不正确的接地接零保护

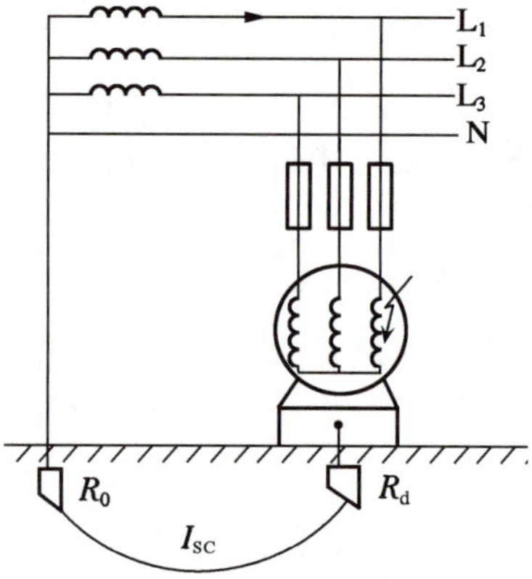

图 13.8　不正确的保护接地

若取系统中性点的接地电阻 R_0 和用电设备的接地电阻 R_d 均为 4 Ω，则

$$I_{SC} = [220/(4+4)]\ \text{A} = 27.5\ \text{A}$$

为了使保护装置可靠地动作，一般接地短路电流应不小于自动开关整定电流的 1.25 倍，或不小于熔断器额定电流的 3 倍。因此，对于 27.5 A 的电流，只能断开其额定电流不超过(27.5/1.25) A = 22 A 的自动开关保护的设备，或者断开额定电流不超过(27.5/3) A = 9.2 A 的熔断器保护的设备。如果用电设备的容量稍大一些，则保护电器的动作电流也要随着增大，于是在发生接地短路时，短路电流 I_{SC} = 27.5 A 就不足以使保护电器动作，即不能将故障设备与电源断开。从而，在设备金属外壳上将长期存在对地电压为

$$U_d = I_{SC}R_d = 27.5 \times 4\ \text{V} = 110\ \text{V}$$

如果 $R_d > R_0$，那么设备外壳上对地的电压还要高，危险性就更大了。

(3) 在中性点不接地的三相四线制供电系统中，只能采用保护接地。不允许采用保护接零。

如图 13.9 所示，在此系统中任意一相接地时，系统仍可运行。此时大地与接地的相线有相等的电位，故零线对地电压为相电压，那么保护接零的设备外壳对地的电压也为相电压，这是十分危险的。

(4) 采用保护接零时，零线必须牢固，以防脱线。一旦发生零线断线，则接在断线处后面的设备相当于没有保护(无重复接地的情况)，如图 13.10 所示。如果此时某设备金属外壳漏电，无法构成短路电流回路，也就不能使保护装置动作。这样，不但故障设备金属外壳带电，而且接在断线处后面的所有保护接零设备的金属外壳都带电，对地电压约为相电压，导致了触电的危险性增大。因此，在零线上不允许装熔断器和开关设备，并要求零线具有一定的机械强度。为了保证在相线发生碰壳时保护电器能可靠动作，要求接零的导线阻抗不要太大，即零线的截面不能选得过小。

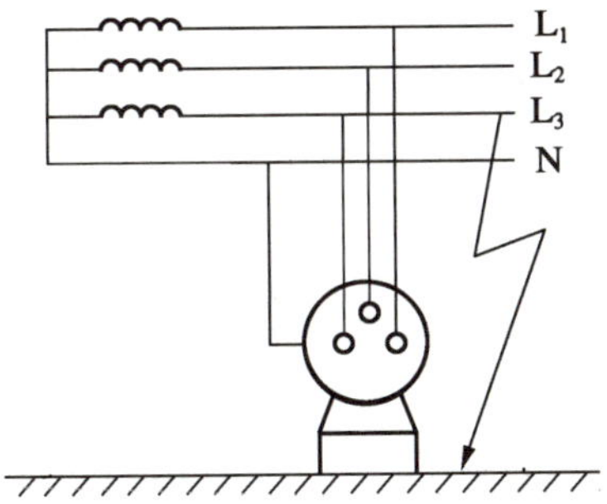

图 13.9　不正确的保护接零

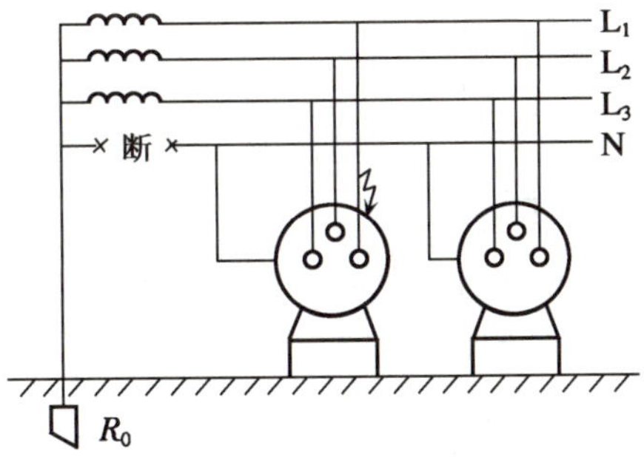

图 13.10　中性线断开后的危险性

13.2.2　接地接零的分类

按照国际电工委员会的规定，低压配电系统接地接零方式可有以下 3 种。

1. TN 系统

电源侧直接接地,用电设备的外露可导电部分通过保护线与接地点连接。

按照中性线与保护线组合情况,TN 系统又可分为以下 3 种形式。

(1) TN-S系统。整个系统的中性线(N)与保护线(PE)是分开的,此系统常称为三相五线制系统,如图 13.11 所示。

(2) TN-C 系统。整个系统的中性线与保护线是合二为一的,称为保护中性线(PEN)。此系统常称为三相四线制系统,如图 13.12 所示。

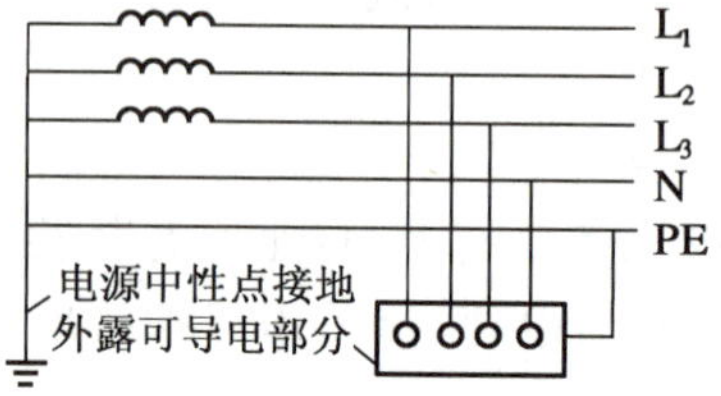

图 13.11 TN-S 系统

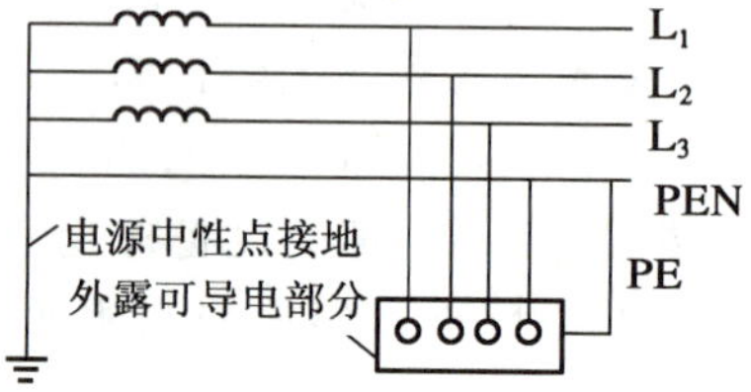

图 13.12 TN-C 系统

(3) TN-C-S 系统。系统中前一部分线路的中性线与保护线是合一的,后一部分则两者是分开的。此系统习惯上称为局部三相五线制系统,如图 13.13 所示。

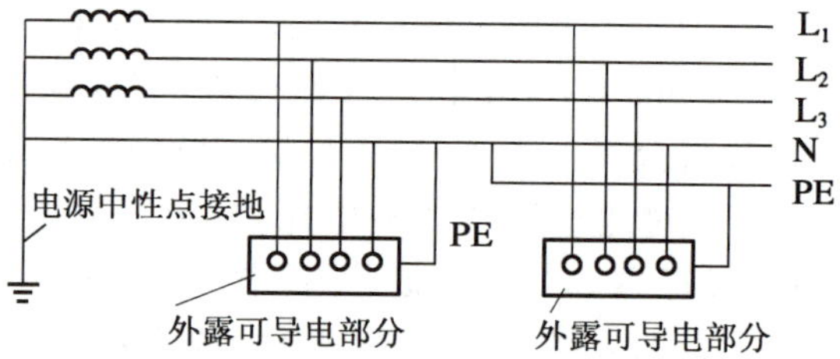

图 13.13 TN-C-S 系统

2. TT 系统

电源侧直接接地,用电设备的外露可导电部分通过保护线接至与低压系统接地点无直接关联的接地装置,如图 13.14 所示。

3. IT 系统

电源侧的带电部分与大地间无直接连接(或有一点经足够大的阻抗接地),用电设备的外露可导电部分通过保护线接至接地装置,如图 13.15 所示。

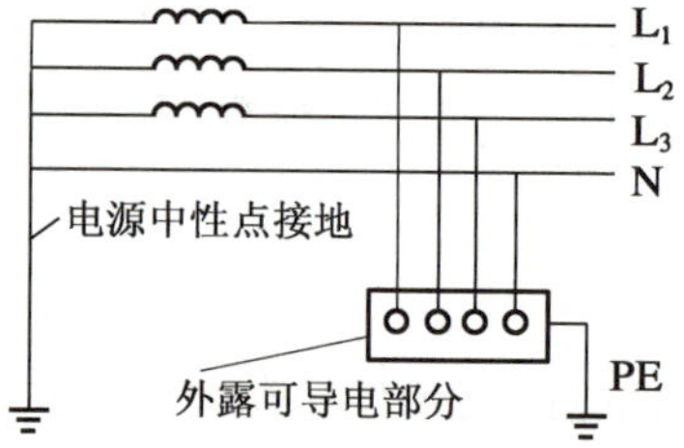

图 13.14 TT 系统

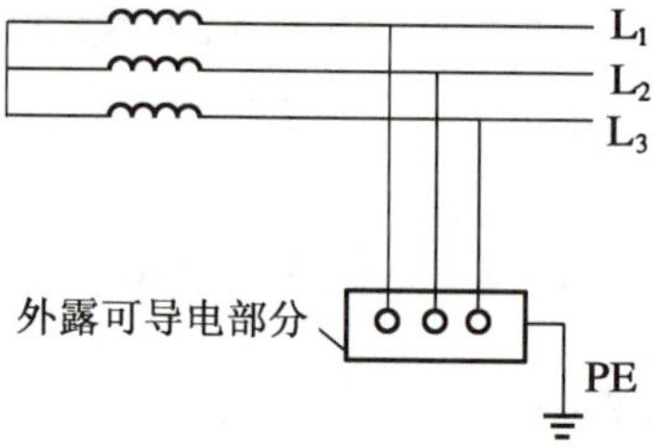

图 13.15 IT 系统

13.3 静电防护和电气防火与防爆

13.3.1　静电防护

两种物质互相摩擦时会产生静电现象，静电会引起爆炸和火灾事故。因此，对静电的危害不可忽视。静电防护主要是控制静电的产生和控制静电的积累。控制静电的产生主要是控制工艺过程和控制工艺过程中所用材料的选择；控制静电的积累主要是设法加速静电的泄漏和中和，使静电的积累不超过安全限度。接地、增湿、加入抗静电添加剂等均属于加速静电泄漏的方法。运用感应中和器、高压中和器、放射线中和器等装置消除静电危害的方法均属于加速静电中和的方法。

13.3.2　电气防火与防爆

引起电气火灾和爆炸的原因主要是电气设备的过热和电火花、电弧等。因此，电气设备不要长期过载运行，并应设有过载保护装置和灭弧装置。要保证有良好的通风条件，使爆炸混合物的浓度不进入极限值。在矿井、化学车间等易爆场所，要采用防爆电器。

一旦发生火灾，要积极组织扑救。根据不同的情况，采用相应的灭火方法。电气设备在切断电源后的灭火方法与扑救一般的火灾相同。如果处于无法切断或者不能肯定已切断电源的情况下，应采用带电灭火的办法，利用不导电的灭火剂带电灭火。

习　题

13.1　电流对人体的伤害有哪几种？

13.2　常见的触电方式有哪些？

13.3　在同一供电系统中为什么不能同时采用保护接地和保护接零？

13.4　为什么中性点不接地系统不采用保护接零？

13.5　静电防护的方法有哪些？

本章习题参考答案

附 录

附录 A 国际单位制(SI)、静电单位制(CGSE)和电磁单位制(CGSM)之间的关系

名称	各制的单位		
	SI	CGSE	CGSM
力	1 牛[顿](N)	10^5 达因(dyn)	10^5 达因(dyn)
功	1 焦[耳](J)	10^7 尔格(erg)	10^7 尔格(erg)
电流	1 安[培](A)	3×10^9	10^{-1}
电量	1 库[仑](C)	3×10^9	10^{-1}
电位	1 伏[特](V)	$3^{-1}\times10^{-2}$	10^8
电场强度	1 伏[特]/米(V/m)	$3^{-1}\times10^{-4}$	10^6
介电常数	1 法[拉]/米(F/m)	$4\pi\times9\times10^9$	$4\pi\times10^{-11}$
电阻	1 欧[姆](Ω)	$9^{-1}\times10^{-11}$	10^9
电容	1 法[拉](F)	9×10^{11}	10^{-9}
磁场强度	1 安[培]/米(A/m)	$4\pi\times3\times10^7$	$4\pi\times10^{-3}$ 奥[斯特](Oe)
磁感应(强度)	1 特[斯拉](T)	$3^{-1}\times10^{-6}$	10^4 高斯(Gs)
磁通	1 韦[伯](Wb)	$3^{-1}\times10^{-2}$	10^8 麦克斯韦(Mx)
磁导率	1 亨[利]/米(H/m)	$\dfrac{9^{-1}\times10^{-13}}{4\pi}$	$\dfrac{10^7}{4\pi}$
磁通势	1 安[培](A)	$4\pi\times3\times10^9$	$4\pi\times10^{-1}$ 吉柏(Gb)
电感、互感	1 亨[利](H)	$9^{-1}\times10^{-11}$	10^9

附录 B　国际单位制(SI)的词头

因数	词头名称		符号
	法文	中文	
10^{18}	exa	艾	E
10^{15}	peta	拍	P
10^{12}	téra	太	T
10^{9}	giga	吉	G
10^{6}	méga	兆	M
10^{3}	kilo	千	k
10^{2}	hecto	百	h
10^{1}	déca	十	da
10^{-1}	déci	分	d
10^{-2}	centi	厘	c
10^{-3}	milli	毫	m
10^{-6}	micro	微	μ
10^{-9}	nano	纳	n
10^{-12}	pico	皮	p
10^{-15}	femto	飞	f
10^{-18}	atto	阿	a

附录 C　常用导电材料的电阻率和电阻温度系数

材料名称	电阻率 ρ[20 ℃] /($\Omega \cdot mm^2 \cdot m^{-1}$)	电阻温度系数 α [0 ～ 100 ℃]/(℃$^{-1}$)
铜	0.017 5	0.004
铝	0.026	0.004
钨	0.049	0.004
铸铁	0.50	0.001
钢	0.13	0.006
碳	10.0	−0.000 5
锰铜(Cu84％＋Ni4％＋Mn12％)	0.42	0.000 005
康铜(Cu60％＋Ni40％)	0.44	0.000 005
镍铬铁(Ni66％＋Cr15％＋Fe19％)	1.0	0.000 13
铝铬铁(Al5％＋Cr15％＋Fe80％)	1.2	0.000 08

附录 D 常用电动机、电器的图形符号

名称	图形符号
三相鼠笼式异步电动机	
三相绕线式异步电动机	
直流电动机	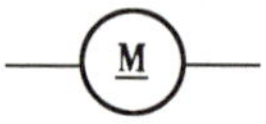
单相变压器	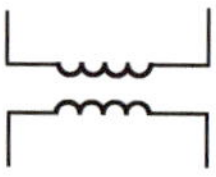
三相变压器星形-三角形联结	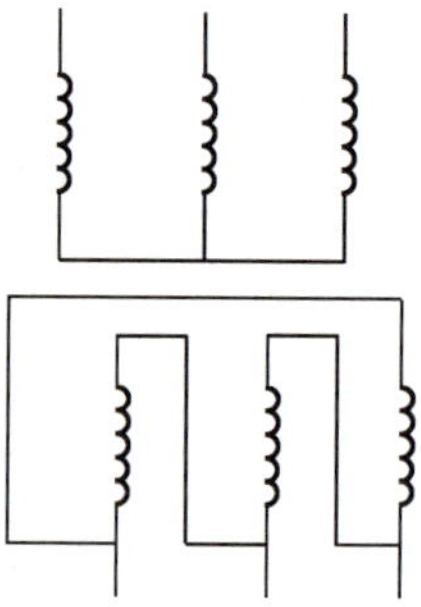
开关一般符号	
多级开关一般符号 单线表示	
多级开关一般符号 多线表示	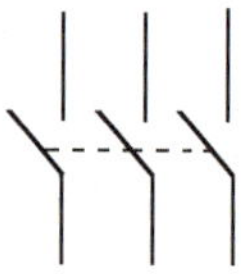
熔断器	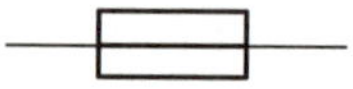
信号灯	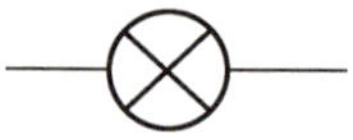
按钮触点 常开	
按钮触点 常闭	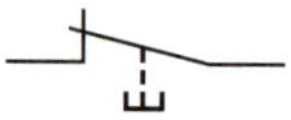
接触器吸引线圈 继电器吸引线圈	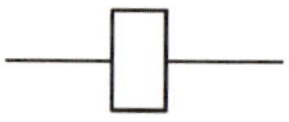
接触器触点 主触点	
接触器触点 辅助触点 常开	
接触器触点 辅助触点 常闭	
时间继电器触点 常开延时闭合	
时间继电器触点 常闭延时断开	
时间继电器触点 常开延时断开	
时间继电器触点 常闭延时闭合	
行程开关触点 常开	
行程开关触点 常闭	
热继电器 常闭触点	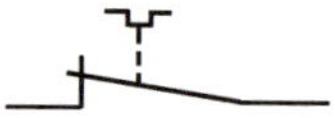
热继电器 热元件	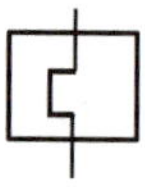

附录 E　部分 Y 系列三相异步电动机的参数

型号	参数名称							
	额定功率 P_N/kW	额定转速 n_N/(r · min^{-1})	额定电流 I_N/A	额定效率 η_N/%	额定功率因数 $\cos\varphi_N$	起动电流倍数 I_{st}/I_N	起动转矩倍数 T_{st}/T_N	最大转矩倍数 T_{max}/T_N
Y801-2	0.75	2 830	1.9	75	0.84	7	2.2	2.2
Y100L-2	2	2 880	6.4	82	0.87	7	2.2	2.2
Y132S2-2	7.5	2 900	15	86.2	0.88	7	2	2.2
Y160M2-2	15	2 930	29.4	88.2	0.88	7	2	2.2
Y200L1-2	30	2 955	56.9	90	0.89	7	2	2.2
Y250M-2	55	2 970	102.7	91.5	0.89	7	2	2.2
Y280S-2	75	2 980	167	92	0.89	7	2	2.2
Y801-4	0.55	1 390	1.5	73	0.76	6.5	2.2	2.2
Y90S-4	1.1	1 400	2.7	78	0.78	6.5	2.2	2.2
Y132S-4	5.5	1 440	11.6	85.5	0.84	7	2.2	2.2
Y180L-4	22	1 470	42.5	91.5	0.86	7	2	2.2
Y225M-4	45	1 480	84.2	92.3	0.88	7	1.9	2.2
Y280M-4	90	1 485	164.3	93.6	0.89	7	1.9	2.2
Y90S-6	0.75	925	2.3	72.5	0.74	6	2	2
Y100L-6	1.5	925	4	77.5	0.74	6	2	2
Y160L-6	11	970	24.6	87	0.78	6.5	2	2
Y225M-6	30	980	59.5	90.2	0.85	6.5	1.7	2
Y280M-6	55	985	104.9	92	0.87	6.5	1.8	2
Y132S-8	2.2	710	5.8	81	0.71	5.5	2	2
Y160M2-8	5.5	720	13.3	85	0.74	6	2	2
Y200L-8	15	730	34.1	88	0.76	6	1.8	2
Y225S-8	18.5	735	41.3	89.5	0.76	6	1.7	2
Y280M-8	45	740	93.2	91.7	0.80	6	1.8	2

注：额定电压为 380 V、50 Hz，功率在 3 kW 及以下为 Y 连接，3 kW 以上为 △ 连接。

参考文献

[1] 哈尔滨工业大学电工学教研室. 电工学：上册：电工技术[M]. 8 版. 北京：高等教育出版社，2023.

[2] 贾贵玺，姚海彬. 电工技术：电工学Ⅰ[M]. 4 版. 北京：高等教育出版社，2013.

[3] 曾军. 电工与电子技术[M]. 3 版. 北京：电子工业出版社，2022.

[4] 唐介，王宁. 电工学：少学时[M]. 5 版. 北京：高等教育出版社，2020.

[5] 王勤，刘海春，翁晓光. 电工技术. [M]. 北京：科学技术出版社，2020.

[6] 颜伟中. 电工学：土建类[M]. 2 版. 北京：高等教育出版社，2012.